高等职业教育制造类专业基础课系列教材

现代制造工艺

温上樵　谌　鹏　宋　强　主　编

電子工業出版社
Publishing House of Electronics Industry
北京 · BEIJING

内容简介

本书阐述了现代机械制造业相关的基础知识、基本理论和基本方法。全书共包含五个项目，分别是导柱的加工、导套的加工、冲压模座的加工、冲裁凹模的加工和注塑凸模的加工。每个项目包含五个任务，具体介绍多工序复杂零件加工中所涉及的机械加工方法，金属切削原理，机床、刀具、夹具制造质量分析与控制，工艺规程设计等知识。

本书可作为应用型本科院校、高职高专院校机械类专业学生用书教材，也可作为工程技术人员的参考用书及相关领域的培训教材。

图书在版编目（CIP）数据

现代制造工艺 / 温上樵，谌鹏，宋强主编. —北京：电子工业出版社，2018.7（2022.7 重印）
ISBN 978-7-121-34488-6

Ⅰ. ①现…　Ⅱ. ①温…　②谌…　③宋…　Ⅲ. ①机械制造工艺—高等学校—教材
Ⅳ. ①TH16

中国版本图书馆 CIP 数据核字（2018）第 123576 号

策划编辑：李　静（lijing@phei.com.cn）
责任编辑：朱怀永　　　文字编辑：李　静　　　特约编辑：王　纲
印　　刷：北京盛通商印快线网络科技有限公司
装　　订：北京盛通商印快线网络科技有限公司
出版发行：电子工业出版社
　　　　　北京市海淀区万寿路 173 信箱　邮编 100036
开　　本：787×1092　1/16　印张：18　字数：448 千字
版　　次：2018 年 7 月第 1 版
印　　次：2022 年 7 月第 3 次印刷
定　　价：46.80 元

凡所购买电子工业出版社图书有缺损问题，请向购买书店调换。若书店售缺，请与本社发行部联系，联系及邮购电话：（010）88254888。

质量投诉请发邮件至 zlts@phei.com.cn，盗版侵权举报请发邮件至 dbqq@phei.com.cn。

本书咨询联系方式：（010）88254604，lijing@phei.com.cn。

前　言

本书所涉及的现代制造工艺是指在对通用设备进行标准化和柔性化改造的基础上，将其进行优化组合、无缝衔接的结果，目的是实现设计与制造一体化、设备与工艺一体化、加工与检测一体化、生产与控制一体化。将所有设备整合到一个标准的工艺平台上，实现设计基准、工艺基准、检测基准的统一，可将设备本身的精度发挥到极致，却又不过分依赖设备本身的先进性。普通机床完全可以作为柔性制造系统的一部分，经济型柔性制造系统如图 0-1 所示。

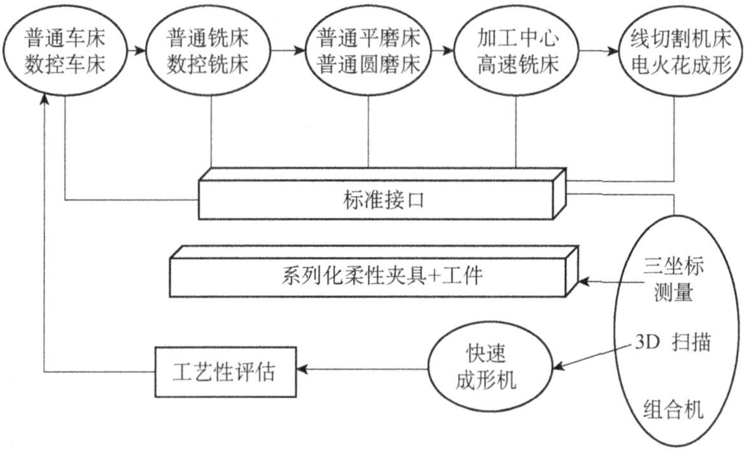

图 0-1　经济型柔性制造系统

经济型柔性制造系统借助系列化夹具的柔性提升加工效率。统一标准的工艺平台可消除工件在设备间流转的换位误差，保证机床精度在工件上直接复制；而系列化柔性夹具可为工件的机外装夹、机外快速检测、加工程序的预先编制和输入提供保证，使低成本的自动化加工得以实现。

本书由南京信息职业技术学院温上樵、谌鹏、宋强主编。

由于编者水平有限，书中难免出现疏漏和不足之处，恳请读者批评指正。

编　者

2018 年 5 月

目 录

项目一　导柱的加工

项目说明

本项目主要介绍导柱的加工。通过本项目的学习和训练，掌握轴类零件加工过程中所涉及的设备、工装夹具、刀具、量具等的选用和加工工艺，并完成图 1-1 所示的导柱零件的加工。

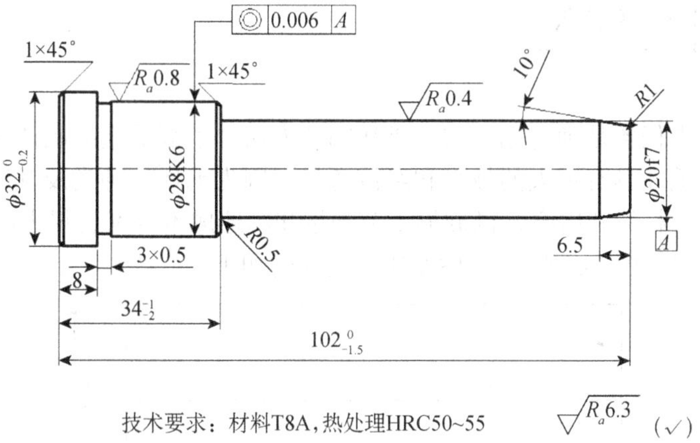

图 1-1　导柱零件

学习目标

了解机械加工工艺过程及相关知识；
掌握轴类零件的加工工艺；
掌握加工轴类零件时相关设备、夹具的选择和使用；
掌握材料与刀具的选择和使用。

任务一 毛坯的加工

知识点

毛坯的选择；
型材毛坯；
下料的设备与方法。

技能点

学会使用锯床切割型材。

任务导入

选择毛坯的基本任务是确定毛坯的种类和制造方法，了解毛坯的制造误差及其可能产生的缺陷。正确选择毛坯具有重大的技术和经济意义。因为毛坯的种类及其制造方法，对零件的质量、加工方法、材料利用率、机械加工劳动量和制造成本等都有很大的影响。

本任务需要完成如图 1-2 所示的 T8A 棒料毛坯的加工。

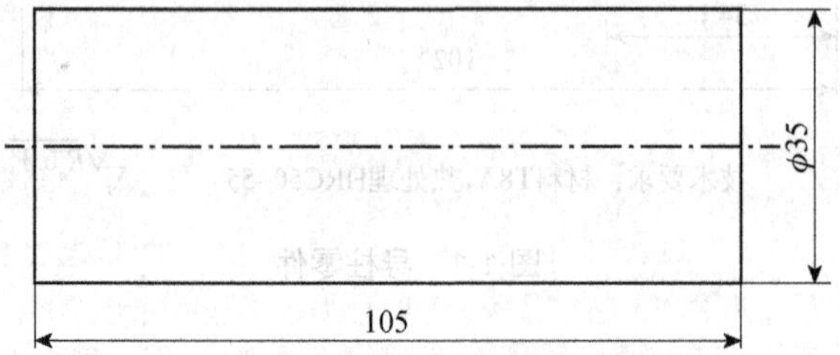

图 1-2 T8A 棒料毛坯

知识准备

一、生产过程与工艺过程

1. 生产过程

机械产品的生产过程是将原材料转变为成品的全过程。它包括生产技术准备、毛坯制造、机械加工、热处理、装配、测试检验及涂装等过程。上述过程中凡使加工对象的尺寸、形状或性能产生一定变化的均称为直接生产过程。

机械生产过程还包括工艺装备制造、原材料供应、工件运输和存储、设备维修及动力供应等。这些过程不使加工对象产生直接变化，故称为辅助生产过程。

2. 工艺过程

在生产过程中改变生产对象的形状、尺寸、相对位置和性质等，使其成为成品或半成品的过程，称为工艺过程。如毛坯制造、机械加工、热处理、装配等过程，均为工艺过程。工艺过程是生产过程的重要组成部分。

采用机械加工方法，直接改变毛坯的形状、尺寸和表面质量，使之成为合格零件的过程，称为机械加工工艺过程。

把零件装配成机器并达到装配要求的过程称为装配工艺过程。

二、轴类零件的功用与结构特点

轴类零件是机械产品中的主要零件之一，通常被用于支承传动零件（齿轮、带轮等）、传递转矩、承受载荷，以及保证装在轴上的零件（或刀具）具有一定的回转精度。

轴类零件根据结构形状可分为光轴、空心轴、半轴、阶梯轴、花键轴、十字轴、偏心轴、曲轴及凸轮轴等，轴的种类如图 1-3 所示。

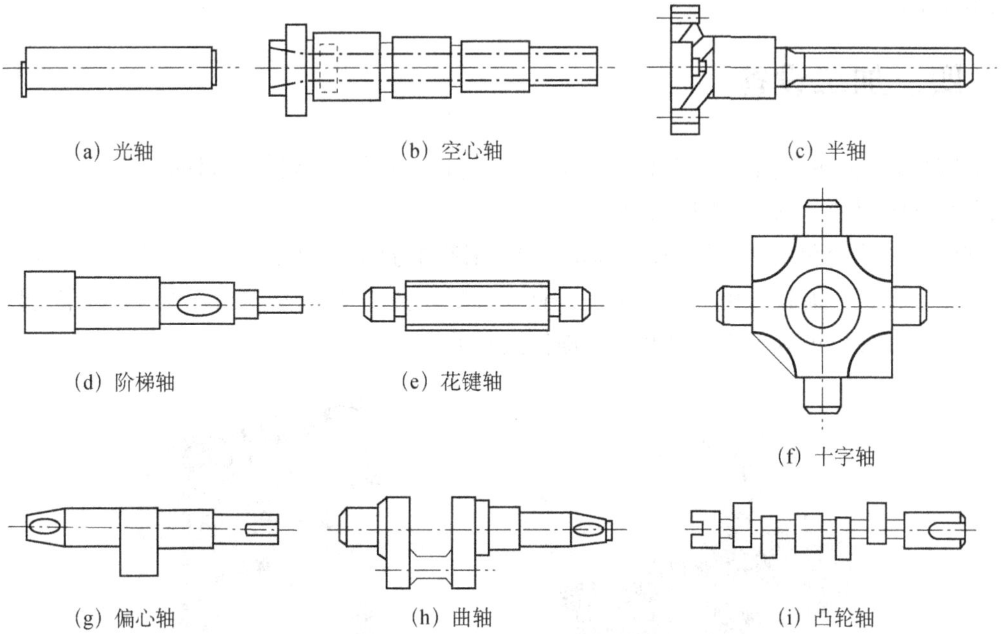

(a) 光轴　(b) 空心轴　(c) 半轴

(d) 阶梯轴　(e) 花键轴　(f) 十字轴

(g) 偏心轴　(h) 曲轴　(i) 凸轮轴

图 1-3 轴的种类

根据轴的长度 L 与直径 d 之比，又可将轴分为刚性轴（$L/d \leqslant 12$）、挠性轴（$12 < L/d \leqslant 30$）和细长轴（$L/d > 30$）三类。由上述各种轴的结构形状可以看出，轴类零件一般为回转体零件，其长度大于直径，加工表面通常有内外圆柱面、圆锥面，以及螺纹、花键、键槽、横向孔、沟槽等。

三、毛坯

型材是常见的毛坯类型之一，此外还有铸造毛坯、锻造毛坯和焊接毛坯等。

常用型材按截面形状分为圆形、方形、六角形和特殊断面形状等，按制造方式分为热轧和冷拉两种。热轧型材尺寸范围较大，精度较低，用于制造一般机器零件。冷拉型材尺寸范围较小，精度较高，多用于制造毛坯精度要求较高的中小零件。在自动机床或转塔车床上加工时，为使送料和夹料可靠，多采用冷拉型材。

轴类零件的毛坯最常用的是圆棒料和锻件，只有某些大型的、结构复杂的轴才采用铸件。毛坯经过加热锻造后，金属内部纤维组织沿表面均匀分布，从而获得较高的抗拉、抗弯及抗扭强度。因此，除光轴、直径相差不大的阶梯轴可使用棒料外，比较重要的轴大都采用锻件。

通常根据生产规模的大小确定毛坯的锻造方式。模锻件需要昂贵的设备和专用锻模，成本高，故适用于大批量生产；而单件小批量生产时，宜采用自由锻件。

提示

通过毛坯的精化可使其形状和尺寸尽量与零件相近，以降低机械加工劳动量，减少或消除切削加工。但是，由于现有毛坯制造技术及成本的限制，加之产品零件的加工精度和表面质量的要求越来越高，毛坯的某些表面仍须留有一定的加工量，以便通过机械加工达到零件的技术要求。

四、加工设备

锯床是以锯带或锯条等为刀具，锯切金属圆料、方料、管料等型材的机床。常用的有带锯床和弓锯床两种，锯床如图 1-4 所示。

锯床由主动轮和从动轮带动锯条运转，锯条断料方向由导轨控制架控制。通过调整自转轴承将锯条调正、调直。由液压油缸活塞杆支撑导轨控制架下落进锯断料。带锯床上装有手动或液压油缸夹料锁紧机构，以及液压操作阀开关等。

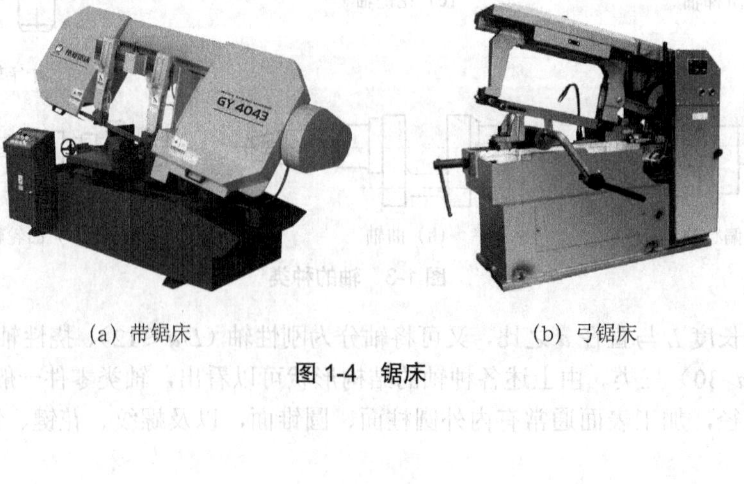

(a) 带锯床　　(b) 弓锯床

图 1-4　锯床

五、切削用量

切削用量表示切削加工中主运动和进给运动的相关参数。切削用量包括切削速度、进给量和背吃刀量三个要素。

1. 切削速度 v_c

在切削加工中，切削刃选定点相对于工件主运动的瞬时速度称为切削速度，它表示在单位时间内工件和刀具沿主运动方向相对移动的距离，单位为 m/min 或 m/s。

主运动为旋转运动时，切削速度计算公式为

$$v_c = \frac{\pi \cdot d \cdot n}{1000} \tag{1-1}$$

式中　d——工件直径（mm）；

n——工件或刀具每分钟或每秒转数（r/min 或 r/s）。

主运动为往复运动时，平均切削速度为

$$v_c = \frac{2 \cdot L \cdot n_r}{1000} \tag{1-2}$$

式中　L——往复运动行程长度（mm）；

n_r——主运动每分钟往复次数。

2. 进给量 f

进给量是刀具在进给运动方向上相对于工件的位移量，可用刀具或工件每转或每行程的位移量表示或度量。车削时进给量为工件每转一圈，刀具沿进给运动方向移动的距离。刨削等的主运动为往复直线运动，其间歇进给的进给量为每个往复行程内刀具与工件之间的相对横向移动距离。

单位时间内的进给量称为进给速度，车削时的进给速度 v_f 计算公式为

$$v_f = n \cdot f \tag{1-3}$$

铣削时，由于铣刀是多齿刀具，还规定了每齿进给量，用 a_z 表示，v_f、f、a_z 三者之间的关系为

$$v_f = n \cdot f = n \cdot a_z \cdot z \tag{1-4}$$

式中　z——多齿刀具的齿数。

3. 背吃刀量（切削深度）α_p

背吃刀量 α_p 是指主刀刃工作长度（在基面上的投影）沿垂直于进给运动方向上的投影值。对于外圆车削，背吃刀量 α_p 等于工件已加工表面和待加工表面之间的垂直距离，背吃刀量如图 1-5 所示。其计算公式为

$$\alpha_p = \frac{d_w - d_m}{2} \tag{1-5}$$

式中　d_w——待加工表面直径；

d_m——已加工表面直径。

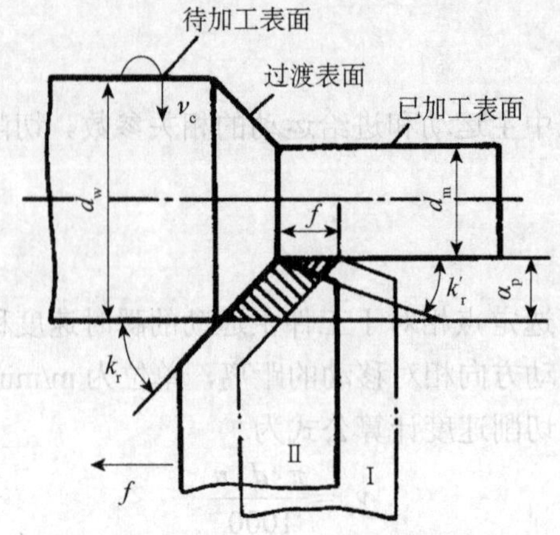

图 1-5 背吃刀量

提示

在新表面形成的过程中，工件上有三个依次变化的表面，它们分别是待加工表面、过渡表面和已加工表面。待加工表面为即将被切去金属层的表面；过渡表面为正在切削的表面，又称加工表面或切削表面；已加工表面为已经切去多余金属层而形成的新表面。

学习任务

【活动一】工艺分析

要求：分析下料的加工工艺。

毛坯两端面与其轴线没有垂直度要求，使用锯床下料即可，锯床的加工误差一般为±1mm。

注意：在本书的加工示意图中，使用不同形式的剖面线强调被加工部分，使用双点画线表示将要加工的形状，用细实线表示画线。

下料加工步骤见表 1-1。

表 1-1 下料加工步骤

步骤	加工内容	图示
1	将棒料放置在平口钳中，用钢直尺测量棒料的伸出长度	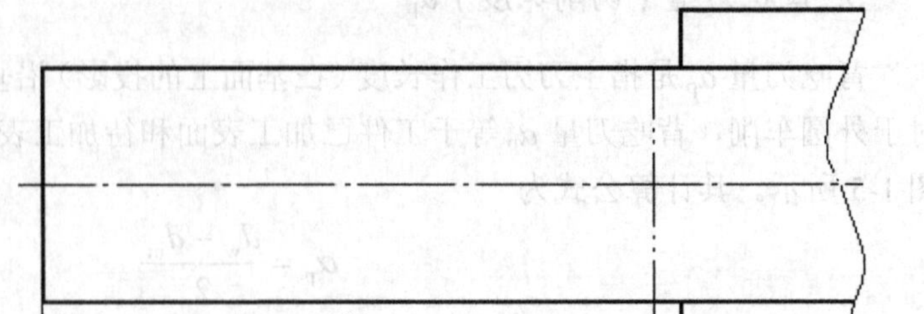

续表

步骤	加工内容	图示
2	切割棒料	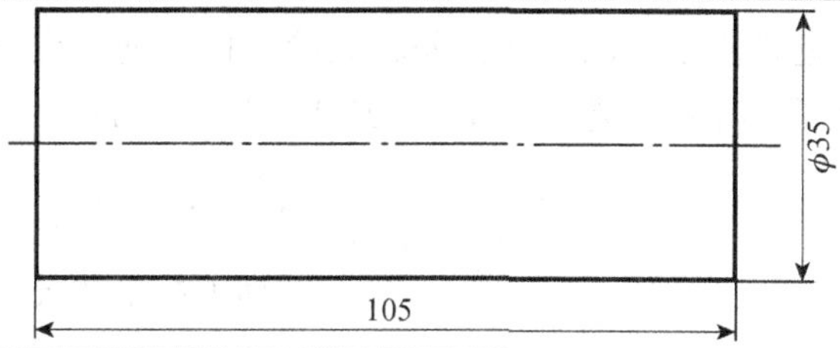

【活动二】选用材料

要求：按要求选用材料。

材料的选用应满足零件的力学性能（包括材料强度、耐磨性和抗腐蚀性等）；同时，要选择合理的热处理方法和表面处理方法（指发蓝处理、镀铬等），以使零件达到所需的强度、刚度和表面硬度。

一般轴类零件常用 45 钢，根据不同的工作条件采用不同的热处理方法（如正火、调质、淬火等），以获得一定的强度、韧性和耐磨性。

对中等精度且转速较高的轴类零件，可选用 40Cr 等合金钢。这类钢经调质和表面淬火处理后，具有较好的综合力学性能。精度较高的轴有时还用 GCrl5 轴承钢和 65Mn 弹簧钢等材料，它们经过调质和表面淬火处理后，具有更好的耐磨性和耐疲劳性能。

对于在高转速、重载荷等条件下工作的轴，可选用 20CrMnTi、20Mn2B、20Cr 等低碳合金钢或 38CrMoAlA 氮化钢。低碳合金钢经渗碳淬火处理后，具有很高的表面硬度、抗冲击韧性和芯部强度，热处理变形却很小。

本任务采用 ϕ5mm 热轧 T8A 圆钢，即含碳百分数为 0.8%的碳素工具钢。

【活动三】装夹工件

要求：按工序要求，正确装夹工件。

装夹时应保证轴线水平，伸出长度由端面到锯条侧面的尺寸决定，工件的装夹方法如图 1-6 所示。

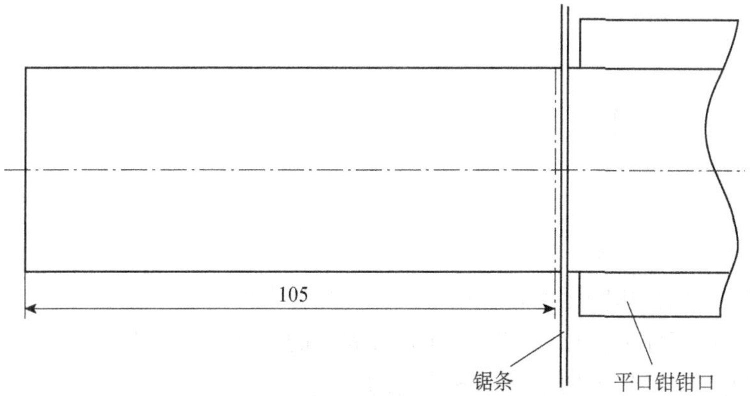

图 1-6　工件的装夹方法

由于毛坯的尺寸精度要求不高，可采用钢直尺进行测量。

钢直尺是一种简单的测量工具和划直线的导向工具，钢直尺如图1-7所示。其测量精度为±0.5mm，通常用于检测尺寸公差较大的工件。钢直尺一般有公制尺寸和英制尺寸两种刻线，其换算关系如下：1英寸（in）＝25.4毫米（mm），1英尺＝12英寸。

图1-7 钢直尺

任务实施

1. 选择设备和工具、量具

锯床、钢直尺。

2. 质量检查的内容和成绩评定标准

毛坯加工检测与评价表见表1-2。

表1-2 毛坯加工检测与评价表

序号	检测内容	配分	量具	检测结果	学生评分	教师评分
1	105	10分				
2	$\phi 35$	10分				
3	文明生产	违纪一项扣10分				
合计		20分				

任务小结

通过本任务的学习和训练，能够掌握毛坯的选择与加工方法，理解毛坯的合理选择对后续加工的重要作用。下料时，保证毛坯轴线的位置及伸出长度，是获得合格毛坯的必要条件。

习题

1. 简述选择毛坯的意义。
2. 金属加工中包含哪些运动？各运动的含义是什么？
3. 切削加工中工件上会形成哪些表面？各表面的含义是什么？
4. 简述切削加工过程中切削用量各要素的含义。
5. 轴类零件常选用哪几种材料？

任务二　基准面的加工

知识点

车床的工艺范围；
三爪卡盘；
基准的概念；
中心孔与中心钻。

技能点

学会车削端面和钻削中心孔。

任务导入

基准是零件上用以确定其他点、线、面的位置所依据的点、线、面。基准根据其功用不同可分为设计基准与工艺基准两大类，前者用于产品零件的设计图上，后者用于机械制造的工艺过程中。

在实际操作中，首先加工的就是基准。为了保证加工精度和便于测量，需要在工件上选定一个合适的几何要素作为基准先行加工。基准一般是由一个面体现的，故该面又被称为基准面。基准面可以是平面（如端面），也可以是曲面（如外圆柱面、内圆柱面、外圆锥面、内圆锥面等）。基准面加工质量对后续加工的影响极大，应充分认识基准面加工的重要性。

本任务中的基准面为端面和两个中心孔，两中心孔确定的基准为工件的轴线。本任务须要完成图 1-8 所示的零件的端面和中心孔的加工。

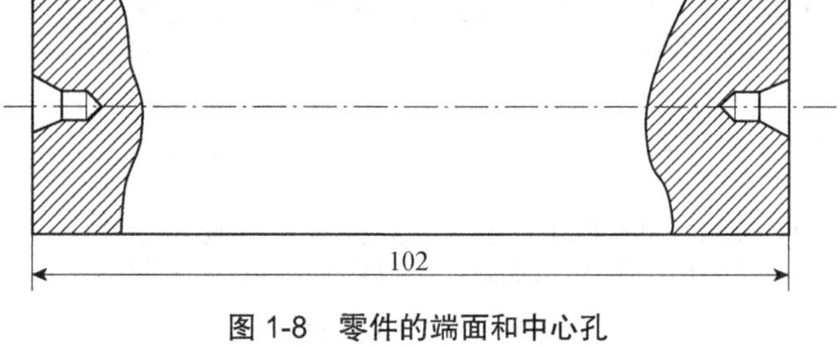

图 1-8　零件的端面和中心孔

知识准备

一、加工设备

本任务需要加工端面和中心孔，常使用车床进行加工。

1. 车床的运动

（1）工件的旋转运动

工件的旋转运动是车床的主运动，其特点是速度较高，消耗功率较大。

（2）刀具的直线移动

刀具的直线移动是车床的进给运动，它使毛坯上新的金属层不断投入切削，以便切削整个加工表面。

提示

工件与刀具同时运动是车床形成加工表面形状所需的表面成形运动。例如，在车床上车削螺纹时，工件的旋转运动和刀具的直线移动形成螺旋运动，这是一种复合成形运动。

2. 车床的分类

为适应不同的加工要求，车床分为很多种类。按其结构和用途不同，可分为卧式车床（如图 1-9 所示）、立式车床（如图 1-10 所示）、转塔车床、落地车床、液压仿形及多刀自动和半自动车床、各种专用车床等。

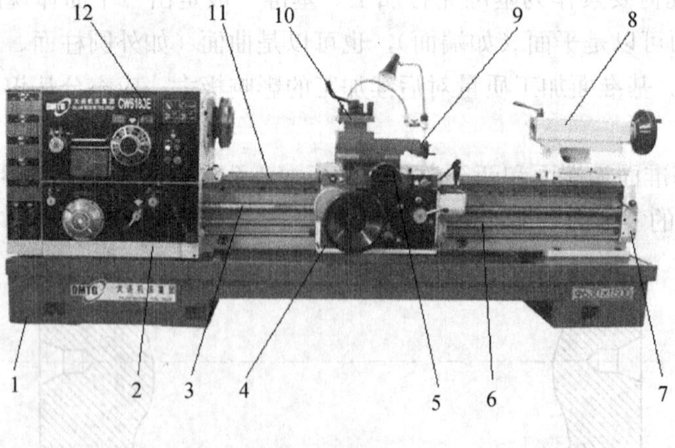

1—床腿；2—进给箱；3—丝杠；4—溜板箱；5—中滑板；6—光杠；7—床身；8—尾架；9—小滑板；10—刀架；11—导轨；12—主轴箱

图 1-9 卧式车床

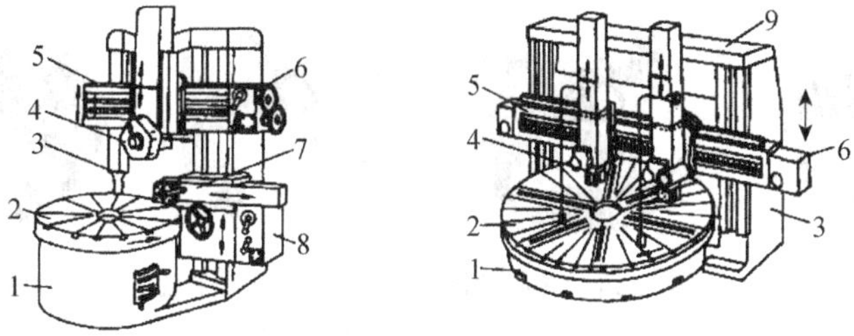

(a) 单柱式立式车床　　　　(b) 双柱式立式车床

1—底座；2—工作台；3—立柱；4—垂直刀架；5—横梁；6—垂直刀架进给箱；
7—侧刀架；8—侧刀架进给箱；9—横梁

图 1-10 立式车床

提示

车床主要用于加工零件的各种回转表面、成形回转表面和回转体的端面等，有些车床还能车削螺纹表面和钻孔等。大多数机器零件都具有回转表面，并且大部分要用车床加工。因此，车床是一般机器制造厂中应用最广泛的一类机床，占机床总数的 35%～50%。

3. CA6140 型卧式车床

CA6140 型卧式车床的工艺范围很广，能加工各种回转表面，如车削内外圆柱面、圆锥面、环槽及成形回转面，还能车削端面、钻孔、扩孔、铰孔、滚花、攻螺纹和套螺纹等，CA6140 型卧式车床加工的典型表面如图 1-11 所示。

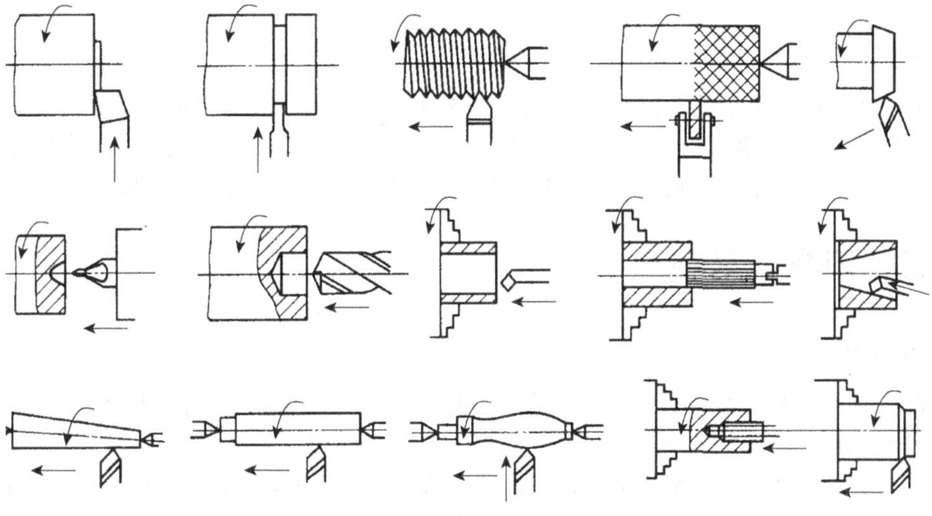

图 1-11　CA6140 型卧式车床加工的典型表面

二、工件的装夹

车床上常用的夹具有二爪自定心卡盘、三爪自定心卡盘、四爪自定心卡盘、四爪单动卡盘等，各类卡盘如图 1-12 所示。

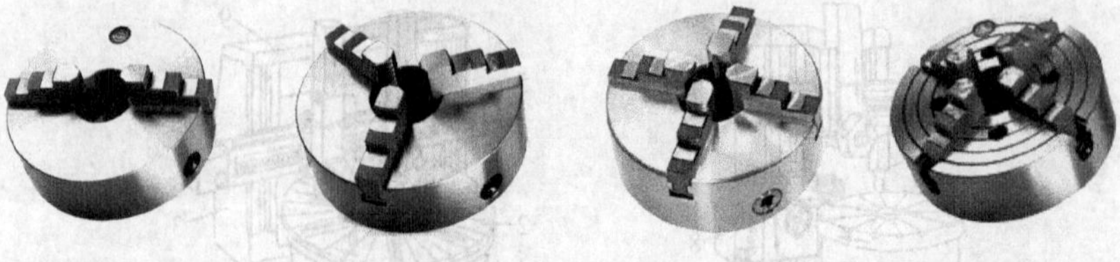

（a）二爪自定心卡盘　（b）三爪自定心卡盘　（c）四爪自定心卡盘　（d）四爪单动卡盘

图 1-12　各类卡盘

三爪自定心卡盘是车床上最常用的附件，三爪同时动作，可以达到自动定心兼夹紧的目的。其装夹方便，但定心精度不高（爪槽磨损所致），工件上同轴度要求较高的表面应尽可能在一次装夹中车出。三爪自定心卡盘传递的扭矩不大，故适于夹持圆柱形、六角形等中小工件。

三爪自定心卡盘的三个卡爪有正爪和反爪之分，换上反爪即可安装直径较大的工件。当工件直径较小时，可将工件置于三个卡爪之间装夹，正爪正夹如图 1-13（a）所示；也可将三个卡爪伸入工件内孔中，利用正爪的径向张力装夹盘、套、环状零件，正爪反夹如图 1-13（b）所示；当工件直径较大，用正爪不便装夹时，可将三个正爪换成反爪进行装夹，反爪正夹如图 1-13（c）所示。

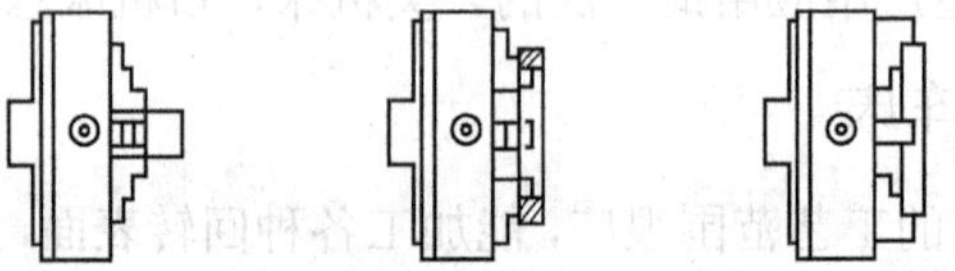

（a）正爪正夹　（b）正爪反夹　（c）反爪正夹

图 1-13　用三爪自定心卡盘装夹工件

提示

用车床加工比较复杂的非回转体（如长方体等）工件时，采用四爪单动卡盘装夹，其四个爪通过四个螺杆独立移动，装夹后不能自动定心，所以装夹效率较低。四爪自定心卡盘的工作原理与三爪卡盘相同，其定心精度低于四爪单动卡盘，夹紧力大于三爪卡盘。

三、刀具与材料

1. 中心钻

中心钻用于加工轴类等零件端面上的中心孔，也可用于孔加工的预制精确定位，以引导麻花钻进行孔加工，减少误差。

常用的中心钻有两种，A 型是不带护锥的中心钻，如图 1-14（a）所示；B 型是带护锥的中心钻，如图 1-14（b）所示。加工直径为 1～10mm 的中心孔时，通常采用不带护锥的中心钻（A 型）。对于工序较多、精度要求较高的工件，为了避免损坏 60º 定心锥，一般采用带护锥的中心钻（B 型）加工。

（a）A型　（b）B型

图 1-14　常用的中心钻

制造中心钻的材料为高速钢，这是一种加入了钨（W）、钼（Mo）、铬（Cr）、钒（V）等合金元素的高合金工具钢。它的耐热性较碳素工具钢和一般合金工具钢显著提高，允许的切削速度比碳素工具钢和合金工具钢高两倍以上。高速钢具有较高的强度、韧性和耐磨性，可耐热 540～600℃。它能承受较大的冲击载荷，工艺性能较好，容易磨出锋利的刃口，因此常用于制造结构复杂的刀具，如成形车刀、铣刀、钻头、铰刀、拉刀、齿轮刀具、螺纹刀具等。

提示

在切削加工中，刀具切削部分要在高温下承受很大的压力和强烈的摩擦，还要承受切削力、冲击和振动，因此要求刀具切削部分的材料应具备高硬度、高耐磨性、足够的强度和韧性、高耐热性和良好的工艺性等特点。

高速钢按其用途和性能可分为通用高速钢和高性能高速钢两类。

（1）通用高速钢

通用高速钢是指加工一般金属材料用的高速钢。按其化学成分可分为钨系高速钢和钼系高速钢。

W18Cr4V 属于钨系高速钢，其淬火后的硬度为 HRC63～66，可耐热 620℃，抗弯强度 σ_b=3430MPa。其磨削性能好，热处理工艺控制方便，是我国高速钢中用得比较多的一个牌号。

W6Mo5Cr4V2 属于钼系高速钢，与 W18Cr4V 相比，它的抗弯强度、冲击韧度和高温塑性较高，故可制造热轧刀具，如麻花钻、中心钻等。

（2）高性能高速钢

高性能高速钢是在通用高速钢中再加入一些合金元素后得到的，其耐热性和耐磨性得到了进一步提高。这种高速钢的切削速度可达 50～100m/min，具有比通用高速钢更高的生产率与更长的刀具使用寿命，同时还能切削不锈钢、耐热钢、高强度钢等难加工的材料。

高钒高速钢（W12Cr4V4Mo）中的钒（V）、碳（C）含量更高，这提高了其耐磨性，相应的刀具寿命比通用高速钢长 2～4 倍。但是，随着钒质量分数的提高，其磨削性能变差，刃磨困难。

高钴高速钢和高铝高速钢是近年来为了加工高温合金、钛合金、难熔合金、超高强度钢、奥氏体不锈钢等难加工材料而发展起来的。它们的常温硬度、高温硬度、耐热性和耐磨性都比通用高速钢 W18Cr4V 高，虽然它们的抗弯强度和冲击韧度比较低，但仍是综合性能较好的材料，可以制作各种刀具。其牌号有 W2Mo9Cr4VCo8、W6Mo5Cr4V2Al 等。

2. 端面车刀

常用的端面车刀如图 1-15 所示。弯头车刀适用于车削较大的端面，偏刀则适用于车削端面和外圆。

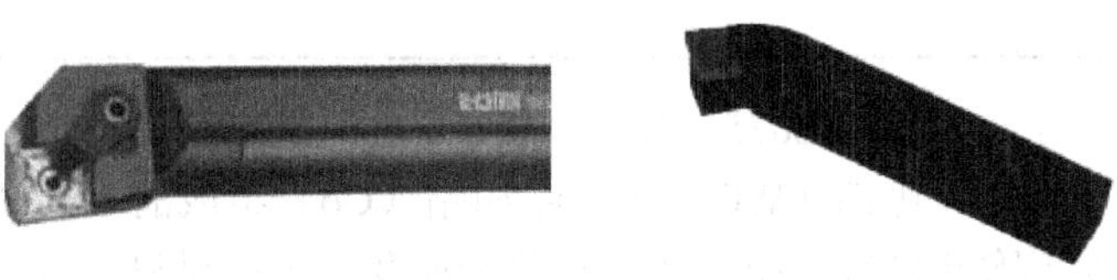

(a) 弯头车刀　　(b) 偏刀

图 1-15　常用的端面车刀

提示

使用偏刀从外向内车削端面，切削不够轻快，由于刀尖的磨损，端面往往会出现外凸的现象；而从内向外车削端面，便没有这个缺点，端面会向内凹，但是工件必须有中心孔。

端面车刀切削部分的材料和大多数车刀一样常选用硬质合金。硬质合金是用粉末冶金法制造的合金材料，它是由硬度和熔点很高的碳化物（称为硬质相）与金属（称为黏结相）组成的。

硬质合金的硬度较高，常温下可达 HRC74～81，它的耐磨性和耐热性较好，能耐 800～1000℃的高温，因此能采用比高速钢高几倍甚至十几倍的切削速度；它的不足之处是抗弯强度和冲击韧度比高速钢低，刃口不能磨得像高速钢刀具那样锋利。

常用硬质合金按其化学成分和使用特性可分为四类：钨钴类（YG）、钨钛钴类（YT）、钨钛钽钴类（YW）和碳化钛基类（YN）。硬质合金常用牌号和应用范围见表 1-3。

表 1-3 硬质合金常用牌号和应用范围

牌号		应用范围
YG3X	↑硬度、耐磨性、切削速度　抗弯强度、韧性、进给量↓	铸铁、有色金属及其合金的精加工、半精加工，不能承受冲击载荷
YG3		铸铁、有色金属及其合金的精加工、半精加工，不能承受冲击载荷
YG6X		普通铸铁、冷硬铸铁、高温合金的精加工、半精加工
YG6		铸铁、有色金属及其合金的半精加工和粗加工
YG8		铸铁、有色金属及其合金、非金属材料的粗加工，也可用于断续切削
YG6A		冷硬铸铁、有色金属及其合金的半精加工，也可用于高锰钢、淬硬钢的半精加工和精加工
YT30	↑硬度、耐磨性、切削速度　抗弯强度、韧性、进给量↓	碳素钢、合金钢的精加工
YT15		碳素钢、合金钢在连续切削时的粗加工、半精加工，也可用于断续切削时的精加工
YT14		同 YT15
YT5		碳素钢、合金钢的粗加工，可用于断续切削
YW1	↑硬度、耐磨性、切削速度　抗弯强度、韧性、进给量↓	高温合金、高锰钢、不锈钢等难加工材料及普通钢料、铸铁、有色金属及其合金的半精加工和精加工
YW2		高温合金、不锈钢、高锰钢等难加工材料及普通钢料、铸铁、有色金属的粗加工和半精加工

（1）钨钴类硬质合金（GB/T 2075—2007 中 K 类）

这类合金是由硬质相碳化钨（WC）和黏结相钴（Co）组成的，其韧性、磨削性能和导热性好，主要用于加工脆性材料，如铸铁、有色金属及非金属材料。这类硬质合金常用牌号和应用范围见表 1-3，代号 YG 后的数值表示钴（Co）的含量。合金中含钴量越高，其韧性越好，适用于粗加工；含钴量低的，适用于精加工。

它有 K01、K10、K20、K30、K40 五类，K01 为高速精车刀，K40 为低速粗车刀，刀柄涂红色。

（2）钨钛钴类硬质合金（GB/T 2075—2007 中 P 类）

这类合金是由硬质相碳化钨（WC）、碳化钛（TiC）和黏结相钴（Co）组成的，由于加入了碳化钛（TiC），合金的硬度和耐磨性得到了提高，但是抗弯强度、磨削性能和热导率有所下降；这类合金低温脆性较大，不耐冲击，因此适用于高速切削一般钢材。钨钛钴类硬质合金常用牌号和应用范围见表 1-3。代号 YT 后的数值表示碳化钛（TiC）的含量。当刀具在切削过程中承受冲击、振动而容易引起崩刃时，应选用 TiC 含量低的牌号；而当切削条件比较平稳，要求强度和耐磨性好时，应选用 TiC 含量高的牌号。

它有 P01、P10、P20、P30、P40、P50 六类。P01 为高速精车刀，号码小，耐磨性较好；P50 为低速粗车刀，号码大，韧性好。刀柄涂蓝色。

（3）钨钛钽钴类硬质合金（GB/T 2075—2007 中 M 类）

这类合金是在钨钛钴类硬质合金中加入适量的碳化钽（TaC）等稀有难熔金属碳化物后得到的，其高温硬度、强度、耐磨性、黏结温度、抗氧化性和韧性均有所提高，具有较好的综合切削性能，所以人们常称它为“万能合金”。但是，这类合金的价格比较高，主要用于加工难切削的材料。此类刀柄涂黄色。

（4）碳化钛基类硬质合金（GB/T 2075—2007 中 P01 类）

这类合金是以碳化钛作为硬质相，镍、钼作为黏结相而组成的，硬度高达 HRA90～95。它有很好的耐磨性，在 1000℃以上的高温下仍能进行切削加工，适合对硬度较高的合金钢、工具钢、淬硬钢等进行切削加工。

提示

在加工时，必须根据具体情况综合考虑，合理选择刀具材料，既要充分发挥刀具材料的特性，又要较经济地满足切削加工的要求。加工一般材料时，宜使用通用高速钢与硬质合金；加工难切削的材料时，才有必要选用新牌号硬质合金或高性能高速钢。

四、测量工具

游标卡尺是中等精度的量具，可测量工件的外径、孔径、长度、宽度、深度和孔距等尺寸，各类游标卡尺如图 1-16 所示。

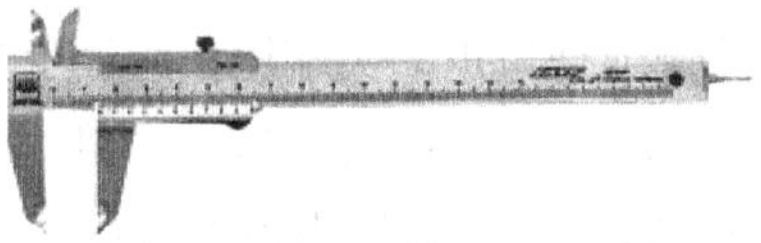

（a）开式双爪游标卡尺

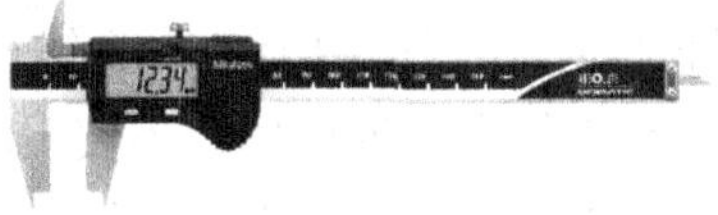

（b）数显游标卡尺

（c）开式带表游标卡尺

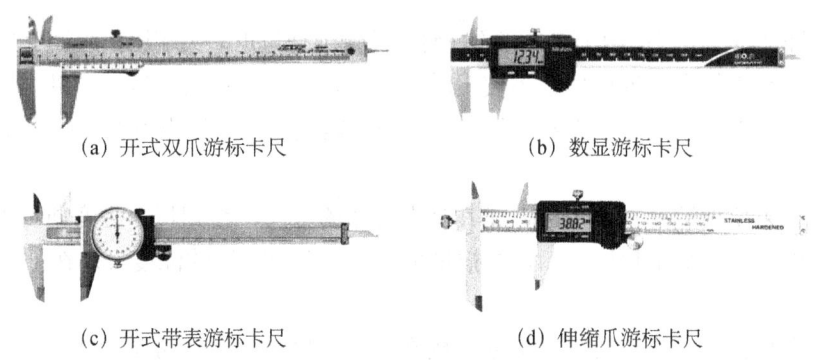

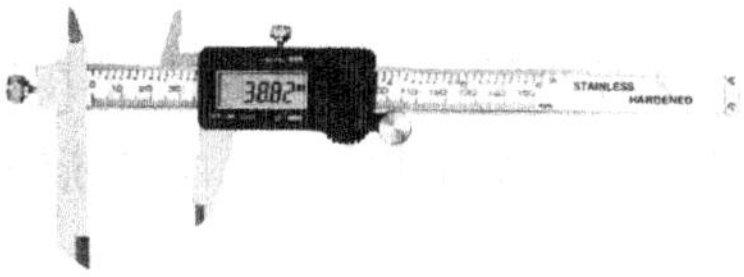

（d）伸缩爪游标卡尺

图 1-16　各类游标卡尺

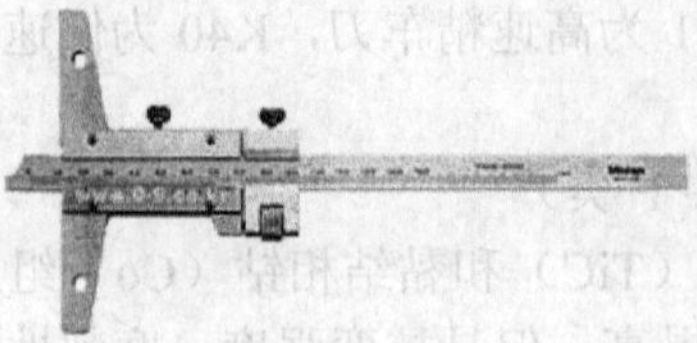

(e) 深度游标卡尺

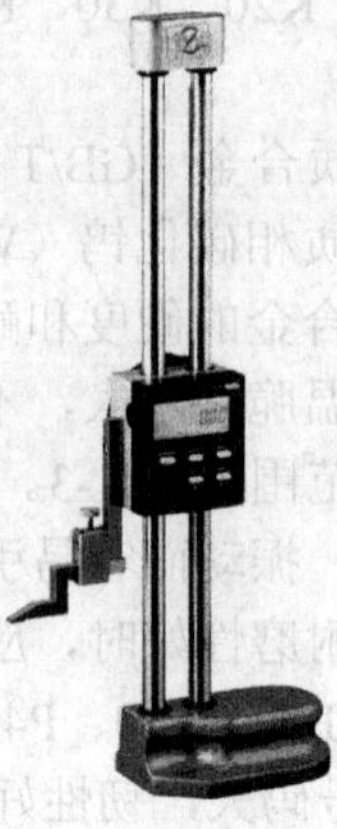

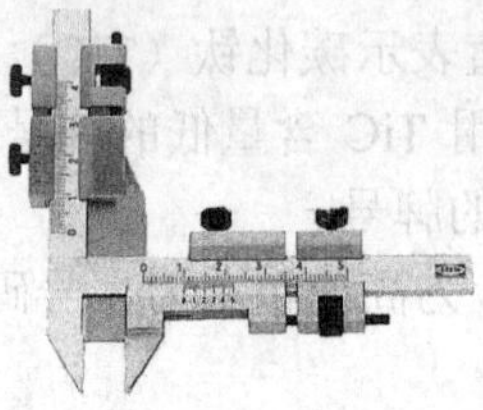

(f) 齿厚游标卡尺　　(g) 数显高度游标卡尺

图 1-16　（续）

1. 游标卡尺的使用方法

① 将工件和游标卡尺的测量面擦干净。

② 校准游标卡尺的零位，主尺和游标的零线要对齐。

③ 测量时，外量爪应张开到略大于被测尺寸。

④ 先将尺身量爪贴靠在工件测量基准面上，然后轻轻移动游标，使外量爪贴靠在工件另一面上，游标卡尺的使用方法如图 1-17 所示。

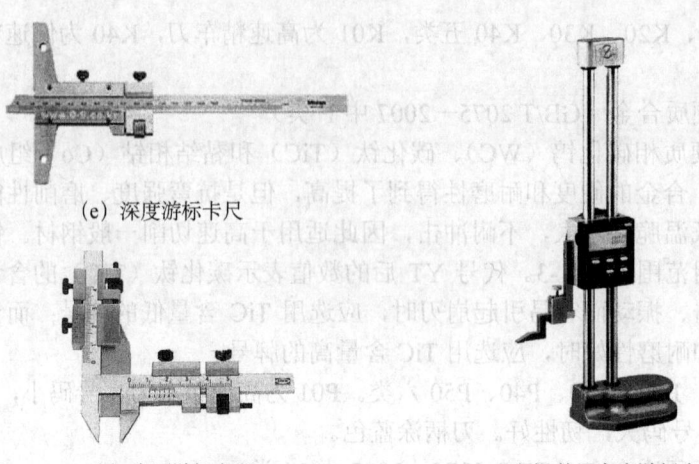

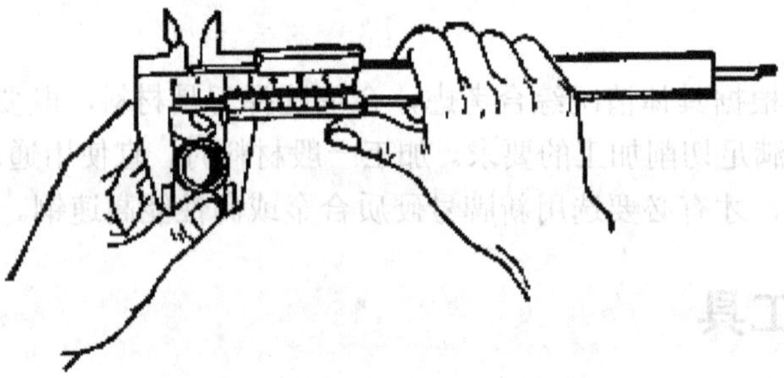

图 1-17　游标卡尺的使用方法

2. 游标卡尺的保养

① 不允许把游标卡尺的两个量爪当作螺钉扳手用或把量爪的尖端用作画线工具、圆规等。

② 游标卡尺不得靠近磁性体，不使用时应放置在游标卡尺盒盖等清洁处。

③ 移动游标卡尺的副尺和微动装置时，应松开紧固螺钉，但也不要松得过量，以免螺钉脱落丢失。

④ 测量结束要把游标卡尺平放，尤其是大尺寸的卡尺，否则尺身会弯曲变形。

⑤ 带深度尺的游标卡尺用完后，要把量爪合拢，否则较细的深度尺露在外边，容易变形甚至折断。

⑥ 游标卡尺使用完毕，要擦净上油，放到游标卡尺盒内，以防锈蚀或弄脏。

学习任务

【活动一】工艺分析

要求：分析基准面的加工工艺。

选择中心孔为基准面确定工件的位置，可以比较方便地加工其他各表面，中心孔所体现的轴线是定位基准。这种尽可能在多数工序中采用一组基准定位的方式，称为“基准统一”原则。

采用“基准统一”原则可减少工装设计及制造费用，提高生产率，并且可以避免基准转换所造成的误差。

提示

工艺基准按用途不同可分为工序基准、定位基准、测量基准和装配基准。加工时，使工件在机床或夹具中占据正确位置所用的基准称为定位基准。

基准面的加工步骤见表 1-4。

表 1-4　基准面的加工步骤

步骤	加工内容	图示
1	车端面（见平），打中心孔	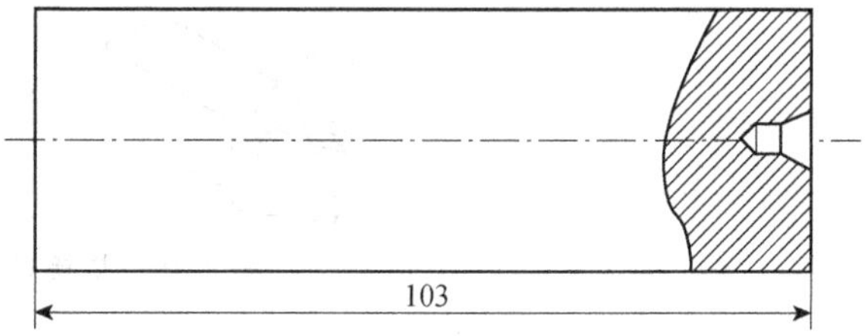
2	调头车端面，保证尺寸 102，打中心孔	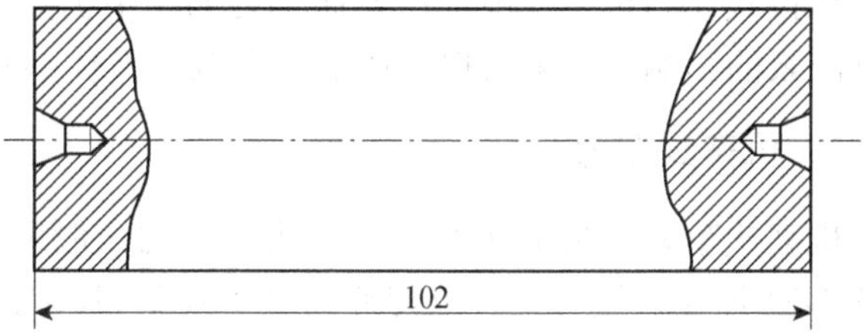

【活动二】确定刀具

要求：按加工要求，合理选用车刀。

车刀按切削部分和柄部（即装夹部分）的结合方式可分为整体式、焊接式、机夹式和可转位式。

1. 整体式车刀

这类车刀用整体高速钢制造，刀口可磨得较锋利，整体式车刀如图 1-18 所示。它适用于小型车床或加工非铁金属，适合低速切削。

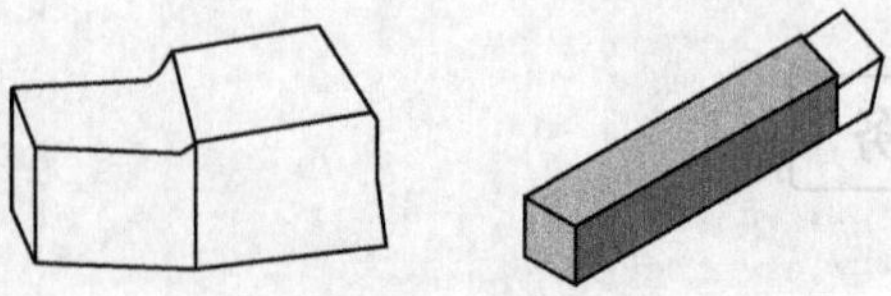

图 1-18　整体式车刀

整体式车刀几何参数的选择受多种因素的影响，必须根据具体情况选取。前角根据工件材料的成分和强度选取，切削强度较高的材料时，应取较小的值。例如，硬质合金车刀在切削普通碳素钢时前角取 10°～15°，在切削铬锰钢或淬火钢时取−10°～−2°。一般情况下，后角取 6°～10°。主偏角根据工艺系统的刚性条件而定，一般取 30°～75°，刚性差时取较大的值；在车阶梯轴时，由于切削方式的需要，取大于或等于 90°。刀尖圆弧半径和副偏角一般按加工表面粗糙度的要求选取。刃倾角则根据所要求的排屑方向和刀刃强度确定。

2. 焊接式车刀

焊接式车刀是将具有一定形状的硬质合金刀片，用纯铜或其他焊料钎焊在普通结构钢或铸铁刀杆上而形成的，如图 1-19 所示。

焊接式车刀结构简单、紧凑，刚性好，抗震性能强，制造、刃磨方便，使用灵活。但是，刀片经过高温焊接，强度、硬度降低，切削性能下降；刀片材料产生内应力，容易出现裂纹等缺陷；刀柄不能重复使用，浪费原材料；换刀及对刀时间较长，不适用于自动车床和数控车床。

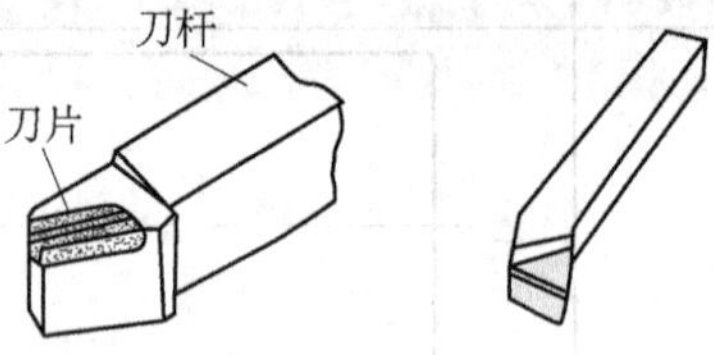

图 1-19　焊接式车刀

焊接式车刀价格低廉，在普通车刀加工中仍然大量采用。其切削部分几何参数的选择受多种因素的影响，必须根据具体情况选取，具体参数与整体式车刀一致。

3. 机夹式车刀

机夹式车刀如图 1-20 所示。机夹式车刀一般用螺钉和压板将刀片夹紧，机夹式车刀刀片如图 1-21 所示。装有可转位刀片的机夹式车刀，刀刃用钝后可以转位继续使用，而且停车换刀时间短，因此获得了迅速发展。

(a) 机夹式外圆车刀　(b) 机夹式切槽车刀　(c) 机夹式外螺纹车刀

图 1-20　机夹式车刀

机夹式车刀避免了焊接产生的应力、裂纹等缺陷，刀杆利用率高，刀片可集中刃磨以获得所需参数，使用灵活方便，适用于加工外圆、端面、螺纹及镗孔、切断等。

（a）外圆刀　（b）螺纹刀　（c）PCBN外圆刀

图 1-21　机夹式车刀刀片

4. 可转位式车刀

可转位式车刀是使用可转位刀片的机夹刀具，由刀片、刀垫、刀杆（或刀体）及刀片夹紧元件组成，如图 1-22 所示。

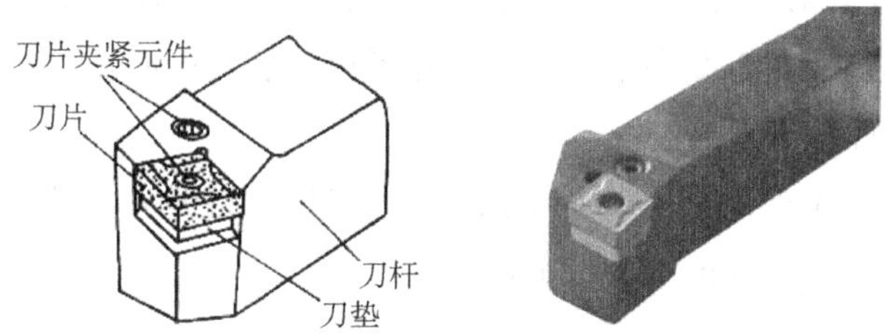

图 1-22　可转位式车刀

其刀片是压制有合理的几何参数、断屑槽形、装夹孔和数个切削刃的多边形刀片，可转位式车刀刀片如图 1-23 所示。使用夹紧元件、刀垫，以机械夹固的方法，将刀片夹紧在刀体上。当刀片的一个切削刃用钝后，只要把夹紧元件松开，将刀片转一个角度，换另一个新切削刃，并重新夹紧就可以继续使用。刀片上的所有切削刃用钝后，再换一个新刀片即可继续切削，无须更换刀体。

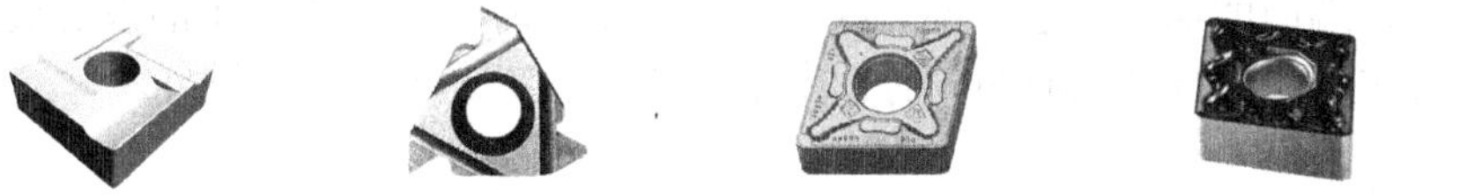

（a）外圆刀（无涂层）　（b）螺纹刀　（c）TiN涂层外圆刀　（d）PVD涂层外圆刀

图 1-23　可转位式车刀刀片

使用可转位式车刀，生产率高，断屑稳定，而且可采用涂层刀片。其适用于大中型车床加工外圆、端面和镗孔，特别适用于自动线、数控机床。

数控车床常用的可转位式车刀如图 1-24 所示。国际上对可转位刀片和刀杆统一采用 ISO 标准进行编码，我国也制定了与国际标准等效的国家标准，即 GB/T 2076—2007、GB 2081—1987、GB/T 5343.1—2007 和 GB/T 5343.2—2007 等标准。

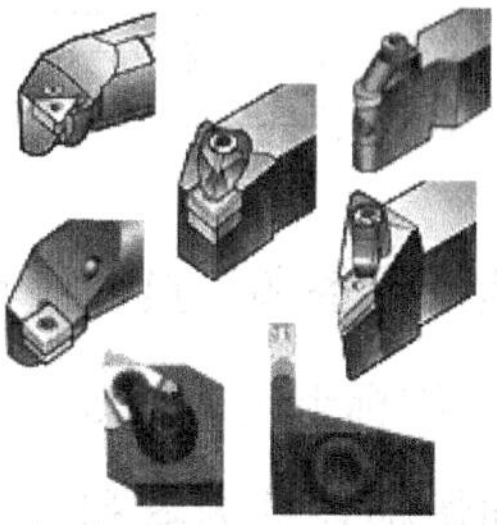

图 1-24　数控车床常用的可转位式车刀

【活动三】车削端面

要求：端面垂直于轴线，保证总长。

装夹时，工件不宜伸出过长，略夹紧后，开启车床使工件低速旋转，观察工件的跳动情况。如发现工件跳动较大，可停止车床，在工件最大跳动的反方向轻轻敲击，再开启车床观察工件的跳动情况，直至跳动很小后，停车夹紧工件。

车刀材料选用 YT15，车削第一个端面时，只要去掉氧化层，端面见平即可。车削第二个端面时，要保证工件的总长。

【活动四】钻中心孔

要求：两中心孔尺寸相等、同轴。

选用直径为 3mm 的 B 型中心钻，由钻夹头夹持，安装在车床的尾座套筒中。

钻夹头是能精确自动定心并夹紧的夹具，除了可以装夹中心钻外，还可以装夹钻头、铰刀、丝锥等柄部为圆柱体的刀具。

钻夹头的类型有一体式、手紧式和自紧式等，如图 1-25 所示。常用的规格有 1～13mm、1～16mm、3～16mm、3～18mm、5～20mm 等。

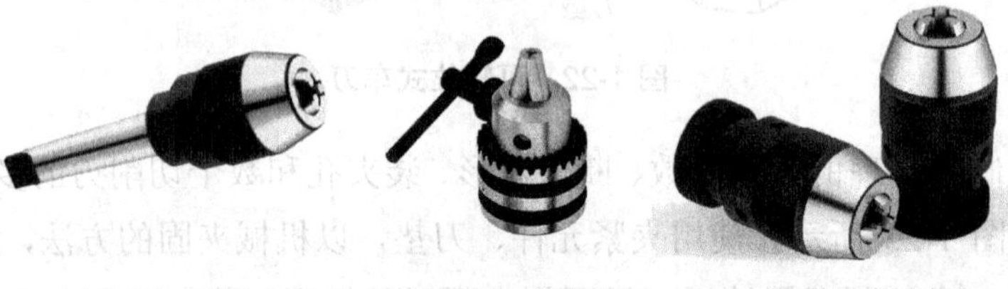

(a) 一体式钻夹头　(b) 手紧式钻夹头　(c) 自紧式钻夹头

图 1-25　钻夹头的类型

加工中心孔时，为避免中心钻钻偏或折断，应先加工轴的两端面。根据生产批量和生产条件的不同，端面的加工方法也不一样。在成批生产时，常采用专用的双面铣端面钻中心孔机床。该机床在完成铣削端面的同时加工中心孔，加工效率高、质量好。

提示

中心孔是轴类零件加工时最常用的定位基准面。中心孔应有足够大的尺寸和准确的锥角，并应位于同一轴线上，具有较高的圆度要求。对同批工件，中心孔的深度尺寸和两端中心孔间的距离应保持一致。

任务实施

1. 选择设备和工具、量具

车床、游标卡尺、YT5、ϕ3mm 中心钻（B 型）。

2. 质量检查的内容和成绩评定标准

基准面加工检测与评价表见表 1-5。

表 1-5　基准面加工检测与评价表

序号	检测内容	配分	量具	检测结果	学生评分	教师评分
1	102	10 分				
2	中心孔	10 分				
3	R_a3.2（中心孔）	10 分				
4	平面度	10 分				
5	R_a6.3（端面）	10 分				
6	文明生产	违纪一项扣 10 分				
合　计		50 分				

任务小结

通过本任务的学习和训练，能够掌握端面和中心孔的加工方法，理解基准面对后续加工的重要作用。加工时应正确装夹工件，保证端面与工件轴线的垂直度；中心孔需满足尺寸、形状和位置要求。

习题

1. 基准根据其功用不同可分为哪两大类？工艺基准按用途不同又可分为哪几类？
2. 常用的刀具材料有哪些？一般如何选用？
3. 刀具材料应具备哪些性能？
4. 轴类零件常用的装夹方式有哪些？

任务三　导柱的粗加工

知识点

数控车床的工艺范围；
刀具角度及其选择；
导柱的装夹工艺。

技能点

学会正确选择并安装刀具，掌握外圆柱面的粗加工和检测方法。

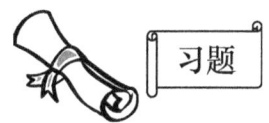

任务导入

粗加工是指对毛坯进行简单加工或初级加工，以快速去除毛坯上多余的材料为目的，而对表面质量的要求不高，使工件的形状和尺寸基本接近图纸的要求即可。

本任务需要完成图 1-26 所示的导柱零件的加工。

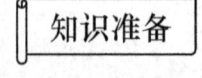

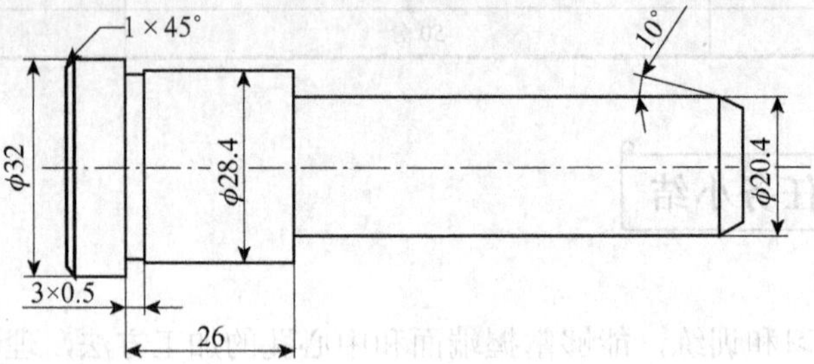

图 1-26　导柱零件

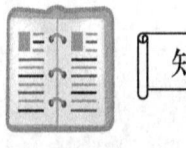

知识准备

一、加工设备

数控车床即计算机数字控制车床，是目前国内使用量最大、覆盖面最广的一种数控机床，约占数控机床总数的 25%。数控机床是集机械、电气、液压、气动、微电子和信息等技术于一体的产品，是机械制造设备中具有高精度、高效率、高自动化和高柔性化等优点的工作母机。

数控车床可加工直线圆柱、斜线圆柱、圆弧和各种螺纹。它还具有直线插补、圆弧插补及各种补偿功能，可在复杂零件的批量生产中发挥良好的经济效果。

数控车床可用于加工精密五金零件和结构复杂的零件，能加工各种类型的材料，如 316 和 304 不锈钢、碳钢、合金钢、合金铝、锌合金、钛合金、铜、铁、塑胶、亚克力、POM、UHWM 等。

提示

数控机床的技术水平及其在金属切削加工机床产量和总拥有量中所占的百分比，是衡量一个国家国民经济发展和工业制造整体水平的重要标志之一。数控车床是数控机床的主要品种之一，它在数控机床中占有非常重要的位置，几十年来一直受到世界各国的普遍重视并得到了迅速发展。

1. 按主轴位置分类

（1）卧式数控车床

卧式数控车床又分为水平导轨卧式数控车床和倾斜导轨卧式数控车床，如图 1-27 所示。

倾斜导轨结构可使车床具有更好的刚性，并易于排除切屑。

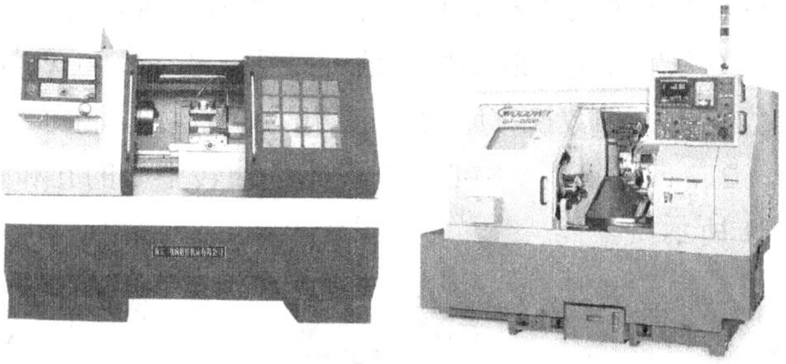

（a）水平导轨卧式数控车床　　（b）倾斜导轨卧式数控车床

图 1-27　卧式数控车床

（2）立式数控车床

立式数控车床简称数控立车，车床主轴垂直于水平面，有一个直径很大的圆形工作台用于装夹工件。这类车床主要用于加工径向尺寸大、轴向尺寸相对较小的大型复杂零件，立式数控车床如图 1-28 所示。

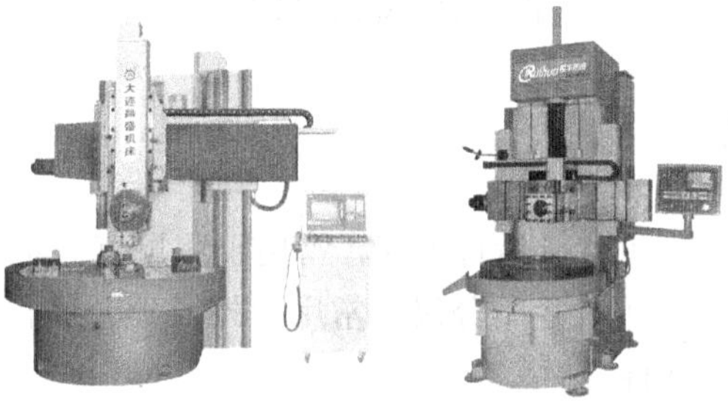

图 1-28　立式数控车床

2. 按功能分类

（1）经济型数控车床

经济型数控车床是采用步进电动机和单片机对普通车床的进给系统进行改造后形成的简易型数控车床，其成本较低，但自动化程度和功能都比较差，车削加工精度也不高，适用于要求不高的回转类零件的车削加工，经济型数控车床如图 1-29 所示。

（2）普通数控车床

普通数控车床是根据车削加工要求在结构上进行专门设计并配备通用数控系统而形成的数控车床，其数控系统功能强，自动化程度和加工精度也比较高，适用于一般回转类零件的车削加工。这种数控车床可同时控制两个坐标轴，即 X 轴和 Z 轴，普通数控车床如图 1-30 所示。

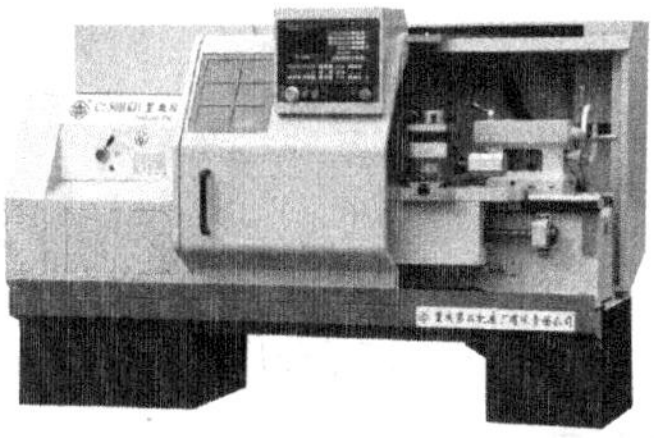

图 1-29　经济型数控车床

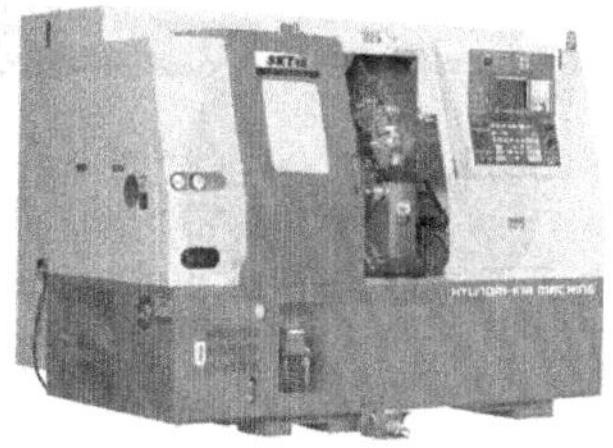

图 1-30　普通数控车床

（3）车削加工中心

车削加工中心在普通数控车床的基础上，增加了 *C* 轴和动力头，更高级的数控车床带刀库，可控制 *X*、*Z* 和 *C* 三个坐标轴，联动控制轴可以是（*X*，*Z*）、（*X*，*C*）或（*Z*，*C*）。由于增加了 *C* 轴和铣削动力头，这种数控车床的加工功能大大增强，除了可进行一般车削外，还可以进行径向和轴向铣削、曲面铣削、中心线不在零件回转中心的孔和径向孔的钻削等加工，车削加工中心如图 1-31 所示。

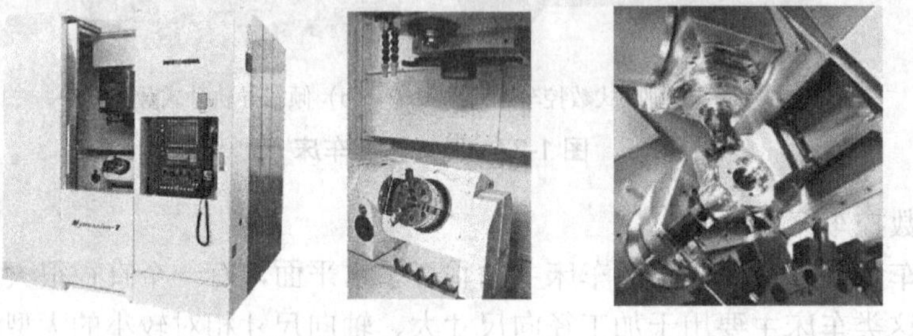

（a）带 *C* 轴的车削加工中心　　（b）带刀库的车削加工中心

图 1-31　车削加工中心

二、测量工具

千分尺的精度和读数效率均优于游标卡尺，常用于测量有一定精度的尺寸，如图 1-32 所示为各类千分尺。测量外径使用外径千分尺，常用的外径千分尺有 0～25mm、25～50mm、50～75mm、75～100mm 等几种。

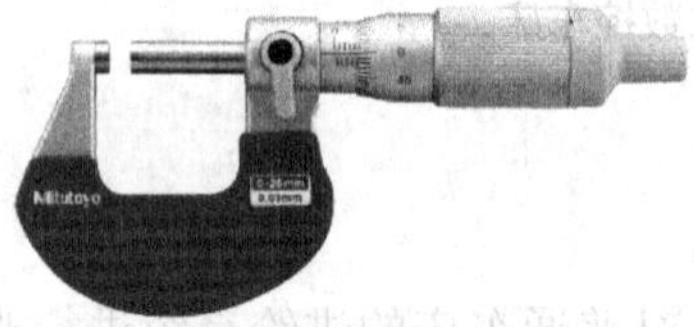

（a）外径千分尺

（b）数显外径千分尺

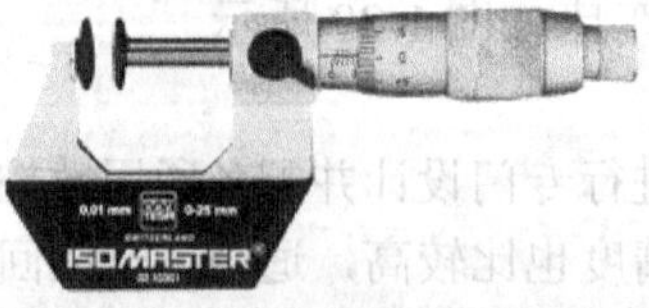

（c）公法线外径千分尺

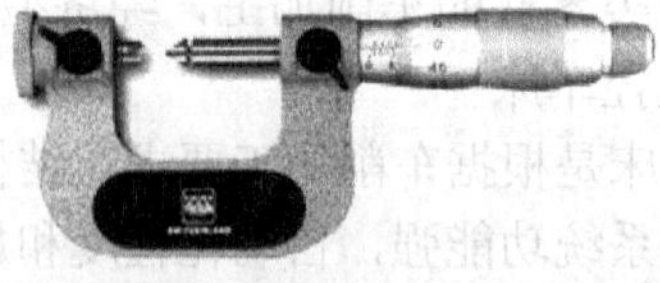

（d）螺纹外径千分尺

（e）叶片外径千分尺

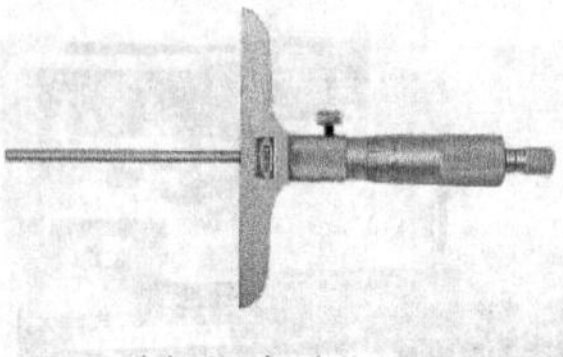

（f）深度千分尺

图 1-32　各类千分尺

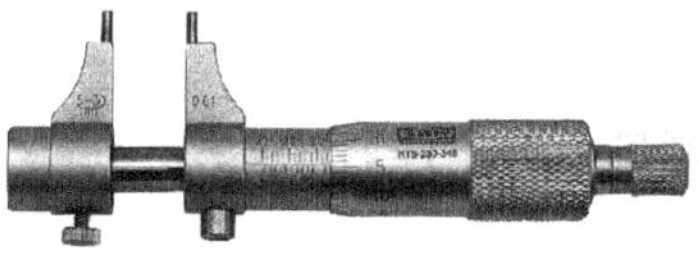

(g) 内径千分尺

(h) 三点式内径千分尺

图 1-32 （续）

1. 千分尺的结构

外径千分尺的结构如图 1-33 所示。内径千分尺的结构与外径千分尺相似，只是活动套筒上刻线数值的顺序相反。

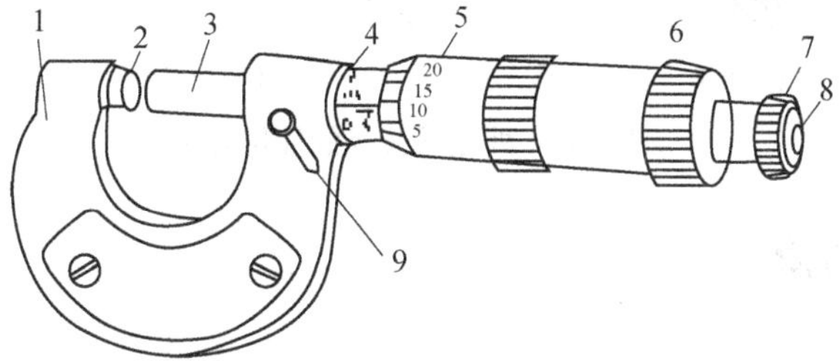

1—尺身；2—固定砧座；3—测微螺杆；4—固定套筒（主尺）；5—微分刻线；6—活动套筒（副尺）；7—棘轮棘爪装置；8—螺钉；9—锁紧手柄

图 1-33 外径千分尺的结构

2. 千分尺的原理与识读

外径千分尺的活动套筒转动一圈，测微螺杆移动 0.5mm。活动套筒一周被分成 50 格，每转过一格，则测微螺杆移动 0.01mm。根据以上原则，外径千分尺的读数按以下几步进行。

① 读出微分筒边缘左边固定套筒（主尺）上的毫米数和半毫米数。

② 看微分筒上哪一格与固定套筒上的基准线对齐，并读出不足半毫米的数。

③ 把两个读数相加即为测得的尺寸，外径千分尺的读数方法如图 1-34 所示。

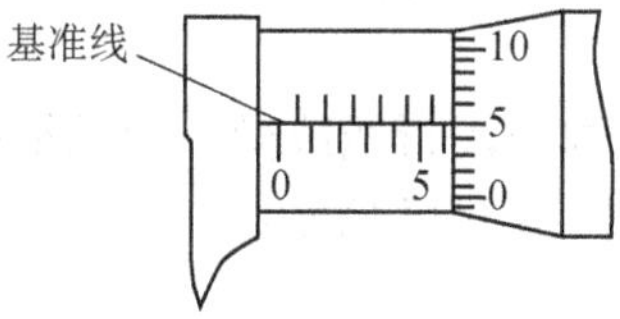

(a) 6＋0.05＝6.05mm

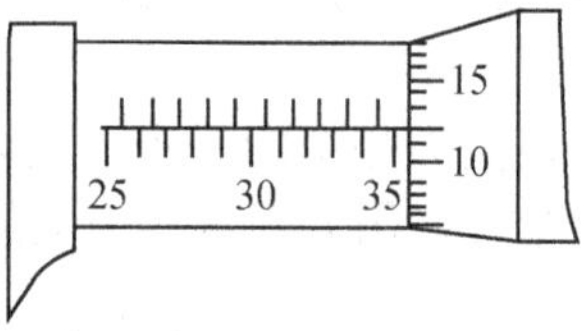

(b) 35.5＋0.12＝35.62mm

图 1-34 外径千分尺的读数方法

内径千分尺的刻线原理与外径千分尺相同，读数的方法也相同。

提示

当千分尺的半毫米线紧贴微分筒边缘时，读数易错。如微分筒上的“0”刻线在固定套筒基准线的下方时，应判断为半毫米线能读出；如微分筒上的“0”刻线在固定套筒基准线的上方时，表示半毫米线不能读出。

3. 外径千分尺的使用方法

① 先将工件、千分尺的砧座和测微螺杆的测量面擦干净。

② 校准千分尺的零位。

③ 测量时可用单手或双手操作，外径千分尺的使用方法如图 1-35 所示。测量时旋转力要适当，一般应先旋转微分筒，当测量面快接触或刚接触工件表面时，再旋转棘轮，控制测量力，当棘轮发出“嗒嗒”声时停止转动，最后读出读数。

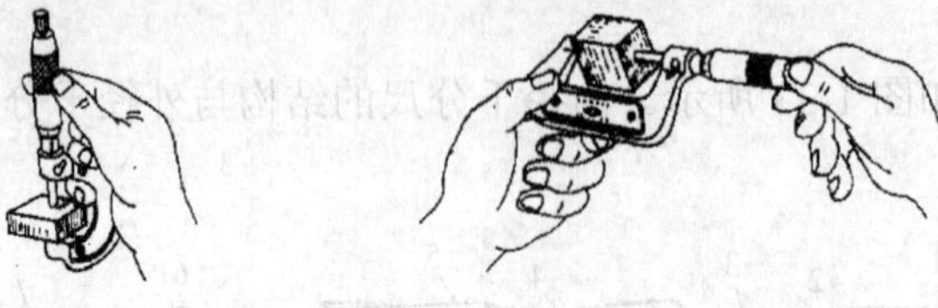

(a) 单手　　(b) 双手

图 1-35　外径千分尺的使用方法

三、刀具角度

1. 车刀的组成

车刀由切削部分和刀柄两部分组成。切削部分承担切削加工任务，车刀通过刀柄装夹在机床刀架上。切削部分是由一些面和切削刃组成的。常用的外圆车刀是由一个刀尖、两条切削刃和三个刀面组成的，车刀的组成如图 1-36 所示。

（1）刀面

① 前刀面是刀具上切屑流过的表面。

② 主后刀面是与工件上切削表面相对的刀面。

③ 副后刀面是与已加工表面相对的刀面。

（2）切削刃

① 主切削刃是前刀面与主后刀面的交线，承担主要的切削工作。

② 副切削刃是前刀面与副后刀面的交线，承担少量的切削工作。

（3）刀尖

刀尖是主、副切削刃相交的一点，实际上是由一段折线或微小圆弧组成的，微小圆弧的半径称为刀尖圆弧半径，用 r_ε表示，刀尖的形状如图 1-37 所示。

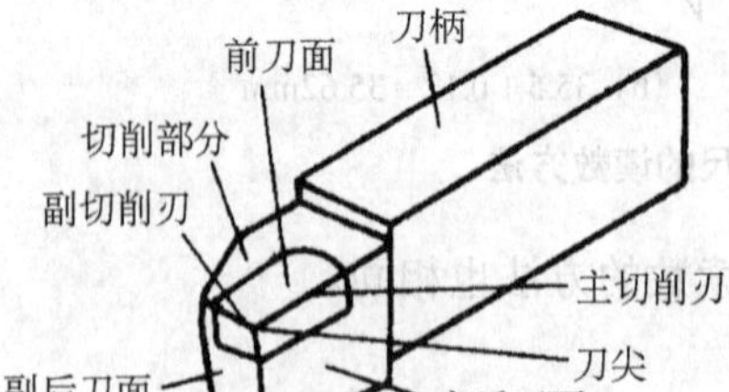

图 1-36　车刀的组成

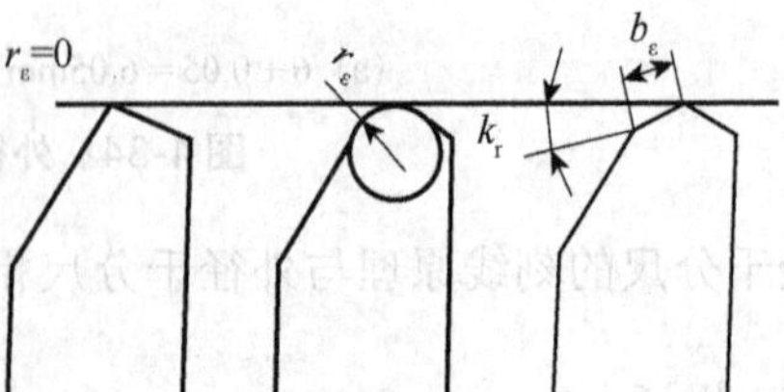

图 1-37　刀尖的形状

2. 刀具几何角度参考系

为了便于确定车刀上的几何角度，常选择某一参考系作为基准，通过测量刀面或切削刃相对于参考系坐标平面的角度值反映它们的空间方位。刀具几何角度参考系主要有刀具标注角度参考系和刀具工作角度参考系两类。

（1）刀具标注角度参考系

① 假设条件。刀具标注角度参考系是刀具设计时标注、刃磨和测量角度的基准，在此基准下定义的刀具角度称为刀具标注角度。为了使参考系中的坐标平面与刃磨、测量基准面一致，特别规定了如下假设条件。

● 假设运动条件。用主运动速度向量 v_c 近似地代替相对运动合成速度向量 v_e（即 $v_f=0$），车削运动速度合成如图 1-38 所示。

提示

切削时，刀具与工件之间产生的主要相对运动称为主运动，主运动的特点是速度高，消耗功率大。刀具与工件之间产生的附加相对运动称为进给运动，它使被切金属层不断地投入切削，从而加工具有所需几何特性的已加工表面。

● 假设安装条件。规定刀杆中心线与进给运动方向垂直，刀尖与工件中心等高。

② 正交平面参考系。如图 1-39 所示正交平面参考系，由以下三个平面组成。

● 基面 p_r。基面过切削刃上某选定点并平行或垂直于刀具在制造、刃磨及测量时适合于安装或定位的一个平面或轴线。一般来说，其方位要垂直于假定的主运动方向，车刀的基面都平行于它的底面。

● 主切削平面 p_s。主切削平面是过切削刃某选定点与主切削刃相切并垂直于基面的平面。

● 正交平面 p_o。正交平面是过切削刃某选定点并同时垂直于基面和主切削平面的平面。

过主、副切削刃某选定点都可以建立正交平面参考系。基面 p_r、主切削平面 p_s、正交平面 p_o 三个平面在空间内相互垂直。

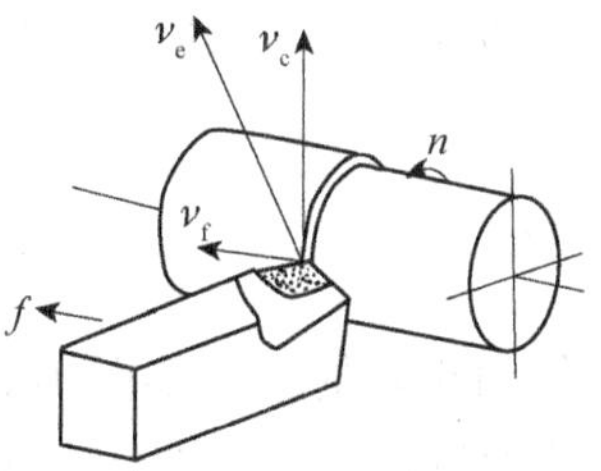

图 1-38　车削运动速度合成

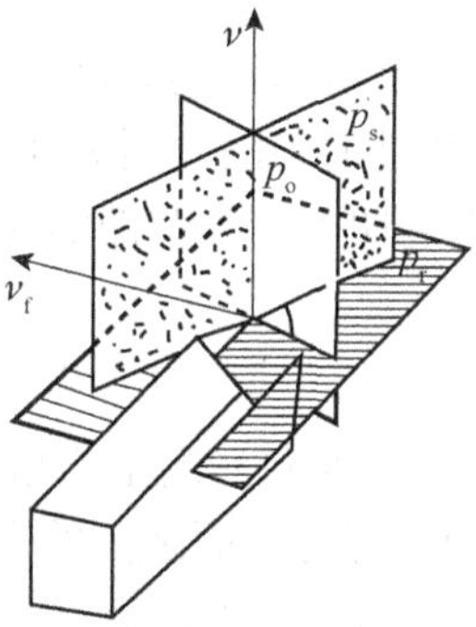

图 1-39　正交平面参考系

（2）刀具工作角度参考系

刀具工作角度参考系是刀具切削工作时角度的基准（不考虑假设条件），在此基准下定义的刀具角度称为刀具工作角度。

3. 刀具标注角度定义

如图 1-40 所示是车刀的几何角度。

（1）在基面内测量的角度

① 主偏角 k_r。主偏角是主切削刃在基面上的投影与进给运动方向之间的夹角。

② 副偏角 k_r'。副偏角是副切削刃在基面上的投影与进给运动反方向之间的夹角。

③ 刀尖角 ε_r。刀尖角是主切削刃与副切削刃在基面上投影的夹角。刀尖角的大小会影响刀具切削部分的强度和传热性能，它与主偏角和副偏角的关系如下：

$$\varepsilon_r = 180^\circ - \left(k_r + k_r'\right) \tag{1-6}$$

（2）在主切削刃正交平面内（$O-O$）测量的角度

① 前角 γ_o。前角是前刀面与基面之间的夹角。当前刀面与基面平行时，前角为零。基面在前刀面以内，前角为负。基面在前刀面以外，前角为正。

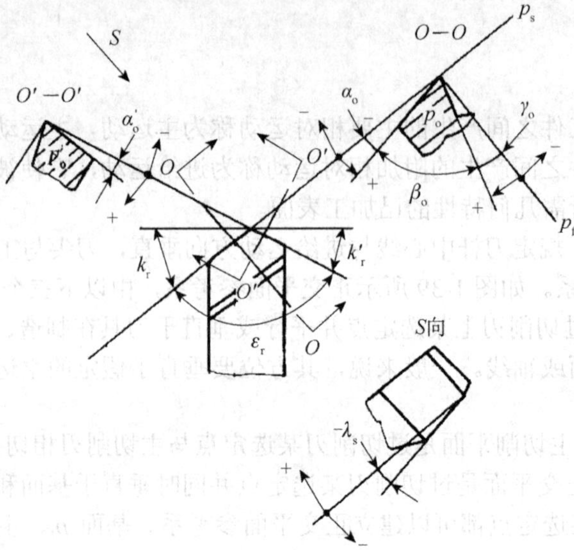

图 1-40　车刀的几何角度

② 后角 α_o。后角是后刀面与切削平面之间的夹角。

③ 楔角 β_o。楔角是前刀面与后刀面之间的夹角。

楔角的大小将影响切削部分截面的大小，决定切削部分的强度，它与前角 γ_o 和后角 α_o 的关系如下：

$$\beta_o = 90^\circ - \left(\gamma_o + \alpha_o\right) \tag{1-7}$$

（3）在切削平面内（S 向）测量的角度

刃倾角 λ_s 是主切削刃与基面之间的夹角。刃倾角正负的规定如图 1-41 所示。刀尖处于最高点时，刃倾角为正；刀尖处于最低点时，刃倾角为负；切削刃平行于底面时，刃倾角为零。

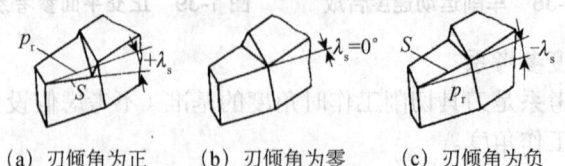

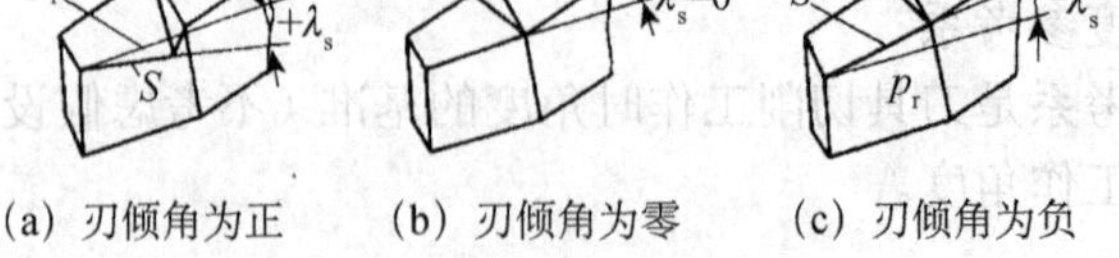

(a) 刃倾角为正　(b) 刃倾角为零　(c) 刃倾角为负

图 1-41　刃倾角正负的规定

刃倾角为正值时，切屑流向待加工表面，在精加工中选用。刃倾角为负值时，切屑流向已加工表面，在粗加工中选用。

（4）在副切削刃正交平面内（$O—O'$）测量的角度

副后角 α_o 是副后刀面与副切削刃切削平面之间的夹角。

提示

上述几何角度中，最常用的是前角（γ_o）、后角（α_o）、主偏角（k_r）、刃倾角（λ_s）、副偏角（k_r'）和副后角（α_o'），通常称为基本角度。基本角度能完整地表达车刀切削部分的几何形状，反映刀具的切削特点。ε_r、β_o 为派生角度。

学习任务

【活动一】工艺分析

要求：分析导柱粗加工工艺。

导柱的长度与直径的比值较大，采用卡盘单独装夹，加工时会产生“让刀”现象。因此，常用以下两种方式进行装夹。

1. 一夹一顶装夹工件

当工件长度大于 4 倍直径时，工件的一端用卡盘装夹，另一端用尾架顶尖支承，一夹一顶装夹工件如图 1-42 所示。

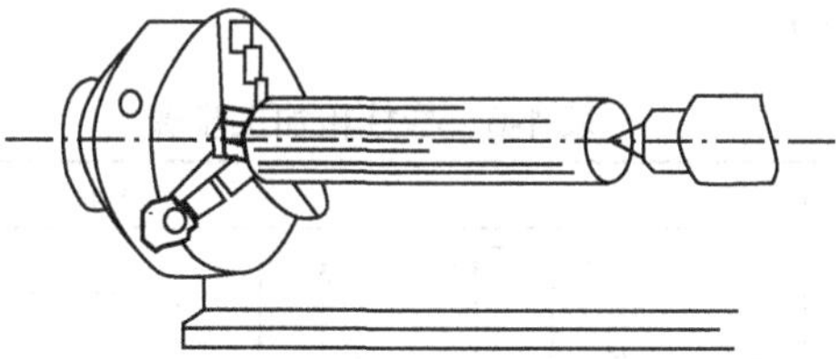

图 1-42　一夹一顶装夹工件

常用的顶尖有死顶尖和活顶尖两种，顶尖如图 1-43 所示。死顶尖的定位精度比活顶尖高。

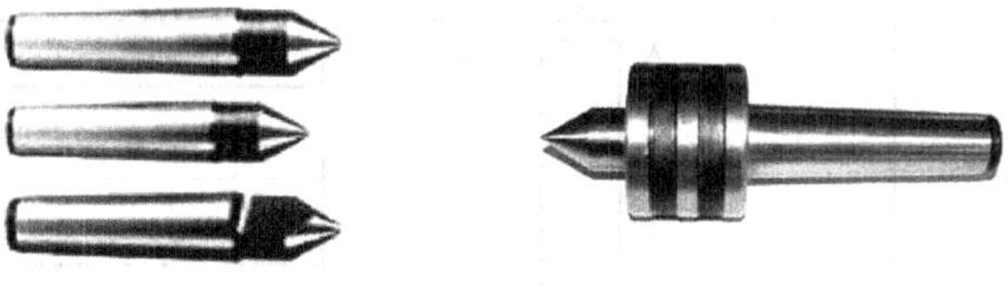

（a）死顶尖　　　　（b）活顶尖

图 1-43　顶尖

2. 两顶尖装夹工件

对于较长或加工工序较多的轴类工件，为保证工件同轴度要求，常采用两顶尖的装夹方法，用拨盘两顶尖装夹工件如图 1-44（a）所示。工件支承在前后两顶尖之间，由卡箍、拨盘带动旋转。前顶尖装在主轴锥孔内，与主轴一起旋转。后顶尖装在尾架锥孔内固定不转。有时也可用三爪卡盘代替拨盘，用三爪卡盘代替拨盘装夹工件如图 1-44（b）所示。此时前顶尖用一段钢棒车成，夹在三爪卡盘上，卡盘的卡爪通过鸡心夹头带动工件旋转。

用顶尖装夹工件应注意：

① 卡箍上的支承螺钉不能拧得太紧，以防工件变形。

② 由于靠卡箍传递扭矩，所以车削工件的厚度不可过大。

安装拨盘和工件时，首先要擦净拨盘的内螺纹和主轴端的外螺纹，把拨盘拧在主轴上，再把轴的一端装在卡箍上，最后在双顶尖之间安装工件。

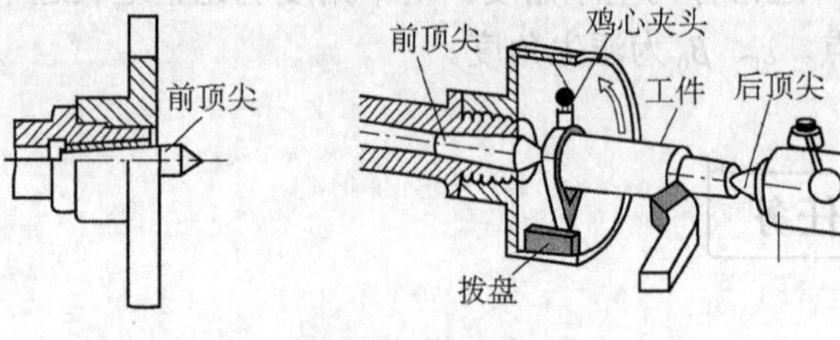

(a) 用拨盘两顶尖装夹工件

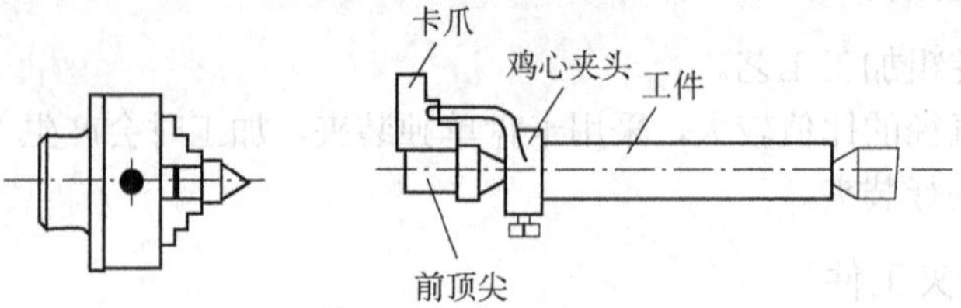

(b) 用三爪卡盘代替拨盘装夹工件

图 1-44　两顶尖装夹工件

导柱粗加工步骤见表 1-6。

表 1-6　导柱粗加工步骤

步骤	加工内容	图示
1	一夹一顶装夹，用普通车床粗加工右端外圆柱面	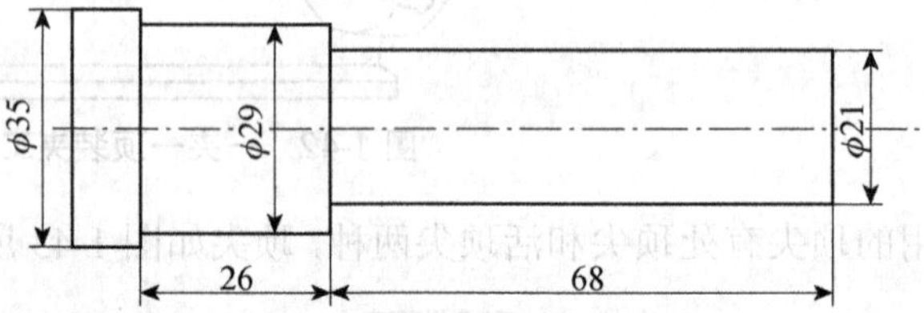
2	调头，一夹一顶装夹，粗加工左端外圆柱面	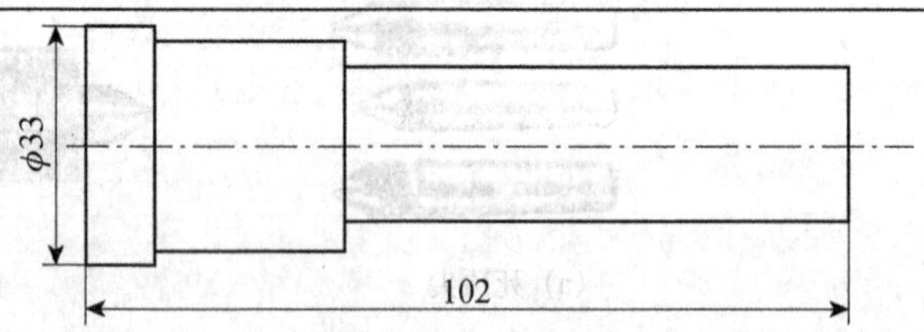
3	两顶尖装夹，用数控车床半精加工各圆柱面	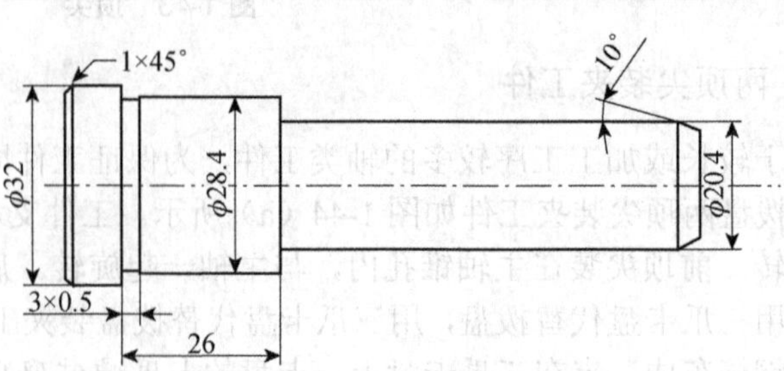

【活动二】选择刀具角度

要求：按加工要求，合理选择刀具角度。

工件的材料 T8A 为碳素工具钢，硬度较高。因此，刀具材料应有较高的硬度和较好的耐磨性。为了使刀具锋利，选较大的前角；同时为保证刀具的强度，选较小的后角。为减轻摩擦，副偏角略大。粗加工时，刃倾角一般小于或等于 0°，若刀具的强度足够，刃倾角可以大一些。

综上所述，本任务选用材料为 YT15、主偏角为 90° 的外圆车刀，90° 外圆车刀如图 1-45 所示。其余参数为前角 12°、后角 6°、副偏角 10°、刃倾角 0°。

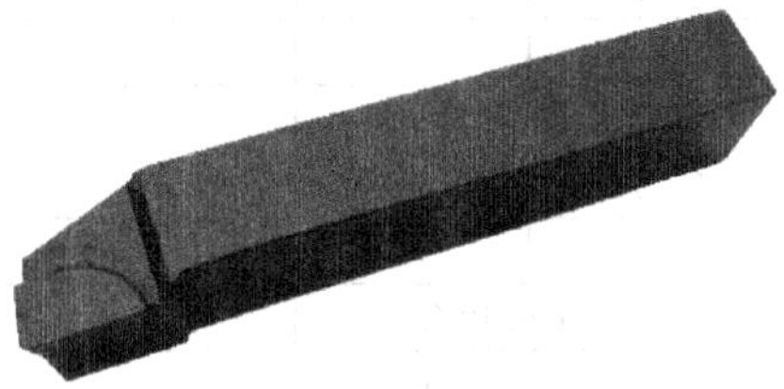

图 1-45　90° 外圆车刀

【活动三】安装刀具

要求：按要求正确安装刀具。

刀具的安装情况对刀具的实际工作角度有很大的影响。切削过程中，由于刀具的安装位置、刀具与工件相对运动情况的变化，实际起作用的角度与标注角度有所不同。

刀柄中心线与进给方向不垂直对主、副偏角均会产生影响，主偏角和副偏角所发生的变化如图 1-46 所示。

$$k_{re}=k_r+G \tag{1-8}$$

$$k_{re}'=k_r'+G \tag{1-9}$$

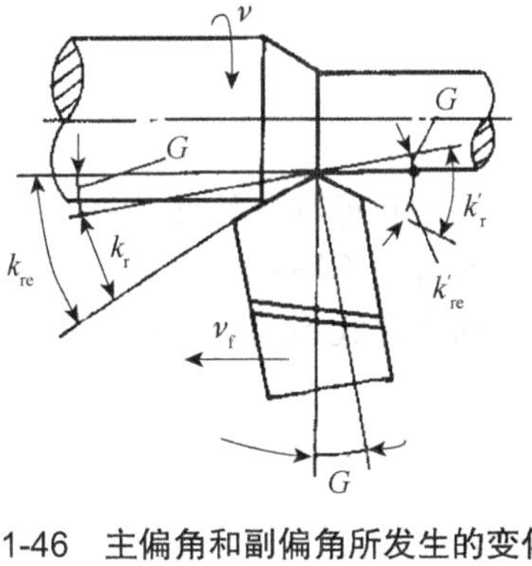

图 1-46　主偏角和副偏角所发生的变化

任务实施

1. 选择设备和工具、量具

普通车床、数控车床、千分尺、外圆车刀、顶尖、卡箍等。

2. 质量检查的内容和成绩评定标准

导柱粗加工检测与评价表见表 1-7。

表 1-7　导柱粗加工检测与评价表

序号	检测内容	配分	量具	检测结果	学生评分	教师评分
1	ϕ20.4	15 分				
2	ϕ28.4	15 分				
3	ϕ32	15 分				
4	$1\times45^{\circ}$	10 分				
5	3×0.5	10 分				
6	26	10 分				
7	10°	15 分				
8	$R_a6.3$	10 分				
9	文明生产	违纪一项扣 10 分				
合　计		100 分				

任务小结

通过本任务的学习和训练，能够掌握外圆表面的加工方法，理解刀具角度对加工的重要作用。对于导柱这样的轴类零件，粗加工可以采用普通车床快速去除大部分多余材料，再由数控车床保证各段圆柱的形状和相对位置。这样，可以用较少的加工时间获得较高的加工效率和质量，为后续加工做好准备。

习题

1. 前角、后角、主偏角、副偏角和刃倾角的概念。
2. 刀具的工作角度与静态角度有何不同？
3. 车刀按切削部分和柄部的结合方式不同分为哪几种？
4. 简述粗加工的目的。

任务四　导柱的精加工

知识点

万能外圆磨床；

热处理工艺的安排；
砂轮结构及其标记。

技能点

学会修整中心孔、磨削外圆柱面和短圆锥。

任务导入

精加工是指完成各主要表面的最终加工，使零件的加工精度和加工表面质量达到图样规定的要求。

本任务须要完成如图 1-47 所示零件的加工，工序图如图 1-47 所示。

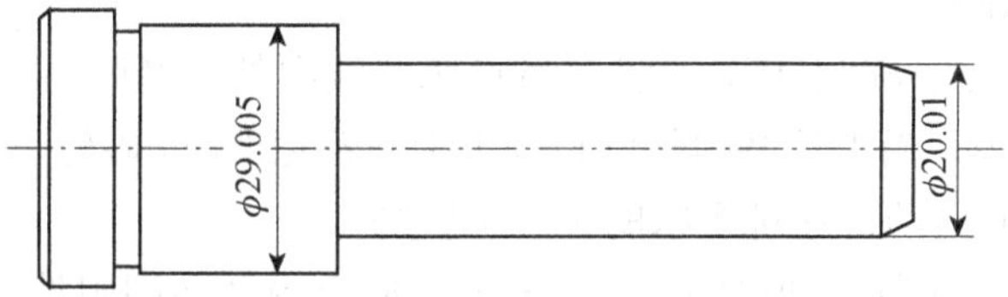

图 1-47 工序图

知识准备

一、加工设备

磨床是利用磨具对工件表面进行磨削加工的机床。大多数磨床使用高速旋转的砂轮进行磨削加工，如外圆磨床、内圆磨床、坐标磨床、平面磨床和无心磨床等。少数磨床使用油石、砂带等其他磨具和游离磨料进行加工，如珩磨机、超精加工机床、砂带磨床、研磨机和抛光机等。

磨床能加工硬度较高的材料，如淬硬钢、硬质合金等；也能加工脆性材料，如玻璃、花岗岩等。磨床能进行高精度和表面粗糙度值很小的磨削，也能进行高效磨削，如强力磨削等。

1. 外圆磨床

外圆磨床（如图 1-48 所示）能加工圆柱、圆锥或其他形状素线展成的外表面及轴肩端面。工件支承在头架和尾座的两顶尖之间，由头架的拨盘带动旋转做圆周进给运动。头架和尾座装在工作台上，可做纵向往复的进给运动。工作台分上下两层，上工作台可调整一个不大的角度，以磨削圆锥形表面。

（1）外圆磨床的运动

为减小机床长度，大型外圆磨床的工作台一般固定不动，而由砂轮架做纵向往复运动和横向进给运动。外圆磨床的磨削精度一般为圆度不超过 3μm，表面粗糙度 R_a0.63～0.32μm。高精度外圆磨床的磨削精度可达圆度 0.1μm 和表面粗糙度 R_a0.01μm。

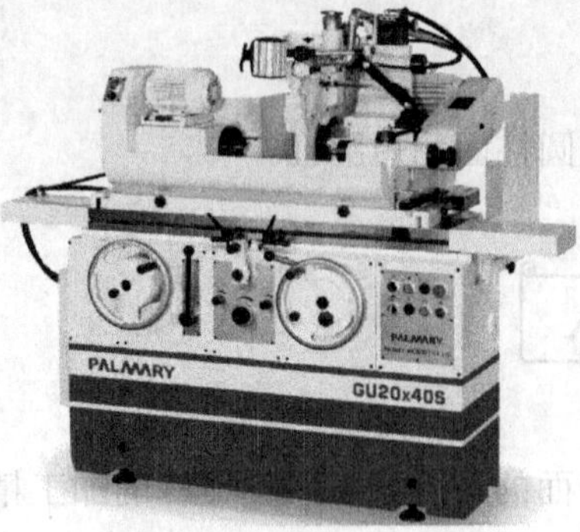

图 1-48　外圆磨床

（2）外圆磨床的种类

外圆磨床分为切入式外圆磨床、万能外圆磨床和端面外圆磨床。

① 切入式外圆磨床。当工件磨削部位长度小于砂轮宽度时，砂轮只做连续横向进给运动，不必与工件做相对轴向运动，这种磨床的生产率较高。

② 万能外圆磨床（如图 1-49 所示）。砂轮架上附有内圆磨削附件，砂轮架和头架都能绕竖直轴线调整一个角度。头架上除拨盘能旋转外，主轴也能旋转。万能外圆磨床的加工范围比较大，可磨削内孔和锥度较大的内外锥面，适用于中小批量和单件生产。

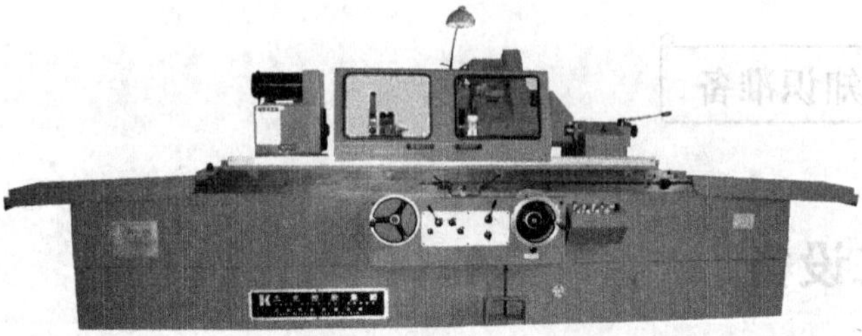

图 1-49　万能外圆磨床

③ 端面外圆磨床。砂轮架绕竖直轴线斜置一个角度，并且砂轮表面被修成与工件轴线平行和垂直的两个磨削面，可同时磨削工件的外圆和轴肩端面，一般用于批量生产。

此外，还有高效率的双砂轮架外圆磨床和多砂轮外圆磨床，它们可同时磨削两个或多个轴颈，适用于大批量生产。

2. M1432A 型万能外圆磨床

M1432A 型万能外圆磨床主要用于磨削内外圆柱面、内外圆锥面、阶梯轴轴肩、端面和简单的成形回转表面等。它属于普遍精度级机床，磨削精度可达 IT7～IT6 级，表面粗糙度值为 R_a1.25～0.08μm。这种机床加工范围较大，但自动化程度较低，磨削效率不高，适用于工具车间、维修车间和单件小批生产。其最大磨削直径为 320mm。

M1432A 型万能外圆磨床如图 1-50 所示，在床身的纵向导轨上装有工作台，台面上装有头架和尾架，用以夹持不同长度的工件，头架带动工件旋转。工作台由液压传动沿床身导轨往复移动，使工件做纵向进给运动。工作台由上下两层组成，其上部可相对下部在水平面内偏转一定的角度（一般不超过±10°），以便磨削锥度不大的圆锥面。砂轮架安装在滑鞍上，转动横向进给手轮，通过横向进给机构带动滑鞍及砂轮架做快速进退或周期性自动切入进给。内圆磨具放下时用于磨削内圆（图示处于抬起状态）。

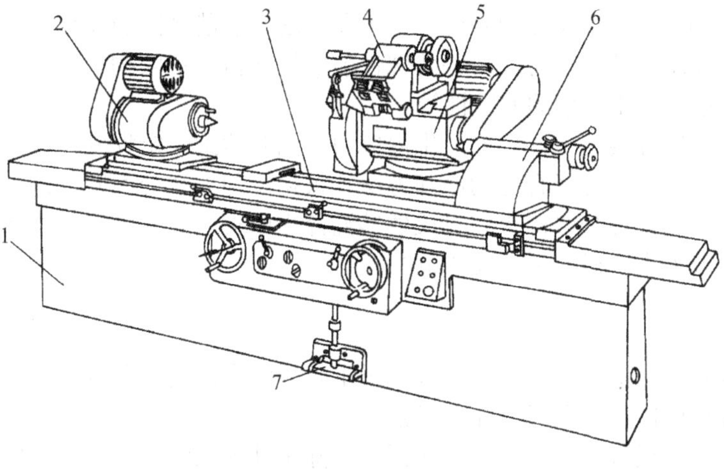

1—床身；2—头架；3—工作台；4—内圆磨具；5—砂轮架；6—尾架；7—脚踏操纵板

图 1-50　M1432A 型万能外圆磨床

提示

分析 M1432A 型万能外圆磨床的典型加工方法可知，机床必须具备以下运动：砂轮的旋转主运动、工件的圆周进给运动、工件（工作台）的往复纵向进给运动、砂轮的横向进给运动。此外，机床还应有两个辅助运动，即砂轮横向快速进退和尾架套筒缩回，以便装卸工件。

二、热处理

金属热处理是机械制造中的重要工艺之一。为确保金属工件具有所需要的力学性能、物理性能和化学性能，除合理选用材料和各种成形工艺外，热处理工艺往往也是必不可少的。钢铁是机械工业中应用最广的材料之一，钢铁显微组织复杂，可以通过热处理予以控制，所以钢铁的热处理是金属热处理的主要内容。另外，铝、铜、镁、钛等及其合金也可以通过热处理改变力学、物理和化学性能，以获得不同的使用性能。

零件加工过程中的热处理按应用目的可大致分为预备热处理和最终热处理。

预备热处理的目的是改善机械性能，消除内应力，为最终热处理做准备。为了消除毛坯制造过程中产生的内应力，改善机械加工性能，预备热处理可以在机械加工前进行；对大而复杂的铸造毛坯件及刚度较差的精密零件，需在粗加工之前及粗加工与半精加工之间安排多次预备热处理。

最终热处理的目的主要是提高零件材料的硬度及耐磨性，从而满足使用要求。通常安排在半精加工之后、精加工之前进行。

1. 淬火

淬火是将金属工件加热到某一适当温度并保持一段时间，随即浸入淬冷介质中快速冷却的金属热处理工艺。常用的淬冷介质有盐水、水、矿物油、空气等。

淬火工艺主要用于钢件，可以提高工件的硬度及耐磨性，因而广泛用于各种工、模、量具及要求表面耐磨的零件（如齿轮、轧辊、渗碳零件等）。淬火与不同温度的回火配合，可以大幅提高金属的强度、韧性及疲劳强度，并可获得这些性能之间的配合（综合机械性能）以满足不同的使用要求。淬火还可使一些特殊性能的钢获得一定的物理和化学性能，如淬火可增强永磁钢的铁磁性和不锈钢的耐蚀性等。

淬火时的快速冷却会使工件内部产生内应力，当其达到一定程度时，工件便会发生扭曲变形甚至开裂，因此必须选择合适的冷却方法。根据冷却方法的不同，淬火工艺分为单液淬火、双介质淬火、马氏体分级淬火和贝氏体等温淬火四类。前三种淬火主要获得的是马氏体组织，贝氏体等温淬火获得的是贝氏体组织。

2. 回火

回火是将经过淬火的工件重新加热到低于下临界温度的适当温度，保温一段时间后在空气或水、油等介质中冷却的金属热处理工艺。

一般回火紧接着进行淬火，其目的包括：消除工件淬火时产生的残留应力，防止工件变形和开裂；调整工件的硬度、强度、塑性和韧性，达到使用性能要求；稳定组织与尺寸，保证精度；改善和提高加工性能。因此，回火是工件获得所需性能的最后一道重要工序。

按回火温度范围，回火可分为低温回火、中温回火和高温回火。

① 低温回火在 150～250℃进行，工件具有较高的硬度（HRC58～64）和耐磨性。目的是保持淬火工件较高的硬度和耐磨性，降低淬火残留应力和脆性。常用于刃具、量具、模具、滚动轴承、渗碳及表面淬火的零件等。

② 中温回火在 350～500℃进行，工件具有较高的弹性极限、屈服点和一定的韧性，硬度为 HRC35～50。常用于弹簧、锻模、冲击工具等。

③ 高温回火在 500℃以上进行，工件具有较好的综合力学性能，硬度为 HBS200～350。常用于各种较重要的受力结构件，如连杆、螺栓、齿轮及轴类零件等。

工件淬火并高温回火的复合热处理工艺称为调质。调质不仅可以作为最终热处理，也可作为一些精密零件或感应淬火件的预备热处理。

三、加工工具

砂轮是磨削加工中最主要的一类磨具，它是在磨料中加入结合剂，经压坯、干燥和焙烧而制成的多孔体。由于磨料、结合剂及制造工艺等不同，砂轮的特性差别很大，因此对磨削的加工质量、生产率和经济性有重要影响。砂轮的特性主要由磨料、粒度、结合剂、硬度、组织、形状与尺寸等因素决定。

1. 磨料

磨料是砂轮的主要组成成分，它应具有很高的硬度、耐磨性、耐热性和一定的韧性，以承受磨削时的切削热和切削力；同时还应具备锋利的尖角，以便于磨削金属。常用磨料代号、特性及适用范围见表 1-8。

2. 粒度

粒度指磨料颗粒尺寸的大小。磨料按颗粒尺寸可分为磨粒和微粉两类。颗粒尺寸大于 40μm 的磨料称为磨粒。其用筛选法分级，粒度号以磨粒通过的筛网上每英寸长度内的孔眼数表示。如 60#磨粒表示其大小刚好能通过每英寸长度上有 60 个孔眼的筛网。颗粒尺寸小于 40μm 的磨料称为微粉。其用显微测量法分级，用 W 和后面的数字表示粒度号，W 后的数值代表微粉的实际尺寸。如 W20 表示微粉实际尺寸为 20μm。

砂轮的粒度对磨削表面的粗糙度和磨削效率影响很大。磨粒粗，磨削深度大，生产率高，但表面粗糙度值大。反之，则磨削深度小，表面粗糙度值小。所以粗磨时一般选粗粒度，精磨时选细粒度。磨软金属时多选用粗磨粒，磨削脆而硬的材料时则选用较细的磨粒。磨料粒度的选用见表 1-9。

表 1-8 常用磨料代号、特性及适用范围

系别	名称	代号	主要成分	显微硬度（HV）	颜色	特性	适用范围
氧化物系	棕刚玉	A	Al_2O_3 91%～96%	2200～2280	棕褐色	硬度高，韧性好，价格便宜	磨削碳钢、合金钢、可锻铸铁、硬青铜
	白刚玉	WA	Al_2O_3 97%～99%	2200～2300	白色	硬度高于棕刚玉，磨粒锋利，韧性差	磨削淬硬的碳钢、高速钢
碳化物系	黑碳化硅	C	SiC>95%	2840～3320	黑色带光泽	硬度高于刚玉，性脆而锋利，有良好的导热性和导电性	磨削铸铁、黄铜、铝及非金属
	绿碳化硅	GC	SiC>99%	3280～3400	绿色带光泽	硬度和脆性高于黑碳化硅，有良好的导热性和导电性	磨削硬质合金、宝石、陶瓷、光学玻璃、不锈钢
高硬磨料	立方氮化硼	CBN	立方氮化硼	8000～9000	黑色	硬度仅次于金刚石，耐磨性和导电性好，发热量小	磨削硬质合金、不锈钢、高合金钢等难加工材料
	人造金刚石	MBD	碳结晶体	10000	乳白色	硬度极高，韧性很差，价格昂贵	磨削硬质合金、宝石、陶瓷等高硬度材料

表 1-9 磨料粒度的选用

粒度号	颗粒尺寸范围/μm	适用范围	粒度号	颗粒尺寸范围/μm	适用范围
12～36	2000～1600 500～400	粗磨、荒磨、切断钢坯、打磨毛刺	W40～W20	40～28 20～14	精磨、超精磨、螺纹磨、珩磨
46～80	400～315 200～160	粗磨、半精磨、精磨	W14～W10	14～10 10～7	精磨、精细磨、超精磨、镜面磨
100～280	165～125 50～40	精磨、成形磨、刀具刃磨、珩磨	W7～W3.5	7～5 3.5～2.5	超精磨、镜面磨、制作研磨剂等

3. 结合剂

结合剂是把磨粒黏结在一起组成磨具的材料。砂轮的强度、抗冲击性、耐热性及耐腐蚀性，主要取决于结合剂的种类和性质。常用结合剂的种类、性能及适用范围见表 1-10。

表 1-10　常用结合剂的种类、性能及适用范围

种类	代号	性能	用途
陶瓷	V	耐热性、耐腐蚀性好，气孔率大，易保持轮廓，弹性差	应用最广，适用于 v<35m/s 的各种成形磨削、磨齿轮、磨螺纹等
树脂	B	强度高，弹性大，耐冲击，坚固性和耐热性差，气孔率小	适用于 v>50m/s 的高速磨削，可制成薄片砂轮，用于磨槽、切割等
橡胶	R	强度和弹性更高，气孔率小，耐热性差，磨粒易脱落	适用于无心磨的砂轮和导轮、开槽和切割的薄片砂轮、抛光砂轮等
金属	M	韧性和成形性好，强度大，但自锐性差	可制造各种金刚石磨具

4. 硬度

砂轮硬度是指砂轮工作时，磨粒在外力作用下脱落的难易程度。砂轮硬，表示磨粒难以脱落；砂轮软，表示磨粒容易脱落。砂轮的硬度等级及代号见表 1-11。

表 1-11　砂轮的硬度等级及代号

硬度等级	大级	超软			软			中软		中		中硬			硬		超硬
	小级	超软			软 1	软 2	软 3	中软 1	中软 2	中 1	中 2	中硬 1	中硬 2	中硬 3	硬 1	硬 2	超硬
代号		D	E	F	G	H	J	K	L	M	N	P	Q	R	S	T	Y

砂轮的硬度与磨料的硬度是两个完全不同的概念。硬度相同的磨料可以制成硬度不同的砂轮，砂轮的硬度主要取决于结合剂的性质、数量和砂轮的制造工艺。例如，结合剂与磨粒粘固程度越高，砂轮硬度就越高。

砂轮硬度的选用原则：工件材料硬，应选用软一些的砂轮，以便砂轮磨钝磨粒及时脱落，露出锋利的新磨粒继续正常磨削；工件材料软，因易于磨削，磨粒不易磨钝，砂轮应选硬一些的。但磨削有色金属、橡胶、树脂等软材料时，由于切屑容易堵塞砂轮，应选用较软的砂轮。粗磨时，应选用较软的砂轮；而精磨、成形磨削时，应选用硬一些的砂轮，以保持砂轮的必要形状精度。机械加工中常用砂轮硬度等级为 H～N（软 2～中 2）。

5. 组织

砂轮的组织是指组成砂轮的磨粒、结合剂、气孔三部分体积的比例关系。通常以磨粒所占砂轮体积的百分比来分级。砂轮有三种组织状态，即紧密、中等、疏松，细分成 0～14 共 15 级。组织号越小，磨粒所占比例越大，砂轮越紧密；反之，组织号越大，磨粒所占比例越小，砂轮越疏松。砂轮组织分类见表 1-12。

表 1-12　砂轮组织分类

组织号	0	1	2	3	4	5	6	7	8	9	10	11	12	13	14
磨粒率/%	62	60	58	56	54	52	50	48	46	44	42	40	38	36	34
类别	紧密				中等				疏松						
应用	精磨、成形磨				淬火工件、刀具				韧性大和硬度低的金属						

6. 形状与尺寸

砂轮的形状和尺寸是根据磨床类型、加工方法及工件的加工要求来确定的。常用砂轮名称、代号和主要用途见表 1-13。

表 1-13　常用砂轮名称、代号和主要用途

砂轮名称	代号	简图	主要用途
平行砂轮	1	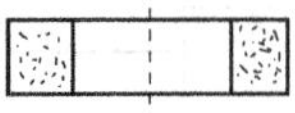	外圆磨、内圆磨、平面磨、无心磨、工具磨
薄片砂轮	41	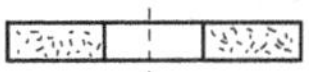	切断及切槽
筒形砂轮	2	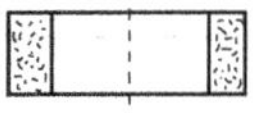	端磨平面
碗形砂轮	11	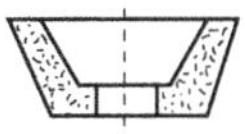	刃磨刀具、磨导轨
蝶形 1 号砂轮	12a	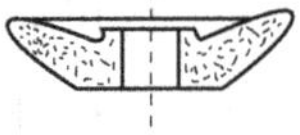	磨铣刀、铰刀、拉刀、齿轮
双斜边砂轮	4	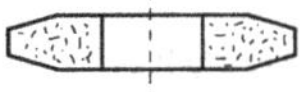	磨齿轮及螺纹
杯形砂轮	6	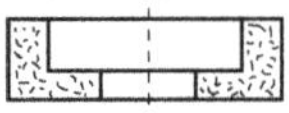	磨平面和内圆、刃磨刀具

砂轮的特性均标记在砂轮的侧面上，其顺序是：形状代号、尺寸、磨料、粒度号、硬度、组织号、结合剂、线速度。例如，外径 300mm、厚度 50mm、孔径 75mm、棕刚玉、粒度 60、硬度 L、5 号组织、陶瓷结合剂、最高工作线速度 35 m/s 的平行砂轮，其标记为“砂轮 1—300×55×75—A60L5V—35m/s”。

学习任务

【活动一】工艺分析

要求：分析导柱精加工工艺。

根据工件的技术要求，要达到表面硬度，必须进行热处理。热处理后，工件会发生局部变形。基准面需再次进行加工，以确保在后续加工中能准确地确定工件的位置。因此，必须对两个中心孔进行修整。ϕ28k6 和 ϕ20f7 外圆柱面采用磨削加工。

导柱精加工步骤见表 1-14。

表 1-14　导柱精加工步骤

步骤	加工内容	图示
1	先修整一端中心孔，再调头修整另一端中心孔	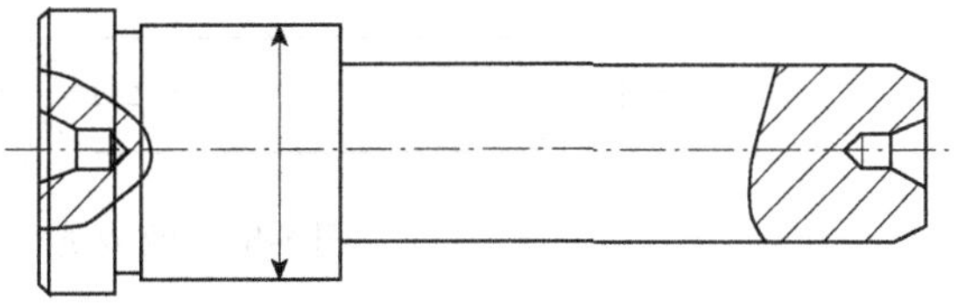

续表

步骤	加工内容	图示
2	磨 ϕ28k6 和 ϕ20f7 外圆柱面，留研磨余量 0.01mm，并磨 10º 倒角	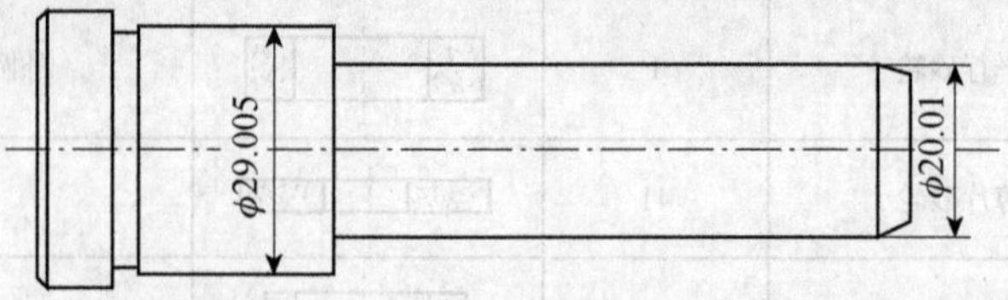

【活动二】热处理

要求：合理安排热处理工艺。

根据技术要求，导柱的表面硬度为 HRC50～55。在粗加工之后，对工件进行淬火热处理，接着立即进行低温回火处理，目的是去除工件的内应力，保留较高的硬度和耐磨性。

导柱使用的材料为 T8A，根据如图 1-51 所示碳钢淬火温度范围，淬火的加热温度应控制在 760～790℃，将工件保温一定时间后，在水中冷却。

导柱进行低温回火时，将工件重新加热至 150～250℃，保温一定时间，然后出炉冷却。

【活动三】修整基准面

要求：修整中心孔，保证定位精度。

在车床上，将热处理后的导柱用三爪卡盘装夹做低速转动。四棱顶尖如图 1-52 所示，将其安装在车床的尾架上，利用四棱顶尖前部的硬质合金修整中心孔。

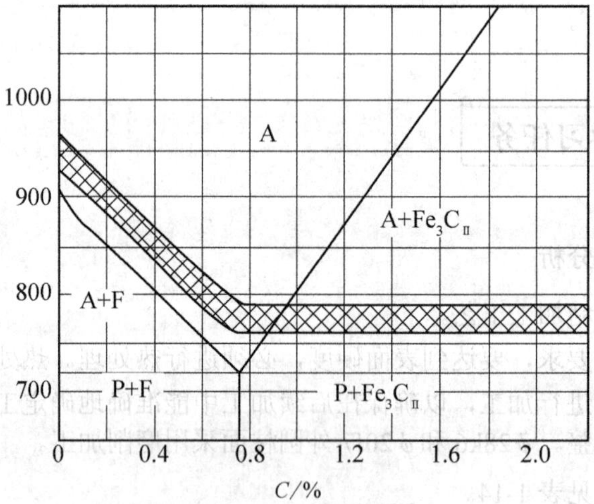

图 1-51　碳钢淬火温度范围

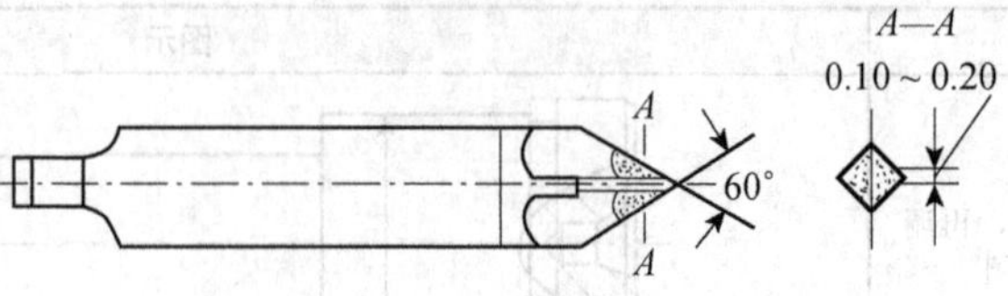

图 1-52　四棱顶尖

【活动四】磨削外圆柱面

要求：正确选择砂轮，磨削ϕ28k6 和ϕ20f7 外圆柱面（留研磨余量 0.01mm），并磨 10º 倒角。

根据导柱的材料，选用代号为 1—300×55×75—A60K5V—35m/s 的砂轮，采用两顶尖和卡箍装夹导柱进行磨削，工件的装夹如图 1-53 所示。

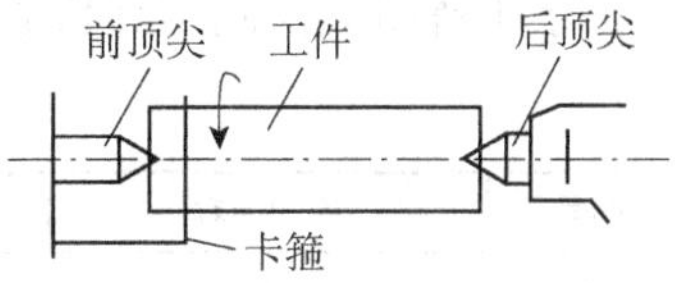

图 1-53　工件的装夹

导柱右端 10º 倒角通过扳动砂轮架，纵向切入进行磨削，倒角如图 1-54（c）所示。

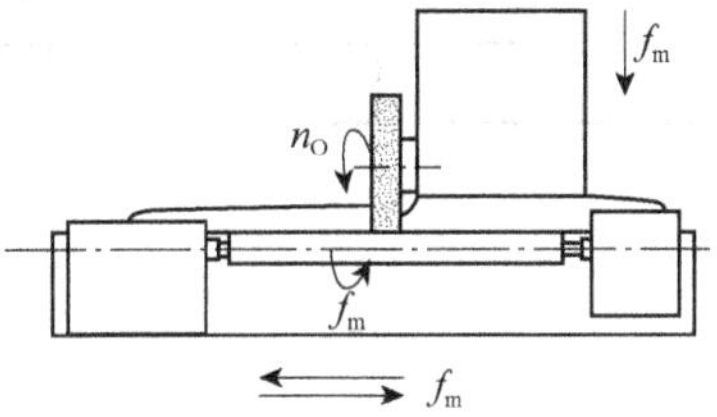

（a）用纵磨法磨削外圆柱面

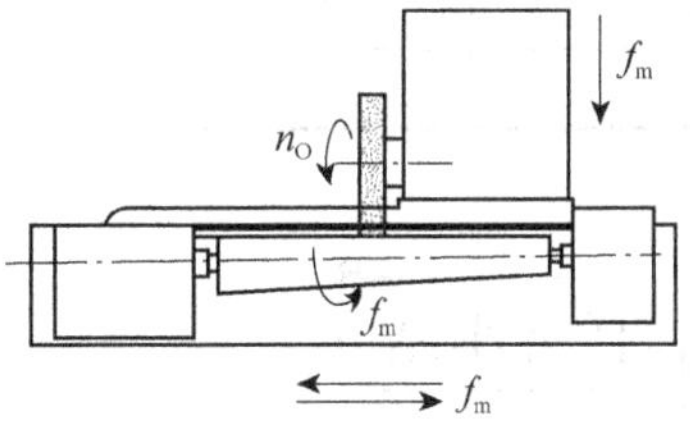

（b）扳转工作台用纵磨法磨削长圆锥面

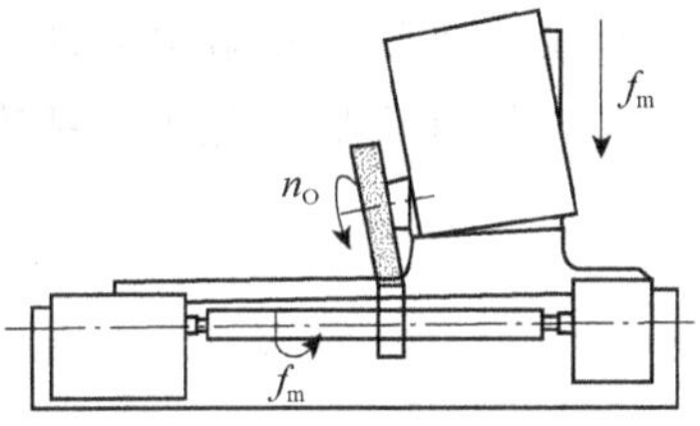

（c）倒角

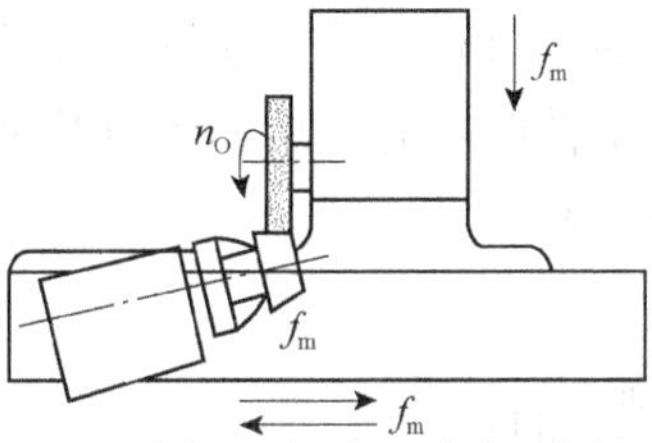

（d）扳动头架用纵磨法磨削圆锥面

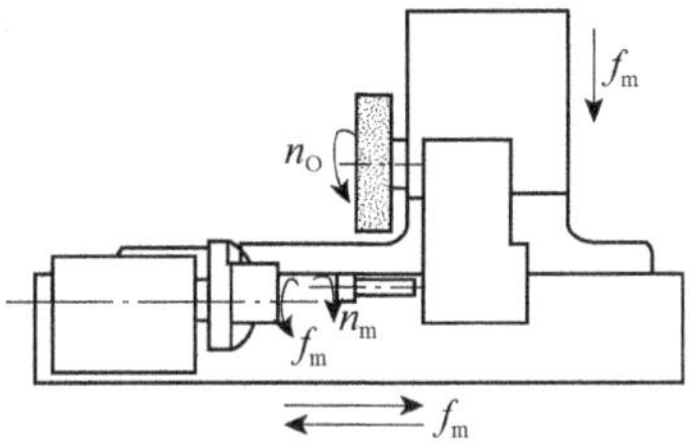

（e）用内圆磨具磨削圆柱孔

图 1-54　万能外圆磨床的典型加工方法

提示

万能外圆磨床的典型加工方法如图 1-54 所示。图 1-54（a）为用纵磨法磨削外圆柱面，图 1-54（b）为扳转工作台用纵磨法磨削长圆锥面，图 1-54（c）为倒角，图 1-54（d）为扳动头架用纵磨法磨削圆锥面，图 1-54（e）为用内圆磨具磨削圆柱孔。

任务实施

1. 选择设备和工具、量具

外圆磨床、四棱顶尖、卡箍、千分尺和工业电炉。

2. 质量检查的内容和成绩评定标准

导柱精加工检测与评价表见表 1-15。

表 1-15 导柱精加工检测与评价表

序号	检测内容	配分	量具	检测结果	学生评分	教师评分
1	ϕ 20.01	20 分				
2	ϕ 29.005	20 分				
3	R_a1.6	10 分				
4	文明生产	违纪一项扣 10 分				
合计		50 分				

任务小结

通过本任务的学习和训练，能够掌握外圆柱面的精加工方法，理解热处理对材料性能所起的重要作用。工件经热处理后，须对基准面进行修整，以保证后续加工时精确定位，使工件最终能达到图纸要求。

习题

1. 简述精加工的目的。
2. 简述万能外圆磨床的加工范围。
3. 砂轮的特性由哪些因素决定？
4. 简述热处理工艺的安排原则。
5. 简述回火的目的。

任务五 导柱的精密加工

知识点

精密加工的概念；
外圆表面的精密加工方法；
常见加工的表面粗糙度。

技能点

学会圆柱表面的研磨等精密加工方法。

任务导入

经过精加工的零件，若精度尚不能达到图纸要求，则还要进行精密加工。本任务中导柱的 ϕ 28k6 和 ϕ 20f7 外圆柱面都要与其他零件进行配合，考虑其工作精度和使用寿命等因素，需进行精密加工。

本任务需要完成图 1-55 所示圆柱表面的精密加工。

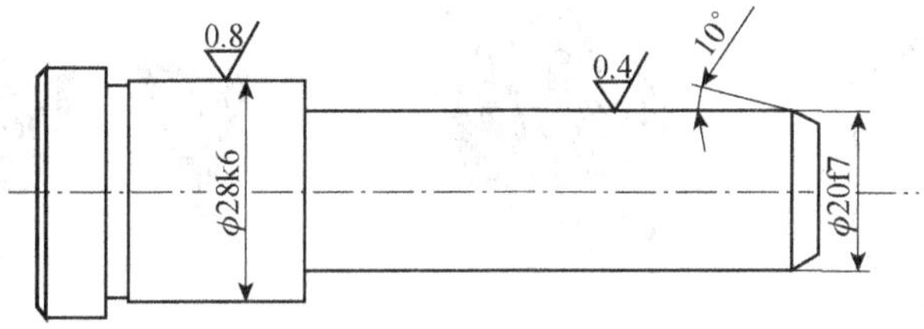

图 1-55　圆柱表面

知识准备

一、外圆表面的精密加工

随着科学技术的发展，对工件的加工精度和表面质量的要求也越来越高，而工件表面质量又直接影响工件的使用寿命。对于精密工件的质量要求，往往需要采用特殊的加工方法，在特定的环境下才能达到。外圆表面在精加工后进一步提高表面质量的精密加工方法主要有细车、高精度磨削、超精加工、研磨和滚压加工等。

1. 细车

细车是一种光整加工方法，其工艺特征是切削深度小（a_p=0.05～0.03mm）、进给量小（f=0.02～0.12mm/r）、切削速度高（v=120～600m/min）。细车能获得较高的加工精度和较小的表面粗糙度值的原因有：刀具经精细研磨，切削抗力小；机床精度高；由于采用高速、小切削用量，减小了切削过程中的发热量、积屑瘤、弹性变形及残留面积。细车尤其适宜于加工有色金属，与加工钢件和铸铁件相比，能获得更小的表面粗糙度值。由于有色金属不宜采用磨削，所以常采用细车来代替磨削。

2. 高精度磨削

使轴的表面粗糙度值在 R_a0.16μm 以下的磨削工艺称为高精度磨削，它包括精密磨削（R_a0.16～0.06μm）、超精密磨削（R_a0.14～0.02μm）和镜面磨削（R_a<0.01μm）。

高精度磨削是近年来发展起来的一项新的精密加工工艺，它具有生产率高，应用范围广，能修整前道工序残留的几何形状误差，得到很高的尺寸精度和较小的表面粗糙度值等优点。

高精度磨削的实质在于砂轮磨粒的作用。经过精细修整后的砂轮的磨粒形成许多微刃，砂轮磨粒和微刃如图 1-56（a）、（b）所示。这些微刃的等高性程度大大提高，参加磨削的切削刃大大增加，能从工件表面切下细微的切屑，形成表面粗糙度值较小的表面。随着磨削过程的继续进行，锐利的微刃逐渐磨损而变得稍钝（半钝期），微刃的变化如图 1-56（c）所示。这种半钝化的微刃虽然切削作用降低了，但是在一定压力下能产生摩擦抛光作用。直到最后磨粒处于钝化期时，磨粒在磨削的工件表面就起抛光作用，而使工件获得更小的表面粗糙度值。

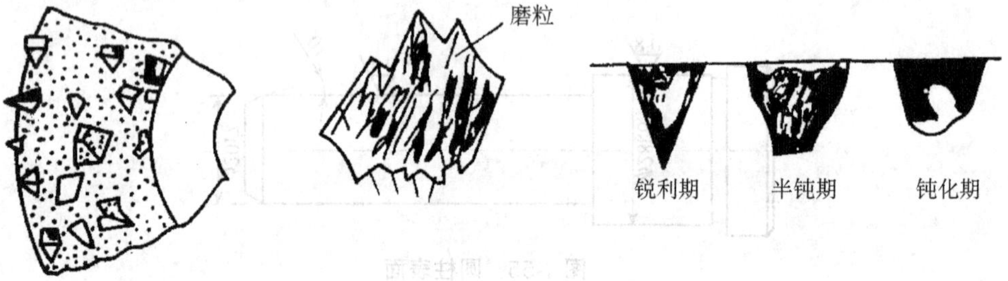

（a）砂轮磨粒　　（b）微刃　　（c）微刃的变化

图 1-56　磨粒、微刃及磨削中微刃的变化

3. 超精加工

超精加工是采用细粒度的磨条，以较低的压力和切削速度对工件表面进行精密加工的方法，其加工原理如图 1-57（a）所示。加工中有三种运动：工件低速回转运动（加工圆柱表面时）、磨头轴向进给运动、磨条高速往复振动。如果暂不考虑磨头的轴向进给运动，则磨粒在工件表面走过的轨迹是正弦波曲线，磨削轨迹如图 1-57（b）所示。

超精加工与切削、磨削、研磨不同，当工件粗糙的表面磨平之后，磨条能自动停止切削。超精加工过程大致有以下四个阶段。

① 强烈切削阶段。开始时，由于工件表面粗糙，少数凸峰与磨条接触，单位面积压力很大，破坏了油膜，故切削作用强烈。

② 正常切削阶段。当少数凸峰磨平后，接触面积增加，单位面积压力降低，致使切削作用减弱而进入正常切削阶段。

③ 微弱切削阶段。随着接触面积逐渐增大，单位面积压力更小，切削作用微弱，且细小的切屑形成氧化物而嵌入磨条的空隙中，因而磨条产生光滑表面，具有摩擦抛光作用而将工件表面抛光。

④ 自动停止切削阶段。工件磨平，单位面积压力很小，工件与磨条之间又形成油膜，不再接触，切削作用停止。

经过超精加工后的工件表面粗糙度值可达 R_a0.08～0.01μm，这是由于超精加工中磨粒运动复杂，能由切削过程过渡到摩擦抛光过程。因此，它是一种获得较小表面粗糙度值的简便且有效的方法。同时，由于切削速度低，磨条压力小，所以加工时发热少，工件表面变形层浅，无烧伤现象。然而由于加工量很小（小于 0.0lmm），它只能切去工件表面的凸峰，对加工精度的提高无显著作用。

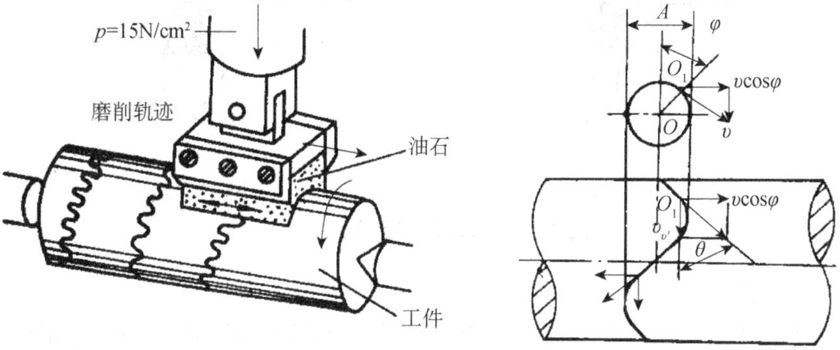

（a）加工原理　　（b）磨削轨迹

图 1-57　超精加工

4. 研磨

研磨是一种既简单又可靠和最早出现的精密加工方法。经过研磨的表面加工精度可达 IT5～IT01 级，表面粗糙度值可达 R_a0.63～0.01μm。研磨往往被作为精密工件（如滑阀和油泵柱塞等）的最终加工方法。研磨方法可分为机械研磨和手工研磨两种，前者在研磨机上进行，生产率比较高；后者生产率低，劳动量大，不适合大批量生产，但适用于超精密的工件加工，加工质量与工人技术熟练程度有关。

研磨用的研具是采用比工件软的材料（如铸铁、铜、巴氏合金及硬木等）制成的。研磨时，部分磨粒悬浮于工件与研具之间，部分磨粒则嵌入研具表面，利用工件与研具的相对运动，磨料就切掉很薄一层金属，主要是切除前道工序留下的粗糙度凸峰，一般研磨的加工量为 0.01～0.02mm。

研磨不但有机械加工过程，同时还有化学作用。研磨剂能使被加工表面形成氧化层，从而加速研磨过程。

研磨除了可获得很高的尺寸精度和较小的表面粗糙度值外，也可提高工件表面的几何形状精度，但对表面的相互位置精度无改善作用。

当两个工件要求密切配合时，利用配合工件的相互研磨（对研）是一种有效的方法。

5. 滚压加工

滚压加工利用金属的塑性变形，达到改变工件的表面性能、形状和尺寸的目的。它是一种无切屑加工。

（1）滚压加工的原理

滚压加工是采用硬度较高的滚轮或滚珠，对半精加工后的工件表面在常温条件下加压，使工件的受压点产生弹性及塑性变形。塑性变形不但能使表面粗糙度值变小，而且能使表面层的金属结构和性能发生变化，晶粒变细，并沿着变形最大的方向延伸，有时呈纤维状，使表面层留下有利的残余应力。其结果是滚压加工过的表面层强度极限和屈服点增大，显微硬度提高，因而使工件的抗疲劳强度、耐磨和耐腐蚀性能得到显著改善。滚压加工示意图如图 1-58 所示。

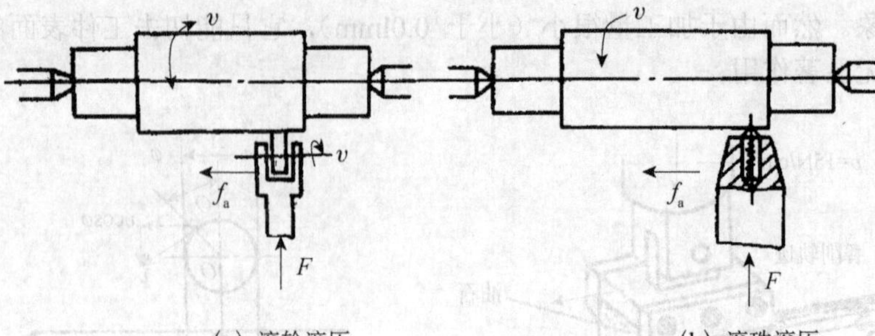

(a) 滚轮滚压　　(b) 滚珠滚压

图 1-58　滚压加工示意图

（2）滚压加工的特点

滚压加工与切削加工相比有许多优点，因此常常取代部分切削加工，成为精密加工的一种方法，其特点如下。

① 滚压前工件加工表面的表面粗糙度值不大于 R_a5μm，表面要求清洁，其直径方向加工量为 0.02～0.03mm。这样，滚压后的表面粗糙度值可达 R_a0.63～0.16μm。

② 滚压能使表面粗糙度值变小，强化工件加工表面，但其形状精度及相互位置精度主要取决于前道工序。如果前道工序工件加工表面圆柱度、圆度较差，反而会出现表面粗糙度不一致的现象。

③ 滚压的工件材料一般是塑性金属，并且要求材料组织均匀。如某些工件上有局部松软组织，则会产生较大的形状误差。

④ 滚压加工生产率比研磨和珩磨要高得多，常以滚压代替珩磨。

二、表面粗糙度

表面粗糙度指加工表面具有的较小间距和微小峰谷不平度。其两波峰或两波谷之间的距离（波距）很小（在 1mm 以下），用肉眼是难以区别的，因此它属于微观几何形状误差。表面粗糙度值越小，则表面越光滑。表面粗糙度值的大小，对机械零件的使用性能有很大的影响。常用表面粗糙度值的表面特征见表 1-16。

表 1-16　常用表面粗糙度值的表面特征

表面特征	表面粗糙度值/μm	加工方法举例
明显可见刀痕	R_a100、R_a50、R_a25	粗车、粗刨、粗铣、钻孔
微见刀痕	R_a12.5、R_a6.3、R_a3.2	精车、精刨、精铣、粗铰、粗磨
看不见加工痕迹，微辨加工方向	R_a1.6、R_a0.8、R_a0.4	精车、精磨、精铰、研磨
暗光泽面	R_a0.2、R_a0.1、R_a0.05	研磨、珩磨、超精磨、抛光

1. 表面粗糙度形成的原因

① 加工过程中的刀痕。

② 切削分离时的塑性变形。

③ 刀具与已加工表面间的摩擦。

④ 工艺系统的高频振动。

2. 表面粗糙度对零件的影响

① 表面粗糙度影响零件的耐磨性。表面越粗糙，配合表面间的有效接触面积越小，压强越大，磨损就越快。

② 表面粗糙度影响配合性质的稳定性。对间隙配合来说，表面越粗糙，就越易磨损，导致工作过程中间隙逐渐增大；对过盈配合来说，由于装配时将微观凸峰挤平，减小了实际有效过盈，降低了连接强度。

③ 表面粗糙度影响零件的疲劳强度。粗糙零件的表面存在较大的波谷，它们像尖角缺口和裂纹一样，对应力集中很敏感，从而影响零件的疲劳强度。

④ 表面粗糙度影响零件的抗腐蚀性。腐蚀性气体或液体易通过粗糙表面的微观凹谷渗入金属内层，造成表面腐蚀。

⑤ 表面粗糙度影响零件的密封性。粗糙的表面之间无法严密地贴合，气体或液体会通过接触面间的缝隙渗漏。

⑥ 表面粗糙度影响零件的接触刚度。接触刚度是零件结合面在外力作用下，抵抗接触变形的能力。机器的刚度在很大程度上取决于各零件之间的接触刚度。

⑦ 表面粗糙度影响零件的测量精度。零件被测表面和测量工具测量面的表面粗糙度都会直接影响测量的精度，尤其是在精密测量时。

此外，表面粗糙度对零件的镀涂层、导热性和接触电阻、反射能力和辐射性能、液体和气体流动的阻力、导体表面电流的流通等都会有不同程度的影响。

三、抛光

抛光是利用柔性抛光工具和磨料颗粒或其他抛光介质对工件表面进行的修饰加工。抛光不能提高工件的尺寸精度或几何形状精度，而是以得到光滑表面或镜面光泽为目的，有时也用以消除光泽（消光）。 通常以抛光轮作为抛光工具。抛光轮一般用多层帆布、毛毡或皮革叠制而成，两侧用金属圆板夹紧，其轮缘涂敷由微粉磨料和油脂等均匀混合而成的抛光剂。抛光时，高速旋转的抛光轮（圆周速度在 20m/s 以上）压向工件，使磨料对工件表面产生滚压和微量切削，从而获得光亮的加工表面，表面粗糙度值一般可达 R_a0.63～0.01μm；当采用非油脂性的消光抛光剂时，可对光亮表面消光以改善外观。机械抛光是在专用的抛光机上进行抛光的，靠极细的抛光粉和磨面间产生的相对磨削和滚压作用来消除磨痕，抛光机如图 1-59 所示。

抛光膏由油料和粉料两部分按照科学配比制成。使用时，需先把抛光膏顺着抛光轮转动的方向擦拭均匀。

常用的抛光工序如下。

① 粗抛。一般由黄色抛光膏配合布质粘砂轮使用，为抛光的首道工序，目的是打掉工件表面的砂眼和毛刺，起到一定的润滑作用。

图 1-59　抛光机

② 中抛。一般由紫色抛光膏配合麻轮使用，为抛光的第二道工序，目的是平整工件表面，深度清除工件表面残留的砂眼或砂印。

③ 细抛。一般由绿色抛光膏或白色抛光膏配合纯棉布轮使用，为抛光的尾道工序，抛后工件呈镜面或高光效果。区别为前者带青光，后者带白光。如果要求不高，使用白色抛光膏即可，因为它的价格通常较低。

学习任务

【活动一】工艺分析

要求：分析导柱的精密加工工艺。

ϕ28k6 和 ϕ20f7 外圆柱面通过研磨达到表面粗糙度和尺寸要求，10º 倒角和端部的 $R1$ 需抛光。

导柱精密加工步骤见表 1-17。

表 1-17　导柱精密加工步骤

步骤	加工内容	图示
	研磨外圆柱面 ϕ28k6 和 ϕ20f7 至尺寸要求，抛光 $R1$ 和 10º 倒角	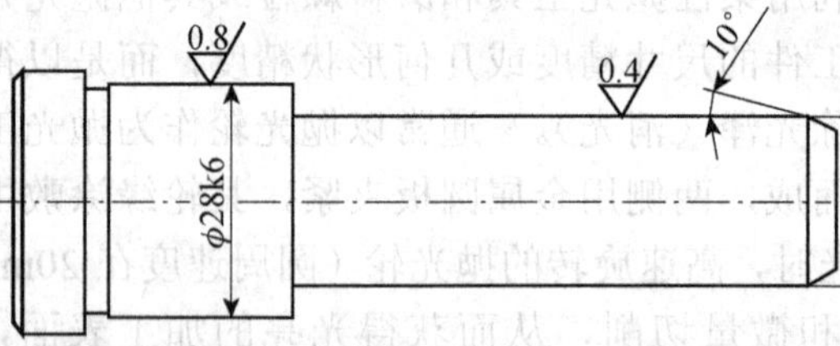

【活动二】研磨外圆柱面

要求：表面需分别达到 R_a0.8 和 R_a0.4，尺寸为 ϕ28k6 和 ϕ20f7。

常用研磨膏有以下几种。

① 刚玉类研磨膏主要用于钢铁件的研磨。

② 碳化硅、碳化硼类研磨膏主要用于硬质合金、玻璃、陶瓷和半导体等的研磨。

③ 氧化铬类研磨膏主要用于精细抛光或非金属类的研磨。

④ 金刚石类研磨膏主要用于硬质合金等高硬度材料的研磨。

导柱的材料为 T8A，常用刚玉类研磨膏的用途见表 1-18，根据表 1-18 选用目数为 F600 的刚玉类研磨膏进行粗研，选用目数为 F1200 的刚玉类研磨膏进行精研。

粗研时压力小于 0.3MPa，速度为 20～120m/min；精研时压力为 0.03～0.05MPa，速度为 10～30m/min。

表 1-18 常用刚玉类研磨膏的用途

目数	用途	表面质量
F600	粗研	
F800	半精研	
F1000	半精研	
F1200	精研	一般亮度
F3000	精研	精密亮度
F5000	精细研	精密亮度
F8000	超精细研	精密亮度

【活动三】抛光

要求：抛光 $R1$ 和 10° 倒角。

常用的抛光膏有以下四种。

① 白色抛光膏。由硬脂酸、脂肪酸、氧化铝粉、单甘脂、石蜡、羊毛脂等配制而成，主要成分是氧化铝，适用于任何材质的精细抛光。

② 黄色抛光膏。由硬化油、凡士林、松香、石英粉、氧化铁黄等配制而成，主要成分是长石，适用于金属或非金属的粗抛。

③ 绿色抛光膏。由硬脂酸、单甘脂、蜂蜡、石蜡、羊毛脂、适量氧化铬绿和出光较好的氧化铝粉等配制而成，主要成分是氧化铬绿和氧化铝，适用于任何工件的镜面抛光。

④ 紫色抛光膏。由松香、凡士林、石蜡、棕刚玉微粉或磨削力较强的氧化铝粉、氧化铁红等配制而成，主要成分是棕刚玉微粉或氧化铝粉，适用于任何金属或非金属件的中磨等。

导柱右端 $R1$ 和 10° 倒角对质量要求并不是很高，因此使用白色抛光膏即可。

任务实施

1. 选择工具和量具

研磨环、研磨膏、抛光机、抛光膏等。

2. 质量检查的内容和成绩评定标准

导柱精密加工检测与评价表见表 1-19。

表 1-19 导柱精密加工检测与评价表

序号	检测内容	配分	量具	检测结果	学生评分	教师评分
1	ϕ 28k6	15 分				
2	ϕ 20f7	15 分				

续表

序号	检测内容	配分	量具	检测结果	学生评分	教师评分
3	R_a0.4	10 分				
4	R_a0.8	10 分				
5	文明生产	违纪一项扣 10 分				
合　计		50 分				

任务小结

通过本任务的学习和训练，能够掌握外圆柱面的研磨方法及抛光方法，理解表面粗糙度对配合的重要作用。

习题

1. 精密加工方法有哪些？
2. 超精加工有哪几个阶段？
3. 简述滚压加工与其他精密加工的异同点。
4. 表面粗糙度对零件的影响有哪些？
5. 简述表面粗糙度形成的原因。

项目小结

外圆表面常用的机械加工方法有车削、磨削和各种光整加工方法。车削加工是外圆表面最经济有效的加工方法，但就其经济精度而言，一般适于作为外圆表面粗加工和半精加工方法；磨削加工是外圆表面的主要精加工方法，特别适用于各种高硬度和淬火后零件的精加工；光整加工是精加工之后进行的超精密加工（如滚压、抛光、研磨等），适用于某些精度和表面质量要求很高的零件。

由于各种加工方法所能达到的经济精度、表面粗糙度、生产率和生产成本各不相同，因此必须根据具体情况，选用合理的加工方法，从而加工出满足零件图纸要求的合格零件。外圆表面加工方案见表 1-20。

表 1-20　外圆表面加工方案

序号	加工方法	经济精度（公差等级）	表面粗糙度值/μm	适用范围
1	粗车	IT13～IT11	R_a50～12.5	适用于淬火钢以外的各种金属
2	粗车—半精车	IT10～IT8	R_a6.3～3.2	
3	粗车—半精车—精车	IT8～IT7	R_a1.6～0.8	
4	粗车—半精车—精车—滚压	IT8～IT7	R_a0.2～0.025	

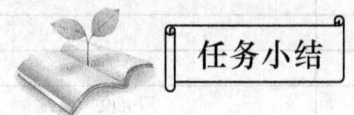

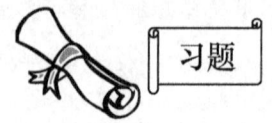

续表

序号	加工方法	经济精度（公差等级）	表面粗糙度值/μm	适用范围
5	粗车—半精车—磨削	IT8～IT7	R_a0.8～0.4	主要用于淬火钢，也可用于未淬火钢，但不适用于有色金属
6	粗车—半精车—粗磨—精磨	IT7～IT6	R_a0.4～0.1	
7	粗车—半精车—粗磨—精磨—超精加工（或轮式超精磨）	IT5	R_a0.1～0.012 （或 Rz0.1）	
8	粗车—半精车—精车—精细车（金刚车）	IT7～IT6	R_a0.4～0.025	主要用于要求较高的有色金属
9	粗车—半精车—粗磨—精磨—超精磨（或镜面磨）	IT5 以上	R_a0.025～0.006（或 Rz0.1）	精度极高的外圆加工
10	粗车—半精车—粗磨—精磨—研磨	IT5 以上	R_a0.1～0.012（或 Rz0.1）	

1. 外圆表面的车削加工

车削外圆是最常见、最基本的车削方法之一。车削外圆一般可划分为荒车、粗车、半精车、精车和精细车，各种车削方案所能达到的加工精度和表面粗糙度各不相同，必须合理选用。常见的车削装夹方法见表 1-21。

表 1-21　常见的车削装夹方法

名称	装夹简图	装夹特点	应用
三爪卡盘	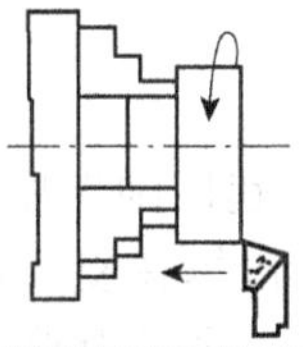	三个卡爪可同时移动，自动定心，装夹迅速方便	长径比小于 4、截面为圆形或六边形的中小型工件的加工
四爪卡盘	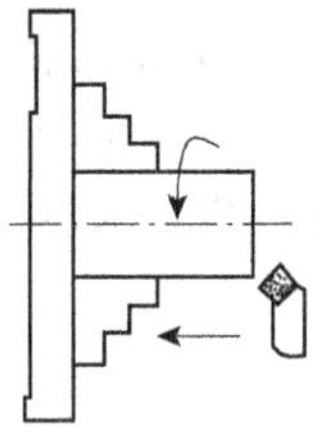	四个卡爪都可单独移动，装夹工件需找正	长径比小于 4、截面为方形或椭圆形的较大、较重工件的加工
花盘	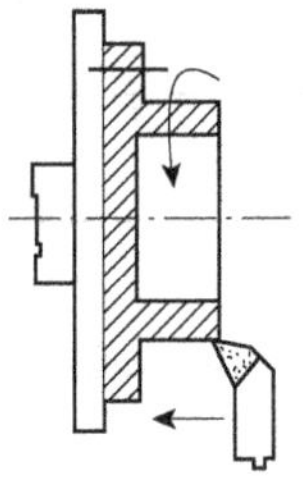	盘面上有通槽和 T 形槽，使用螺钉、压板装夹，装夹前需找正	形状不规则的工件、孔或外圆与定位基准面垂直的工件的加工
双顶尖	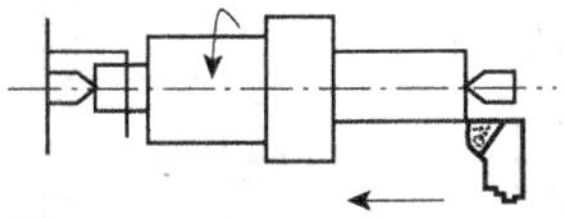	定心准确，装夹稳定	长径比为 4～15 的实心轴类零件的加工
双顶尖中心架	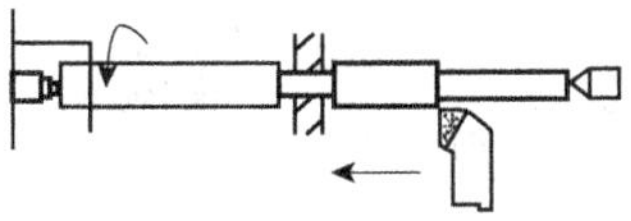	支爪可调，增强工件刚性	长径比大于 15 的细长轴工件的粗加工

续表

名称	装夹简图	装夹特点	应用
一夹一顶跟刀架	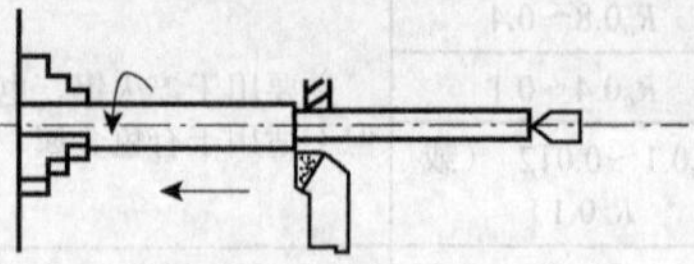	支爪随刀具一起运动，无接刀痕	长径比大于15的细长轴工件的半精加工、精加工
心轴	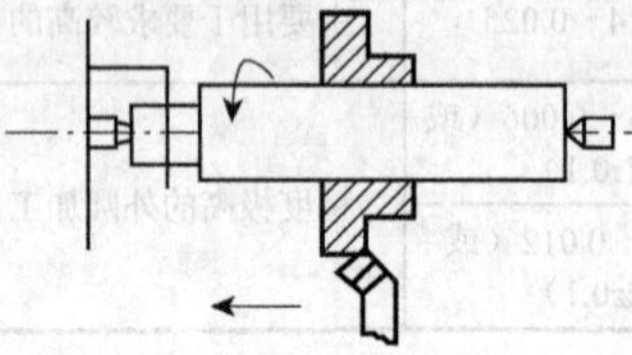	能保证外圆、端面对内孔的位置精度	以孔为定位基准的套类零件的加工

2. 外圆表面的磨削加工

磨削的工艺范围很广，可以划分为粗磨、精磨、细磨及镜面磨。

磨削加工采用的磨具（或磨料）具有颗粒小、硬度高、耐热性好等特点，因此可以加工较硬的金属材料和非金属材料，如淬硬钢、硬质合金、陶瓷等；加工过程中同时参与切削运动的颗粒多，能切除极薄极细的切屑，因而加工精度高，表面粗糙度值小。磨削加工作为一种精加工方法，在生产中得到了广泛应用。目前，由于强力磨削的发展，也可直接将毛坯磨削到所需要的尺寸和精度，从而获得较高的生产率。

（1）外圆磨床的磨削方法

① 纵磨法。纵磨法如图 1-60（a）所示，砂轮高速旋转起切削作用，工件旋转做圆周进给运动，并和工作台一起做纵向往复直线进给运动。工作台每往复一次，砂轮沿磨削深度方向完成一次横向进给，每次进给量（背吃刀量）都很小，全部磨削余量是在多次往复行程中完成的。当工件磨削接近最终尺寸时（尚有余量 0.005～0.01mm），应无横向进给光磨几次，直到火花消失为止。纵磨法加工精度和表面质量较高，适应性强，用同一砂轮可磨削直径和长度不同的工件，但生产率低。其在单件、小批量生产及精磨中应用广泛，特别适用于磨削细长轴等刚性差的工件。

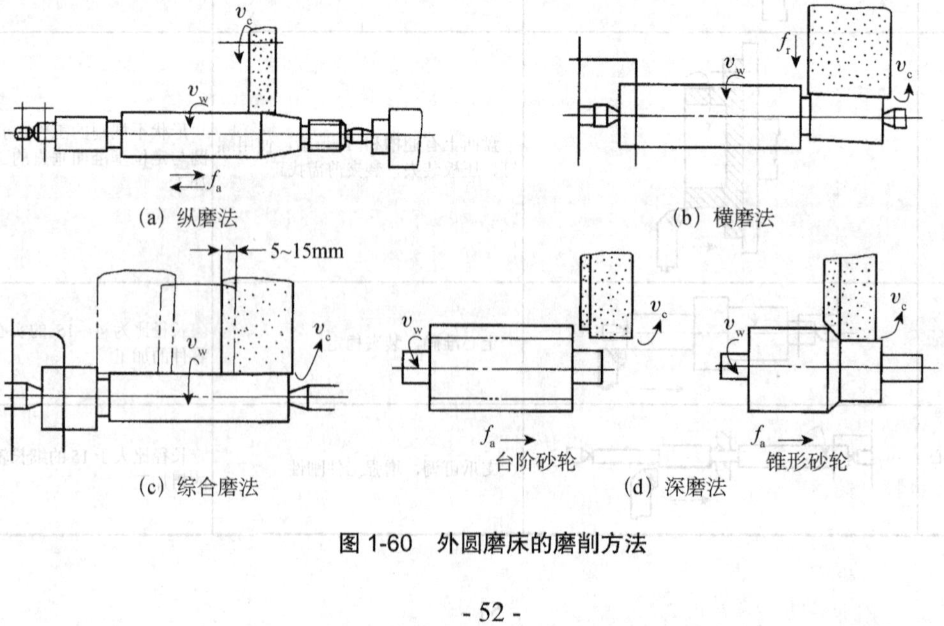

图 1-60　外圆磨床的磨削方法

② 横磨法（切入法）。横磨法如图 1-60（b）所示，磨削时工件不做纵向往复运动，砂轮以缓慢的速度连续或间断地向工件做横向进给运动，直到磨去全部余量。横磨时，工件与砂轮的接触面积大，磨削力大，发热量大而集中，所以易发生工件变形、烧刀和退火。横磨法生产效率高，适用于成批或大量生产中，磨削长度小、刚性好、精度低的外圆表面及两侧都有台肩的轴颈。若将砂轮修整成形，也可直接磨削成形面。

③ 综合磨法。综合磨法如图 1-60（c）所示，先用横磨法将工件分段进行粗磨，相邻段之间有 5～15mm 的搭接区域，每段上留有 0.01～0.03mm 的精磨余量，精磨时采用纵磨法。这种磨削方法综合了纵磨法和横磨法的优点，适用于磨削余量较大（0.6～0.7mm）的工件。

④ 深磨法。磨削时，采用较小的纵向进给量（1～2mm/r）和较大的吃刀深度（0.2～0.6mm）在一次走刀中磨去全部余量，深磨法如图 1-60（d）所示。为避免切削负荷集中和砂轮外圆棱角迅速磨钝，应将砂轮修整成锥形或台阶形，外径小的台阶起粗磨作用，可修粗些；外径大的起精磨作用，应修细些。深磨法可获得较高的精度和生产率，表面粗糙度值较小，适用于大批量生产中，加工刚性好的短轴。

（2）无心外圆磨床的磨削方法

在无心外圆磨床上磨削工件外圆时，工件不用顶尖来定心和支承，而是直接将工件放在砂轮和导轮（用橡胶结合剂制作的粒度较粗的砂轮）之间，由托板支承，将工件被磨削的外圆面作为定位面，工件位置如图 1-61（a）所示。无心外圆磨床有以下两种磨削方法。

① 贯穿磨削法（纵磨法）。贯穿磨削法如图 1-61（b）所示，磨削时将工件从机床前面放到托板上，推入磨削区，由于导轮轴线在垂直平面内倾斜 α 角（α=1°～6°），导轮与工件接触处的线速度可以分解成水平和垂直两个方向的分速度，垂直速度控制工件的圆周进给运动，水平速度使工件做纵向进给运动。所以工件进入磨削区后，既做旋转运动，又做轴向移动，穿过磨削区，工件就磨削完毕。α 角增大，则生产率高，但表面粗糙度值增大。为保证导轮与工件呈线接触状态，需将导轮形状修整成回转双曲面形。这种磨削方法不适用于带台阶的圆柱形工件。

② 切入磨削法（横磨法）。先将工件放在托板和导轮之间，然后由工件（连同导轮）或磨削砂轮横向切入进给，磨削工件表面。这时导轮的中心线仅倾斜很小的角度（约 30′），以便对工件产生一个微小的轴向推力，使它靠住挡板，得到可靠的轴向定位，切入磨削法如图 1-61（c）所示。切入磨削法适用于磨削有阶梯或成形回转表面的工件，但磨削表面长度不能大于磨削砂轮宽度。

在磨床上磨削外圆表面时，应采用充足的切削液。一般磨钢件多用苏打水或乳化液，磨铝件采用加有少量矿物油的煤油。磨铸铁、青铜件一般不用切削液，而用吸尘器清除尘屑。

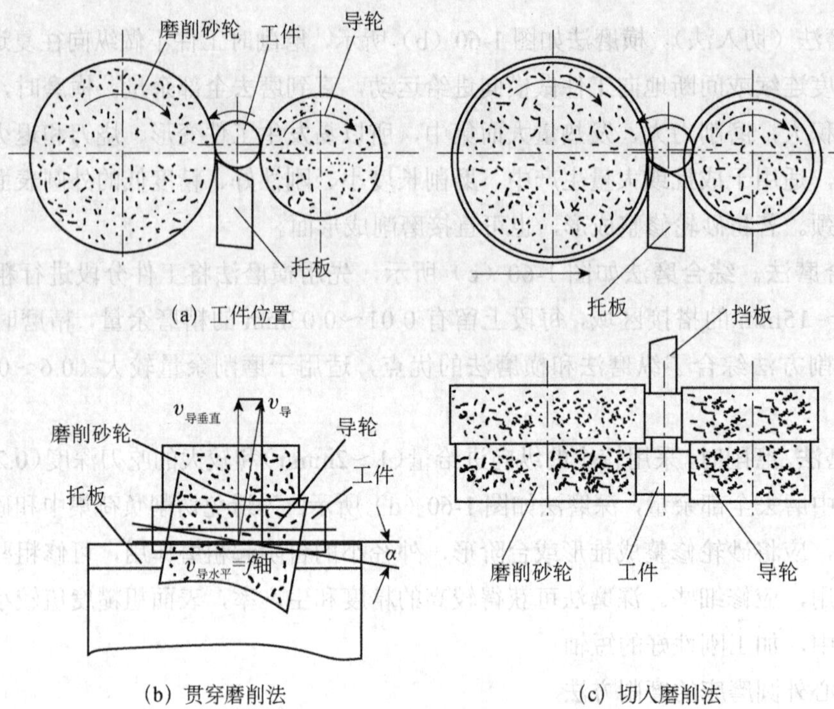

图 1-61 无心外圆磨床磨削加工示意图

项目二　导套的加工

项目说明

本项目主要介绍导套的加工。通过本项目的学习和训练，掌握套类零件加工过程中所涉及的设备、工装夹具、刀具、量具等的选用和加工工艺，并完成图 2-1 所示导套零件的加工。

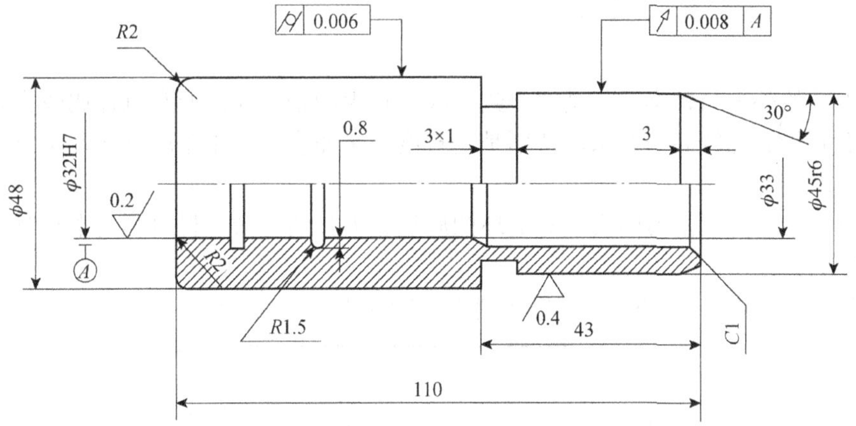

图 2-1　导套零件

学习目标

了解套类零件的结构特点；

掌握套类零件的加工工艺；

掌握加工套类零件时相关设备、夹具的选择和使用；

掌握套类零件加工时的质量控制方法。

任务一　备料

知识点

套类零件的结构特点；
套类零件的技术要求；
毛坯的选择。

技能点

学会使用车床切割型材。

任务导入

套类零件的外观与轴类零件基本一致，因有较大的轴向孔，通常直径比较大。下料时对毛坯的端面质量有比较高的要求，特别是垂直度和平面度。采用车床下料，可以满足套类零件毛坯的要求。

采用割刀下料时，割刀的安装对毛坯的质量、刀具的寿命、材料利用率和制造成本等都有很大的影响。

本任务需要完成图 2-2 所示 20 钢棒料毛坯的加工。

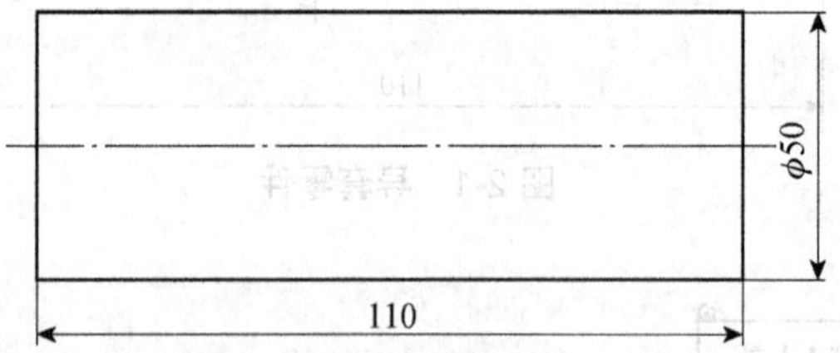

图 2-2　20 钢棒料毛坯

知识准备

一、套类零件的功用与结构

套类零件是机械产品中常见的一种零件，它的应用范围很广，如支承旋转轴的各种形式的滑动轴承、夹具上引导孔加工刀具的导向套、内燃机气缸套、液压系统中的液压缸及一般用途的套筒等，套类零件如图 2-3 所示。

由于功能不同，套类零件的结构和尺寸有很大的差别，但结构上仍有共同的特点：零件的主要表面为同轴度要求较高的内、外圆表面，零件的壁厚较小且易变形，零件长度一般大于直径等。

提示

常用的套类零件是将零件上的孔与零件本体分开设计的，当孔被磨损或损坏后，只需更换套，而无须更换整个零件，以此达到方便制造、安装和节约生产成本的目的。

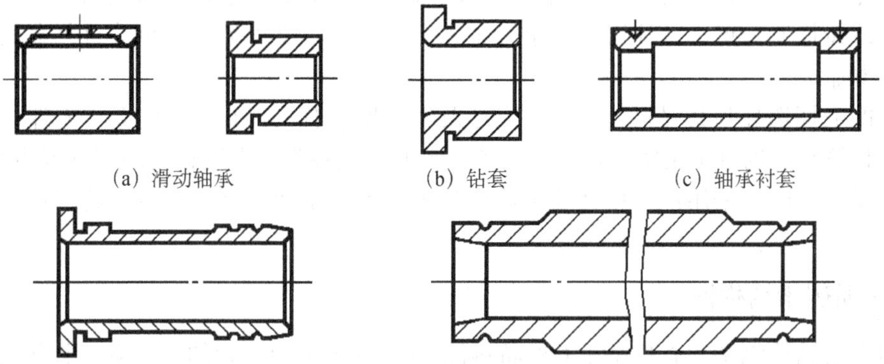

(a) 滑动轴承　(b) 钻套　(c) 轴承衬套

(d) 气缸套　(e) 液压缸

图 2-3　套类零件

二、套类零件的技术要求

套类零件的主要表面是孔和外圆表面，其主要技术要求如下。

1. 孔的技术要求

孔是套类零件起支承或导向作用的主要表面，通常与运动轴、刀具或活塞相配合。孔的直径尺寸公差一般取 IT7 级；精密轴套取 IT6 级；气缸和液压缸由于与其相配的活塞上有密封圈，要求较低，通常取 IT9 级。孔的形状精度应控制在孔径公差以内，一些精密套筒控制在孔径公差的 1/3～1/2，甚至更严。对于长的套类零件，除了圆度要求外，还应注意孔的圆柱度。为了保证零件的功用和提高其耐磨性，孔的表面粗糙度值为 R_a1.6～0.16μm，有的要求更高，可达 R_a0.04μm。

2. 外圆表面的技术要求

外圆表面是套类零件的支承面，常以过盈配合或过渡配合与箱体或机架上的孔相连接。外径尺寸公差等级通常取 IT6～IT7 级，形状精度控制在外径公差以内，表面粗糙度值为 R_a3.2～0.63μm。

3. 孔与外圆表面的同轴度要求

若孔的最终加工在套装入机座后进行，则套内、外圆间的同轴度要求较低；若最终加工在装配前完成，则其要求较高，一般为 0.01～0.05mm。

4. 孔轴线与端面的垂直度要求

套的端面（包括凸缘端面）若在工作中承受轴向载荷，或虽不承受载荷，但在装配或加工中作为定位基准，则端面与孔轴线的垂直度要求较高，一般为 0.01～0.05mm。

三、毛坯与材料

1. 毛坯

套类零件一般用钢、铸铁、青铜或黄铜制成。有些滑动轴承采用双金属结构，以离心铸造法在钢或铸铁套内壁上浇注巴氏合金等轴承合金材料，既可节省贵重的有色金属，又能延长轴承的寿命。

套类的毛坯选择与其材料、结构、尺寸及生产批量有关。孔径小的套类零件，一般选择热轧或冷拉棒料，也可采用实心铸件。孔径较大的套类零件，常选择无缝钢管或带孔的铸件、锻件。大量生产时，采用冷挤压和粉末冶金等先进毛坯制造工艺，既可节约用材，又可提高生产率。

2. 优质碳素结构钢

优质碳素结构钢是含碳量小于 0.8%的碳素钢，这种钢中所含的硫、磷及非金属夹杂物比碳素结构钢少，机械性能较为优良。

此类钢中除含有碳（C）元素和为脱氧而含有一定量硅（Si）（一般不超过 0.40%）、锰（Mn）（一般不超过 0.80%，较高可到 1.20%）合金元素外，不含其他合金元素（残余元素除外）。此类钢必须同时保证化学成分和力学性能。其硫（S）、磷（P）杂质元素含量一般控制在 0.035%以下。控制在 0.030%以下者称为高级优质钢，其牌号后面应加“A”，如 20A；若 P 控制在 0.025%以下，S 控制在 0.020%以下，则称为特级优质钢，其牌号后面应加“E”以示区别。对于由原料带进钢中的其他残余合金元素，如铬（Cr）、镍（Ni）、铜（Cu）等，其含量一般控制在 Cr≤0.25%、Ni≤0.30%、Cu≤0.25%。有的牌号锰（Mn）含量达到 1.40%，称为锰钢。

根据含碳量的高低，此类钢又可分为以下三种。

① 低碳钢。含碳量一般小于 0.25%，如 05F、08F、08、10F、10、15F、15、20F、20、25、20Mn、25Mn 钢等。

② 中碳钢。含碳量一般在 0.25%～0.60%，如 30、35、40、45、50、55、60、30Mn、40Mn、50Mn、60Mn 钢等。

③ 高碳钢。含碳量一般大于 0.60%，如 65、70、65Mn 钢等，此类钢一般不用于制造钢管。

提示

优质碳素结构钢产量较大，用途较广，一般多轧（锻）制成圆、方、扁等型材、板材和无缝钢管。主要用于制造一般结构及机械结构零部件，以及建筑结构件和输送流体用管道。根据使用要求，有时需热处理（正火或调质）后使用。

此类钢按含锰量不同可分为正常含锰量（含锰 0.25%～0.80%）和较高含锰量（含锰 0.80%～1.20%）两组，后者具有较好的力学性能和加工性能。

四、工艺路线与加工精度

工艺路线是指在生产过程中，产品或零部件由毛坯准备到成品包装入库，经过各有关部门或工序的先后顺序。工艺路线的拟订是制订工艺规程的关键，其主要任务是选择各个表面的加工方法和加工方案，确定各个表面的加工顺序及工序集中与分散等。

1. 选择加工方法

选择加工方法的原则是保证加工质量、生产率和经济性。为了正确选择加工方法，应了解各种加工方法的特点，掌握加工经济精度和经济粗糙度的概念。

加工过程中，影响精度的因素很多。每种加工方法在不同的工作条件下所能达到的精度是不同的。例如，在一定的设备条件下，操作精细、选择较低的进给量和背吃刀量，就能获得较高的加工精度和较小的表面粗糙度值。但是这必然会使生产率降低，生产成本增加。反之，提高生产率，虽然能降低成本，但会增大加工误差，降低加工精度。

加工经济精度是指在正常的加工条件下（采用符合质量要求的标准设备、工艺装备和标准技术等级的工人，不延长加工时间）所能保证的加工精度。

选择加工方法时，一般先根据经验或查表确定，再根据实际情况或工艺试验进行修改。满足相同精度要求的加工方法往往有若干种，应充分利用现有设备，并注意合理安排设备负荷。同时要充分挖掘企业潜力，发挥工人的创造性。此外，选择加工方法时应考虑的因素见表 2-1。

表 2-1 选择加工方法时应考虑的因素

序号	考虑的因素	实例		
		加工要求	加工方法	通用方法
1	能获得经济精度的加工方法	IT7 级和表面粗糙度值为 R_a0.4μm 的外圆柱面	精车、磨削	磨削
2	工件材料的性质	淬火钢精加工	磨削	磨削
		有色金属圆柱表面精加工	车削、镗削	高速精细车、金刚镗
3	工件的结构形状和尺寸大小	IT7 级的非淬硬孔	镗削、铰削、拉削和磨削	镗孔、铰孔
4	结合生产类型考虑生产率与经济性	大批量加工孔和平面	拉孔、磨孔、拉平面、刨平面、铣平面、磨平面	组合加工
		小批量加工孔和平面	磨孔、铣平面、磨平面	刨削、铣削平面和钻、扩、铰孔等

2. 划分加工阶段

工件的加工质量要求较高时，应划分加工阶段。一般可分为粗加工、半精加工和精加工三个阶段。如果加工精度和表面粗糙度要求特别高，还可增设光整加工和超精密加工阶段。各加工阶段的主要任务见表 2-2。

表 2-2 各加工阶段的主要任务

序号	加工阶段	主要任务	精度特征
1	粗加工	从毛坯上切除大部分加工余量	只能达到较低的加工精度和表面质量
2	半精加工	完成一些次要表面的加工，并为主要表面的精加工做好准备	达到精加工前必要的精度、表面粗糙度和合适的加工余量
3	精加工	使各主要表面达到规定的质量要求	精度符合图纸规定的技术要求
4	光整加工和超精密加工	对要求特别高的零件增设的加工方法	达到所要求的光洁表面和加工精度

工艺过程中划分加工阶段的目的如下。

（1）保证加工质量

粗加工时工件加工余量较大，会产生较大的切削力和切削热，同时也需要较大的夹紧力。在这些力和热的作用下，工件会产生较大的变形。而且经过粗加工后，工件的内应力要重新分布，也会使工件发生变形。如果不分阶段而连续进行加工，就无法避免和修正上述原因所引起的加工误差。划分加工阶段后，粗加工造成的误差通过半精加工和精加工可以得到修正，并可逐步提高零件的加工精度和表面质量，保证零件的加工要求。

（2）合理使用设备

粗加工需要功率大、刚性好、生产率高而精度不高的设备。精加工则需要精度较高的设备。划分加工阶段后就可以充分发挥粗、精加工设备的特点，避免以精密设备做粗加工工序，做到合理使用设备。

（3）便于安排热处理工序，使冷、热加工配合得更好

对一些精密零件，粗加工后安排去除应力的时效处理，可以减少内应力变形对加工精度的影响；对于要求淬火的零件，在粗加工或半精加工后安排热处理，可便于后续工序的加工和在精加工中修正淬火变形，达到工件的加工精度要求。

（4）便于及时发现毛坯的缺陷

毛坯的各种缺陷，如气孔、砂眼、夹渣及加工余量不足等，在粗加工后即可发现，便于及时修补或决定报废，以免继续加工后造成工时和费用的浪费。

拟订零件的工艺路线时，一般应遵循划分加工阶段这一原则，但具体应用时要灵活处理。

提示

应当指出，工艺路线的阶段划分是针对零件加工的整个过程而言的，不能依据某一表面的加工或某一工序的性质来判断。例如，有些定位基准面在半精加工甚至粗加工阶段就要完成，而不能放在精加工阶段。

学习任务

【活动一】工艺分析

要求：分析下料的加工工艺。

型材下料除了用锯床以外，也可以用车床。在下料的过程中，采用车床可以比较准确地保证毛坯的长度，并且两端面的加工精度也高于锯床，尤其是端面对轴线的垂直度。其缺点

是材料的消耗较大，因为割刀的宽度大于锯缝的宽度。

下料加工步骤见表 2-3。

表 2-3　下料加工步骤

步骤	加工内容	图示
1	车左端面	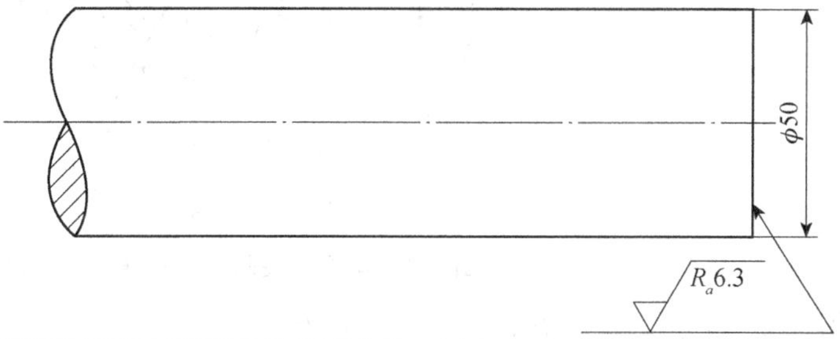
2	切割棒料	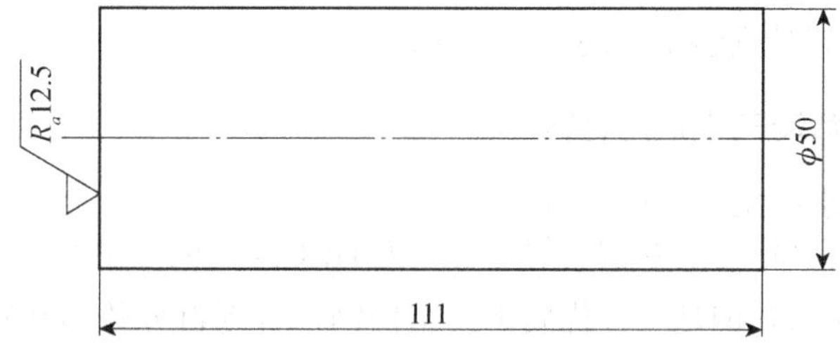
3	车右端面	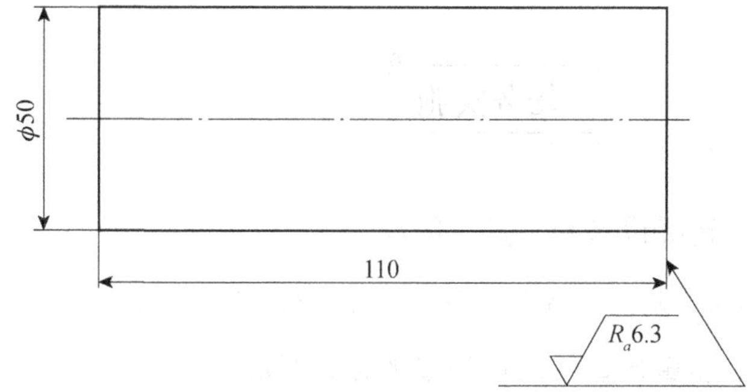

【活动二】装夹刀具

要求：正确装夹刀具。

装夹刀具时，除了刀柄的中心线与工件的轴线垂直以外，还要保证刀具的切削刃（或刀尖）与主轴等高。切削刃高于或低于工件中心，对刀具工作时的前角和后角都有影响。

切削刃高于或低于工件中心时，按辅助平面的定义，通过切削刃做出的切削平面、基面将发生变化，刀具角度也随之发生变化，车刀安装高低对前角、后角的影响如图 2-4 所示。

切削刃高于工件中心时：

$$\gamma_{oe}=\gamma_o+N \tag{2-1}$$

$$\alpha_{oe}=\alpha_o-N \tag{2-2}$$

切削刃低于工件中心时：

$$\gamma_{oe}=\gamma_o-N \tag{2-3}$$

$$\alpha_{oe}=\alpha_o+N \tag{2-4}$$

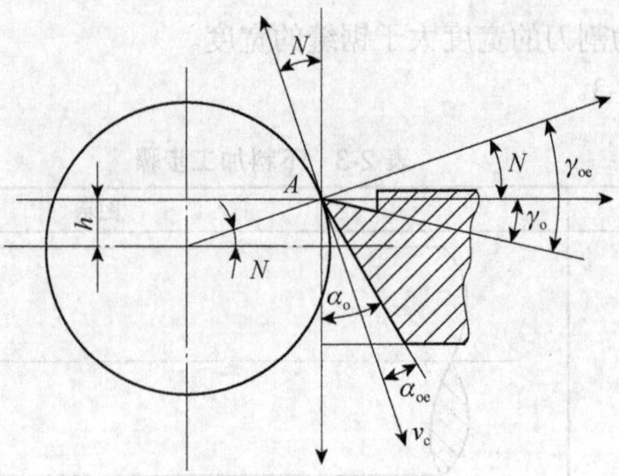

图 2-4　车刀安装高低对前角、后角的影响

式中　γ_{oe}、α_{oe}——工作前角、工作后角；

N——刀具安装引起的角度变化值。

【活动三】选用材料

要求：正确选用材料。

导套材料为 20 钢，硬度要求为 HRC58～62。生产类型为大批生产时，采用 ϕ50mm 热轧 20 圆钢。20 钢是一种优质碳素结构钢，含碳百分数为 0.20%。

任务实施

1. 选择设备和工具、量具

车床、割刀、端面车刀、钢直尺和游标卡尺。

2. 质量检查的内容和成绩评定标准

下料加工检测与评价表见表 2-4。

表 2-4　下料加工检测与评价表

序号	检测内容	配分	量具	检测结果	学生评分	教师评分
1	110	20 分				
2	R_a6.3（两处）	30 分				
3	文明生产	违纪一项扣 10 分				
	合　计	50 分				

任务小结

通过本任务的学习和训练，能够掌握套类零件的毛坯选择与加工方法，理解车床下料的作用。下料时，保证毛坯端面的平面度和对轴线的垂直度，是获得合格毛坯的必要条件。

习题

1. 套类零件的共同结构特征有哪些？
2. 简述套类零件的技术要求。
3. 用于外圆表面定位的元件有哪些？
4. 简述划分加工阶段的意义。

任务二　导套的粗加工

知识点

孔的粗加工工艺；
麻花钻的结构；
扩孔钻、镗刀的结构。

技能点

学会使用车床钻孔。

任务导入

由于麻花钻自身的缺点，钻孔加工要比外圆表面的加工困难。由于内、外圆表面有同轴度的要求，加工时使用外圆表面定位，采用三爪卡盘进行装夹。

本任务需要完成如图 2-5 所示零件的加工。

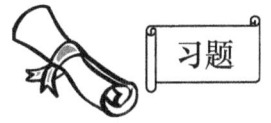

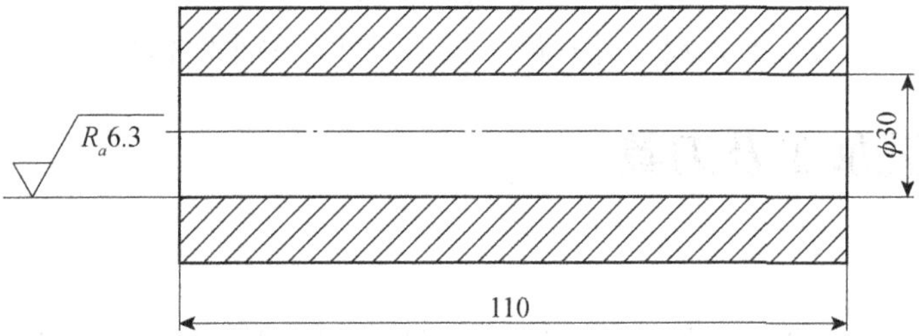

图 2-5　零件

知识准备

一、加工余量

由于毛坯不能达到零件所要求的精度和表面粗糙度，因此要留有加工余量，以便通过机械加工来达到这些要求。加工余量是指加工过程中从加工表面切除的金属层厚度。

1. 总加工余量与工序加工余量

为了得到零件上某一表面所要求的精度和表面质量而从毛坯这一表面上切除的全部多余的金属层，称为该表面的总加工余量，它也是各加工步骤加工余量（工序加工余量）的总和。

总加工余量与工序加工余量的关系为

$$Z_{总}=\sum_{i=1}^{n}Z_i \tag{2-5}$$

式中　$Z_{总}$——总加工余量；

Z_i——第 i 道工序的加工余量；

n ——工序数目。

2. 公称加工余量、最大加工余量和最小加工余量

在制订工艺规程时，应根据各工序的特性来确定工序加工余量，进而求出各工序的尺寸。由于在加工过程中各尺寸都有公差，所以实际切除的余量也是变化的。

通常所说的加工余量是指公称加工余量，其值等于前后工序的基本尺寸之差，即

$$Z_{\mathrm{b}}=|a-b| \tag{2-6}$$

式中　Z_{b} ——本工序加工余量；

a ——前工序加工尺寸；

b ——本工序加工尺寸。

最大加工余量是前工序最大实体尺寸与本工序最小实体尺寸之差。

最小加工余量是前工序最小实体尺寸与本工序最大实体尺寸之差。

提示

对于外表面（即轴），最大实体尺寸是其最大极限尺寸，最小实体尺寸是其最小极限尺寸；对于内表面（即孔），最大实体尺寸是其最小极限尺寸，最小实体尺寸是其最大极限尺寸。

二、钻孔加工及刀具

1. 钻孔

钻孔是使用钻头在实心材料上加工孔的一种方法，最常用的钻头是麻花钻，钻孔加工如图 2-6 所示。钻孔加工精度低，表面粗糙度值大，属于粗加工。钻孔时钻头容易发生偏斜，从而导致被加

工孔的轴线歪斜。工艺上常采用钻孔前先加工端面、工件回转面等措施来防止和减少钻头的偏斜。

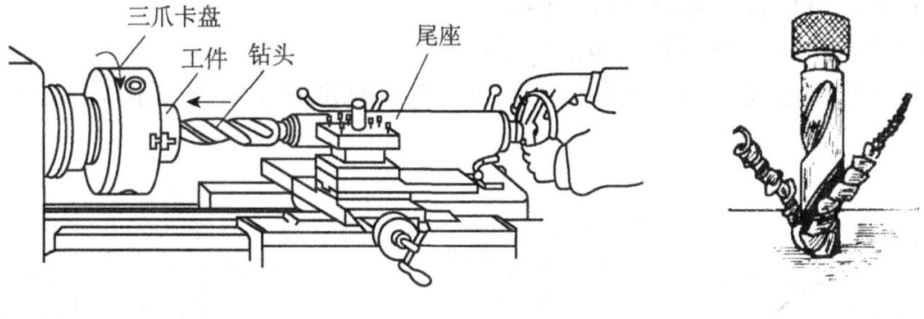

(a) 在车床上钻孔　　(b) 在钻床上钻孔

图 2-6 钻孔加工

钻孔加工的特点如下。

① 孔加工刀具多为定尺寸刀具，如麻花钻、扁钻等。在加工过程中，刀具磨损造成的形状和尺寸的变化会直接影响被加工孔的精度。

② 受被加工孔直径大小的限制，切削速度很难提高，影响加工效率和加工表面质量，尤其是对较小的孔进行精密加工时，为达到所需的速度，必须使用专门的装置，对机床的性能也提出了很高的要求。

③ 刀具的结构受孔的直径和深度的限制，刚性较差。在加工时，由于轴向力的影响，刀具容易产生弯曲变形和振动。孔的长径比（孔的深度与直径之比）越大，刀具刚性对加工精度的影响就越大。

④ 孔加工时，刀具一般在半封闭的空间内工作，切屑排出困难；冷却液难以进入加工区域，散热条件不好。切削区热量集中，温度较高，影响刀具的耐用度和钻削加工质量。

提示

钻孔可以在钻床上进行，也可以在车床上进行。钻孔一般作为孔的粗加工。对于一些精度要求不高的孔，钻孔也可作为终加工，如连接孔、工艺孔等。

2. 麻花钻

麻花钻属于粗加工刀具，可达到的尺寸精度为IT13～IT11级，表面粗糙度值为R_a25～12.5μm。

麻花钻由柄部、颈部和工作部分组成，麻花钻的结构如图 2-7 所示。两个对称的、较深的螺旋槽用来形成切削刃和前角，并起到排屑和输送切削液的作用。沿螺旋槽边缘的两条刃带用于减小钻头与孔壁之间的摩擦。

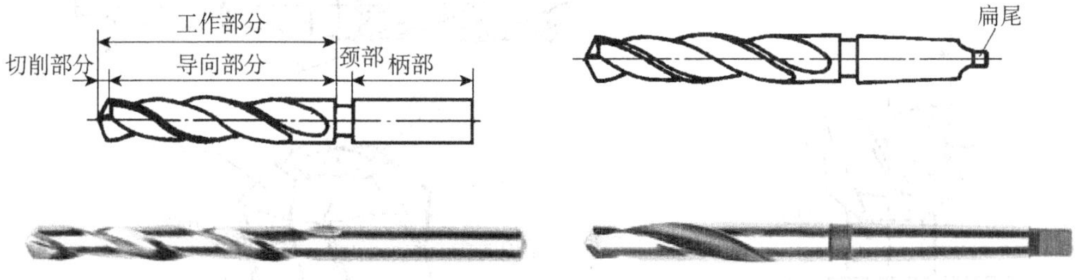

(a) 直柄　　(b) 锥柄

图 2-7 麻花钻的结构

麻花钻柄部有直柄和锥柄两种，一般直径小于 13mm 的钻头做成直柄，直径大于 13mm 的钻头做成锥柄，锥柄传递的扭矩比直柄大。

钻头的规格、材料和商标等刻印在颈部。

麻花钻的工作部分又分为导向部分和切削部分。标准麻花钻的切削部分如图 2-8 所示。

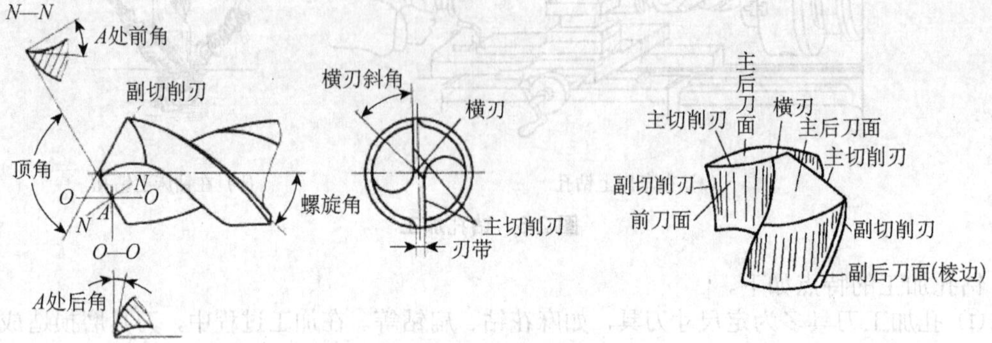

图 2-8　标准麻花钻的切削部分

标准麻花钻切削部分的顶角为 118°±2°，切削部分有两个主切削刃、两个副切削刃和一个横刃。导向部分有少量倒锥，用以减小与孔壁之间的摩擦。

提示

横刃处有很大的负前角，主切削刃上各点前角、后角是变化的，钻芯处前角接近 0°甚至为负值，对切削加工十分不利，更不利于麻花钻的定心。主切削刃全宽参与切削，也对切削加工不利。

三、扩孔加工及刀具

扩孔是使用扩孔钻对工件上已有的孔进行半精加工的方法，如图 2-9 所示。由于扩孔时，切削深度较小，排屑容易，且扩孔钻刚性较好，刀齿较多，因此扩孔精度和表面粗糙度均比钻孔好。扩孔加工的尺寸精度为 IT11～IT10 级，表面粗糙度值为 R_a12.5～6.3μm。

扩孔钻的结构与麻花钻相似，其切削刃一般为 3～4 个，扩孔钻如图 2-10 所示。

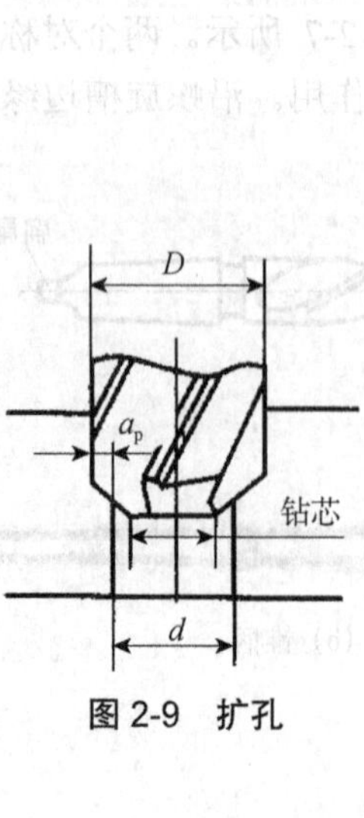

图 2-9　扩孔

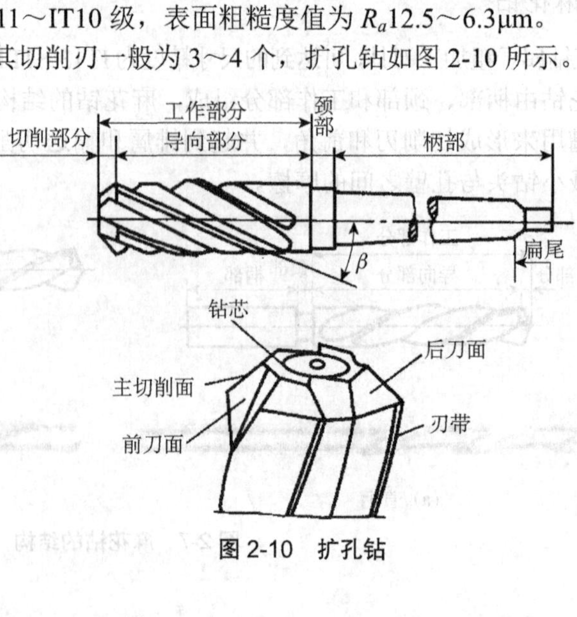

图 2-10　扩孔钻

扩孔加工余量通常为孔径的 1/8 左右。一般，直径小于或等于 25mm 的孔，扩孔余量为 1～3mm；直径大于 25mm 的孔，扩孔余量为 3～9mm。

提示

实际生产中常用大直径的麻花钻替代扩孔钻，但加工质量不如扩孔钻。扩孔常作为精加工（如铰孔）前的预加工，也可作为要求不高的孔的终加工。

四、镗孔加工及刀具

1. 镗孔

镗孔是一种常见的孔加工方法，可以作为粗加工，也可以作为精加工。在小批量生产中对非标准孔、大直径孔、精确的短孔及盲孔一般采用镗孔加工，有色金属工件上的大孔精加工均采用镗孔。镗孔可在镗床、车床、铣床上进行。精镗孔加工的尺寸精度可达 IT8～IT7 级，表面粗糙度值为 R_a1.6～0.8μm。

镗孔能够修正前工序加工所导致的轴线歪斜和偏移，从而提高孔的位置精度。

2. 镗刀

镗刀是一种镗削刀具，一般为圆刀杆，加工较大工件时也使用方刀杆，但多见于立车。最常用的场合就是在镗床、车床、铣床或加工中心中进行扩孔。镗刀还可以加工端面和外圆。

镗刀有多种类型，按其切削刃数量可分为单刃镗刀、双刃镗刀和多刃镗刀，按其加工表面可分为通孔镗刀、盲孔镗刀、阶梯孔镗刀和端面镗刀，按其结构可分为整体式、装配式和可调式。如图 2-11 所示为镗刀的结构。

（1）单刃镗刀

单刃镗刀刀头结构与车刀类似，刀头装在刀杆中，根据被加工孔直径大小，通过手工操纵，用螺钉固定刀头的位置。刀头与镗杆轴线垂直可镗通孔，倾斜安装可镗盲孔。单刃镗刀如图 2-11（a）所示。

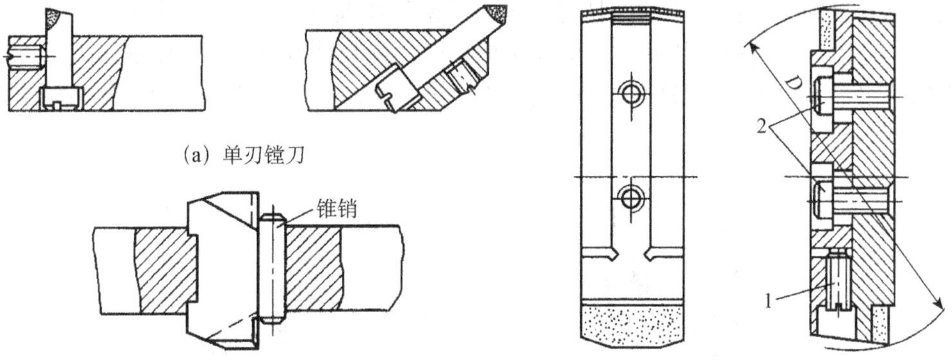

(a) 单刃镗刀

(b) 固定式双刃镗刀

(c) 可调节浮动镗刀

1，2—螺钉

图 2-11　镗刀的结构

单刃镗刀结构简单，可以校正原有孔轴线偏斜和小的位置偏差，适用范围较广，可用来进行粗加工、半精加工或精加工。但是，所镗孔径尺寸的大小要靠人工调整刀头的悬伸长度来保证，较为不便，加之仅有一个主切削刃参与加工，故生产效率较低，多用于单件小批量生产。

（2）双刃镗刀

双刃镗刀有两个对称的切削刃，切削时径向力可以相互抵消，工件孔径尺寸和精度由镗刀径向尺寸保证。

图 2-11（b）为固定式双刃镗刀。工作时，镗刀块可通过斜楔、锥销或螺钉装夹在镗杆上，镗刀块相对于轴线的位置偏差会造成孔径误差。固定式双刃镗刀是定尺寸刀具，适用于粗镗或半精镗直径较大的孔。

图 2-11（c）为可调节浮动镗刀。调节时，先松开螺钉 2，再转动螺钉 1，使刀片的径向位置至两切削刃之间的尺寸等于所要加工孔径尺寸，最后拧紧螺钉 2。工作时，镗刀块在镗杆的径向槽中不紧固，能在径向自由滑动，镗刀块在切削力的作用下保持平衡对中，可以减少镗刀块安装误差及镗杆径向跳动所引起的加工误差，而获得较高的加工精度。但它不能校正原有孔轴线偏斜或位置误差，其应在单刃镗之后使用。浮动镗刀适于精加工批量较大、直径较大的孔。

为了适应各种孔径和孔深并减少镗刀的品种规格，人们将镗杆和刀头设计成系列化的基本件——模块。使用时可根据工件的要求选用适当的模块，拼合成各种镗刀，从而简化了刀具的设计和制造，镗刀模块如图 2-12 所示。

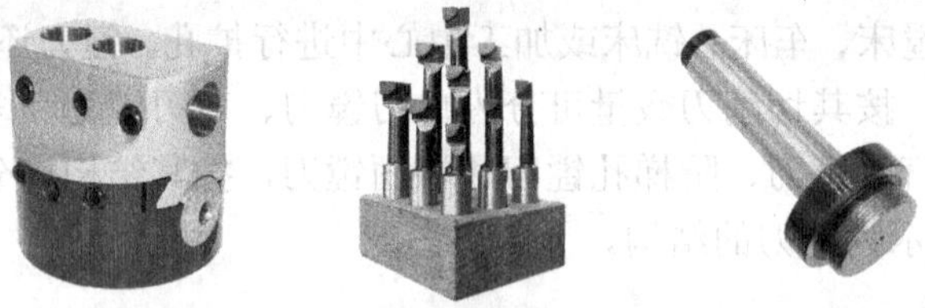

(a) 镗刀头　　(b) 镗刀　　(c) 镗刀杆

图 2-12　镗刀模块

数控机床常用微调镗刀，其可在机床上精确地调节镗孔尺寸，它有一个精密游标刻线的指示盘，指示盘同装有镗刀头的芯杆组成一对精密丝杠螺母副机构。当转动螺母时，装有刀头的芯杆即可沿定向键做直线移动。借助游标刻度，读数精度可达 0.001mm。镗刀的尺寸也可在机床外用对刀仪预调。按照加工精度，微调镗刀分为粗镗刀和精镗刀，分别如图 2-13 和图 2-14 所示。

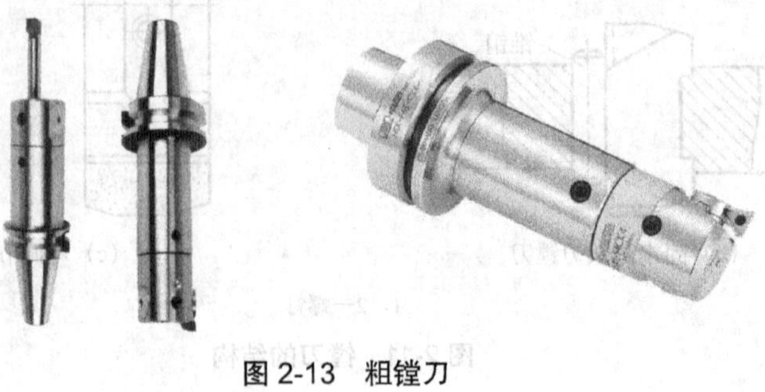

图 2-13　粗镗刀

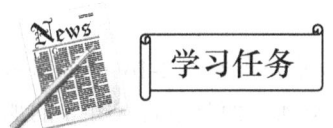

图 2-14　精镗刀

提示

镗刀结构简单，可在多种机床上进行镗孔加工，故单件小批量生产中镗孔是较经济的方法。但受孔的尺寸的限制（特别是小直径深孔），一般镗杆刚性较差，容易产生振动，生产率较低。

学习任务

【活动一】工艺分析

要求：分析基准的加工工艺。

内、外圆柱面互为基准，加工内孔时，以非配合的外圆柱面作为定位基准；加工外圆时，以内孔作为定位基准，这样既符合基准重合原则，又符合基准统一原则。外圆 ϕ45r6 对内孔 ϕ32H7 有径向跳动要求，在车削时以外圆柱面定位，一次装夹加工出外圆 ϕ45r6 和内孔 ϕ32H7。这样可保证这两个重要表面的同轴度，为精加工提供良好的质量准备。

提示

基准重合原则是指为了较容易地满足加工表面对其设计基准的相对位置精度要求，选择加工表面的设计基准作为定位基准。在选择定位基准时，应尽可能遵守基准重合原则。

例如，当工件表面间的尺寸按图 2-15（a）标注时，根据基准重合原则，表面 B 和表面 C 的加工应选择设计基准 A 作为定位基准。加工后，表面 B、C 相对于 A 的平行度取决于机床的几何精度，尺寸精度 T_a 和 T_b 则取决于机床、刀具和工件的一系列工艺因素。

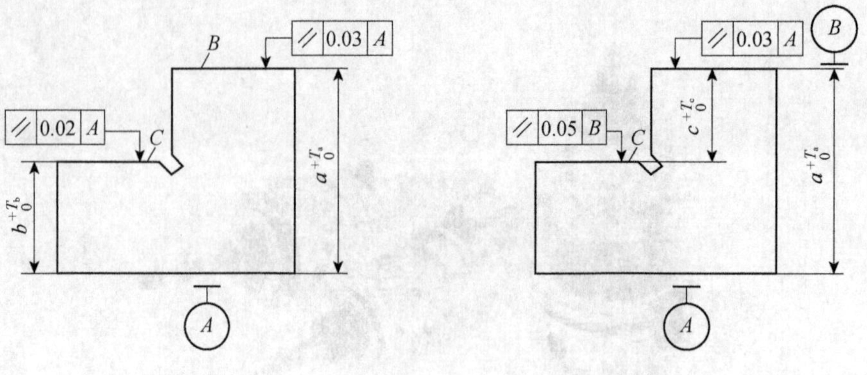

（a）注法一　（b）注法二

图 2-15　零件的两种尺寸注法

按调整法加工表面 *B* 和表面 *C* 时，虽然刀具相对于定位基准 *A* 的位置是按照工序尺寸 *a* 和 *b* 预先调定的，而且在一批零件的加工过程中是保持不变的，但是由于工艺系统中一系列因素的影响，一批零件加工后的尺寸 *a* 和 *b* 仍然会产生误差 Δ_a 和 Δ_b，这种误差称为加工误差。在基准重合的情况下，只要这种误差不大于 *a* 和 *b* 的尺寸公差，即 $\Delta_a \leqslant T_a$，$\Delta_b \leqslant T_b$，加工的零件就不会报废。

当零件表面间的尺寸标注如图 2-15（b）所示时，假设仍然选择表面 *A* 作为定位基准，并按照调整法分别加工表面 *B* 和表面 *C*。对于表面 *B* 来说，是符合基准重合原则的；对于表面 *C* 来说，则定位基准与设计基准不重合。

表面 *C* 的加工情况如图 2-16（a）所示。加工尺寸 *c* 的误差分布如图 2-16（b）所示。由图 2-16 可看出，在加工尺寸 *c* 时，不仅包含本工序的加工误差 Δ_c，而且包含尺寸 *a* 的加工误差，这是由于基准不重合所造成的，这种误差称为基准不重合误差（Δ_{ch}），其最大值为定位基准（表面 *A*）与设计基准（表面 *B*）间位置尺寸 *a* 的公差 T_a。为了保证尺寸 *c* 的精度要求，上述两个误差之和应小于或等于尺寸的公差，即

$$\Delta_c+\Delta_{ch}（T_a）\leqslant T_c \tag{2-7}$$

由上式可看出，在 T_c 为一定值时，由于 Δ_{ch} 的出现，势必要减小 Δ_c 的值，即需提高本工序的加工精度。因此，在选择定位基准时，应尽可能遵守基准重合原则。基准重合原则对于保证表面间的相互位置精度（如平行度、垂直度、同轴度等）也完全适用。

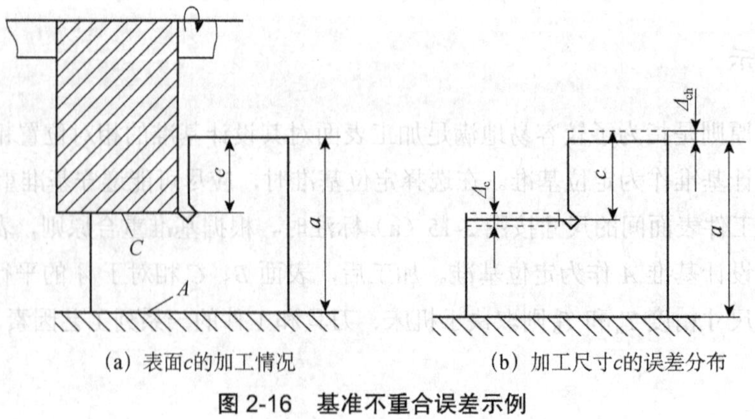

（a）表面*c*的加工情况　（b）加工尺寸*c*的误差分布

图 2-16　基准不重合误差示例

由于套类零件的内、外圆柱面有同轴度要求，因此在钻孔前可以先打中心孔，以便于落钻定心，提高工件的加工精度。

提示

导套粗加工的工艺过程为钻孔－扩孔－镗孔，其各加工工序尺寸可根据最后一道工序来确定，即本工序尺寸＝下道工序尺寸±下道工序余量。其中，“＋”为外表面（轴）尺寸，“－”为内表面（孔）尺寸。各工序尺寸的上、下偏差按入体原则确定。

导套粗加工步骤见表 2-5。

表 2-5　导套粗加工步骤

步骤	加工内容	图示
1	打中心孔	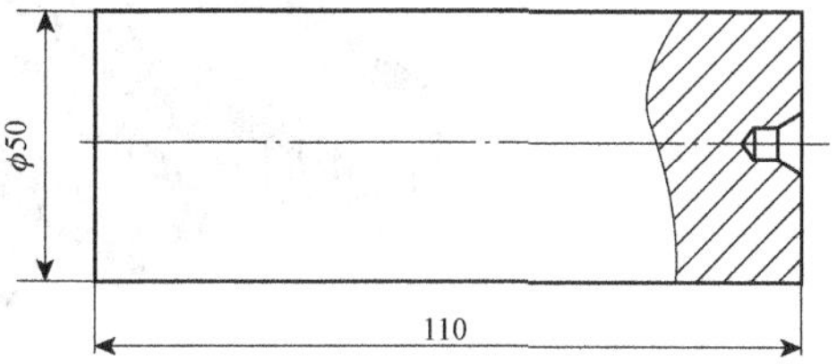
2	钻通孔	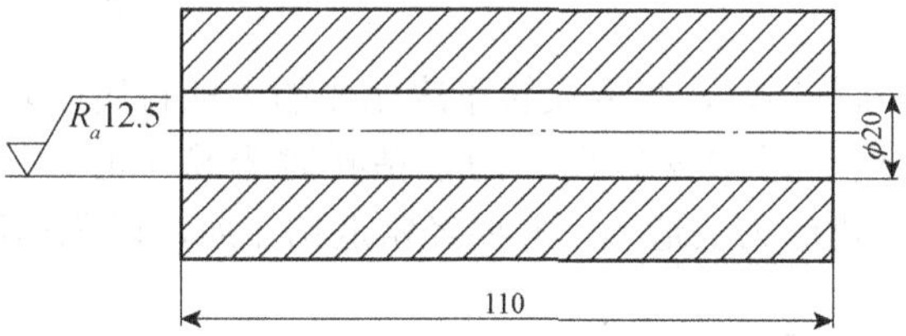
3	扩孔	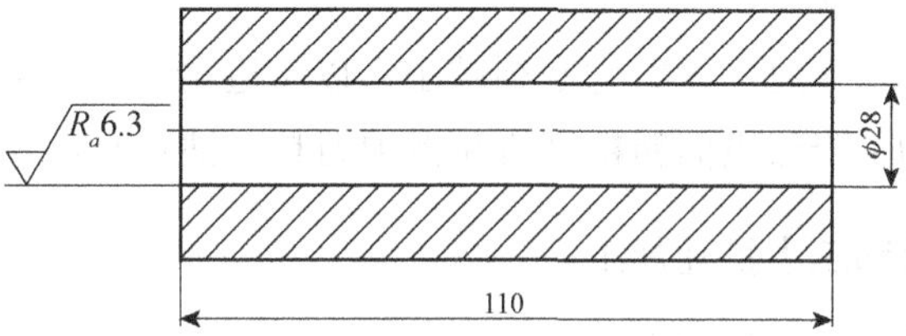
4	粗镗孔	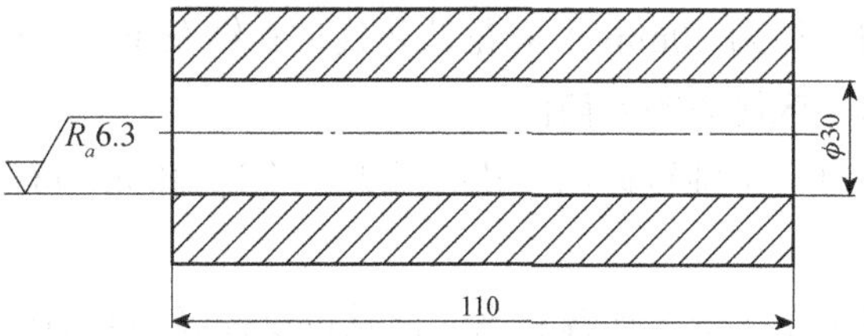

【活动二】钻孔加工

要求：在车床上钻 ϕ20 通孔。

用直径为 20mm 的高速钢麻花钻钻孔，其柄部为锥体，与车床尾座的锥孔连接，钻头的装夹如图 2-17 所示。连接时先将钻头锥柄及套筒锥孔擦干净，再将钻头插入尾座套筒即可。该高速钢麻花钻的锥柄尺寸较小，需通过变径套安装在车床尾座上。

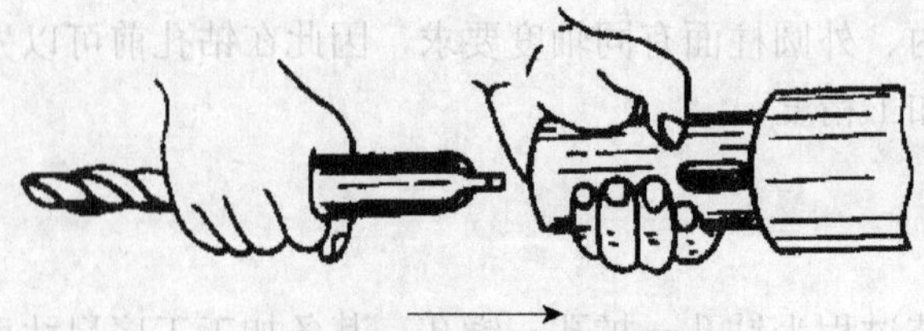

图 2-17 钻头的装夹

变径套是内、外锥面具有不同锥度号的锥套，外锥体与机床锥孔连接，内锥孔与刀具或其他附件连接的机床附件，变径套如图 2-18 所示。

图 2-18 变径套

拆卸麻花钻时，只要反转车床尾座的手柄将尾座套筒退回，麻花钻即可自行退出。

工件用三爪卡盘装夹，为了钻孔时容易定心，先钻中心孔。钻孔时，主轴转速约为 200r/min，进给力要适当，并要经常退钻排屑，以免切屑阻塞而扭断钻头。

提示

孔将钻穿时，进给力必须减小，以防进给量过大而增大切削抗力，造成钻头折断或发生事故。为了降低表面粗糙度值和保护刀具，钻孔时需采取冷却措施。

【活动三】扩孔加工

要求：将孔扩大至ϕ30。

选用直径为 30mm 的麻花钻替代扩孔钻在车床上进行扩孔加工，因其柄部尺寸较大，可直接插入车床尾座的套筒内。

扩孔时，主轴转速比钻孔时要大，约为 300r/min，进给速度也可以提高，且不需要经常退钻。

扩孔加工的效率比镗孔高，而且可以提高钻孔后的表面质量。

【活动四】镗孔加工

要求：将孔镗至ϕ31.3H9。

套类零件首选在车床上镗孔，工件依然用三爪卡盘装夹。为了提高加工效率，可选用 YT 硬质合金刀具进行镗削，主速转速约为 450r/min。

安装镗刀时，需注意刀尖的高度。为了保证有较锋利的切削刃，在装刀时可使刀尖略低于车床的中心，镗刀的安装如图 2-19 所示。

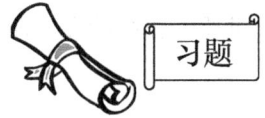

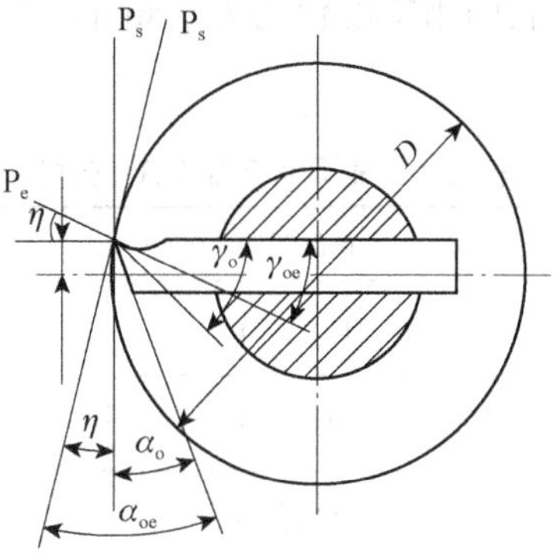

图 2-19　镗刀的安装

任务实施

1. 选择设备和工具、量具

车床、麻花钻、中心钻和镗刀。

2. 质量检查的内容和成绩评定标准

导套粗加工检测与评价表见表 2-6。

表 2-6　导套粗加工检测与评价表

序号	检测内容	配分	量具	检测结果	学生评分	教师评分
1	ϕ 30	40 分				
2	R_a6.3	10 分				
3	文明生产	违纪一项扣 10 分				
合　计		50 分				

任务小结

通过本任务的学习和训练，能够掌握在车床上钻孔、镗孔的方法，理解合理装夹对后续加工的重要作用。加工时要正确装夹工件，保证内孔与工件的外圆柱面同轴。

习题

1. 常用的孔粗加工方法有哪些？

2. 简述选择定位基准时遵守基准重合原则的意义。

3. 钻孔、镗孔和扩孔加工有哪些特点？

4. 某零件孔径为ϕ55mm，表面粗糙度值为R_a0.8mm，毛坯为铸钢件，需淬火。试确定其工艺尺寸和公差，并填写表 2-7。

表 2-7　某零件孔加工工艺过程　（单位：mm）

工序名称	工序余量	精度等级	工序尺寸	极限偏差
磨孔	0.4	H7 ($^{+0.030}_{0}$)	ϕ55	$\phi 55^{+0.030}_{0}$
半精镗孔	1.6	H9 ($^{+0.074}_{0}$)		
粗镗孔	7	H12 ($^{+0.30}_{0}$)		
毛坯孔		±2		

任务三　导套的半精加工

知识点

孔的半精加工工艺；

渗碳工艺；

拉孔刀具及拉孔；

刀具角度的选择。

技能点

学会镗孔和正确选择刀具的角度。

任务导入

对已有的孔再次进行加工是为了提高其加工精度。对于表面质量要求较高的孔，需通过多次加工来达到所需的表面质量。

本任务需要完成图 2-20 所示零件的加工。

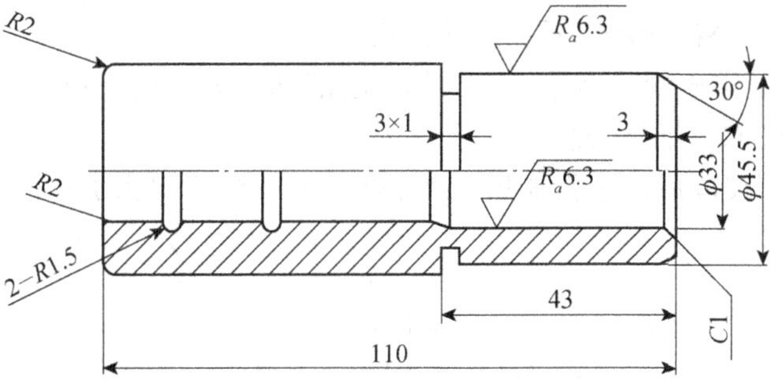

图 2-20 零件

知识准备

一、渗碳

渗碳是向钢的表面渗入碳原子的过程。渗碳用于含碳量在 0.1%～0.25%的低碳钢，可以提高工件表面硬度、耐磨性及疲劳强度，同时保持芯部良好的韧性。如果含碳量高，则工件芯部韧性变差。

1. 渗碳方法

（1）气体渗碳法

将工件放入密封炉内，在高温渗碳气氛中渗碳，渗剂为气体（煤气、液化气等）或有机液体（煤油、甲醇等）。采用这种方法时，工件的质量好，效率高，但渗层成分与深度不易控制。

（2）固体渗碳法

将工件埋入渗剂中，装箱密封后在高温下加热渗碳，渗剂为木炭。这种方法操作简单，但渗速慢，劳动条件差。

（3）真空渗碳法

将工件放入真空渗碳炉中，抽真空后通入渗碳气体加热渗碳。采用这种方法时，工件的表面质量好，渗碳速度快。

2. 渗碳温度与渗碳层厚度

渗碳温度为 900～950℃。渗碳层厚度（由表面到过渡层一半处的厚度）一般为 0.5～2mm。渗碳层表面含碳量以 0.85%～1.05%为佳。渗碳缓冷后表层为高硬度组织，而芯部为工件原始组织，中间为过渡层。

3. 渗碳后的热处理

渗碳后的热处理为淬火+低温回火，回火温度为 160～180℃。铁碳合金加热和冷却临界转变温度淬火方法有以下几种。

① 预冷淬火法。渗碳后预冷到略高于 Ar_1 直接淬火（如图 2-21 所示）。

② 一次淬火法。渗碳缓冷后重新加热淬火。

③ 二次淬火法。渗碳缓冷后第一次加热至芯部 Ac_3 以上 30～50℃，细化芯部；第二次加热至 Ac_1 以上 30～50℃，细化表层。

常用方法是渗碳缓冷后，重新加热到 Ac_1 以上 30～50℃淬火加低温回火。

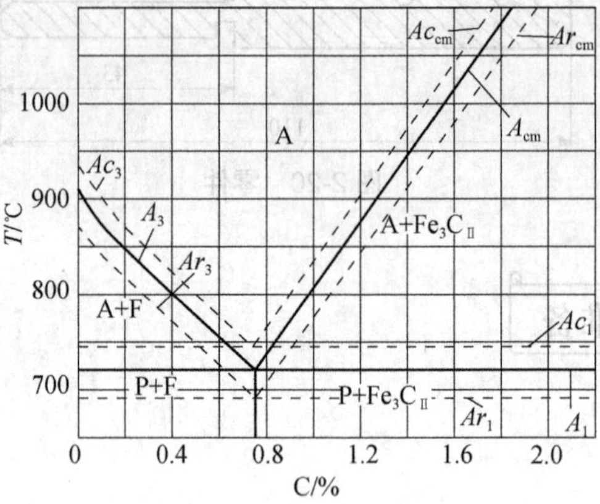

图 2-21 铁碳合金加热和冷却临界转变温度

提示

如图 2-21 所示，Ac_1、Ac_{cm}、Ac_3 是铁碳合金在加热时的实际临界转变温度线；A_1、A_{cm}、A_3 是铁碳合金在加热和冷却时的理论临界转变温度线；Ar_1、Ar_{cm}、Ar_3 是铁碳合金在冷却时的实际临界转变温度线。

二、拉孔加工与拉刀

拉孔是一种高效的孔加工方法，可获得尺寸精度高和表面质量好的孔。拉孔加工的尺寸精度可达 IT9～IT7 级，表面粗糙度值为 R_a6.3～1.6μm。因为拉刀制造精度高，制造工艺复杂，且只能拉削同一直径的孔，所以拉孔适用于大批量生产条件。拉孔不能修正前工序加工所导致的轴线歪斜和偏移，因而拉孔不能提高孔的位置精度。

根据工件加工面及截面形状的不同，拉刀有多种形式。常用的圆孔拉刀的结构如图 2-22 所示，其组成部分如下。

① 前柄用于拉床夹头夹持拉刀，带动拉刀进行拉削。

② 颈部是前柄与过渡锥的连接部分，可在此处做标记。

③ 过渡锥起对准中心的作用，使拉刀顺利进入工件预制孔中。

④ 前导部起导向和定心作用，防止拉孔歪斜，并可检查拉削前的孔径尺寸是否过小，以免拉刀第一个切削齿载荷太重而损坏。

⑤ 切削部承担全部余量的切除工作，由粗切齿、过渡齿和精切齿组成。

⑥ 校准部用以校正孔径，修光孔壁，并作为精切齿的后备齿。

⑦ 后导部用以保持拉刀最后的正确位置，防止拉刀即将离开工件时，工件下垂而损坏已加工表面或刀齿。

⑧ 后柄用作直径大于 60mm、既长又重的拉刀的后支承，防止拉刀下垂。直径较小的拉

刀可不设后柄。

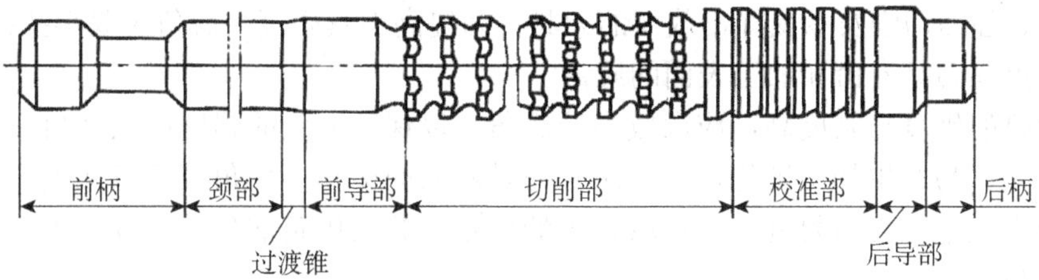

图 2-22 常用的圆孔拉刀的结构

三、刀具角度的选择

刀具的几何参数，对切削过程中的金属切削变形、切削力、切削温度、工件的加工质量及刀具的磨损都有显著的影响。选择合理的刀具几何参数，可使刀具潜在的切削能力得到充分发挥，降低生产成本，提高切削效率。

1. 前角的选择

前角的大小影响切削过程中的切削变形和切削力，同时也影响工件表面粗糙度和刀具的强度与寿命。选择前角时既要保证切削刃锐利，又要有一定的强度和一定的散热体积。

提示

增大刀具前角，可以减小前刀面挤压被切削层的塑性变形，从而减小切削力和表面粗糙度值；但刀具前角过大，会降低切削刃和刀头的强度，使刀头散热条件变差，切削时刀头容易崩刃。

对不同材料的工件，切削时用的前角不同。切削钢的合理前角比切削铸铁大，切削中硬钢的合理前角比切削软钢小。

对于不同的刀具材料，切削时用的前角也不同。硬质合金的抗弯强度较低，抗冲击韧性差，所以其合理前角也就小于高速钢刀具的合理前角。

粗加工、断续切削或切削特硬材料时，为保证切削刃的强度，应取较小的前角甚至负前角。表 2-8 列出了硬质合金车刀合理前角参考值，高速钢车刀的前角一般比表中数值大 5°～10°。

表 2-8 硬质合金车刀合理前角参考值

工件材料种类	合理前角参考范围	
	粗车	精车
低碳钢	20°～25°	25°～30°
中碳钢	10°～15°	15°～20°
合金钢	10°～15°	15°～20°
淬火钢	−15°～−5°	
不锈钢	15°～20°	20°～25°
灰铸铁	10°～15°	5°～10°
铜或铜合金	10°～15°	5°～10°
铝或铝合金	30°～35°	35°～40°
钛合金	5°～10°	

2. 后角的选择

粗加工、强力切削及承受冲击载荷的刀具，为提高刀具强度，后角应取小些；精加工时，增大后角可提高刀具寿命和加工表面的质量。

工件材料的硬度与强度高，应取较小的后角，以保证刀头的强度；工件材料的硬度与强度低，塑性大，易产生加工硬化，为了防止刀具后刀面磨损，后角应适当加大。加工脆性材料时，切削力集中在刃口附近，宜选取较小的后角。若采用负前角，应取较大的后角，以保证切削刃锋利。

刀具尺寸精度高，应取较小的后角，以防止重磨后刀具尺寸变化。

提示

后角的大小影响刀具后刀面与已加工表面之间的摩擦。增大后角可减小后刀面与已加工表面之间的摩擦，后角越大，切削刃越锋利，但是切削刃和刀头的强度降低，散热体积减小。

为了制造、刃磨方便，一般刀具的副后角等于后角。但切断刀、车槽刀、锯片铣刀的副后角，受刀头强度的限制，只能取很小的数值，通常取 1°30′左右。表 2-9 列出了硬质合金车刀合理后角参考值。

表 2-9 硬质合金车刀合理后角参考值

工件材料种类	合理后角参考范围	
	粗车	精车
低碳钢	8°～10°	10°～12°
中碳钢	5°～7°	6°～8°
合金钢	5°～7°	6°～8°
淬火钢	8°～10°	
不锈钢	6°～8°	8°～10°
灰铸铁	4°～6°	6°～8°
铜或铜合金	6°～8°	6°～8°
铝或铝合金	8°～10°	10°～12°
钛合金	10°～15°	

3. 主偏角、副偏角的选择

主偏角和副偏角小，刀头的强度高，散热面积大，刀具寿命长，而且工件加工后的表面粗糙度值小；但是，主偏角和副偏角减小，会加大切削过程中的背向力，容易引起工艺系统的弹性变形和振动。

（1）主偏角的选择原则与参考值

工艺系统的刚性较好时，主偏角可取较小值，如 k_r=30°～45°；在加工高强度、高硬度的工件材料时，可取 k_r=10°～30°，以提高刀头的强度。当工艺系统的刚性较差或强力切削时，一般取 k_r=60°～75°。车削细长轴时，为减小背向力，取 k_r=90°～93°。在选择主偏角时，还要考虑工件形状及加工条件，如车削阶梯轴时，可取 k_r=90°；用一把车刀车削外圆、端面和倒角时，可取 k_r=45°～60°。

（2）副偏角的选择原则与参考值

主要根据工件已加工表面的粗糙度要求和刀具强度来选择，在不引起振动的情况下，应尽量选取较小值。精加工时，取 k_r≒5°～10°；粗加工时，取 k_r≒10°～15°。当工艺系统刚性较差或从工件中间切入时，可取 k_r≒30°～45°。在精车时，可在副切削刃上磨出一段 k_r≒0°、长度为（1.2～1.5）f 的修光刃，以减小已加工表面的粗糙度值。

切断刀、锯片铣刀和槽铣刀等，为了保持刀具强度和重磨后宽度变化较小，副偏角宜取 1°30′。

4. 刃倾角的选择

刃倾角的正负对切屑排出方向的影响，如图 2-23 所示。精车和半精车时刃倾角宜选用正值，使切屑流向待加工表面，防止划伤已加工表面。加工钢和铸铁，粗车时刃倾角取−5°～0°；车削淬硬钢时，取−15°～−5°，使刀头强固，切削时刀尖可避免受到冲击，散热条件好，从而提高刀具寿命。

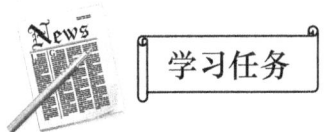

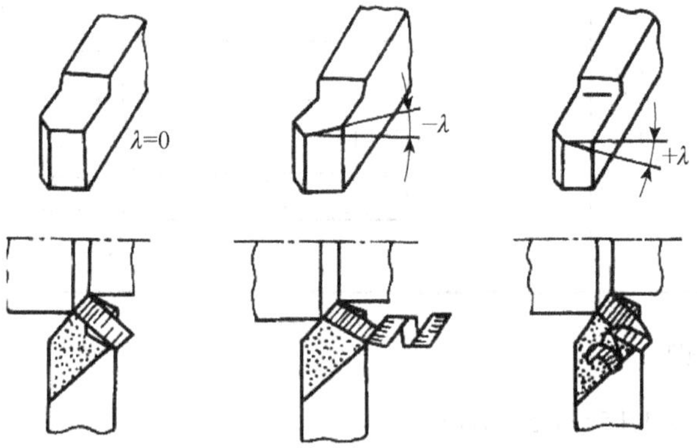

（a）刃倾角为零　（b）刃倾角为负　（c）刃倾角为正

图 2-23　刃倾角的正负对切屑排出方向的影响

提示

增大刃倾角的绝对值，使切削刃变得锋利，可以切下很薄的金属层。如微量精车、精刨时，刃倾角可取 45°～75°。这类刀具的切削刃加长，切削平稳，排屑顺利，生产效率高，加工表面质量好，但工艺系统刚性差，切削时不宜选用负刃倾角。

学习任务

【活动一】工艺分析

要求：分析导套半精加工工艺。

导套半精加工的目的是进一步提高导套内、外表面的质量，保证两者之间的位置关系。为了使导套的表面硬度达到设计要求，特别是内表面，需对其进行渗碳处理，为最终的热处理做准备。

以外圆表面为定位基准面，一次装夹加工大部分外圆表面和全部的内圆表面，其他表面放在内、外圆表面加工的中间进行加工。

导套半精加工步骤见表 2-10。

表 2-10 导套半精加工步骤

步骤	加工内容	图示
1	车端面（去渗碳层）；车外圆 ϕ48 至尺寸；车内槽 R1.5×0.8（两处）；倒圆角 R2（内、外各一处）	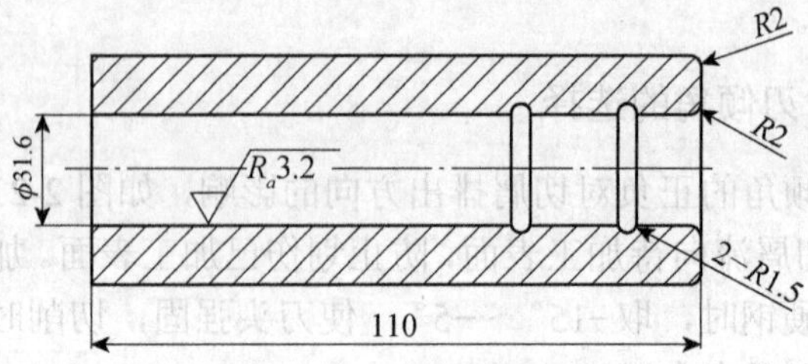
2	车端面保证总长 110；半精车 ϕ45r6（放磨量）；切槽 3×1；倒角 30°；镗内孔 ϕ33；倒角 1×45°	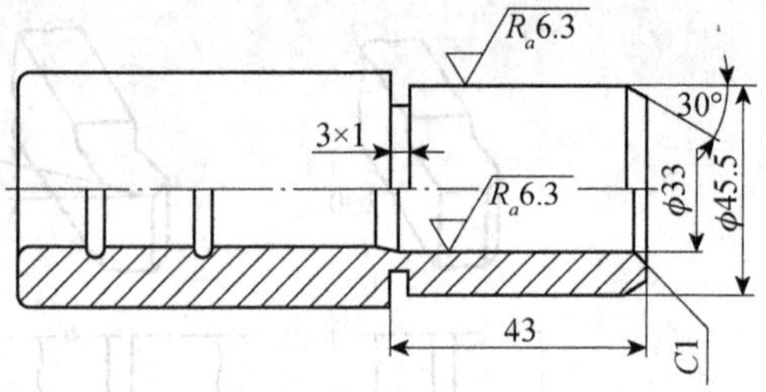

【活动二】热处理

要求：渗碳（深度 1.15～1.55mm）。

导套材料为 20 钢，硬度要求为 HRC58～62。该材料属于低碳钢，强度低，韧性、塑性和焊接性均好。由于 20 钢的含碳量较低，如果直接对其进行淬火和低温回火，表层的硬度将达不到要求。因此，必须提高表层的含碳量。

渗碳温度约为 920℃。温度越高，渗碳速度越快，渗层越深。但温度过高会造成晶粒粗大，降低零件的力学性能，并增加工件变形，缩短设备寿命。

渗碳时间取决于对渗碳层的深度要求。渗碳层深度确定后，所需渗碳时间可根据渗碳介质的碳势、渗碳工艺方式、渗碳温度和渗碳件钢种等，利用扩散方程进行计算。

渗碳层深度、渗碳温度、渗碳时间的关系可采用 Harris 公式进行近似计算：

$$H = 660\mathrm{e}^{-8287/T}\sqrt{t} \tag{2-8}$$

式中 H——渗碳层深度（mm）；

T——渗碳温度（K）；

t——渗碳时间（h）。

【活动三】镗孔

要求：半精镗孔。

用三爪卡盘夹持工件，注意夹紧力要合适，否则会引起很大的形状误差。夹紧前薄壁套筒内、外圆都是正圆，用三爪自定心卡盘夹紧后，套筒由于弹性变形而变成三棱形，如图 2-24（a）所示。镗孔后，内孔呈正圆形，如图 2-24（b）所示。松开三爪自定心卡盘后，由于弹性恢复，工件已镗的孔变成三棱形，如图 2-24（c）所示。为了减少加工误差，应使夹紧力沿圆周均匀分布，可采用开口过渡环[图 2-24（d）]或专用卡爪[图 2-24（e）]。

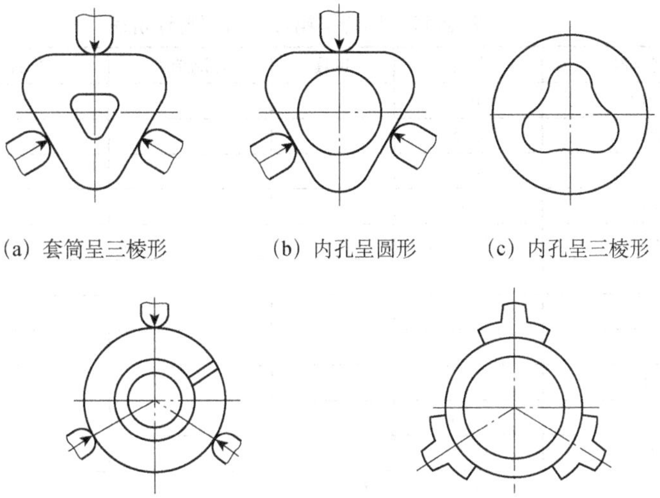

(a) 套筒呈三棱形　(b) 内孔呈圆形　(c) 内孔呈三棱形

(d) 开口过渡环　(e) 专用卡爪

图 2-24　套类零件夹紧变形引起的误差

提示

夹紧要求：不改变工件的位置；夹紧力适当，工件无过大变形；位置适当，工件无振动；操作方便、安全、省力；自锁性能良好。因此，要求夹紧力的作用点应落在支承点或支承面以内、工件刚性好的部位、靠近加工面；夹紧力的方向应有助于定位稳定、朝向主要限位面、使夹紧力最小。

【活动四】车外圆

要求：加工外圆，尽量保证内、外圆的同轴度。

粗加工外圆采用普通车床进行车削，与镗孔的装夹方法相同，用外圆表面定位。在镗削结束后，直接用外圆车刀车削外圆，注意保留余量，然后调头车削另一端的外圆。调头装夹时，先将工件装入三爪卡盘中，稍做夹紧，然后低速转动车床，观察工件的跳动情况。如果跳动较严重，可记住跳动值较大的位置，停车后用木槌或铜锤校正；再次开车床，检验跳动。以上过程可能需要重复多次。最后，将工件夹紧。

必须指出的是，由于经过了两次装夹，导套的外圆表面有接刀痕。

任务实施

1. 选择设备和工具、量具

普通车床、千分尺、外圆车刀、镗刀等。

2. 质量检查的内容和成绩评定标准

导套半精加工检测与评价表见表 2-11。

表 2-11　导套半精加工检测与评价表

序号	检测内容	配分	量具	检测结果	学生评分	教师评分
1	ϕ31.6	20分				
2	2-R1.5	4分				
3	R2（两处）	4分				
4	45	6分				
5	ϕ33	12分				
6	ϕ45.5	12分				
7	3×1	4分				
8	30°	4分				
9	C1	4分				
10	R_a3.2	20分				
11	R_a6.3	10分				
12	文明生产	违纪一项扣10分				
合　计		100分				

任务小结

通过本任务的学习和训练，能够掌握内圆表面的加工方法，理解内圆表面半精加工的重要作用。对于精度要求高的内圆表面，其精度需在加工时逐步提高，加工余量相较于加工外圆表面时要小得多。对于导套这样的薄壁套类零件，粗加工时可以采用先钻孔再粗镗的方式在普通车床上快速去除大部分多余材料，即能节省时间，又能保证形位公差。这样，可以用较少的加工时间获得较高的加工质量，为后续加工做准备。

习题

1. 简述低碳钢渗碳的目的。
2. 简述拉削加工的特点。
3. 切削加工时刀具的前角和后角如何选择？刃倾角如何选择？主偏角如何选择？
4. 简述工件夹紧时对夹紧力有何要求。

任务四　导套的精加工

知识点

内圆磨床；

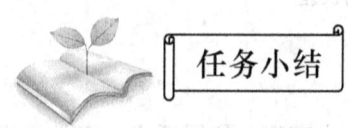

磨孔加工工艺；

切削液的作用与选用；

定位误差对导套加工精度的影响。

技能点

学会磨削内圆表面。

任务导入

内圆表面的精加工比外圆表面的精加工要困难，常用的加工方法是磨削。导套精加工的主要表面是内圆表面，需进行磨削。但受孔径的限制，砂轮轴直径比较小，因此生产效率不高。

本任务需要完成图 2-25 所示零件的加工。

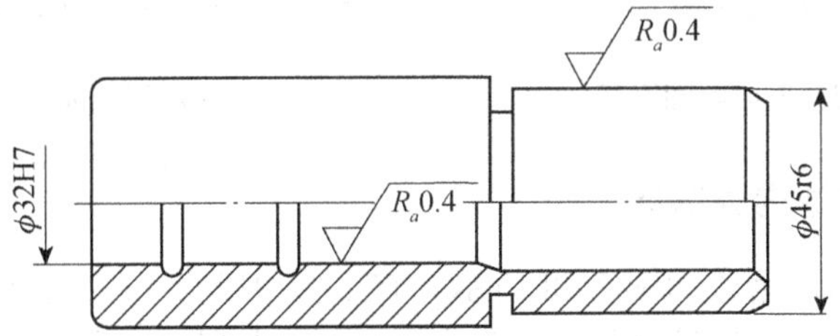

图 2-25　零件

知识准备

一、内圆磨床

内圆磨床是加工工件的圆柱形、圆锥形或其他形状素线展成的内孔表面及其端面的磨床。

1. 内圆磨床的种类

内圆磨床分为普通内圆磨床、行星内圆磨床、无心内圆磨床、坐标磨床和专用内圆磨床等。按砂轮轴配置方式，内圆磨床又有卧式和立式之分。

（1）普通内圆磨床

普通内圆磨床如图 2-26 所示。由装在头架主轴上的卡盘夹持工件做圆周进给运动，工作台带动砂轮架沿床身导轨做纵向往复运动，头架沿滑鞍做横向进给运动，头架还可绕竖直轴转至一定角度以磨削锥孔。

（2）行星内圆磨床

工作时工件固定不动，砂轮除绕本身轴线高速旋转外，还绕被加工孔的轴线回转，以实现圆周进给。这类磨床适于磨削大型工件或不宜旋转的工件，如内燃机气缸体等。

（3）无心内圆磨床

无心内圆磨床如图 2-27 所示。工作时工件外圆支承在滚轮或支承块上，工件端面由磁力卡盘吸住并带动旋转，但可略做浮动，以保证内外圆的同心度。小规格内圆磨床的砂轮转速最高可达每分钟十几万转。在大批量生产中使用的内圆磨床，自动化程度要求较高，在磨削过程中可用塞规或测微仪自动控制尺寸。

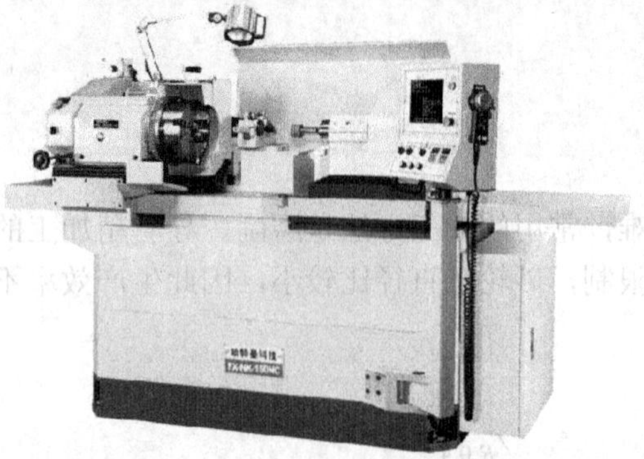

图 2-26　普通内圆磨床

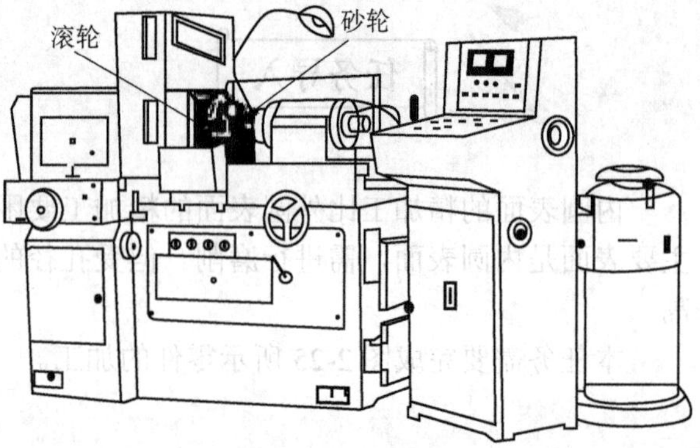

图 2-27　无心内圆磨床

2. MD2110 型普通内圆磨床

MD2110 型普通内圆磨床如图 2-28 所示。它主要由床身 1、工作台 2、头架 3、砂轮架 4 和滑鞍 5 等组成。磨削时，砂轮轴的旋转为主运动，头架带动工件旋转运动为圆周进给运动，工作台带动头架完成纵向进给运动，横向进给运动由砂轮架沿滑鞍的横向移动来实现。磨锥孔时，需将头架转过相应角度。

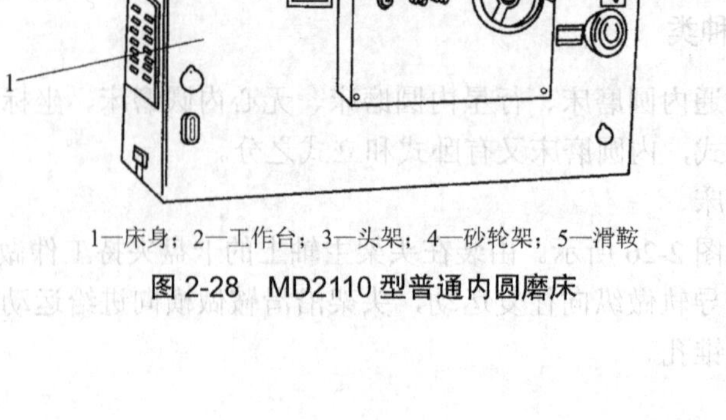

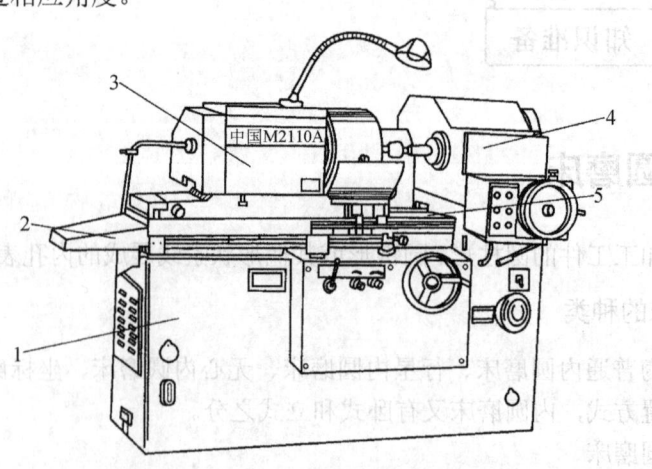

1—床身；2—工作台；3—头架；4—砂轮架；5—滑鞍

图 2-28　MD2110 型普通内圆磨床

二、磨孔

磨孔是淬火钢套筒零件主要的精加工方法，孔的磨削与外圆磨削原理相同，但其磨削工作条件较差。内圆磨削工艺范围如图 2-29 所示。内圆磨削具有以下缺点。

① 砂轮直径 d 受到工件孔径 D 的限制[$d=(0.5\sim0.9)D$]，砂轮尺寸较小，损耗快，需经常修整和更换，影响磨削生产效率。

② 磨削速度低。由于砂轮直径较小，即使砂轮转速高达每分钟几万转，要达到线速度 25～36m /s 也是十分困难的，因此孔的磨削速度比外圆磨削低得多，磨削效率低，表面粗糙度值大。为了提高磨削速度，近些年来我国试制成功了 12000r /min 的高频电动磨头及 100000r /min 的风动磨头，以便磨削直径 1～2mm 的小孔。

③ 砂轮轴受到工件孔径与长度的限制，轴的刚性差，容易弯曲变形与振动，因而影响加工精度和表面粗糙度。

④ 砂轮与工件内切，接触面积大，散热条件差，易发生烧伤，要采用较软的砂轮。

⑤ 由于切削液不易进入磨削区，排屑困难。脆性材料为了排屑方便，有时采用干磨。

磨孔方法虽然存在以上缺点，但仍是套筒类零件精加工的主要方法，特别是淬硬孔、断续表面孔（带键槽或花键孔）及长度很小的精密孔。

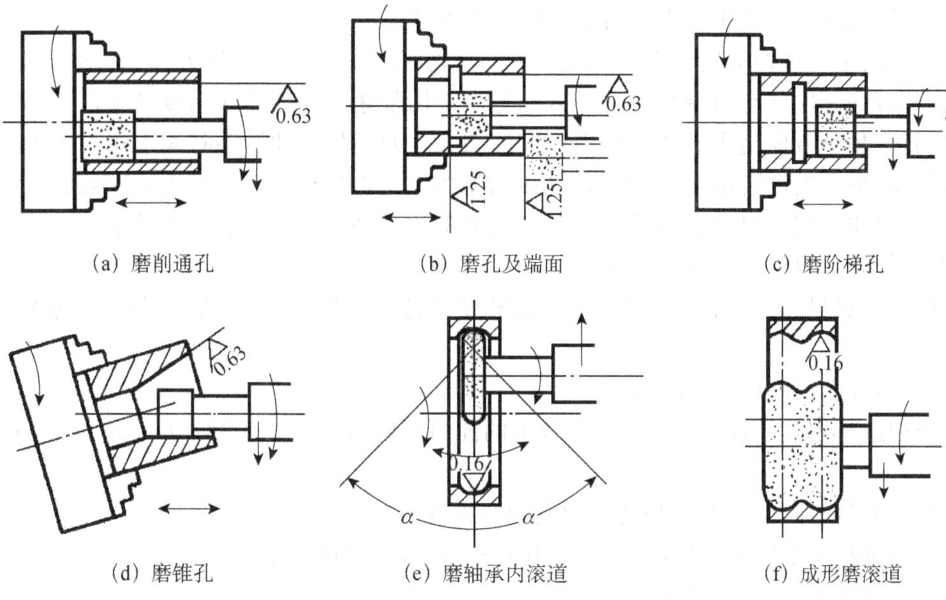

(a) 磨削通孔　(b) 磨孔及端面　(c) 磨阶梯孔

(d) 磨锥孔　(e) 磨轴承内滚道　(f) 成形磨滚道

图 2-29　内圆磨削工艺范围

三、材料表面的物理力学性能对磨削加工的影响

1. 加工表面层的冷作硬化

在切削或磨削加工过程中，加工表面层产生的塑性变形使晶体间产生剪切滑移，晶格严重扭曲，并产生晶粒的拉长、破碎和纤维化，引起表面层的强度和硬度提高的现象，称为冷作硬化现象。

表面层的硬化程度取决于产生塑性变形的力、变形速度及变形时的温度。力越大，塑性变形越大，产生的硬化程度也越大。变形速度越大，塑性变形越不充分，产生的硬化程度也就越小。变形时的温度影响塑性变形程度，温度高，硬化程度小。各种机械加工方法加工钢件后表面层的冷作硬化情况见表 2-12。

表 2-12　各种机械加工方法加工钢件后表面层的冷作硬化情况

加工方法	冷硬程度 N/%	冷硬深度 h/μm
	平均值	平均值
车削	120～150	30～50
端铣	140～160	40～100
圆周铣	120～140	40～80
钻孔和扩孔	160～170	180～200
滚齿和插齿	160～200	120～150
外圆磨中碳钢	140～160	30～60
外圆磨淬碳钢	125～130	20～40
研磨	112～117	3～7

（1）影响表面层冷作硬化的因素

① 刀具。刀具的刃口圆角和后刀面的磨损对表面层的冷作硬化有很大影响，刃口圆角和后刀面的磨损量越大，冷作硬化层的硬度和深度也越大。

② 切削用量。在切削用量中，影响较大的是切削速度 v 和进给量 f。当 v 增大时，表面层的硬化程度和深度都有所减小。这一方面是由于切削速度增大会使温度升高，有助于冷作硬化的恢复；另一方面是由于随着切削速度的增大，刀具与工件接触时间缩短，使工件的塑性变形程度减小。当进给量 f 增大时，切削力增大，塑性变形程度也增大，因此表面层的冷作硬化现象更加严重。但当 f 较小时，由于刀具的刃口圆角在加工表面上的挤压次数增多，表面层的冷作硬化现象也会更加严重。

③ 被加工材料。被加工材料的硬度越低和塑性越大，则切削加工后其表面层的冷作硬化现象越严重。

（2）减少表面层冷作硬化的措施

① 合理选择刀具的几何参数，采用较大的前角和后角，并在刃磨时尽量减小其切削刃口圆角半径。

② 使用刀具时，应合理限制其后刀面的磨损程度。

③ 合理选择切削用量，采用较高的切削速度和较小的进给量。

④ 加工时采用有效的切削液。

2. 表面层的金相组织变化

机械加工过程中，在加工区由于加工时所消耗的能量绝大部分转化为热能，加工表面出现温度升高的现象。当温度升高到超过金相组织变化的临界点时，就会产生金相组织变化。磨削加工切削速度高，切削时产生大量的切削热。这些热量部分由切屑带走，很小一部分传入砂轮，若冷却效果不好，则很大一部分将传入工件表面。因此，磨削加工是一种典型的易于出现加工表面金相组织变化的加工方法。

影响磨削加工时金相组织变化的因素有工件材料、磨削温度、温度梯度及冷却速度等。

当磨削淬火钢时，若磨削区温度超过马氏体转变温度而未超过其相变临界温度，则工件表面原来的马氏体组织将产生回火现象，转化成硬度降低的回火组织（索氏体或贝氏体），称为回火烧伤；若磨削区温度超过相变临界温度，由于切削液的急冷作用，工件表面最外层会出现二次淬火的马氏体，而其下层因冷却速度较慢仍为硬度降低的回火组织，称为淬火烧伤。若不用切削液进行干磨时超过相变临界温度，由于工件冷却速度较慢使磨削后表面硬度急剧下降，则会产生退火烧伤。

提示

马氏体的强度、硬度和脆性也比较高，下贝氏体具有较高的强度和韧性，在硬度相同的情况下其耐磨性明显优于马氏体。

此外，一些高合金钢，如轴承钢、高速钢、镍铬钢等，由于其传热性能特别差，在不能得到充分冷却时，常易出现相当深度的金相组织变化，并伴随出现极大的表面残余拉应力，甚至产生裂纹。零件加工表面层的烧伤和裂纹将使它的使用性能大幅下降，使用寿命也可能数倍、数十倍地下降，甚至根本不能使用。

3. 表面层的残余应力

工件经机械加工后，其表面层都存在残余应力。残余应力是消除外力或不均匀的温度场等作用后仍留在物体内的自相平衡的内应力，可分为残余压应力和残余拉应力两类。残余压应力可提高工件表面的耐磨性和受拉应力时的疲劳强度，残余拉应力的作用正好相反。若拉应力值超过工件材料的疲劳强度极限，则会使工件表面产生裂纹，加速工件的损坏。引起残余应力的原因有以下三方面。

（1）冷态塑性变形

在切削力作用下，已加工表面产生强烈的冷态塑性变形，其中以刀具后刀面对已加工表面的挤压和摩擦产生的塑性变形最为突出，此时基体金属受到影响而处于弹性变形状态。切削力除去后，基体金属趋向恢复，但受到已产生塑性变形的表面层的限制，无法恢复至原状，因而在表面层产生残余压应力。

（2）热态塑性变形

工件加工表面在切削热作用下产生热膨胀，此时基体金属温度较低，因此表层产生热压应力。当切削过程结束时，表面温度下降，由于表层已产生热态塑性变形并受到基体的限制，故而产生残余拉应力。切削温度越高，热态塑性变形越大，残余拉应力也越大，有时甚至会产生裂纹。磨削时产生的热态塑性变形比较明显。

（3）金相组织变化

切削时产生的高温会引起表面层的金相组织变化，不同的金相组织有不同的密度。以淬火钢磨削为例，淬火钢原来的组织为马氏体，磨削加工后，表层可能产生回火，马氏体变为接近珠光体的贝氏体或索氏体，密度增大而体积减小，产生残余拉应力。如果表面温度超过 Ac_3，冷却又充分，表面层的残余奥氏体将转变为马氏体，体积膨胀，就会产生残余压应力。

提示

珠光体是钢中最常见的组织之一，是铁素体薄层和渗碳体薄层交替重叠的层状复相物。铁素体的强度和硬度不高，但塑性与韧性良好。渗碳体硬度很高，而塑性和冲击韧性几乎等于零，脆性极大。索氏体属于珠光体类型的组织，具有良好的综合机械性能。

4. 减小残余拉应力，防止表面烧伤和裂纹的工艺措施

当零件表面具有残余拉应力时，其疲劳强度会下降。为此，应尽可能在机械加工中避免或减小残余拉应力。在磨削加工过程中，产生残余拉应力、出现烧伤和裂纹的主要原因是磨削区的温度过高。为降低磨削区温度，可从减少磨削热的产生和加速磨削热的传出这两条途径入手，具体措施如下。

（1）合理选择磨削用量

减小磨削深度可以降低工件表面的温度，故有利于减轻烧伤。增加工件速度和进给量，由于热源作用时间减少，使金相组织来不及变化，因而能减轻烧伤，但会导致表面粗糙度值增大，一般通过提高砂轮速度和采用较宽的砂轮来弥补。

（2）合理选择砂轮并及时修整

砂轮的粒度越细、硬度越高则自砺性越差，磨削温度会随之升高。砂轮组织太紧密时，磨屑堵塞砂轮，易出现烧伤。砂轮钝化时，大多数磨粒只在加工表面挤压和摩擦而不起切削作用，使磨削温度升高，故应及时修整砂轮。

（3）改善冷却方法

采用切削液可带走磨削区的热量，避免烧伤。常用的冷却方法效果较差，原因在于砂轮高速旋转时，圆周方向产生强大气流，使切削液很难进入磨削区，因此不能有效地降温。为改善冷却方法，可采用如图 2-30 所示的内冷却砂轮。切削液从中心通入，靠离心力作用，通过砂轮内部的空隙从砂轮四周的边缘甩出，因此切削液可直接进入磨削区，冷却效果甚好。但必须采用特制的多孔砂轮，并要求切削液经过仔细过滤以免堵塞砂轮。

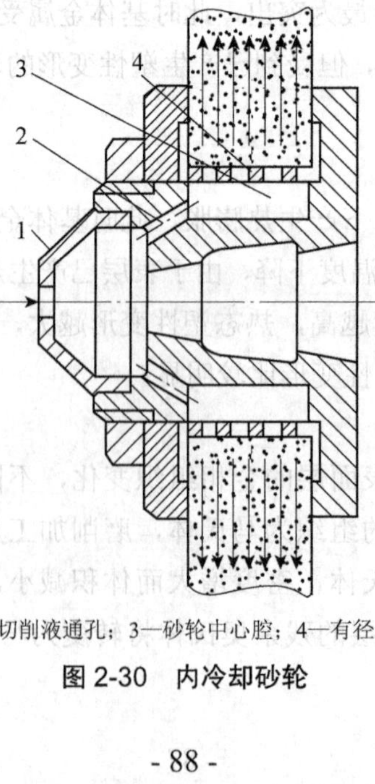

1—锥形盖；2—切削液通孔；3—砂轮中心腔；4—有径向小孔的薄壁套

图 2-30　内冷却砂轮

四、切削液

1. 切削液的作用

切削液进入切削区域，可以改善切削条件，提高工件加工质量和切削效率。与切削液有相似功效的还有某些气体和固体，如压缩空气、二硫化铝和石墨等。切削液的主要作用如下。

（1）冷却作用

切削液能从切削区域带走大量切削热，从而降低切削温度。切削液冷却性能的好坏，取决于它的导热系数、比热容、汽化热、汽化速度、流量和流速等。

（2）润滑作用

切削液能渗入刀具、切屑和加工表面之间，形成一层润滑膜或化学吸附膜，以减轻它们之间的摩擦。切削液润滑的效果主要取决于切削液的渗透能力、吸附成膜的能力和润滑膜的强度等。

（3）清洗作用

切削液大量流动，可以冲走切削区域和机床上的细碎切屑和脱落的磨粒。清洗性能的好坏，主要取决于切削液的流动性、使用压力和切削液的油性。

（4）防锈作用

在切削液中加入防锈剂，可在金属表面形成一层保护膜，对工件、机床、刀具和夹具等都能起到防锈作用。防锈作用的强弱，取决于切削液本身的成分和添加剂的作用。

2. 切削液添加剂

为改善切削液的各种性能，常在切削液中加入添加剂，常用的添加剂有以下几种。

（1）油性添加剂

油性添加剂含有极性分子，能在金属表面形成牢固的吸附膜，在较低的切削速度下起到较好的润滑作用。常用的油性添加剂有动物油、植物油、脂肪酸、胶类、醇类和脂类等。

（2）极压添加剂

极压添加剂是含有硫、磷、氯、碘等元素的有机化合物，在高温下与金属表面起化学反应，形成耐较高温度和压力的化学吸附膜，能防止金属界面直接接触，从而减轻摩擦。

（3）表面活性剂

表面活性剂是使矿物油和水乳化，形成稳定乳化液的添加剂。表面活性剂是一种有机化合物，由可溶于水的极性基团和可溶于油的非极性基团组成，可定向排列并吸附在油水两相界面上，极性端向水，非极性端向油，将水和油连接起来，使油以微小的颗粒稳定地分散在水中，形成乳化液。表面活性剂还能吸附在金属表面上，形成润滑膜，起油性添加剂的润滑作用。常用的表面活性剂有石油磺酸钠、油酸钠皂等。

（4）防锈添加剂

防锈添加剂是一种极性很强的化合物，对金属表面有很强的附着力，可吸附在金属表面上形成保护膜，或与金属表面化合形成钝化膜，起到防锈作用。常用的防锈添加剂有碳酸钠、三乙醇胺、石油磺酸钡等。

3. 常用切削液的种类与选用

（1）水溶液

水溶液的主要成分是水，其中加入了少量的有防锈和润滑作用的添加剂。水溶液的冷却效果良好，多用于普通磨削和其他精加工。

（2）乳化液

乳化液是将乳化油（由矿物油、表面活性剂和其他添加剂配成）用水稀释而成的，用途广泛。低浓度的乳化液冷却效果较好，主要用于磨削、粗车、钻孔加工等。高浓度的乳化液润滑效果较好，主要用于精车、攻丝、铰孔、插齿加工等。

（3）切削油

切削油主要是矿物油（如机械油、轻柴油、煤油等），少数采用动、植物油或复合油。普通车削、攻丝时，可选用机油。精加工有色金属或铸铁时，可选用煤油。加工螺纹时，可选用植物油。在矿物油中加入一定量的油性添加剂和极压添加剂，能提高其在高温、高压下的润滑性能，可用于精铣、铰孔、攻丝及齿轮加工。

学习任务

【活动一】工艺分析

要求：分析导套精加工工艺。

导套的精加工在万能外圆磨床上进行，利用三爪卡盘装夹$\phi 48$外圆柱面，一次装夹磨出外圆$\phi 45r6$和内孔$\phi 32H7$，可以避免多次装夹带来的误差，从而保证内、外圆柱面的同轴度。但每磨一件都要重新调整机床，所以这种方法只适用于单件小批生产。

如果加工数量较多的同一尺寸的导套，可以先磨内孔，再把导套装在专门设计的小锥度心轴上，用小锥度心轴安装导套如图 2-31 所示，以心轴两端的中心孔定位，借心轴和导套间的摩擦力带动工件转动，磨削外圆柱面，以获得较高的同轴度，并可简化操作过程，提高生产率。

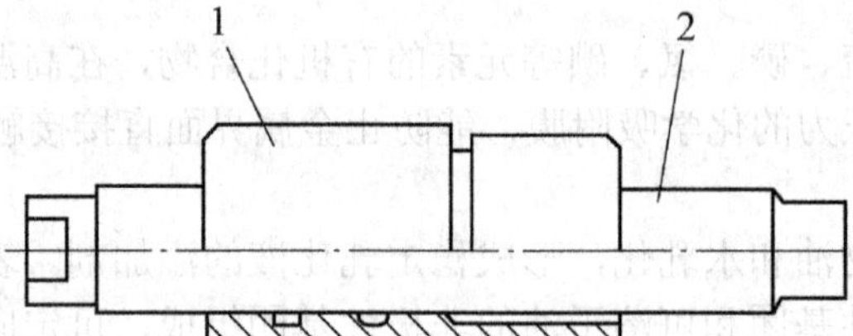

1—导套；2—心轴

图 2-31 用小锥度心轴安装导套

提示

如果选用普通心轴定位，则会因为导套与心轴之间存在间隙，导致产生定位误差，对导套的同轴度有一定的影响。

定位误差是由定位引起的同一批工件的工序基准在加工尺寸方向上的最大变动量，以Δ_D表示。

导套精加工步骤见表 2-13。

表 2-13　导套精加工步骤

步骤	加工内容	图示
1	粗磨内孔至 ϕ 31.7H8、R_a0.8	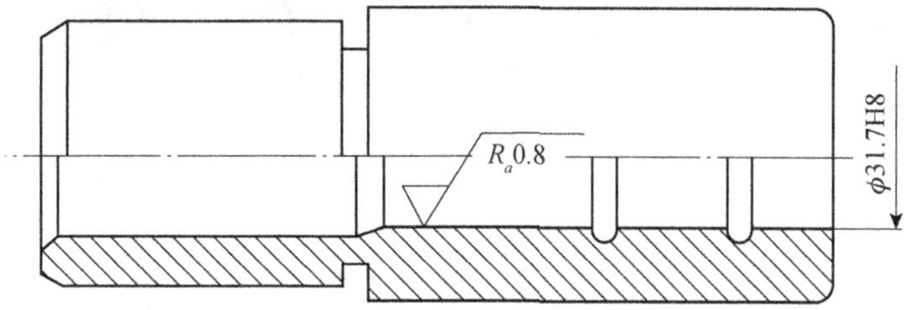
2	精磨内孔至 ϕ 32H7、R_a0.4	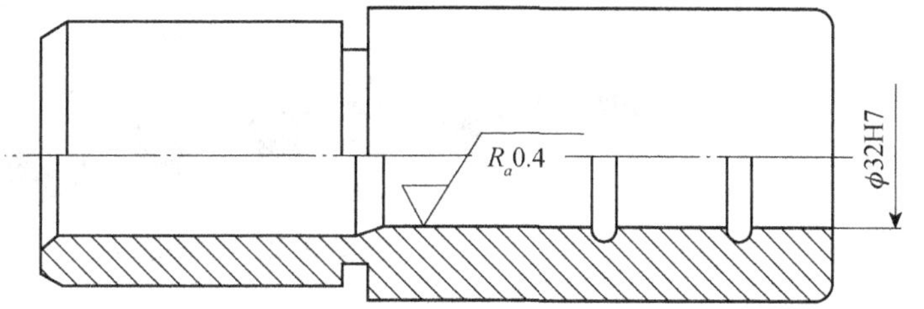
3	粗磨外圆至 ϕ 45.3H7、R_a0.8	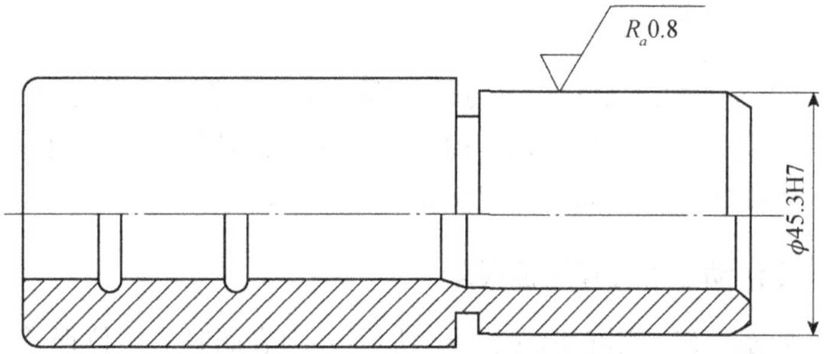
4	精磨外圆至 ϕ 45r6、R_a0.4	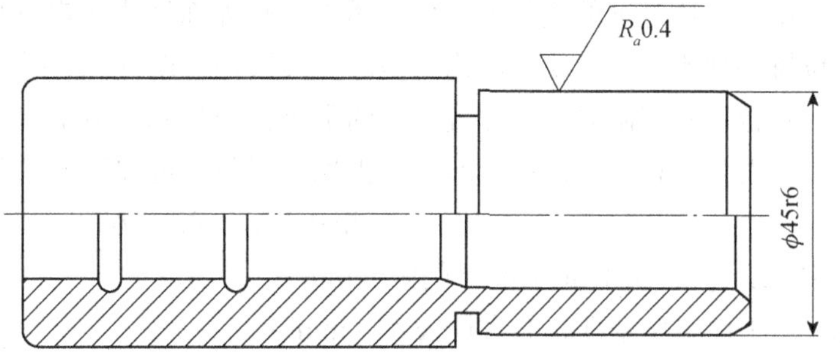

【活动二】磨内圆表面

要求：磨削内孔，保证精度。

以外圆表面为基准，采用三爪卡盘装夹导套磨削内孔，此定位方法比较简单。磨削内圆表面的方法有纵磨法和横磨法两种，本任务采用纵磨法。

磨削内圆表面的工具为内圆磨头，如图 2-32 所示。为了提高效率，选用 CBN 磨头，PA 磨头和 WA 磨头也经常使用。但用 PA 磨头和 WA 磨头磨削内圆表面时，冷却不是非常充分，并且排屑相对不畅，容易产生碳化反应，效果不是太理想。

CBN 磨头的进给量较大。考虑成本，可以采用 PA 磨头或 WA 磨头粗磨，采用 CBN 磨头精磨。

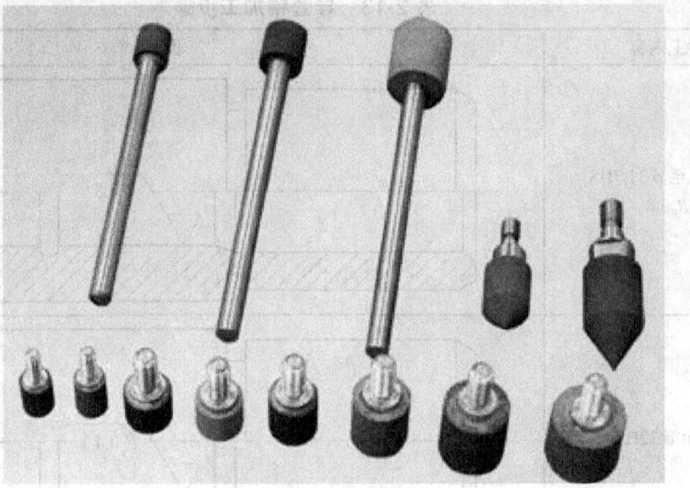

图 2-32　内圆磨头

提示

CBN 磨头的磨料为立方碳化硼，是磨削软钢的首选材料；PA 磨头以铬刚玉为磨料，色泽为玫瑰色或紫红色，切削刃锋利，棱角保持性好，耐用度较高，适合磨削刀具、量具、仪表、螺纹等工件表面粗糙度值要求低的工件。

【活动三】计算定位误差

要求：确定用心轴安装导套加工外圆表面时的定位误差。

由于定位基准的误差或定位支承点的误差而造成的定位基准位移，即工件实际位置对确定位置的理想要素的误差，称为基准位移误差，以 $\varDelta_Y$ 表示。

定位配合间隙对工件位置公差的影响如图 2-33 所示，由于定位配合间隙的影响，工件的中心会发生偏移，其偏移量即为最大配合间隙，可按下式计算：

$$\varDelta_Y = X_{max} = \delta_D + \delta_{d0} + X_{min} \quad (2\text{-}9)$$

式中　X_{max}——定位最大配合间隙（mm）；

δ_D——工件定位基准孔的直径公差（mm）；

δ_{d0}——圆柱定位销或圆柱心轴的直径公差（mm）；

X_{min}——定位所需最小间隙，由设计时确定（mm）。

基准位移误差的方向是任意的，减小定位配合间隙，即可减小 $\varDelta_Y$ 值，以提高定位精度。

当工件用长定位轴定位时，定位配合间隙还会使工件发生歪斜，并影响工件的平行度。定位配合间隙对工件平行度的影响如图 2-34 所示，工件除了孔距公差外，还有平行度要求，定位配合的最大间隙 X_{max} 还会造成平行度误差，即

$$\varDelta_Y = (\delta_D + \delta_{d0} + \delta_{min})\frac{L_1}{L_2} \quad (2\text{-}10)$$

式中　L_1——加工面长度（mm）；

L_2——定位孔长度（mm）。

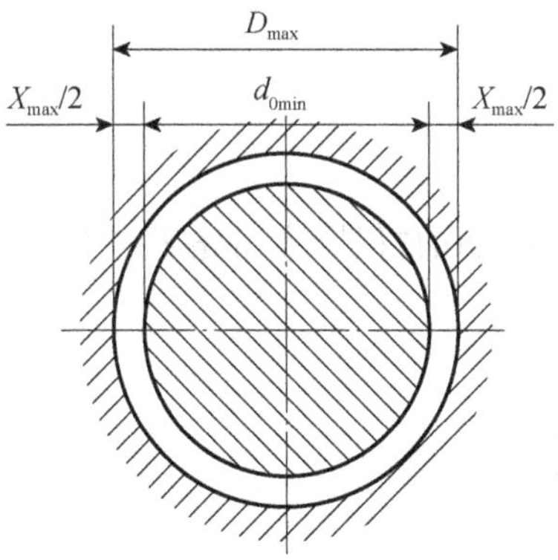

图 2-33　定位配合间隙对工件位置公差的影响

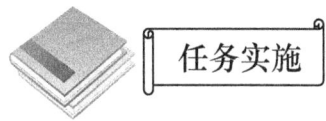

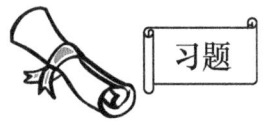

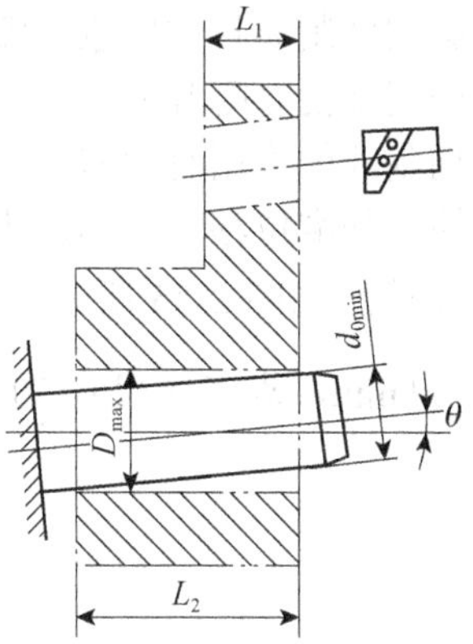

图 2-34　定位配合间隙对工件平行度的影响

任务实施

1. 选择设备和工具、量具

内圆磨床、千分尺和心轴。

2. 质量检查的内容和成绩评定标准

导套精加工检测与评价表见表 2-14。

表 2-14　导套精加工检测与评价表

序号	检测内容	配分	量具	检测结果	学生评分	教师评分
1	ϕ 32H7	15 分				
2	ϕ 45r6	15 分				
3	R_a0.4（两处）	20 分				
4	文明生产	违纪一项扣 10 分				
合　计		50 分				

任务小结

通过本任务的学习和训练，能够掌握内圆柱面的精加工方法。工件经热处理后，需对基准面进行修整。定位误差对导套类零件的精加工影响很大，需严格控制定位元件和工件定位表面的尺寸和形状精度，从而使工件最终能达到图纸要求。

习题

1. 简述磨孔的工艺特点。

2. 影响磨削质量的因素有哪些？
3. 磨削烧伤有哪几种？
4. 切削液的作用有哪些？
5. 简述基准位移误差的产生。
6. 零件图如图 2-35 所示，钻铰ϕ10H7mm 孔，以$\phi 20\text{H7}\left(^{+0.021}_{0}\right)$ mm 孔定位，定位轴为$\phi 20\left(^{-0.007}_{-0.016}\right)$mm，求工序尺寸 50±0.07mm 的定位误差。

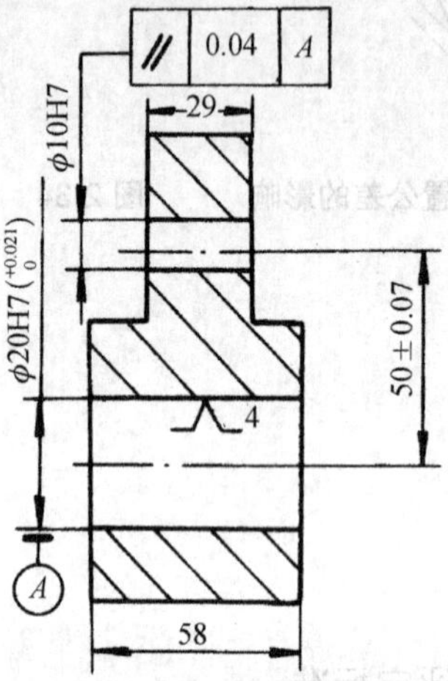

图 2-35　零件图

任务五　导套的精密加工

知识点

内圆表面的精密加工方法；
保证导套加工精度的方法。

技能点

学会内圆表面的研磨等精密加工方法。

任务导入

根据图纸的要求，内圆表面在精加工之后还要进行进一步加工，以满足所需的精度要求，特别是表面质量要求。

本任务需要完成图 2-36 所示内圆表面的精密加工。

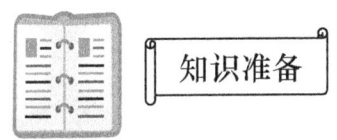

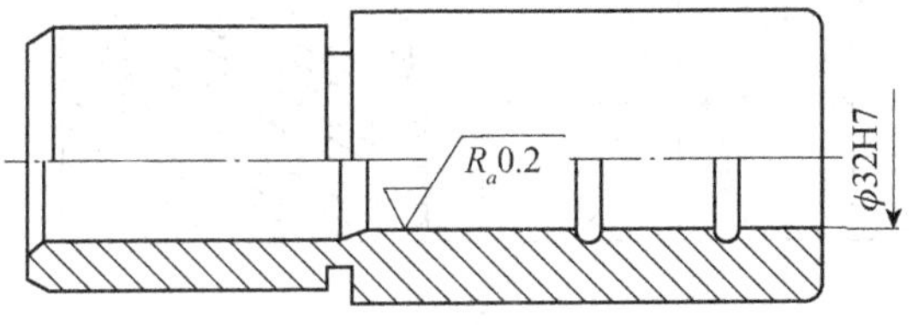

图 2-36 内圆表面

知识准备

一、孔的精密加工

1. 精细镗孔

精细镗孔与镗孔方法基本相同，由于最初使用金刚石作为镗刀，所以又称金刚镗。这种方法常用于有色金属合金及铸铁的套筒类零件孔的终加工，或作为珩磨和滚压前的预加工。精细镗孔可获得精度高和表面质量好的孔，其加工的孔尺寸精度可达 IT7～IT6 级，表面粗糙度值为 R_a0.4～0.05μm。

为了达到高精度与较小的表面粗糙度值要求，减少切削变形对加工质量的影响，采用回转精度高、刚性好的金刚镗床，切削速度较高（切钢为 200m /min，切铸铁为 100m /min，切铝合金为 300m /min），加工余量较小（0.2～0.3mm），进给量小（0.03～0.08mm /r）。精细镗孔采用微调镗刀来控制尺寸。

提示

目前，普遍采用硬质合金 YT30、YT15、YG3X 或立方氮化硼作为精细镗的刀具材料，用这些刀具加工钢质套筒比用人造聚晶金刚石刀具有更多优势。

2. 珩磨

(1) 珩磨的原理及工艺特点

珩磨是低速、大面积接触的磨削加工，其原理与普通磨削基本相同。珩磨所用的磨具是由几根粒度很细的砂条所组成的珩磨头，珩磨头上的砂条有三种运动，即旋转运动、往复直线运动、径向加压运动。旋转和往复直线运动是珩磨的主运动，这两种运动的组合，使砂条上的磨粒在孔表面上的切削轨迹呈交叉而不重复的网纹，磨粒在孔表面上形成的轨迹如图 2-37 所示，因此易获得表面粗糙度值较小的加工表面。径向加压运动是砂条的进给运动，加压力越大，进给量就越大。

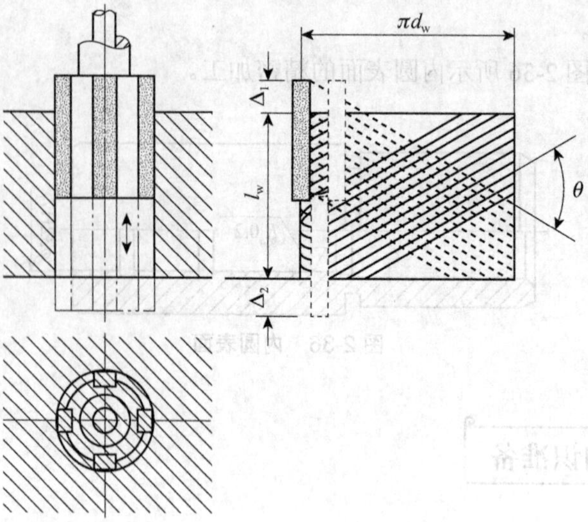

图 2-37　磨粒在孔表面上形成的轨迹

珩磨时，砂条与孔壁接触面积较大，参加切削的磨粒很多，每颗磨粒上的磨削力很小（磨粒垂直载荷仅为普通磨削的1/100～1/50），珩磨的切削速度较低（一般在100m/min以下，仅为普通磨削的1/100～1/30），所以珩磨过程中发热少，孔的表面不易烧伤，而且变形层极薄，从而获得表面质量很高的孔。

珩磨能获得很高的尺寸精度和形状精度，珩磨孔的公差等级可达到IT6级，圆度和圆柱度可达到 0.003～0.005mm。珩磨后孔的表面粗糙度值通常为R_a0.63～0.04μm，有时可达到R_a0.02～0.01μm的镜面，交叉网纹表面有利于润滑。

珩磨时，虽然珩磨头的转速较低，但往复速度较高，参加切削的磨粒又多，所以能很快地切除金属，生产率较高。

珩磨的应用范围很广，可加工铸铁件、淬硬或不淬硬的钢件，但不宜加工易堵塞砂条的韧性金属工件。珩磨加工孔径为ϕ5～500mm，也可加工 $L/D>10$ 的深孔，因此珩磨工艺被广泛用于汽车、拖拉机、煤矿机械、机床和军工等生产领域。

提示

为保证砂条与孔表面均匀接触，能切去小而均匀的加工余量，珩磨头相对于工件有轻微浮动，珩磨头与机床主轴是浮动连接，因此珩磨不能修正孔的位置精度和孔轴线的直线度，孔的位置精度和孔轴线的直线度应在珩磨前的工序中予以保证。

（2）珩磨头

珩磨头的结构对加工质量与生产率都有很大的影响。对珩磨头的要求：砂条对加工表面的压力能调整并保持在一定的范围内；砂条能在径向均匀地涨缩；砂条应具有一定的刚性，当被加工孔的形状误差（如圆度和圆柱度）使砂条压力增加时，砂条半径方向不致发生位移和歪斜；珩磨至最后尺寸时，砂条能迅速缩回，以便于珩磨头从孔内退出。图2-38为利用螺纹调压的珩磨头的结构简图。

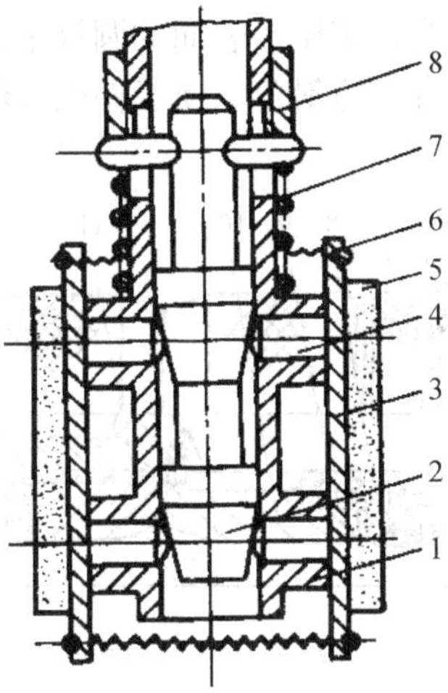

1—本体；2—调整锥；3—砂条座；4—顶块；5—砂条；6—弹簧箍；7—弹簧；8—螺母

图 2-38 利用螺纹调压的珩磨头的结构简图

3. 研磨

研磨孔的原理与研磨外圆相同。研具通常采用铸铁制成的心棒，心棒表面开槽用来存放研磨剂。图 2-39 为研孔用研具，图 2-39（a）是铸铁粗研具，棒的直径用螺钉调节；图 2-39（b）为精研孔研具，用低碳钢制成。研磨后孔的尺寸精度可达 IT7～IT6 级，表面粗糙度值为 R_a0.63～0.01μm。

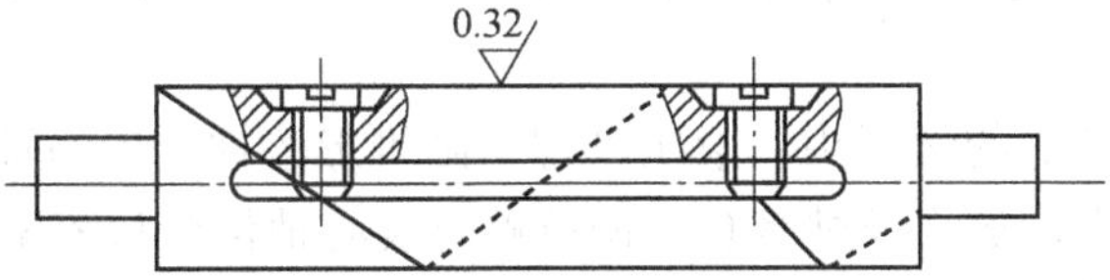

（a）铸铁粗研具

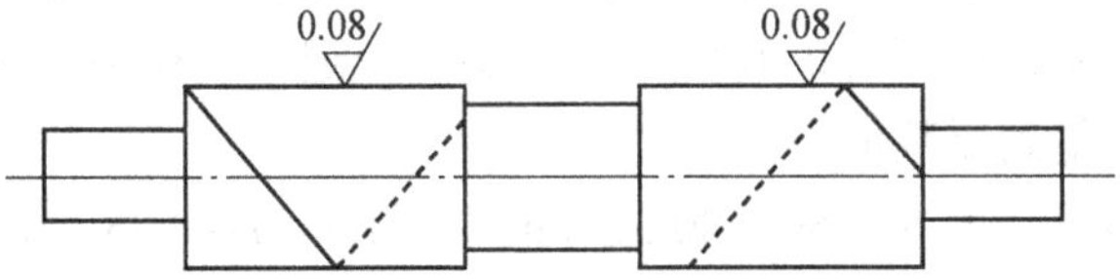

（b）精研孔研具

图 2-39 研孔用研具

提示

孔的位置精度只能由前工序保证，生产率较低。研磨之前孔必须经过磨削、精铰或精镗等工序，尽量减少加工余量以提高生产率。对于中小尺寸孔，研磨加工余量约为 0.025mm。

4. 滚压

孔的滚压加工原理与滚压外圆相同。滚压加工效率高，近年来已采用滚压工艺代替珩磨工艺，效果好。孔经滚压后精度在 0.01mm 以内，表面粗糙度值为 R_a0.16μm 或更小，表面硬化耐磨，生产效率比珩磨高数倍。

如图 2-40 所示为液压缸滚压头，滚压头表面的圆锥形滚柱 3 支承在锥套 5 上，滚压时圆锥形滚柱与工件之间有 0° 30′ ～1° 的斜角，使工件能逐渐弹性恢复，避免工件孔壁的表面变粗糙。

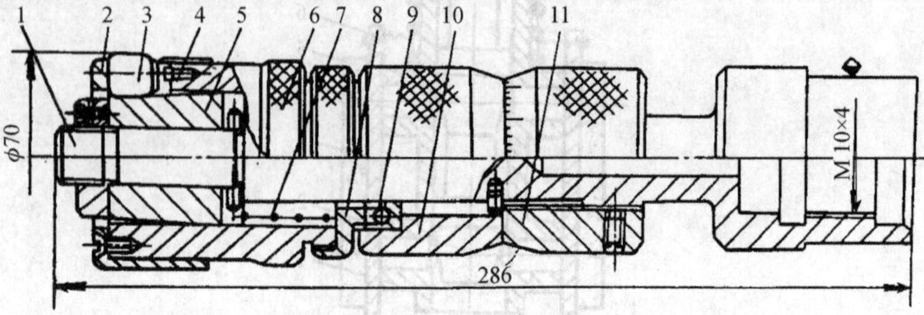

1—心轴；2—盖板；3—圆锥形滚柱；4—销子；5—锥套；6—套圈；
7—压缩弹簧；8—衬套；9—推力轴承；10—过渡套；11—调节螺母

图 2-40　液压缸滚压头

滚压前，通过调节螺母 11 调整滚压头的径向尺寸，旋转调节螺母可使其相对于心轴 1 沿轴向移动，向左移动时，推动过渡套 l0、推力轴承 9、衬套 8 及套圈 6 经销子 4，使圆锥形滚柱 3 沿锥套的表面向左移，结果使滚压头的径向尺寸缩小。当调节螺母向右移动时，由压缩弹簧 7 压移衬套，经推力轴承使过渡套始终紧贴在调节螺母的左端面，当衬套右移时，带动套圈，经盖板 2 使圆锥形滚柱也沿轴向右移，使滚压头径向尺寸增大。滚压头径向尺寸应根据孔滚压过盈量确定，通常钢材的滚压过盈量为 0.1～0.12mm，滚压后孔径增大 0.02～0.03mm。

对于径向尺寸调整好的滚压头，滚压过程中圆锥形滚柱所受的轴向力，经销子、套圈、衬套作用在推力轴承上，最终经过渡套、调节螺母及心轴传至与滚压头右端 M40×4 螺纹相连的刀杆上。滚压完毕后，滚压头从孔反向退出时，圆锥形滚柱受到一个向左的轴向力，此力传给盖板 2，经套圈、衬套将压缩弹簧压缩，实现向左移动，使滚压头直径缩小，保证滚压头从孔中退出时不触碰已滚压好的孔壁。滚压头完全退出孔壁后，在压缩弹簧力的作用下复位，使径向尺寸又恢复到原数值。

滚压时通常选择滚压速度 v＝60～80m /min，进给量 f＝0.25～0.35mm /r，切削液采用 50%硫化油加 50%柴油或煤油。

提示

滚压对铸件的质量有很大的敏感性，如铸件的硬度不均匀、表面疏松、气孔和砂眼等缺陷，对滚压有很大影响。因此，对铸件和脆性材料，不可采用滚压工艺，而要选用珩磨。

二、塞规

塞规是一种量具，常用的有圆孔塞规和螺纹塞规。

圆孔塞规做成圆柱形，两端分别为通端和止端，用来批量检测孔径，如图 2-41 所示。圆孔塞规有两个圆头，一头称为通规，是孔径的下偏差；另一头称为止规，是孔径的上偏差。

在检测孔径时，通规能塞进去而止规塞不进去，则表明孔径是合格的，即孔径在公差范围之内，否则就是不合格的。

螺纹塞规是测量内螺纹尺寸正确性的工具，如图 2-42 所示。此塞规可分为普通粗牙、细牙和管螺纹三种。螺距为 0.35mm 或更小的 2 级精度及高于 2 级精度的螺纹塞规，以及螺距为 0.8mm 或更小的 3 级精度的螺纹塞规都没有止端测头。100mm 以下的螺纹塞规为锥柄螺纹塞规，100mm 以上的为双柄螺纹塞规。

图 2-41　圆孔塞规

图 2-42　螺纹塞规

三、套筒零件加工工艺过程

1. 保证套筒表面位置精度的方法

由套筒零件的技术要求可知，其主要位置精度是内、外表面之间的同轴度及端面与孔轴线的垂直度要求。对于短的套筒，通常采用下列方法保证位置精度。

① 在一次装夹中完成内、外表面及端面的全部加工，这种方法消除了工件的装夹误差，可获得很高的相对位置精度；但是，这种方法的工序比较集中，适于尺寸较小的轴套的车削加工。

② 当套筒零件的尺寸较大，其主要表面需在几次装夹中加工时，有以下两个加工方案可供选择。

● 先加工孔，然后以孔为精基准最终加工外圆。这种方法所用夹具（心轴）结构简单，定心精度高，因此可保证较高的位置精度，应用甚广。

● 先加工外圆，然后以外圆为精基准最终加工孔。采用这种方法时，工件装夹迅速可靠，夹具较复杂，欲获得较高的同轴度，则必须采用定心精度高的夹具，如弹性膜片卡盘、液性塑料夹具及经过修磨的三爪自定心卡盘和软爪等夹具。

2. 防止加工过程中套筒变形的措施

套筒零件孔壁较薄，加工时常因夹紧力、切削力、残余应力和切削热等因素的影响而产生变形。为了防止变形，应注意以下几点。

① 为了减少切削力与切削热的影响，粗、精加工应分开进行，使粗加工产生的变形在精加工中得到纠正。

② 为了减少夹紧力对变形的影响，工艺上可采取以下措施。

● 改变夹紧力的方向，即将径向夹紧改为轴向夹紧。对于精度要求较高的精密套筒（如孔的圆度为 0.0015mm），常采用轴向夹紧的方法。

● 对于普通精度的套筒，采用径向夹紧时，也应尽可能使其径向夹紧力均匀，使用过渡

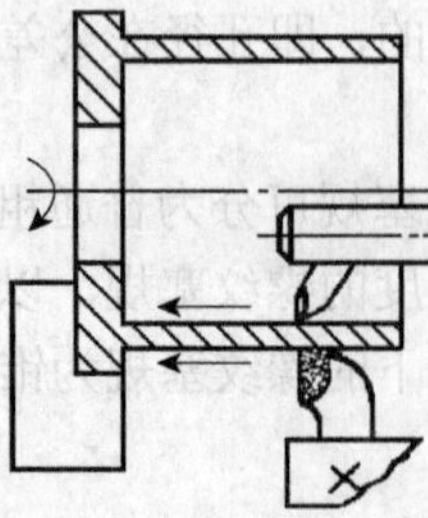

图 2-43　利用工艺凸边夹紧薄壁套

套、弹性膜片卡盘、液性塑料夹具及经过修磨的三爪自定心卡盘和软爪等夹具夹紧工件。

● 在工件上做出工艺凸边以提高其径向刚度，减少夹紧变形，利用工艺凸边夹紧薄壁套如图 2-43 所示。工件加工完成后再将工艺凸边切除。

③ 为了减少热处理的影响，将热处理工序安排在粗、精加工阶段之间，使热处理变形在精加工中得到修正。

学习任务

【活动一】工艺分析

要求：分析导套的精密加工工艺。

ϕ32H7 内圆表面采用研磨达到表面粗糙度和尺寸要求。

导套精密加工步骤见表 2-15。

表 2-15　导套精密加工步骤

步骤	加工内容	图示
	研磨内孔 ϕ 32H7、R_a0.2	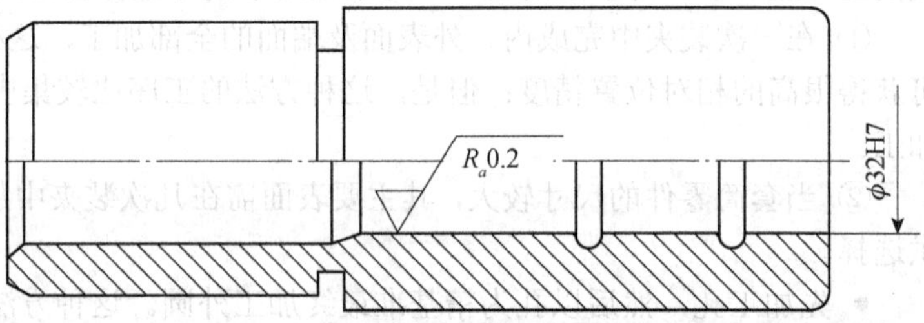

【活动二】研磨内圆表面

要求：表面需达到 R_a0.2，尺寸为ϕ32H7。

在单件小批量生产中可以采用简单的研磨工具，在普通车床上进行研磨，导套研磨如图 2-44 所示。研磨时，由主轴带动研磨工具旋转，手握在研具的导套上，做轴线方向的往复直线运动。通过调节研具上的调整螺钉和螺母，可以调整研套的直径，以控制研磨量的大小。

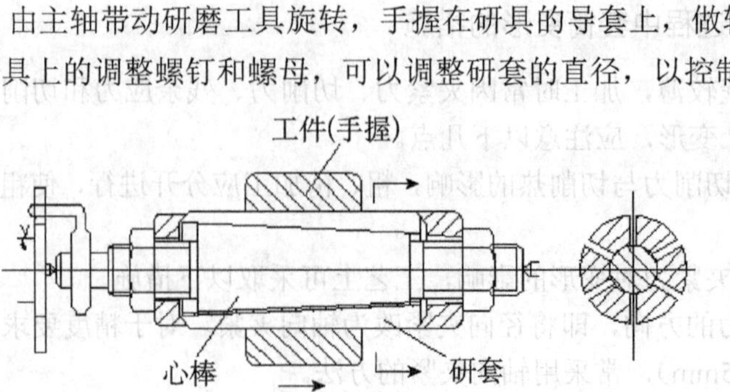

图 2-44　导套研磨

任务实施

1. 选择工具和量具

研磨棒、研磨膏等。

2. 质量检查的内容和成绩评定标准

导套精密加工检测与评价表见表 2-16。

表 2-16 导套精密加工检测与评价表

序号	检测内容	配分	量具	检测结果	学生评分	教师评分
1	ϕ 32H7	30 分				
2	$R_a 0.2$	20 分				
3	文明生产	违纪一项扣 10 分				
合　计		50 分				

任务小结

孔的精密加工方法有精细镗孔、珩磨、研磨和滚压等，它们都被安排在精加工后进行。除精细镗孔外，本任务所涉及的三种加工方法均不能提高孔的位置精度，需在前工序中保证位置精度。滚压为无切屑加工，工件的回弹量要事先通过实验获得。

孔的检测不易，大批量生产或加工标准孔时，常用量规进行检测。

习题

1. 孔的精密加工方法有哪些？
2. 珩磨有哪些工艺特点？
3. 简述导套加工工艺过程。
4. 防止加工过程中套筒变形的措施有哪些？

项目小结

内圆表面（即孔）也是组成零件的基本表面之一。零件上有多种多样的孔，如螺钉、螺栓的紧固孔，套筒、法兰盘及齿轮等回转体零件上的孔，箱体类零件上主轴及传动轴的轴承孔，炮筒、空心轴内的深孔（一般 $L/D\geqslant10$），以及常用于保证零件间配合准确性的圆锥孔等。

与外圆表面的加工相比，内圆表面的加工条件差，因为孔加工刀具或磨具的尺寸（直径、长度）受被加工孔本身尺寸的限制，刀具的刚性差，容易产生弯曲变形及振动；切削过程中，孔内排屑、散热、冷却、润滑条件差。因此，孔的加工精度和表面粗糙度都不容易控制。此外，大部分孔加工刀具为定尺寸刀具，刀具直径的制造误差和磨损，将直接影响孔的加工精度。因此，在一般情况下，加工孔比加工同样尺寸、精度的外圆表面要困难些。当一个零件要求内圆表面与外圆表面必须保持某种确定关系时，通常先加工内圆表面，然后以内圆表面定位加工外圆表面。

内圆表面可以在车、钻、镗、拉、磨床上进行加工。常用的加工方法有钻孔、扩孔、镗孔、铰孔、磨孔、拉孔、珩孔、研磨孔及滚压加工，孔的加工方法见表 2-17。其中钻孔、扩孔与镗孔为粗加工与半精加工方法（镗孔也可作为精加工方法），而铰孔、磨孔、珩孔、研磨孔、拉孔及滚压加工则为孔的精加工方法。选择加工方法时，应考虑孔径、深度、精度、工件形状、尺寸、重量、材料、生产批量及设备等具体条件。对于精度要求较高的孔，最后还须采取珩磨或研磨及滚压等精密加工方法。

表 2-17　孔的加工方法

	切削运动的组合形式			
	工件		刀具	
	主运动	进给运动	主运动	进给运动
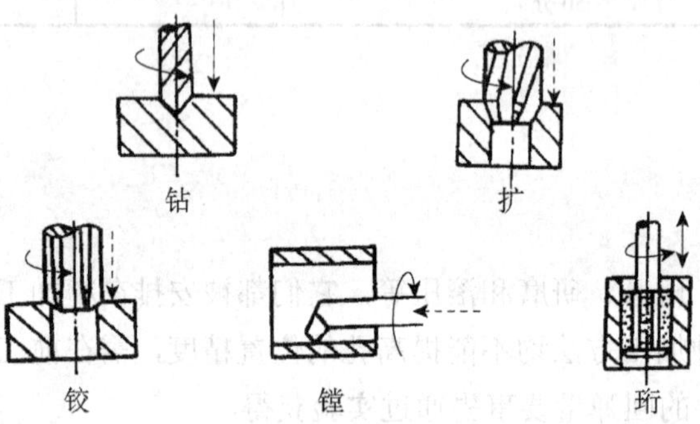			R	T
			R	T
			R	T
	R			T
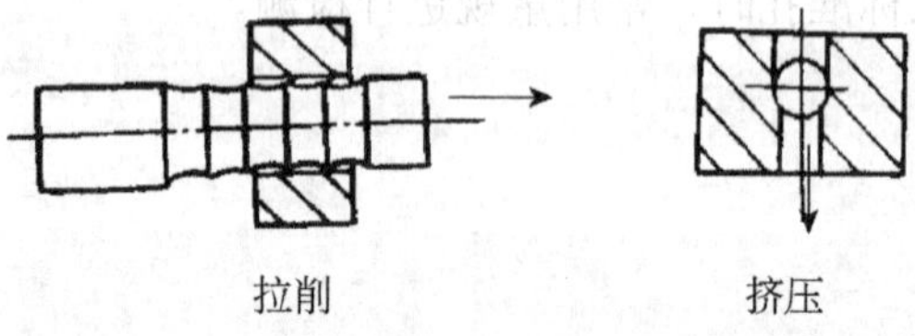			T	
			T	
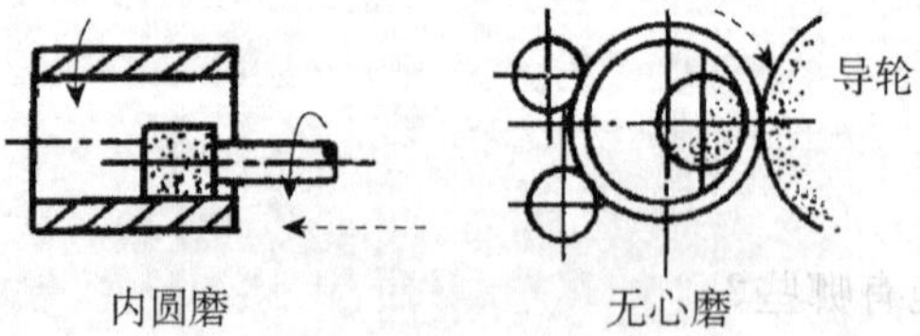		R	R	T
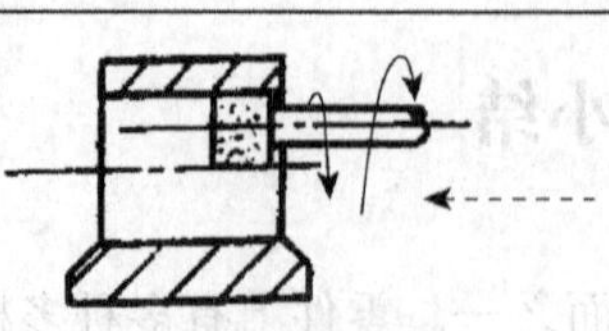			R	R /T

确定内圆表面加工方案时，通常考虑以下特点与原则。

① 当孔径较小时（ϕ50mm 以下），大多采用钻—扩—铰方案，其精度与生产率均较高。

② 当孔较大时，大多采用钻孔后镗孔或直接镗孔，以及进一步精加工方案。

③ 箱体上的孔多采用精镗、浮动镗，缸筒件的孔则多采用精镗后珩磨或滚压加工。

④ 淬硬套筒类零件多采用磨削孔方案，同样可获得很高的精度和较小的表面粗糙度值。对于精密套筒，还应增加对孔的精密加工，如高精度磨削、珩磨、研磨、抛光等。

内圆表面加工方案见表 2-18。

表 2-18　内圆表面加工方案

序号	加工方案	经济精度	表面粗糙度值/μm	适用范围
1	钻	IT12～IT11	R_a12.5	加工未淬火钢及铸铁实心毛坯，也可加工有色金属（但表面稍粗糙，孔径小于 20mm）
2	钻—铰	IT9	R_a 3.2～1.6	
3	钻—铰—精铰	IT8～IT7	R_a 1.6～0.8	
4	钻—扩	IT11～IT10	R_a 12.5～6.3	同上，但孔径大于 20mm
5	钻—扩—铰	IT9～IT8	R_a 3.2～1.6	
6	钻—扩—粗铰—精铰	IT7	R_a 1.6～0.8	
7	钻—扩—机铰—手铰	IT7～IT6	R_a 0.4～0.1	
8	钻—扩—拉	IT9～IT7	R_a 1.6～0.1	大批大量生产（精度由拉刀精度决定）
9	粗镗（或扩孔）	IT12～IT11	R_a 12.5～6.3	除淬火钢外各种材料，毛坯有铸出孔或锻出孔
10	粗镗（粗扩）—半精镗（精扩）	IT9～IT8	R_a 3.2～1.6	
11	粗镗（扩）—半精镗（精扩）—精镗（铰）	IT8～IT7	R_a 1.6～0.8	
12	粗镗（扩）—半精镗（精扩）—精镗—浮动镗刀精镗	IT7～IT6	R_a 0.8～0.4	
13	粗镗（扩）—半精镗—磨孔	IT8～IT7	R_a 0.8～0.2	主要用于淬火钢，也可用于未淬火钢，但不宜用于有色金属
14	粗镗（扩）—半精镗—粗磨—精磨	IT7～IT6	R_a 0.2～0.1	
15	粗镗—半精镗—精镗—金刚镗	IT7～IT6	R_a 0.4～0.05	主要用于精度要求高的有色金属
16	钻—（扩）—粗铰—精铰—珩磨 钻—（扩）—拉—珩磨 粗镗—半精镗—精镗—珩磨	IT7～IT6	R_a 0.2～0.025	精度要求很高的孔
17	以研磨代替上述方案中的珩磨	IT6 级以上		

项目三　冲压模座的加工

项目说明

本项目主要介绍冲压模座的加工。通过本项目的学习和训练，掌握板类零件加工过程中所涉及的设备、工装夹具、刀具、量具等的选用和加工工艺，并完成如图 3-1 所示冲压模座零件的加工。

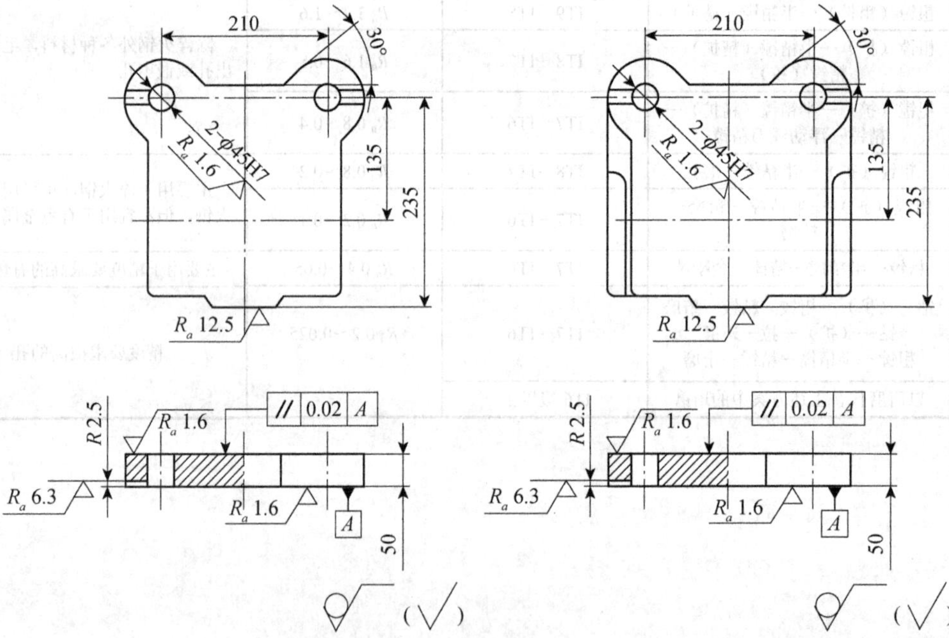

(a) 上模座　　(b) 下模座

图 3-1　冲压模座零件

学习目标

了解板类零件的结构特点；

掌握板类零件的加工工艺；
掌握加工板类零件时相关设备、夹具的选择和使用；
掌握板类零件加工时的质量控制方法。

任务一　冲压模座的毛坯加工

知识点

板类零件的结构特点；
板类零件的技术要求；
板类零件毛坯的选择；
粗基准的选择方法。

技能点

学会选择粗基准。

任务导入

板类零件外观扁平，通常用作固定件或连接件等。本任务所涉及的模座是用来固定其他零件的，要有较强的抗压能力，因此采用铸铁制造。

板类零件的主要加工表面为上、下两个大平面，它们要有较高的平面度和平行度。同时，其中一个平面被作为零件上孔的垂直度的基准。

本任务需要完成如图 3-2 所示毛坯的加工。

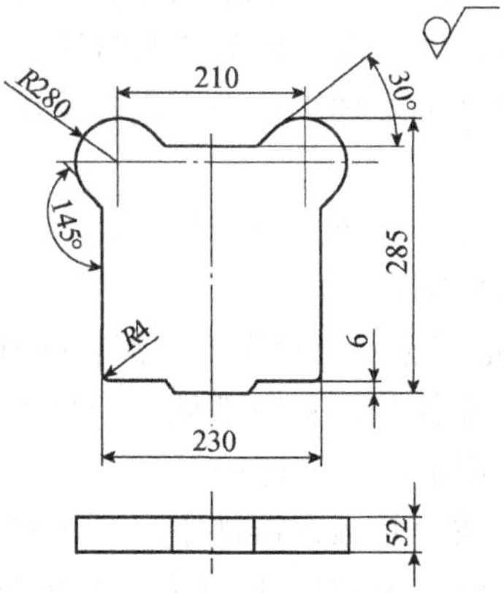

图 3-2　毛坯

知识准备

一、板类零件的功用与结构

板类零件是机械产品中常见的一种零件，形状扁平，广泛用于连接和固定其他零件。板类零件有模具的模座、模具的卸料板、模具的动模和定模的固定板及夹具中的模板等，板类零件示例如图 3-3 所示。由于功用不同，板类零件的结构和尺寸有较大的差别，但结构上仍有共同的特点：零件的主要表面为平行度要求较高的上、下两个大表面；零件的厚度不大，易变形；零件上有一组质量要求高的轴线相互平行的孔等。

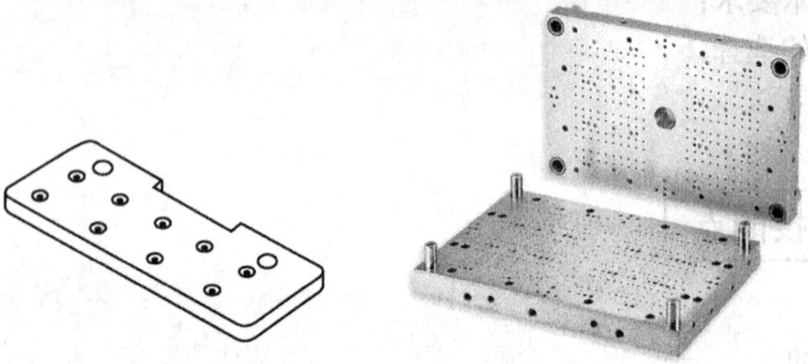

（a）钻模板　　（b）模座

图 3-3　板类零件示例

二、毛坯材料

灰铸铁是指含有片状石墨的铸铁，主要成分是铁、碳、硅、锰、硫、磷，它是应用最广的铸铁，产量占铸铁总产量的 80%以上。

1. 显微组织

灰铸铁含碳量较高（2.7%～3.6%），可看成碳钢的基体加片状石墨。按基体组织的不同，灰铸铁分为三类：铁素体基体灰铸铁、珠光体基体灰铸铁、珠光体-铁素体基体灰铸铁。

铁素体基体灰铸铁是在铁素体的基体上分布多而粗大的石墨片，其强度、硬度低，很少应用。

珠光体基体灰铸铁是在珠光体的基体上分布均匀、细小的石墨片，其强度、硬度相对较高，常用于制造床身、机体等重要部件。

珠光体-铁素体基体灰铸铁是在珠光体和铁素体混合的基体上，分布较为粗大的石墨片，此种铸铁的强度、硬度尽管比珠光体基体灰铸铁低，但仍可满足一般机体要求，其铸造性、减振性均佳，且便于熔炼，是应用最广的灰铸铁。

灰铸铁显微组织的不同，实质上是碳在铸铁中存在形式的不同。灰铸铁中的碳由化合碳（Fe_3C）和石墨碳所组成。化合碳占 0.8%时，属珠光体基体灰铸铁；化合碳含量小于 0.8%时，属珠光体-铁素体基体灰铸铁；所有碳都以石墨形态存在时，则为铁素体基体灰铸铁。

2. 力学性能

灰铸铁的力学性能与基体的组织和石墨的形态有关。灰铸铁中的片状石墨对基体的割裂严重，在石墨尖角处易造成应力集中，使灰铸铁的抗拉强度、塑性和韧性远低于钢，但抗压强度与钢相当，它是常用铸铁中力学性能最差的铸铁。

提示

基体组织对灰铸铁的力学性能也有一定的影响，铁素体基体灰铸铁的石墨片粗大，强度和硬度最低，故应用较少；珠光体基体灰铸铁的石墨片细小，有较高的强度和硬度，主要用来制造较重要的铸件；铁素体-珠光体基体灰铸铁的石墨片较珠光体基体灰铸铁稍粗大，性能不如珠光体基体灰铸铁。因此，工业上使用较多的是珠光体基体灰铸铁。

3. 其他性能

灰铸铁具有良好的铸造性能、良好的减振性、良好的耐磨性能、良好的切削加工性能和较低的缺口敏感性等。

4. 灰铸铁的热处理

① 消除内应力退火。

② 改善切削加工性能退火。

③ 表面淬火。

三、铸件毛坯

形状复杂的毛坯宜采用铸造方法制造。铸件毛坯的制造方法有砂型铸造、金属型铸造、精密铸造、压力铸造、离心铸造等。各种毛坯制造方法的工艺特点见表 3-1。

表 3-1　各种毛坯制造方法的工艺特点

毛坯制造方法	最大质量/kg	最小壁厚/mm	形状的复杂性	材料	生产方式	精度等级	尺寸公差值/mm	表面质量/μm	其他
手工砂型铸造	不限制	3～5	最复杂	铁碳合金、有色金属及其合金	单件生产及小批量生产	IT14～IT16	1～8		余量大，一般为 1～10mm，由砂眼和气泡造成的废品率高；表面有夹砂硬皮，且结构颗粒大；适于铸造大件，生产率很低
机械砂型制造	250	3～5	最复杂		大批量生产	IT14 左右	1～3		生产率比手工砂型高数倍至数十倍，设备复杂，但对工人的技术要求低，适于制造中小型铸件
永久型铸造	100	1.5	简单或平常			IT11～IT12	0.1～0.5	R_a12.5	因免去了每次制型，生产率高；单边余量一般为 1～3mm；结构细密，能承受较大压力；占用的生产面积小

续表

毛坯制造方法	最大质量/kg	最小壁厚/mm	形状的复杂性	材料	生产方式	精度等级	尺寸公差值/mm	表面质量/μm	其他
离心铸造	200	3～5	主要是旋转体	铁碳合金、有色金属及其合金	大批量生产	IT15～IT16	1～8	R_a12.5	生产率高，每件只需 2～5min；力学性能好且少砂眼；壁厚均匀；不需要泥芯和浇注系统
压铸	10～16	0.5（锌）、1.0（其他合金）	由模子制造难易程度而定	锌、铝、镁、铜、锡、铅各金属的合金		IT11～IT12	0.05～0.15	R_a6.3	生产率最高，每小时可制 50～500 件；设备昂贵；可直接制取零件或仅需少许加工
熔模铸造	小型零件	0.8	非常复杂	切削困难的材料	单件生产及成批生产		0.05～0.2	R_a25	占用的生产面积小，每套设备需 30～40m²；铸件机械性能好；便于组织流水线生产；铸造延续时间长，铸件可不经过加工
壳模铸造	200	1.5	复杂	铸铁和有色金属	小批生产至大量生产	IT12～IT14		R_a 6.3～12.5	生产率高，一个制砂工班产量为 0.5～1.7t；外表面余量为 0.25～0.5mm；孔余量最小为 0.08～0.25mm；便于机械化和自动化；铸件无硬皮

铸造是将经过熔炼的金属液体浇入铸型内，经冷却凝固获得所需形状和性能的零件的制作过程。其优点是制造成本低，工艺灵活性大，可以获得复杂形状和大型的铸件，在机械制造中占很大的比重，如机床占 60%～80%，汽车占 25%，拖拉机占 50%～60%。

铸造铸铁件常见的缺陷有气孔、粘砂、夹砂、砂眼、胀砂、冷隔、浇不足、缩松、缩孔、缺肉、肉瘤等，这些一直是铸造无法避免和难以解决的问题。

四、机械加工精度

机械加工精度指零件加工后的实际几何参数（尺寸、形状和相互位置）与理想几何参数的符合程度。实际几何参数与理想几何参数的偏离程度称为加工误差。加工误差越小，加工精度就越高。所以，加工精度与加工误差是一个问题的两种提法。

加工精度是评定零件质量的一项重要指标。零件有关表面的尺寸精度、几何形状精度和相互位置精度之间是有联系的。形状误差应限制在位置公差内，位置误差要限制在尺寸公差内。一般尺寸精度高，相应的形状精度、位置精度要求也高。但是有些特殊功用的零件，其形状精度很高，但其位置精度、尺寸精度要求却不高。例如，测量用的检验平板，其工作平面的平面度要求很高，但该平面与底面的尺寸精度和平行度要求却不高。

工件规定的加工精度包括尺寸精度、几何形状精度和表面间相互位置精度三个方面。

1. 获得尺寸精度的方法

获得尺寸精度的方法有以下四种。

（1）试切法

试切法是按照试切—测量—调整刀具—再试切的步骤，反复进行，直至得到符合规定的尺寸，然后以此尺寸切出要加工的表面。

（2）定尺寸刀具法

这是使用具有一定形状和尺寸精度的刀具对工件进行加工，并以刀具相应尺寸得到规定的尺寸精度的方法。例如，用麻花钻头、铰刀、拉刀、槽铣刀和丝锥等刀具进行加工，以获得规定的尺寸精度。这种加工方法所得到的精度与刀具的制造精度关系很大。

（3）调整法

按零件图（或工序图）规定的尺寸和形状，预先调整机床、夹具、刀具与工件的相对位置，经试加工测量合格后，再连续成批加工工件。其加工精度在很大程度上取决于调整精度。此法广泛应用于半自动机床、自动机床和自动生产线上。

（4）主动测量法

这是一种在加工过程中，采用专门的测量装置主动测量工件的尺寸并控制工件尺寸精度的方法。例如，在外圆磨床和珩磨机上采用主动测量装置，以控制加工的尺寸精度。

2. 获得几何形状精度的方法

获得几何形状精度的方法通常有下列三种。

（1）轨迹法

这种方法是依靠刀具与工件的相对运动轨迹来获得工件形状的。

（2）成形法

采用成形刀具加工工件的成形表面以得到所要求的形状精度的方法称为成形法。成形法加工可以简化机床结构，提高生产率。例如，用模数铣刀铣齿形，就是用成形刀具来获得所要求的齿形的。

（3）展成法

齿轮上的各种齿形加工，如滚齿、插齿等方法都属这种方法。

3. 获得表面间相互位置精度的方法

工件各加工表面相互位置精度，主要和机床、夹具及工件的定位精度有关，如车削端面与轴线的垂直度和中滑板的精度有关，钻孔与底面的垂直度和机床主轴与工作台的垂直度有关，一次安装同时加工几个表面的相互位置精度与工件的定位精度有关。因此，要获得各表面间的相互位置精度就必须保证机床、夹具及工件的定位精度。

五、工艺系统误差

机械加工中，由机床、夹具、刀具和工件组成的系统称为工艺系统。在完成工件加工的过程中，由于工艺系统各种原始误差的存在，如机床、夹具、刀具的制造及磨损误差，工件的装夹误差，测量误差，工艺系统的调整误差，以及加工过程中的各种力和热所引起的误差等，使工件与刀具之间正确的几何关系遭到破坏而产生加工误差。这些原始误差中的一部分与工艺系统的结构状况有关，一部分与切削过程的物理因素变化有关。按照这些误差的性质可以归纳为以下四个方面。

① 工艺系统的几何误差，包括原理误差、机床几何误差、刀具和夹具的制造误差、工件的装夹误差、调整误差及工艺系统磨损所引起的误差。

② 工艺系统受力变形引起的误差。

③ 工艺系统受热变形引起的误差。

④ 工件的残余应力引起的误差。

机械加工过程中，上述各种误差并不是在任何情况下都同时出现的，不同情况下其影响的程度也有所不同，必须根据具体情况进行分析。

提示

刀具误差、夹具和装夹误差、调整误差等也会对工艺系统产生影响。其中，定尺寸刀具影响被加工工件的尺寸精度，成形刀具影响被加工工件的形状精度。夹具的制造、安装、调整和工件的定位、夹紧均会影响工件的加工精度。

学习任务

【活动一】工艺分析

要求：分析毛坯。

由于毛坯采用铸造工艺，其外观和尺寸精度均不佳。因此，在加工之前需对毛坯的外观和尺寸进行全面检测。

冲压模座的毛坯加工步骤见表 3-2。

表 3-2　冲压模座的毛坯加工步骤

步骤	加工内容	图示
1	检测毛坯	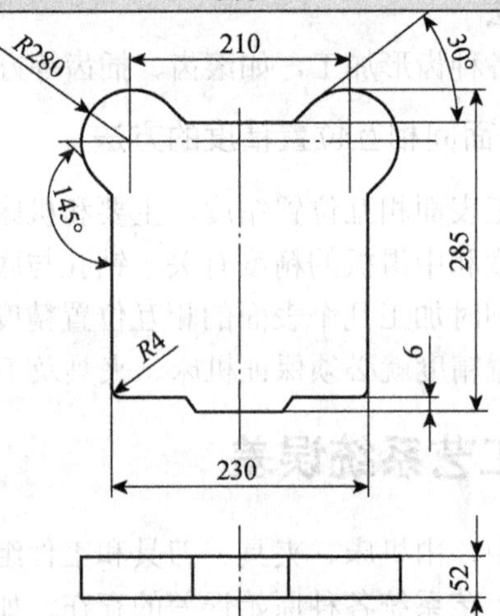

【活动二】检查毛坯

要求：正确选用量具检测毛坯是否合格。

检测外观时，直接检查两个大平面是否有较明显的铸造缺陷，如气孔、粘砂、夹砂、砂眼、缩松、缩孔和肉瘤等，浇注系统是否清除干净。

检测尺寸时，用钢直尺测量相关尺寸。如果发现形状有缺陷，需要考虑是否可以通过借材料或找正的方法，将毛坯加工为合格零件。

【活动三】选择粗基准

要求：正确选择粗基准。

提示

在加工的起始工序中，只能用毛坯上未经加工的表面作为定位基准，称为粗基准。选择粗基准时，主要考虑两个问题：一是合理地分配各加工面的加工余量；二是保证加工面与不加工面之间的相互位置关系。

对于具有较多加工表面的工件，选择粗基准时，应考虑合理地分配各表面的加工余量。对于工件上的某些重要表面（如下模座的上表面和上模座的下表面），为了尽可能使其加工余量均匀，应将其作为粗基准。在铸造毛坯时，下模座的上表面和上模座的下表面均置于模型的下方，浇注时最先冷却成形，形成的表面也最好。切削加工时，只有加工余量均匀，才能保证其良好的物理性能。如图 3-4 所示的床身加工粗基准的选择，导轨表面是重要表面，要求耐磨性好，且在整个导轨表面内具有大体一致的力学性能。因此，加工时应选导轨表面作为粗基准加工床腿底面，如图 3-4（a）所示；然后以床腿底面为基准加工导轨表面，如图 3-4（b）所示。

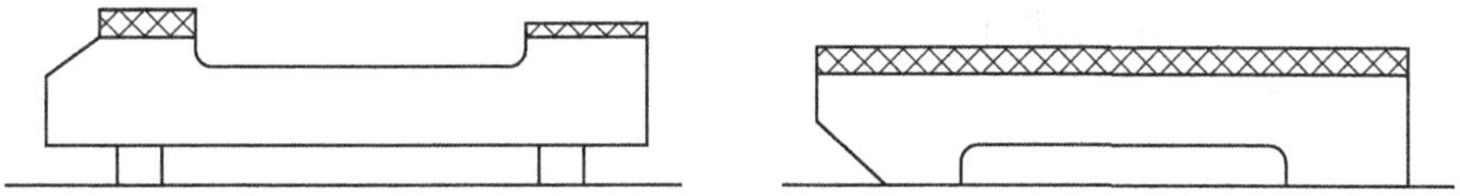

（a）加工床腿底面　　（b）加工导轨表面

图 3-4　床身加工粗基准的选择

本任务选择下模座的上表面和上模座的下表面作为粗基准，先加工对面，然后以对面为基准，分别加工下模座的上表面和上模座的下表面即可。

提示

对于具有较多加工表面的工件，选择粗基准时，应保证各主要加工表面都有足够的余量。为满足这个要求，应选择毛坯余量最小的表面作为粗基准。如图 3-5 所示的阶梯轴，应选择 ϕ55mm 外圆表面作为粗基准。

另外，粗基准还应避免重复使用且表面应没有缺陷。

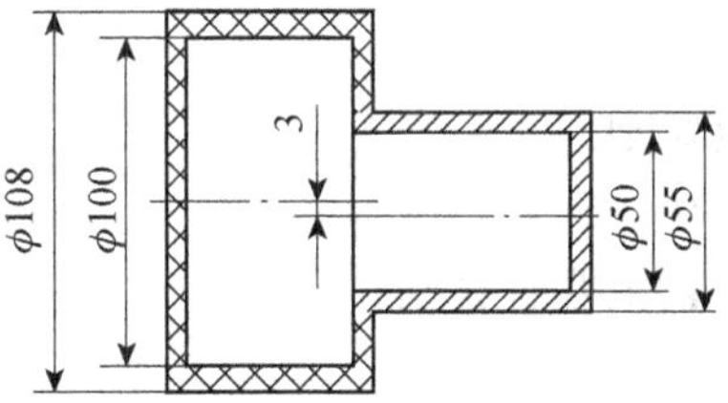

图 3-5　阶梯轴

任务实施

1. 选择设备和工具、量具

钢直尺。

2. 质量检查的内容和成绩评定标准

冲压模座的毛坯检测与评价表见表 3-3。

表 3-3 冲压模座的毛坯检测与评价表

序号	检测内容	配分	量具	检测结果	学生评分	教师评分
1	尺寸	20 分				
2	外观	15 分				
3	缺陷	15 分				
4	文明生产	违纪一项扣 10 分				
合计		50 分				

任务小结

工艺系统由机床、夹具、刀具和工件组成，其原始误差可以归纳为几何误差、受力变形引起的误差、受热变形引起的误差和残余应力引起的误差四个方面，它们在不同情况下对工艺系统产生不同的影响。

粗加工时，正确选择粗基准对后续加工的作用十分重要。选择粗基准时，一要合理地分配各加工面的加工余量，二要保证加工面与不加工面之间的相互位置关系。粗加工前，检测毛坯外观和尺寸精度，是获得合格零件的必要条件。

习题

1. 板类零件有哪些结构特点？
2. 简述灰铸铁的性能。
3. 简述确定粗基准的一般原则。
4. 获得形状精度的方法有哪些？
5. 引起工艺系统误差的因素主要有哪些？

任务二　冲压模座的粗加工

知识点

刨削的工艺；

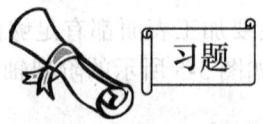

铣削的工艺；
铣刀及铣削用量；
板类零件的安装方法。

技能点

学会铣削较大平面。

任务导入

冲压模座的上、下平面是其主要表面，其中表面要求较高的平面为粗基准。常用的平面粗加工方法有刨削和铣削两种。实际加工中，根据平面的结构特点，选择相应的加工方法。一般情况下，窄长平面采用刨削，宽大平面采用铣削。

本任务需要完成如图 3-6 所示零件上、下平面的粗加工。

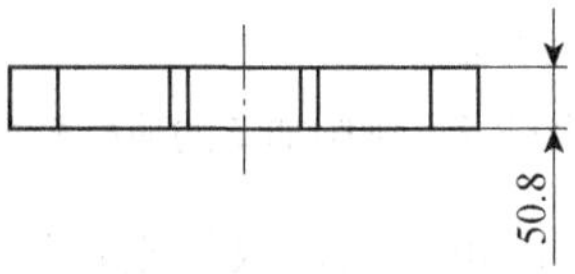

图 3-6 零件上、下表面

知识准备

一、刨削

刨削是单件小批量生产中最常采用的平面加工方法之一，加工精度一般可达 IT6～IT10 级，表面粗糙度值为 R_a12.5～1.6μm。刨削加工的机床、刀具结构简单，调整方便，通用性好。在龙门刨床上，利用几个刀架可在一次装夹中完成若干表面的加工，能比较经济地保证表面间的相互位置精度。但刨削的切削速度较低，存在空行程损失，常常为单刀单刃加工，故生产率较低。

刨削加工的典型表面如图 3-7 所示（图中的切削运动是按牛头刨床加工标注的）。刨床是用刨刀对工件的平面、沟槽或成形表面进行刨削的直线运动机床。使用刨床加工，刀具较简单，但生产率较低（加工长而窄的平面除外），因而主要用于单件小批生产及机修车间，在大批量生产中往往被铣床所代替。

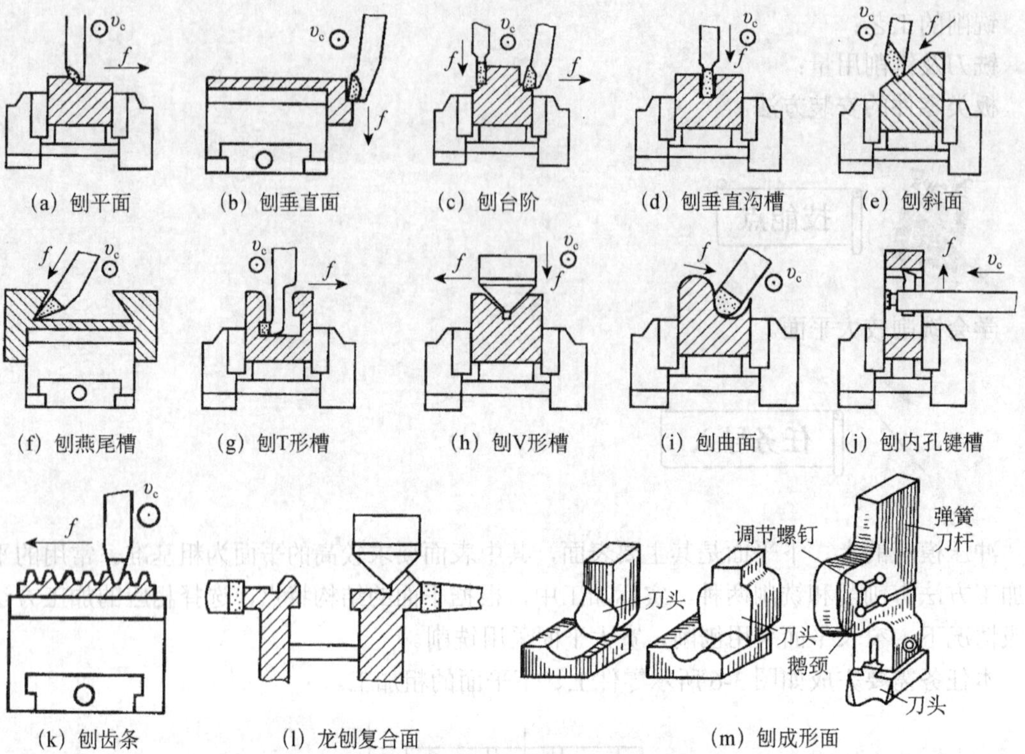

图 3-7　刨削加工的典型表面

刨刀的结构与车刀相似，其几何角度的选取原则也与车刀基本相同。但因刨削过程中有冲击，所以刨刀的前角比车刀小 5°～6°；而且刨刀的刃倾角也应取较大的负值，以使刨刀切入工件时产生的冲击力作用在离刀尖稍远的切削刃上。刨刀的刀杆截面比较粗大，以增强刀杆刚性和防止折断。刨刀刀杆形状如图 3-8 所示，刨刀刀杆有直杆和弯杆之分。直杆刨刀刨削时，如遇到加工余量不均或工件上的硬点，切削力突然增大将增加刨刀的弯曲变形，造成切削刃扎入已加工表面，这会降低已加工表面的精度和表面质量，也容易损坏切削刃。若采用弯杆刨刀，当切削力突然增大时，刀杆产生的弯曲变形会使刀尖离开工件，避免其扎入工件。

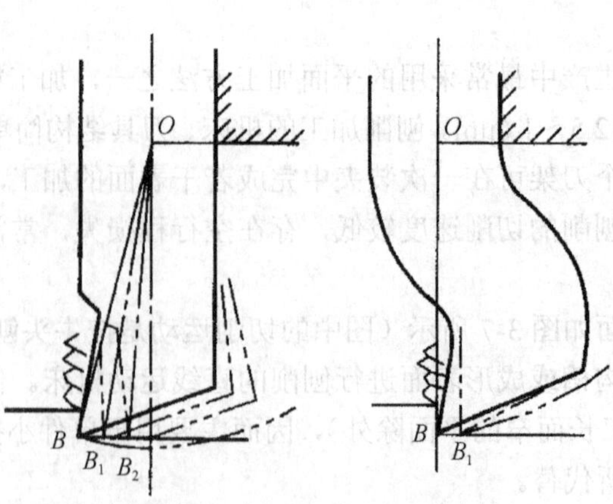

图 3-8　刨刀刀杆形状

刨削加工的特点如下。

① 刨床结构简单，调整、操作方便；刨刀制造、刃磨、安装容易，加工费用低。

② 刨削加工切削速度低，加之空行程所造成的损失，生产率一般较低。但在加工窄长面和进行多件或多刀加工时，刨削的生产率并不比铣削低。

③ 刨削特别适宜加工尺寸较大的 T 形槽、燕尾槽及窄长平面。

二、铣削

铣削是最常采用的平面加工方法之一，加工精度一般可达 IT6～IT10 级，表面粗糙度值为 R_a12.5～0.8μm。当加工尺寸较大的平面时，在多轴龙门铣床上采用多刀铣削，既可保证平面之间的相互位置精度，也可获得较高的生产率。

铣床是用铣刀进行切削加工的机床，它的用途极为广泛。在铣床上采用不同类型的铣刀，配备万能分度头、回转工作台等附件，如图 3-9 所示为铣削加工的典型表面。

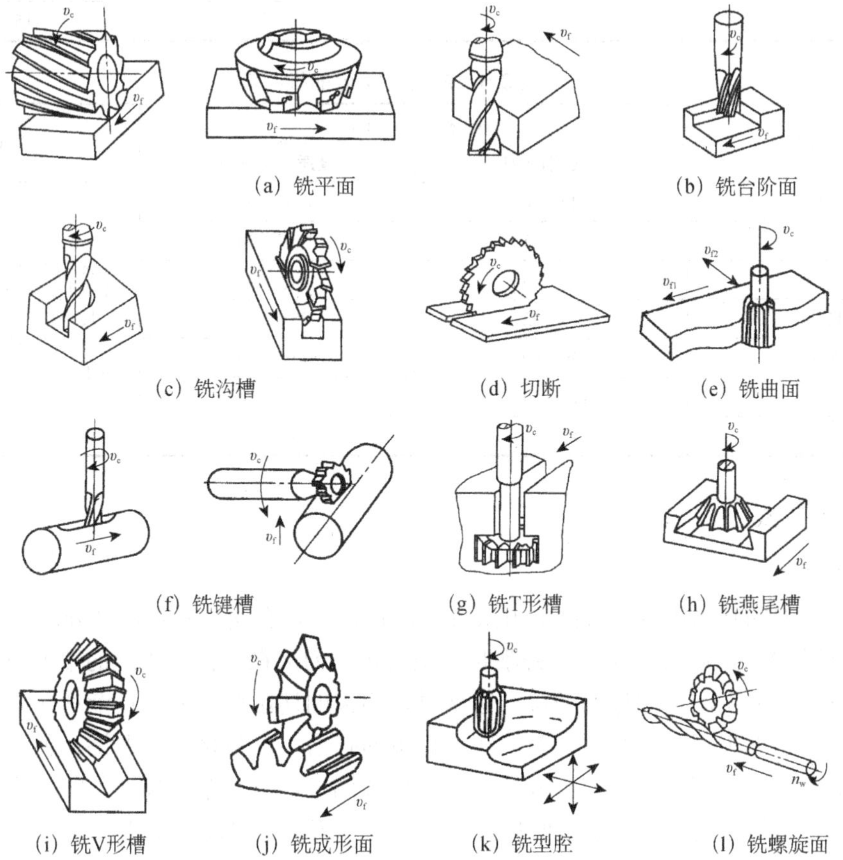

图 3-9　铣削加工的典型表面

铣床工作时的主运动是主轴部件带动铣刀的旋转运动，进给运动是通过工作台在三个互相垂直方向的直线运动实现的。由于铣床上使用的是多齿刀具，切削过程中存在冲击和振动，这就要求铣床在结构上应具有较高的静刚度和动刚度。

1．铣削用量

铣削用量应根据工件材料、加工精度、铣刀耐用度及机床刚度等因素进行选择。首先选定铣削深度（背吃刀量 a_p），其次确定每齿进给量 f_z，最后确定铣削速度 v_c。表 3-4 和表 3-5 列出了铣削用量推荐值。

表 3-4　粗铣每齿进给量 f_z 的推荐值

刀具		材料	推荐每齿进给量/mm
高速钢	圆柱铣刀	钢	0.1～0.15
		铸铁	0.12～0.20
	面铣刀	钢	0.04～0.06
		铸铁	0.15～0.20
	三面刃铣刀	钢	0.04～0.06
		铸铁	0.15～0.25
硬质合金铣刀		钢	0.1～0.20
		铸铁	0.15～0.30

表 3-5　铣削速度 v_c 的推荐值

工件材料	铣削速度/（m/min）		说明
	高速钢铣刀	硬质合金铣刀	
20	20～40	150～190	粗铣时取小值，精铣时取大值； 工件材料强度和硬度高取小值，反之取大值； 刀具材料耐热性好取大值，反之取小值
45	20～35	120～150	
40Cr	15～25	60～90	
HT150	14～22	70～100	
黄铜	30～60	120～200	
铝合金	112～300	400～600	
不锈钢	16～25	50～100	

2．铣削方式

（1）周铣

用圆柱铣刀的圆周齿进行铣削的方式称为周铣，周铣有逆铣和顺铣之分。

① 逆铣如图 3-10（a）所示。铣削时，铣刀每个刀齿在工件切入处的速度方向与工件进给方向相反，这种铣削方式称为逆铣。逆铣时，刀齿的切削厚度从零逐渐增大至最大值。开始切入时，由于刀齿刃口有圆弧，刀齿在工件表面打滑，产生挤压与摩擦，使这段表面产生冷硬层，滑行至一定程度后，刀齿方能切下一层金属层。下一个刀齿切入时，又在冷硬层上挤压、滑行，这样不仅加速了刀具磨损，而且使工件表面粗糙度值增大。

铣床工作台纵向进给运动是用丝杠螺母副来实现的，螺母固定，丝杠带动工作台移动。由图 3-10（a）可见，逆铣时，铣削力 F 的纵向分力 F_x 与驱动工作台移动的纵向力方向相反，使得工作台丝杠螺纹的左侧与螺母齿槽左侧始终保持良好接触，工作台不会发生窜动现象，铣削过程平稳。但在刀齿切离工件的瞬时，铣削力 F 的垂直分力 F_z 是向上的，对工件夹紧不利，易引起振动。

② 顺铣如图 3-10（b）所示。铣削时，铣刀每个刀齿在工件切出处的速度方向与工件进给方向相同，这种切削方式称为顺铣。顺铣时，刀齿的切削厚度从最大逐步递减至零，没有逆铣时的滑行现象，已加工表面的加工硬化程度大为减轻，表面质量较高，铣刀的耐用度比逆铣高。同时铣削力 F 的垂直分力 F_z 始终压向工作台，避免了工件的振动。

顺铣时，切削力 F 的纵向分力 F_x 始终与驱动工作台移动的纵向力方向相同。如果丝杠螺母副存在轴向间隙，当纵向切削力 F_x 大于工作台与导轨之间的摩擦力时，会使工作台带动丝杠出现左右窜动，造成工作台进给不均匀，严重时会出现打刀现象。粗铣时，如果采用顺铣方式加工，则铣床工作台进给丝杠螺母副必须有消除轴向间隙的机构，否则宜采用逆铣方式加工。

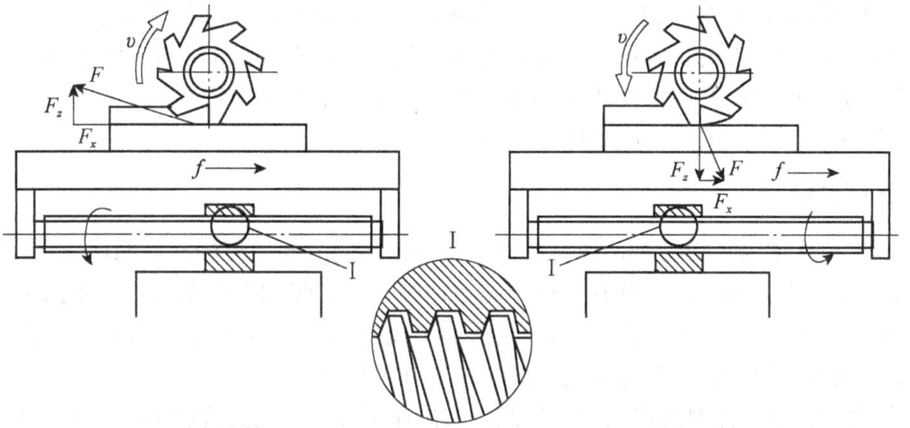

(a) 逆铣　　(b) 顺铣

图 3-10　周铣方式

（2）端铣

用端铣刀的端面齿进行铣削的方式称为端铣。端铣方式如图 3-11 所示，铣削加工时，根据铣刀与工件相对位置的不同，端铣分为对称铣和不对称铣两种，不对称铣又分为不对称逆铣和不对称顺铣。

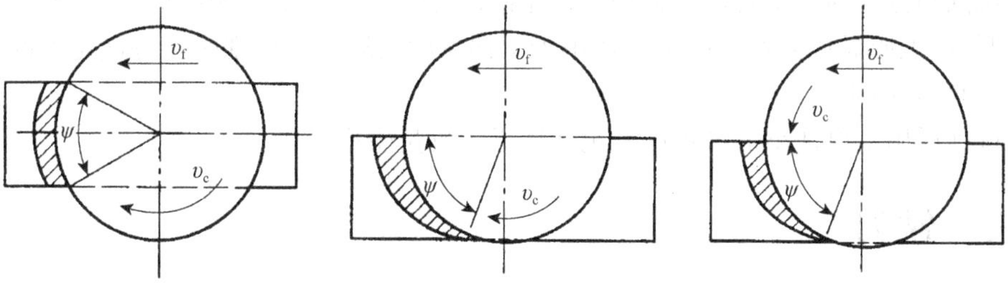

(a) 对称铣　　(b) 不对称逆铣　　(c) 不对称顺铣

图 3-11　端铣方式

① 对称铣。对称铣如图 3-11（a）所示。铣刀轴线位于铣削弧长的对称中心位置，铣刀每个刀齿切入和切离工件时切削厚度相等，称为对称铣。对称铣具有最大的平均切削厚度，可避免铣刀切入时对工件表面的挤压、滑行，铣刀耐用度高。对称铣适用于工件宽度接近面铣刀的直径，且铣刀刀齿较多的情况。

② 不对称逆铣。不对称逆铣如图 3-11（b）所示。铣刀轴线偏离铣削弧长的对称中心位置，且逆铣部分大于顺铣部分的铣削方式，称为不对称逆铣。不对称逆铣切削平稳，切入时切削厚度小，减小了冲击，从而使刀具耐用度和加工表面质量得到提高。其适用于加工碳钢、低合金钢及较窄的工件。

③ 不对称顺铣。不对称顺铣如图 3-11（c）所示，其特征与不对称逆铣正好相反。这种切削方式一般很少采用，但用于铣削不锈钢和耐热合金钢时，可减少硬质合金刀具剥落磨损。

提示

端铣具有铣削较平稳，加工质量及刀具耐用度均较高的特点，且端铣用的面铣刀易镶硬质合金刀齿，可采用大的切削用量，实现高速切削，生产率高。但端铣适应性差，主要用于平面铣削。周铣的铣削性能虽然不如端铣，但周铣能用多种铣刀铣平面、沟槽、齿形和成形表面等，适应范围广，因此生产中应用较多。

3. 铣削的特点

① 铣刀是典型的多刃刀具，加工过程中多个刀齿同时参加切削，总的切削宽度较大；铣削时的主运动是铣刀的旋转，有利于进行高速切削，故铣削的生产率高于刨削加工。

② 铣削加工范围广，可以加工刨削无法加工或难以加工的表面。例如，可铣削周围封闭的凹平面、圆弧形沟槽、具有分度要求的小平面和沟槽等。

③ 铣削过程中，各刀齿依次参加切削，刀齿在离开工件的一段时间内，可以得到一定的冷却。因此，刀齿散热条件好，有利于减少铣刀的磨损，从而延长铣刀的使用寿命。

④ 由于是断续切削，刀齿在切入和切出工件时会产生冲击，而且每个刀齿的切削厚度也时刻在变化，这会引起切削面积和切削力的变化。因此，铣削过程不平稳，容易产生振动。

⑤ 铣床、铣刀比刨床、刨刀结构复杂，铣刀的制造与刃磨比刨刀困难，所以铣削成本比刨削高。

⑥ 铣削与刨削的加工质量大致相当，经粗、精加工后都可达到中等精度。但在加工大平面时，刨削后无明显接刀痕，而用直径小于工件宽度的端铣刀铣削时，各次走刀间有明显的接刀痕，影响表面质量。

⑦ 铣削适用于单件小批量生产，也适用于大批量生产。

三、铣刀

铣刀适用于铣削加工，是具有一个或多个刀齿的旋转刀具。工作时各刀齿依次间歇地切去工件的余量。铣刀主要用于在铣床上加工平面、台阶、沟槽、成形表面和切断工件等。

1. 铣刀的结构

① 整体式铣刀如图 3-12 所示，其刀体和刀齿制成一体。

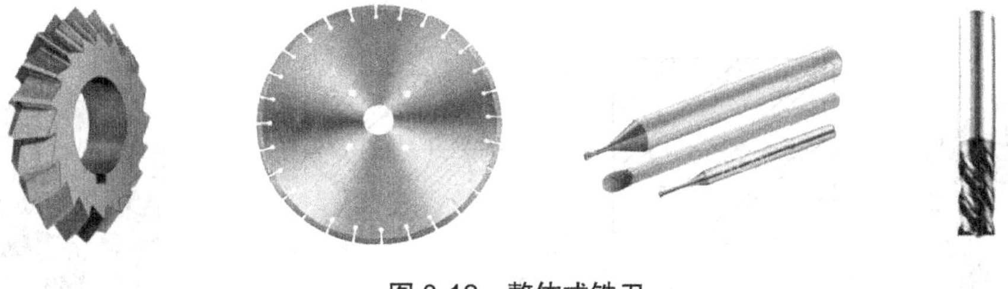

图 3-12　整体式铣刀

② 整体焊齿式铣刀如图 3-13 所示，其刀齿用硬质合金或其他耐磨刀具材料制成，并钎焊在刀体上。

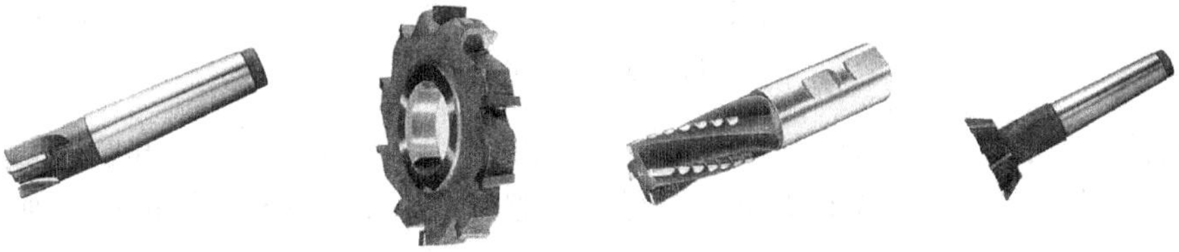

图 3-13　整体焊齿式铣刀

③ 镶齿式铣刀如图 3-14 所示，其刀齿用机械夹固的方法紧固在刀体上。这种可换的刀齿可以是整体刀具材料的刀头，也可以是焊接刀具材料的刀头。刀头装在刀体上刃磨的铣刀称为体内刃磨式，刀头在夹具上单独刃磨的称为体外刃磨式。

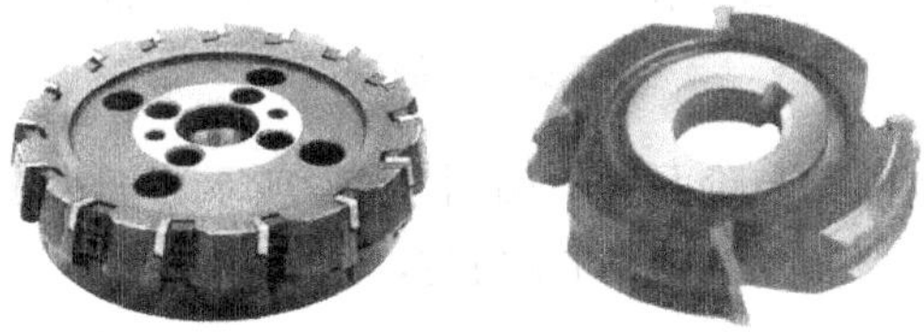

图 3-14　镶齿式铣刀

④ 可转位式铣刀如图 3-15 所示，这种结构已广泛用于立铣刀、面铣刀和三面刃铣刀等。

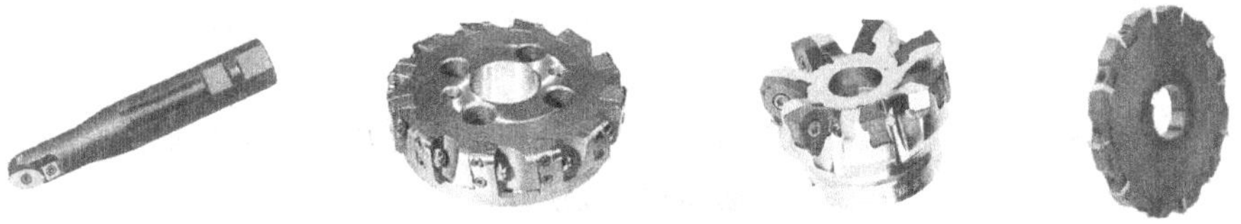

(a) 立铣刀　　(b) 面铣刀　　(c) 三面刃铣刀

图 3-15　可转位式铣刀

2. 铣刀的种类

① 圆柱形铣刀用于在卧式铣床上加工平面。刀齿分布在铣刀的圆周上，按齿形分为直齿和螺旋齿两种，圆柱形铣刀如图 3-16 所示。按齿数分为粗齿和细齿两种。螺旋齿粗齿铣刀齿数少，刀齿强度高，容屑空间大，适用于粗加工；细齿铣刀适用于精加工。

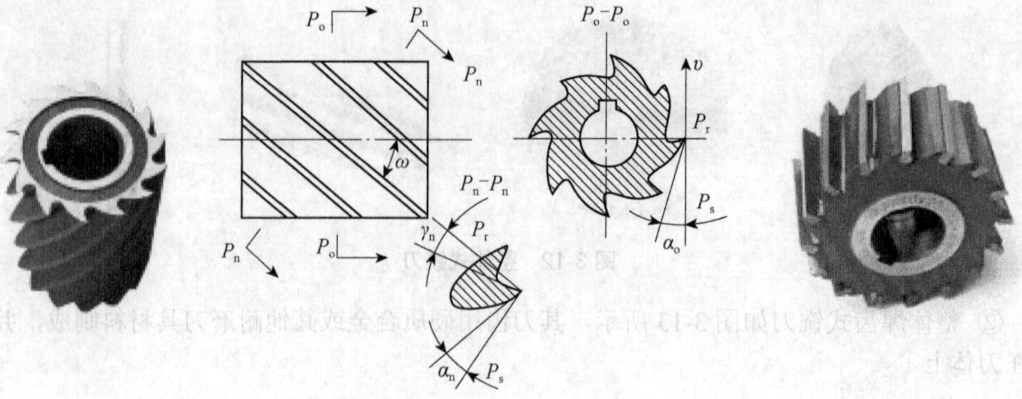

（a）螺旋齿　　（b）直齿

图 3-16　圆柱形铣刀

② 面铣刀用于在立式铣床、端面铣床或龙门铣床上加工平面，端面和圆周上均有刀齿，也有粗齿和细齿之分，如图 3-17 所示。其结构有整体式、镶齿式和可转位式三种。

（a）粗齿　　（b）细齿

图 3-17　面铣刀

③ 立铣刀用于加工沟槽和台阶面等，如图 3-18 所示。刀齿在圆周和端面上，工作时不能沿轴向进给。当立铣刀上有通过中心的端齿时，可轴向进给。

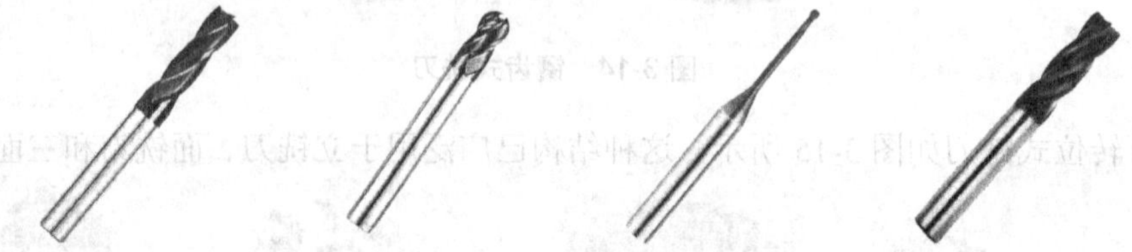

（a）三刃平铣刀　　（b）三刃球头铣刀　　（c）长颈球头铣刀　　（d）四刃R角铣刀

图 3-18　立铣刀

④ 三面刃铣刀用于加工各种沟槽和台阶面，其两侧面和圆周上均有刀齿，如图 3-19 所示。

（a）直齿　　（b）错齿

图 3-19　三面刃铣刀

⑤ 角度铣刀用于铣削呈一定角度的沟槽，有单角铣刀和双角铣刀两种，如图 3-20 所示。

（a）单角铣刀　　（b）双角铣刀

图 3-20　角度铣刀

⑥ 锯片铣刀用于加工深槽和切断工件，其圆周上有较多的刀齿，如图 3-21 所示。为了减少铣切时的摩擦，刀齿两侧有 15′～1° 的副偏角。

图 3-21　锯片铣刀

此外，还有键槽铣刀、燕尾槽铣刀、T 形槽铣刀和各种成形铣刀等，其他铣刀如图 3-22 所示。

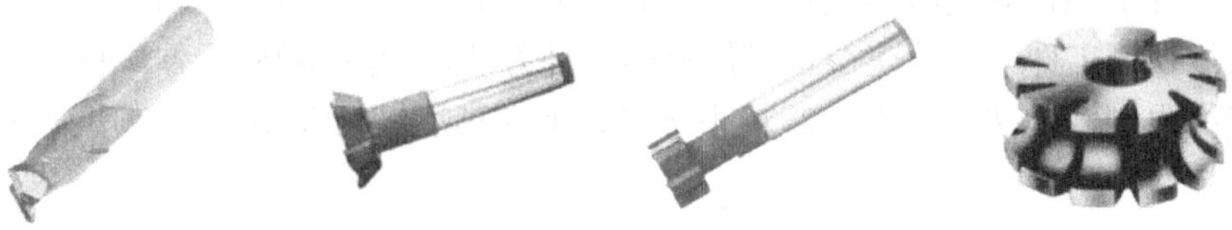

（a）键槽铣刀　　（b）燕尾槽铣刀　　（c）T形槽铣刀　　（d）成形铣刀

图 3-22　其他铣刀

3. 刀柄

刀柄是连接主轴与立铣刀或其他刀具与附件的工具，目前主要标准有 BT、DAT、CAT、NT、BBT、HSK 等。我国以 BT 刀柄为主，BT 刀柄如图 3-23 所示。

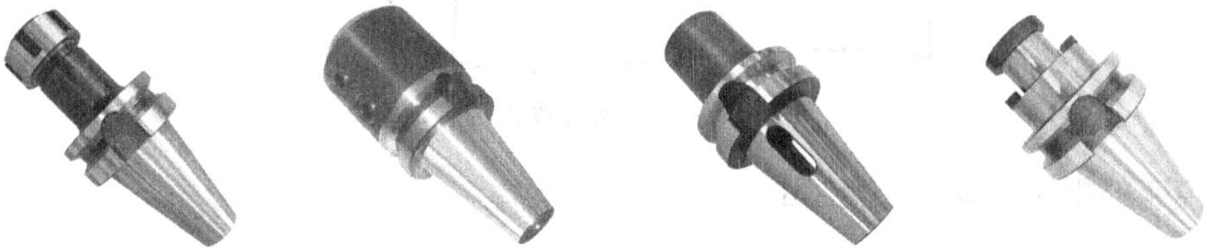

（a）ER弹性刀柄　　（b）侧固式刀柄　　（c）扁尾莫氏锥拔刀柄　　（d）平面铣刀柄

图 3-23　BT 刀柄

4. 弹性夹头

弹性夹头又称弹性筒夹，是一种装在铣床上的铣夹头，其功能是夹紧铣刀。目前用得最多的是 ER 弹性夹头，弹性夹头如图 3-24 所示。

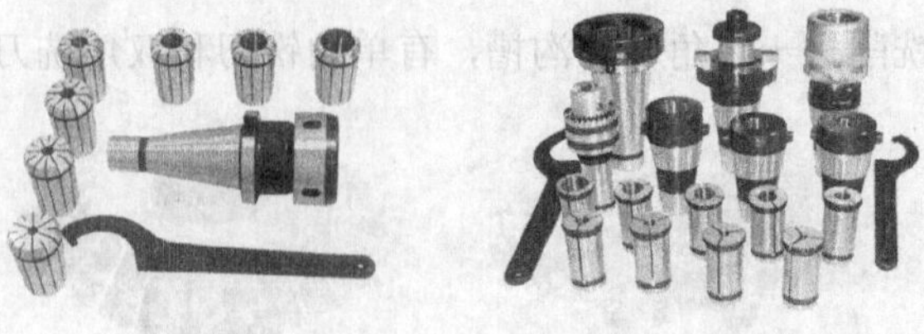

（a）铣夹头　　（b）快换铣夹头

图 3-24　弹性夹头

提示

本任务加工表面较大，为提高效率，采用面铣刀在立式铣床上加工。面铣刀的直径应与机床功率相符，大直径面铣刀对机床的功率要求高，选用不当会对设备造成损伤。

学习任务

【活动一】工艺分析

要求：分析基准的加工工艺。

由于是铸件毛坯，安装时需采用画线找正。画线找正法是在机床上用划针按毛坯或半成品上所划的线找正工件，使其获得正确位置的一种方法，如图 3-25 所示。由于受到画线精度及找正精度的限制，此法多用于生产较小批量、毛坯精度较低及不便于使用夹具的大型零件等的粗加工中。

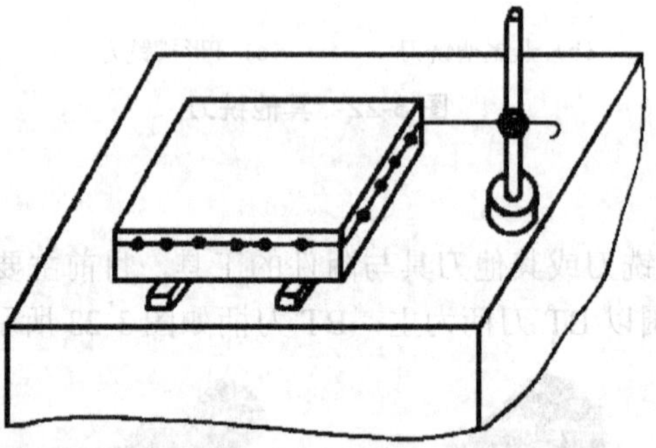

图 3-25　画线找正法

冲压模座的粗加工步骤见表 3-6。

表 3-6　冲压模座的粗加工步骤

步骤	加工内容	图示
1	铣上、下平面，保证尺寸 50.8 和 $R_a6.3$	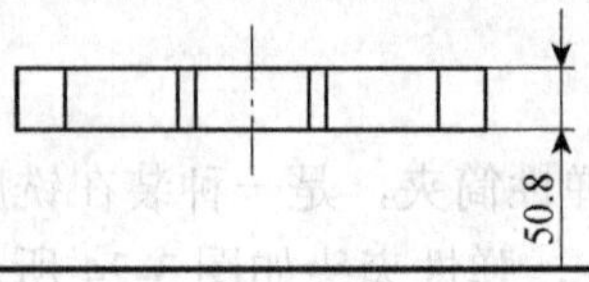

【活动二】安装工件

要求：正确安装工件。

铣削加工常用的夹具大致有万向平口钳、组合压板、机用虎钳、精密平口钳等，常用铣削夹具如图 3-26 所示。

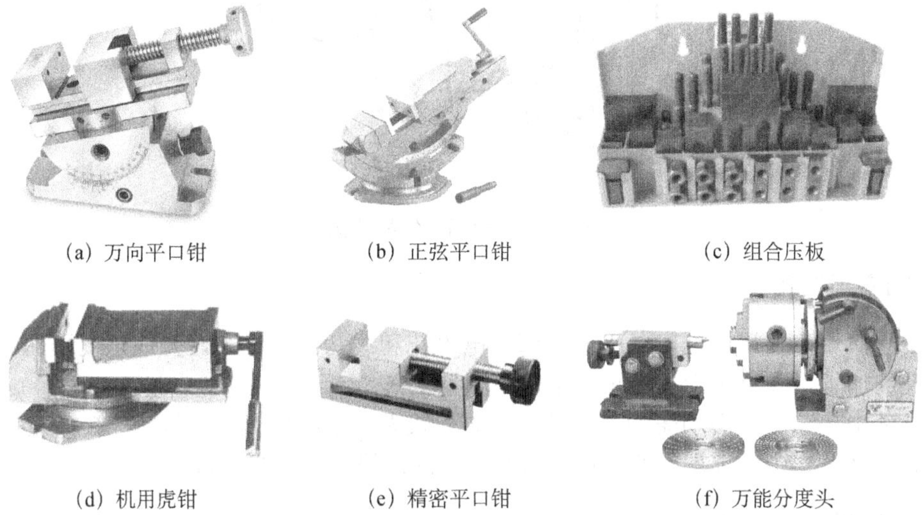

(a) 万向平口钳　(b) 正弦平口钳　(c) 组合压板

(d) 机用虎钳　(e) 精密平口钳　(f) 万能分度头

图 3-26　常用铣削夹具

1. 万向平口钳

万向平口钳可用于在精密磨床、铣床机床上等进行平面、斜面及倾斜一定角度的斜孔加工。

2. 组合压板

组合压板的应用范围广泛，主要用于锁紧普通铣床加工、CNC 加工及各类金属加工中的零件，其夹紧力大，结构简单，使用方便，安全性好，多作为各类机床的附件配套使用。随着时代的变迁，工厂也开始制作专用夹具来提高生产效率，但还没有产品可取代这种组合锁紧配件。

以 58 件一套的组合压板为例，每套包含 6 个 T 形槽螺母、6 个法兰螺母、4 个连接螺母、6 块阶梯压规、12 块三角垫铁和 24 根双端螺栓（长度分别为 3、4、5、6、7、8 寸的各 4 根）。

3. 机用虎钳

机用虎钳是利用螺杆或其他机构使两钳口做相对移动而夹持工件的工具。一般由底座、钳身、固定钳口和活动钳口，以及使活动钳口移动的传动机构组成，机用虎钳的结构如图 3-27 所示。

机用虎钳也是一种机床附件，又称平口钳，一般安装在铣床、钻床、牛头刨床和平面磨床等机床的工作台上使用。机用虎钳钳口宽而低，夹紧力大，精度要求高。

机用虎钳有多种类型，按精度可分为普通型和精密型。精密型用于平面磨床、镗床等精加工机床。机用虎钳按结构还可分为带底座的回转式、不带底座的固定式和可倾斜式等。机用虎钳的活动钳口也有采用气动、液压或偏心凸轮来驱动快速夹紧的。

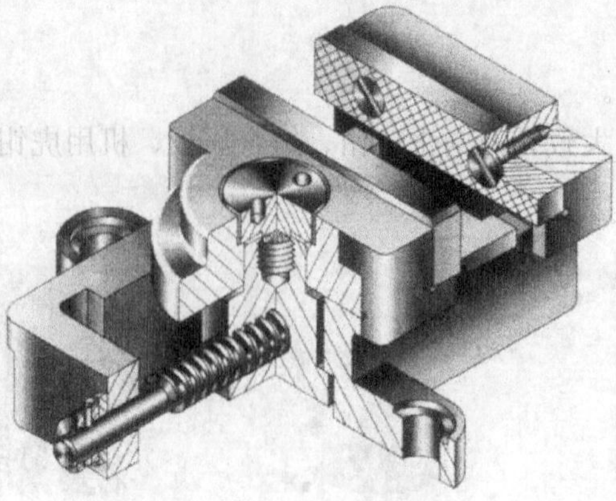

图 3-27　机用虎钳的结构

4. 精密平口钳

精密平口钳主要用于铣床、平面磨床、电火花和线切割等机床，完成角度平面、沟槽及平面斜孔的加工，并可用于各种角度零件的测量工作。

本任务中上、下平面均需加工，且加工面积较大，不能用组合压板装夹，故选用机用虎钳装夹。装夹过程中，选重要的面作为粗基准，注意检查其水平情况。

【活动三】铣削平面

要求：使用正确的方法在铣床上铣削平面。

端铣同时参加切削的刀齿较多，切削较平稳，铣刀盘端面上一般装有修光齿，加工精度较高，表面粗糙度值较小，且铣刀刀杆刚性好。因此，本任务采用端铣加工，如图 3-28 所示。选用硬质合金刀片，可进行高速强力切削，以便获得较高的生产率。

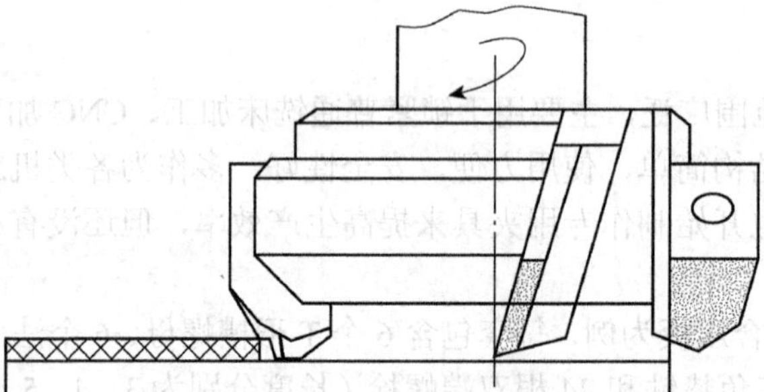

图 3-28　端铣加工

任务实施

1. 选择设备和工具、量具

铣床、游标卡尺和面铣刀。

2. 质量检查的内容和成绩评定标准

冲压模座粗加工检测与评价表见表 3-7。

表 3-7　冲压模座粗加工检测与评价表

序号	检测内容	配分	量具	检测结果	学生评分	教师评分
1	50.8	10 分				
2	R_a6.3	10 分				
3	文明生产	违纪一项扣 10 分				
合　计		20 分				

任务小结

板类零件上平面的粗加工常用刨削和铣削，铣削的效率比刨削稍高。铣削分为端铣和周铣，端铣的精度高于周铣。周铣时，逆铣用于粗铣，顺铣用于精铣。端铣时，面铣刀的直径要与设备的功率相符。

加工时正确装夹工件，保证大平面水平是保证后续工序加工质量的重要条件。

习题

1. 工件的安装方法有哪些？
2. 简述刨削和铣削加工的特点。
3. 铣削的方式有哪些？
4. 顺铣和逆铣的作用有何不同？

任务三　冲压模座的精加工

知识点

平面磨削及其工艺；
刮研；
机床的几何误差对加工精度的影响。

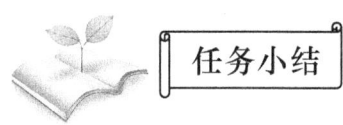

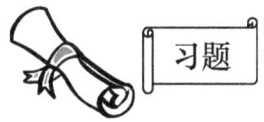

技能点

学会平面磨削与刮研。

任务导入

较大平面的精加工，要求其背吃刀量均匀一致，故对装夹要求比较高。机床的精度对大平面的形状和位置精度影响也很大，在加工时需要注意。

本任务需要完成图 3-29 所示零件的加工。

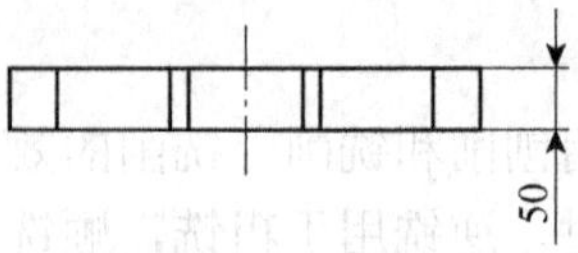

图 3-29　零件

知识准备

一、平面磨削

平面磨削和其他磨削方法一样，具有切削速度高、进给量小、尺寸精度易于控制及能获得较小的表面粗糙度值等特点，加工精度一般可达 IT5～IT9 级，表面粗糙度值为 R_a1.6～0.2μm。平面磨削多用于零件的半精加工和精加工。由于平面磨削的工艺系统刚度较大，可采用强力磨削，不仅能对高硬度材料及淬火表面等进行精加工，而且能对带硬皮、余量较均匀的毛坯平面进行粗加工。同时，平面磨削可在电磁工作台上同时安装多个零件，进行连续加工。因此，在精加工中小型零件，尤其是要求保持一定尺寸和相互位置精度的表面时，不仅加工质量高，而且可获得较高的生产率。

平面磨削需采用平面磨床进行加工，其工作台有矩形工作台（矩台）和圆形工作台（圆台）两种。矩台平面磨床的主参数为工作台宽度及长度，圆台平面磨床的主参数为工作台面直径。圆台平面磨床如图 3-30 所示，矩台平面磨床如图 3-31 所示。

平面磨床根据轴的形式可分为卧轴磨床及立轴磨床。因此，普通平面磨床可分为四种类型：卧轴矩台式平面磨床，如图 3-32（a）所示；卧轴圆台式平面磨床，如图 3-32（b）所示；立轴圆台式平面磨床，如图 3-32（c）所示；立轴矩台式平面磨床，如图 3-32（d）所示。

图 3-30　圆台平面磨床

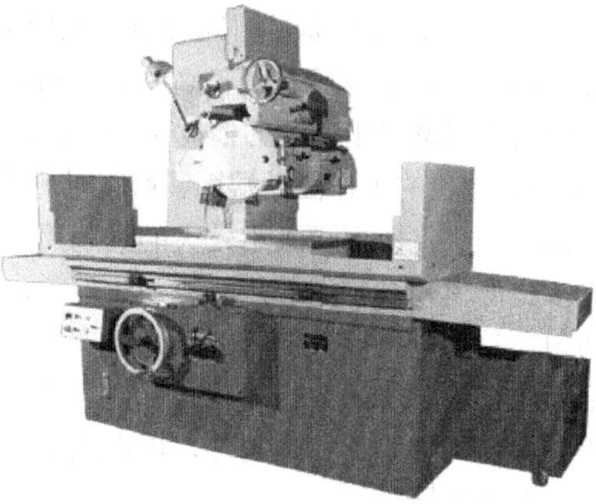

图 3-31　矩台平面磨床

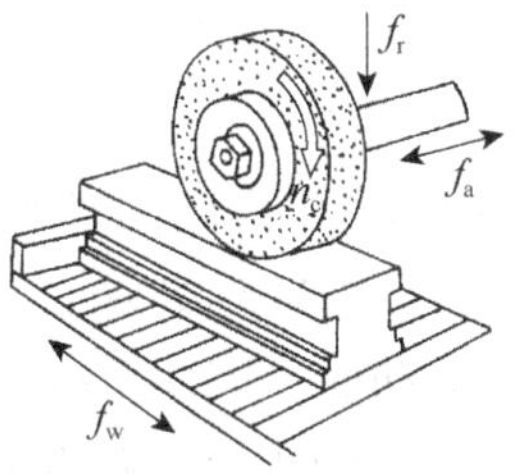

(a) 卧轴矩台式平面磨床

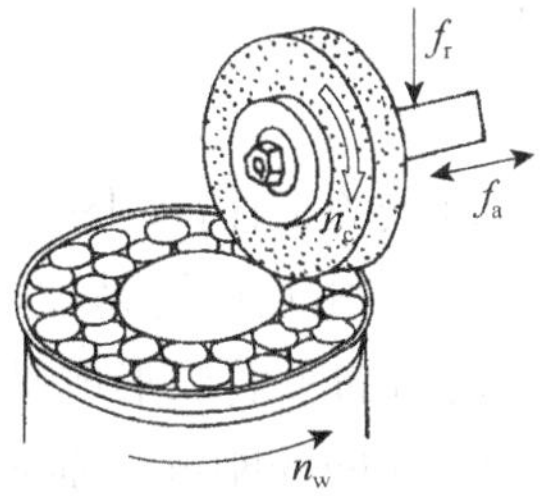

(b) 卧轴圆台式平面磨床

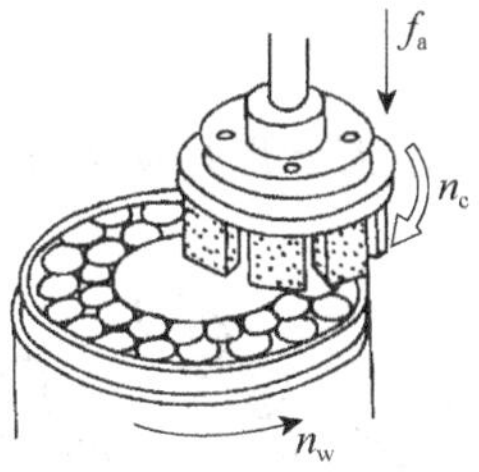

(c) 立轴圆台式平面磨床

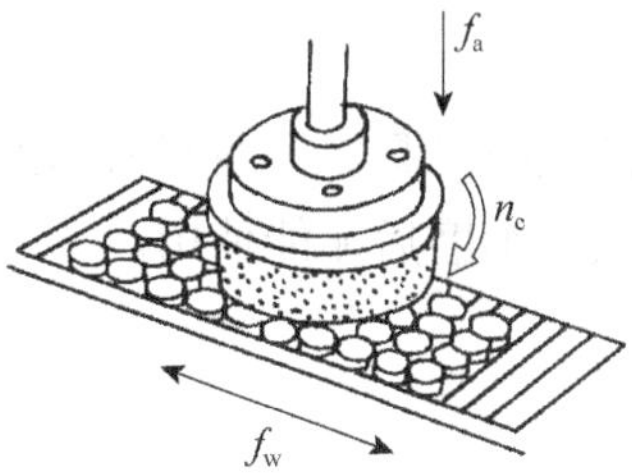

(d) 立轴矩台式平面磨床

图 3-32　平面磨床的种类

上述四种平面磨床中，常用的是卧轴矩台式平面磨床和立轴圆台式平面磨床。

平面磨削的方法有周磨和端磨两种，如图 3-33 所示。

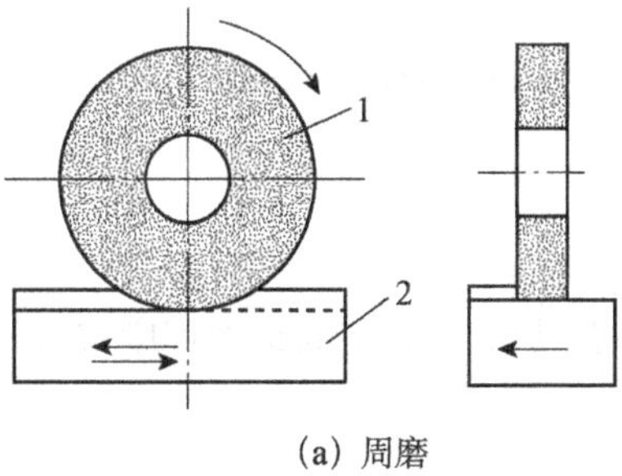

(a) 周磨

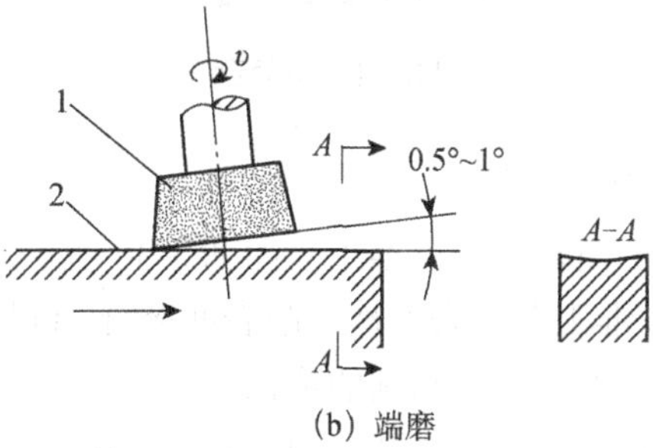

(b) 端磨

1—砂轮；2—工件

图 3-33　平面磨削的方法

① 周磨。砂轮的工作面是圆周表面。磨削时砂轮与工件的接触面积小，发热小，散热快，排屑与冷却条件好，因此可获得较高的加工精度和表面质量，通常适用于加工精度要求较高的零件。但由于周磨采用间断的横向进给，因而生产率较低。

② 端磨。砂轮的工作面是端面。磨削时磨头轴伸出长度小，刚性好，磨头又主要承受轴向力，弯曲变形小，因而可采用较大的磨削用量。砂轮与工件接触面积大，同时参加磨削的磨粒多，故生产率较高。但散热和冷却条件差，且砂轮端面沿径向各点圆周速度不等而产生磨损不均匀，故磨削精度较低。一般适用于大批生产中精度要求不太高的零件表面加工，或直接对毛坯进行粗磨。为减小砂轮与工件的接触面积，将砂轮端面修成内锥形，或使磨头倾斜一微小的角度，可改善散热条件，提高加工效率，虽然磨出的平面中间略呈凹形，但由于倾角很小，下凹量极微。

二、刮研

平面刮研用于未淬火的工件，如图 3-34 所示。它可使两个平面之间接触良好及紧密吻合，能获得较高的形状精度和相互位置精度，加工精度一般可达 IT5 级以上，表面粗糙度值为 R_a1.6～0.1μm。且刮研后的平面能形成具有润滑油膜的滑动面，因此可减少相对运动表面间的磨损，提高零件接合面间的刚度。刮研表面质量是由单位面积上接触点的数目评定的，粗刮为 1～2 点/cm^2，半精刮为 2～3 点/cm^2，精刮可达 3～4 点/cm^2。

1. 刮刀

刮刀是刮研的主要工具，平面刮刀如图 3-35 所示。刮刀一般用碳素工具钢锻成，刀头部分经过粗磨－淬火－细磨后才能使用。

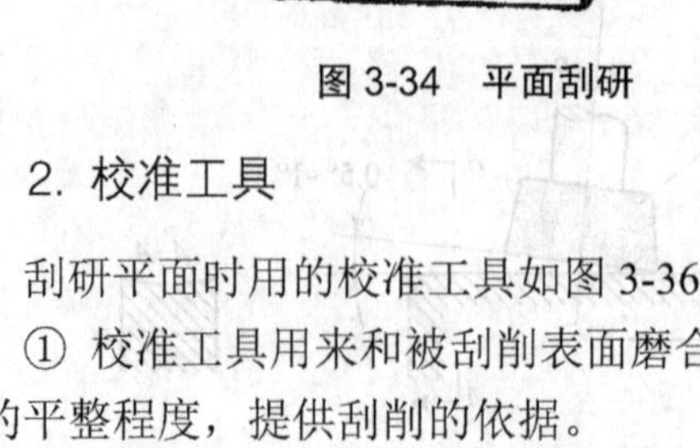

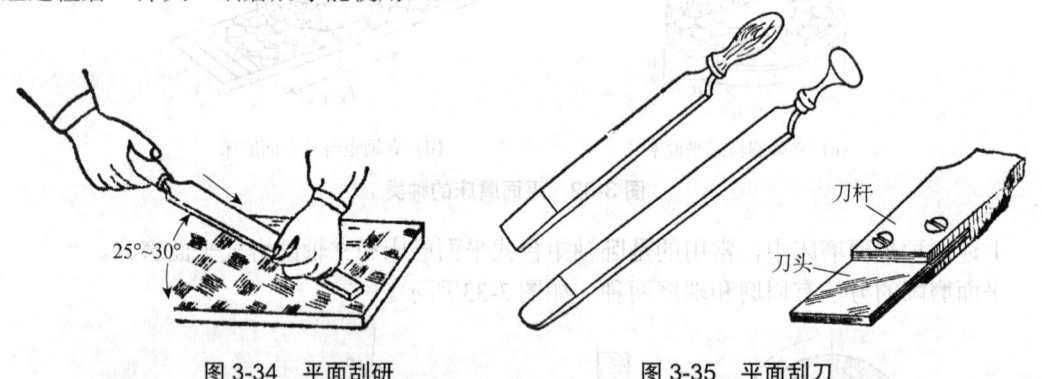

图 3-34　平面刮研

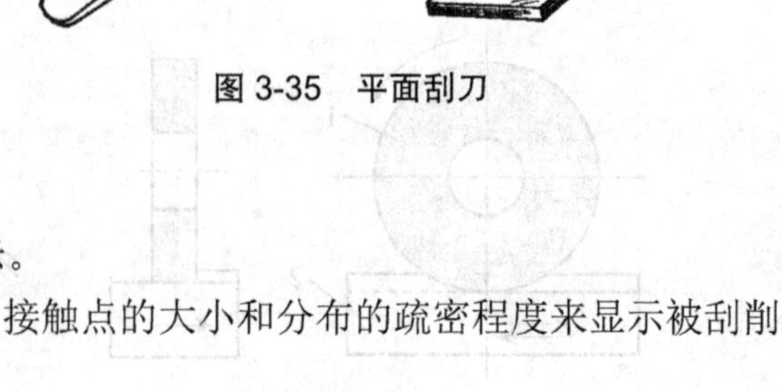

图 3-35　平面刮刀

2. 校准工具

刮研平面时用的校准工具如图 3-36 所示。

① 校准工具用来和被刮削表面磨合，以接触点的大小和分布的疏密程度来显示被刮削表面的平整程度，提供刮削的依据。

② 校准工具用来检验被刮削表面的精度。

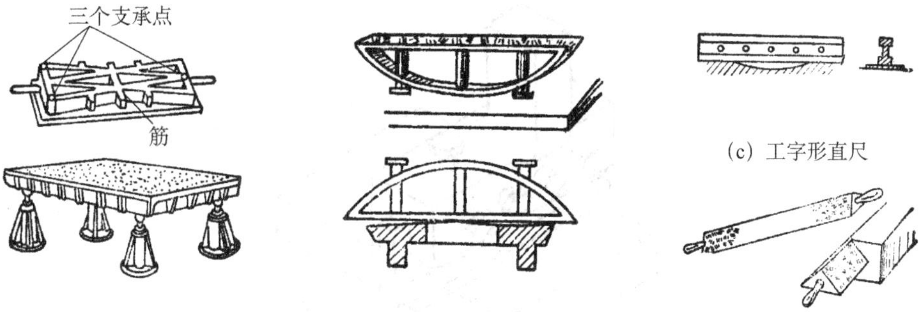

(a) 校准平板　(b) 桥式直尺　(c) 工字形直尺　(d) 角度直尺

图 3-36　刮研平面时用的校准工具

3. 显示剂

显示剂是为了显示校准工具表面与被刮削表面间的贴合程度而涂抹的一种辅助材料。目前常用的显示剂有以下两种。

① 红丹粉多用于铸铁件和钢件的刮削。

② 蓝油多用于铜、铝件的刮削。

用显点法刮研后，应根据显点的形状和面积来确定下一步的刮削操作，显点方法如图 3-37 所示。

图 3-37　显点方法

提示

刮研加工劳动强度大，生产率低；但刮研不需要复杂设备，生产准备时间短，且刮研力小，发热小，变形小，加工精度和表面质量高。此法一般用于单件小批生产及维修工作中。

三、精刨

目前，采用精刨代替刮研的做法较为普通，能收到良好的效果。采用宽刃精刨时，切削速度较低（2～12m/min），加工余量较小（预刨余量 0.08～0.12mm，终刨余量 0.03～0.05mm），工件发热变形小，可获得较小的表面粗糙度值（R_a1.6～0.8μm）和较高的加工精度（直线度为 0.02mm/1000mm），且生产率较高。图 3-38 为宽刃精刨刀，前角为−15°～−10°，有挤光作用；后角为 5°，可加强后面支承，防止振动；刃倾角为 3°～5°。

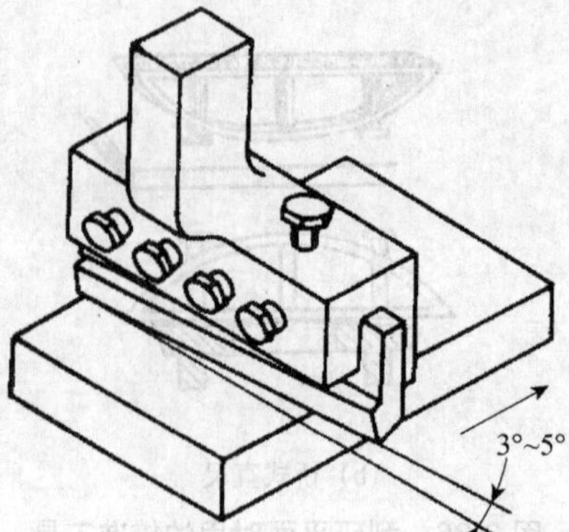

图 3-38　宽刃精刨刀

四、机床的几何误差对加工精度的影响

机床的制造误差、安装误差、使用中的磨损等都会在加工中直接影响刀具与工件的相互位置精度，造成加工误差。机床的几何误差主要包括主轴回转误差、导轨导向误差和传动链传动误差。

1. 主轴回转误差

（1）主轴回转误差的概念及其影响因素

机床的主轴是安装工件或刀具的基准，并把动力和运动传给工件或刀具。因此，主轴的回转精度是机床的重要精度指标之一，它是决定加工表面几何形状精度、表面波度和表面粗糙度的主要因素。

主轴回转时，由于主轴及其轴承在制造及安装中存在误差，主轴的回转中心线在空间的位置不是固定不变的。主轴回转误差是指主轴实际回转中心线相对于理论回转中心线的“漂移”。主轴回转误差可分为三种基本形式：轴向蹿动、径向跳动和角度摆动，如图 3-39（a）、（b）、（c）所示。实际上，主轴回转误差的三种基本形式是同时存在的，主轴回转误差如图 3-39（d）所示。

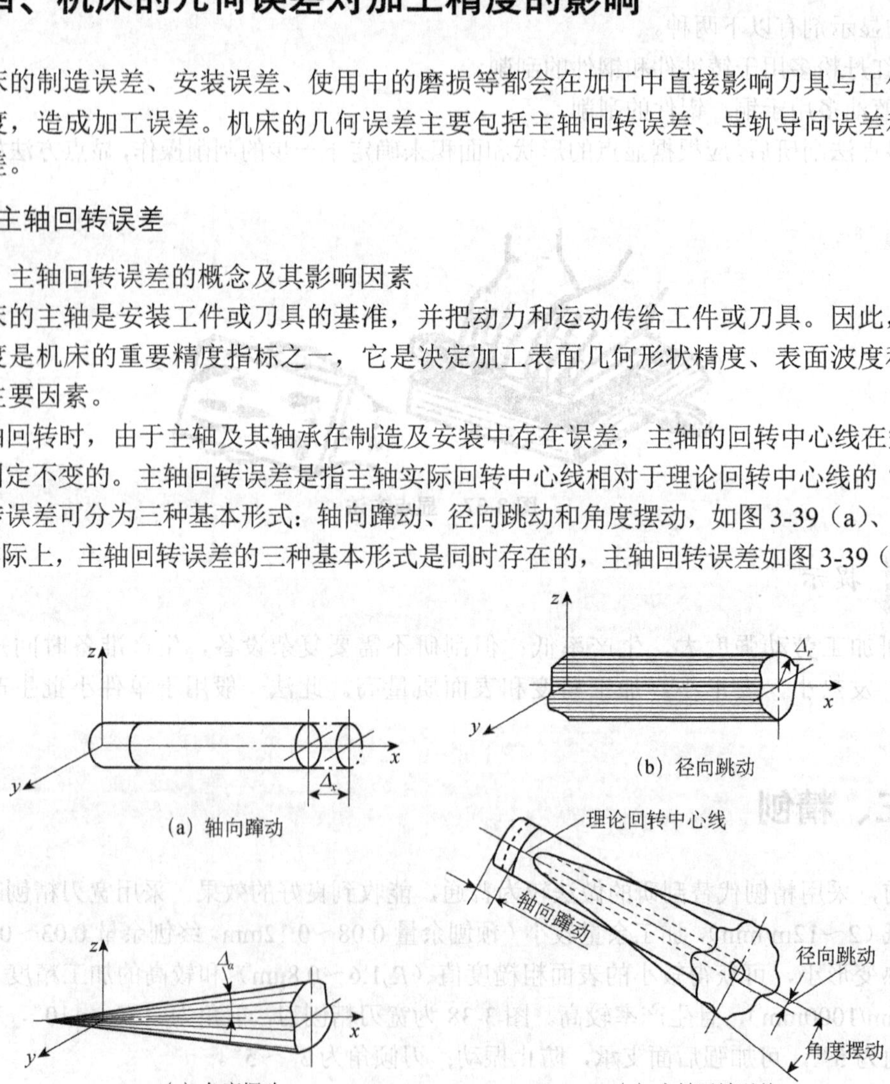

图 3-39　主轴回转误差的基本形式

（2）主轴回转误差对加工精度的影响

在分析主轴回转误差对加工精度的影响时，首先要注意主轴回转误差在不同方向的影响是不同的。例如，在车削圆柱表面时，主轴回转误差沿刀具与工件接触点的法线方向分量 Δ_y 对精度影响最大，反映到工件半径方向上的误差为 $\Delta_R=\Delta_y$，而切向分量 Δ_z 的影响最小，主轴回转误差对加工精度的影响如图 3-40 所示。由图 3-40 可看出，存在误差 Δ_z 时，反映到工件半径方向上的误差为 Δ_R，其关系式为

$$(R+\Delta_R)^2=\Delta_z^2+R^2 \tag{3-1}$$

整理中略去高阶微量 Δ_R^2 项可得：

$$\Delta_R=\Delta_z^2/2R \tag{3-2}$$

设 Δ_z=0.01mm，R=50mm，则 Δ_R=0.000001mm。此值完全可以忽略不计。因此，一般称法线方向为误差的敏感方向，切线方向为非敏感方向。分析主轴回转误差对加工精度的影响时，应着重分析误差敏感方向的影响。

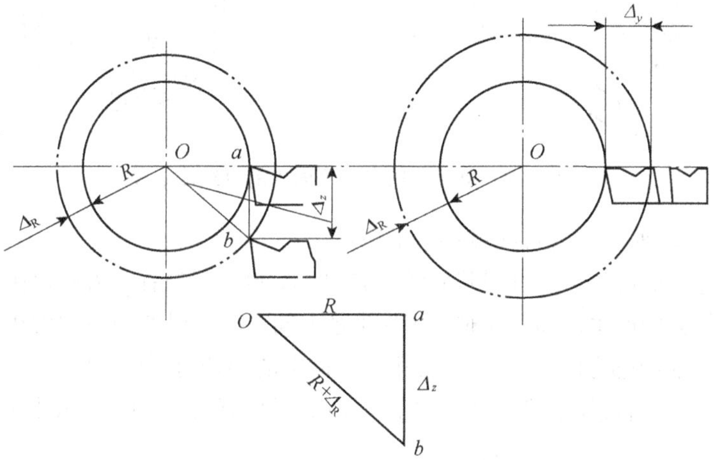

图 3-40　主轴回转误差对加工精度的影响

其次，不同类型的机床，其主轴回转误差所引起的加工误差形式也不同。它们可分为两大类，即工件回转类（如车床、内圆磨床和外圆磨床）和刀具回转类（如镗床）。

主轴轴向蹿动对工件的内、外圆加工没有影响，但会影响加工端面与内、外圆的垂直度误差。主轴每旋转一周，就要沿轴向蹿动一次，向前蹿的半周中形成右螺旋面，向后蹿的半周中形成左螺旋面，最后切出如端面凸轮一样的形状，主轴轴向蹿动对端面加工的影响如图 3-41 所示，并在端面中心附近出现一个凸台。当加工螺纹时，主轴轴向蹿动会使加工的螺纹产生螺距的小周期误差。

2. 导轨导向误差

机床导轨副是实现直线运动的主要部件，其制造和装配精度是影响直线运动精度的主要因素，导轨误差对零件的加工精度产生直接影响。

（1）磨床导轨在水平面内直线度误差的影响

磨床导轨在水平面内的直线度误差如图 3-42 所示，磨床导轨在 x 方向存在误差 Δ，引起工件在半径方向上的误差 Δ_R。当磨削长的外圆柱面时，将造成工件的圆柱度误差。

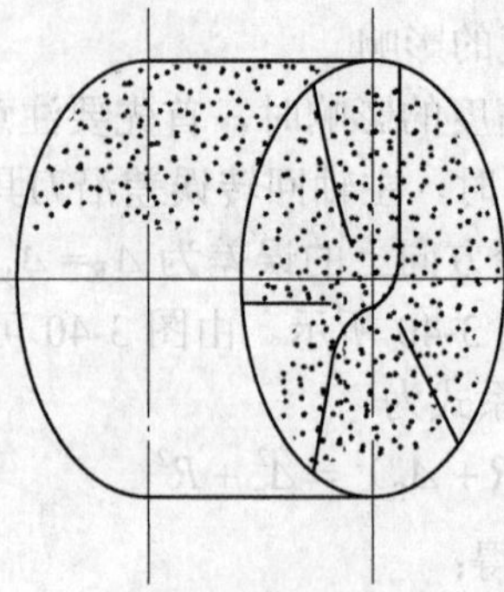

图 3-41　主轴轴向蹿动对端面加工的影响

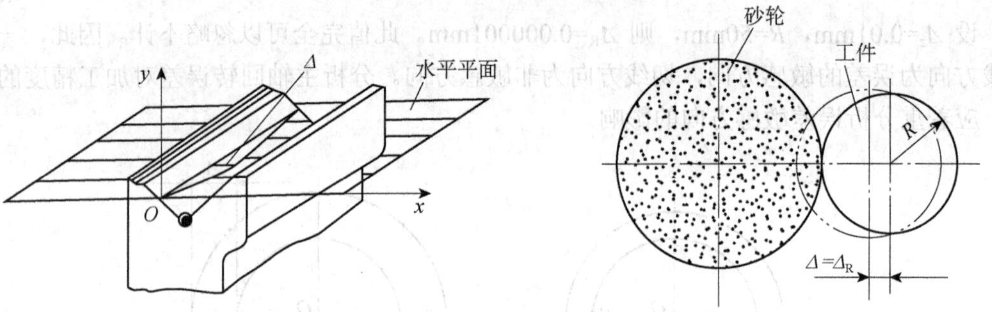

图 3-42　磨床导轨在水平面内的直线度误差

（2）磨床导轨在垂直面内直线度误差的影响

磨床导轨在垂直面内的直线度误差如图 3-43 所示，磨床导轨在 y 方向存在误差 $\varDelta$，磨削外圆时工件沿砂轮切线方向产生位移。此时，工件半径方向上产生误差 $\varDelta_R \approx \varDelta^2/2R$，对零件的形状精度影响甚小（误差非敏感方向）。但导轨在垂直方向上的误差对平面磨床、龙门刨床、铣床等将引起法向位移，其误差直接反映到工件的加工表面（误差敏感方向）上，造成水平面上的形状误差。

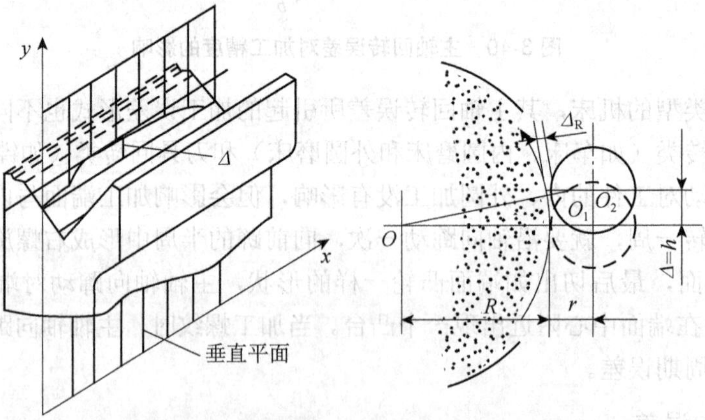

图 3-43　磨床导轨在垂直面内的直线度误差

（3）车床导轨面间平行度误差的影响

车床两导轨的平行度产生误差（扭曲），会使大溜板产生横向倾斜，刀具产生位移，从而引起工件形状误差。由图 3-44 可知，其误差值为

$$\varDelta_y = H\varDelta/B \tag{3-3}$$

（4）导轨对主轴轴线平行度误差的影响

当在车床类或磨床类机床上加工工件时，如果导轨与主轴轴线不平行，则会引起工件几何形状误差。例如，车床导轨与主轴轴线在水平面内不平行，会使工件的外圆柱面产生锥度；在垂直面内不平行时，会使工件呈马鞍形。

机床的安装对导轨原有精度的影响也很大，尤其是床身较长的龙门刨床、导轨磨床等。因床身长，刚性差，在自重的作用下容易产生变形，如果安装不正确或地基不坚实，都会使床身发生较大的变形，使工件的加工精度受到影响。

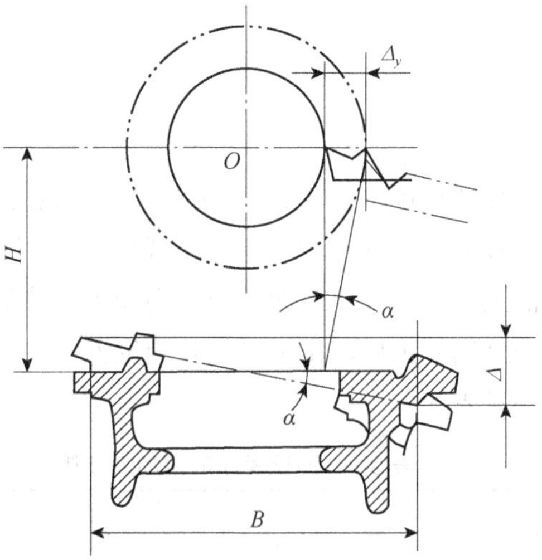

图 3-44　车床导轨面间的平行度误差

3. 传动链传动误差

对于某些加工方法，为保证工件的精度，要求工件和刀具间必须有准确的传动关系。例如，车削螺纹时，要求工件旋转一周，刀具直线移动一个导程（对于单头螺纹即为一个螺距），车螺纹的传动链示意图如图 3-45 所示。传动时，必须保持 $S=iT$ 为恒值，S 为工件螺纹导程，T 为丝杠导程，i 为齿轮 z_1～z_8 的传动比。所以，丝杠导程和各齿轮的制造误差都会引起工件螺纹导程的误差。这些成形运动间一定的传动关系都是由机床内的传动链来保证的，传动链的传动误差是造成加工误差的主要因素。

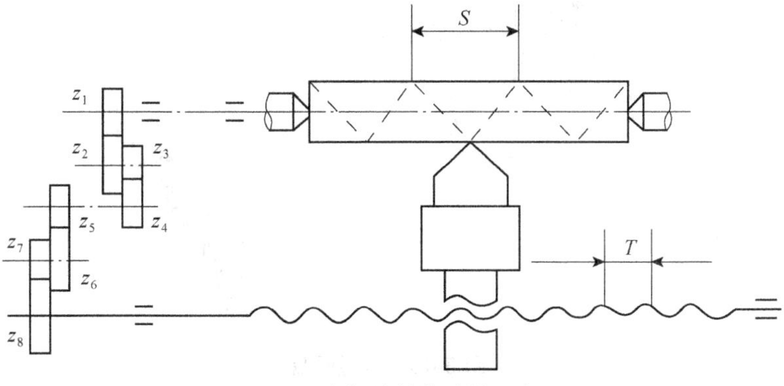

图 3-45　车螺纹的传动链示意图

为了减少机床传动误差对加工精度的影响，可以采取如下措施。

① 减少传动链中的环节，缩短传动链。

② 提高传动副（特别是末端传动副）的制造和装配精度。

③ 消除传动间隙。

④ 采用误差校正机构。

学习任务

【活动一】工艺分析

要求：分析平面精加工工艺。

采用互为基准原则对冲压模座的平面进行精加工。为了获得均匀的加工余量或较高的位置精度，可采用互为基准、反复加工的原则。上、下模座的上、下表面要有较高的平行度，上模座的下表面和下模座的上表面是重要表面，应作为加工的精基准面。

为了便于后续加工，在磨削加工后，钳工要划孔的位置线。

冲压模座的精加工步骤见表 3-8。

表 3-8　冲压模座的精加工步骤

步骤	加工内容	图示
	磨上、下平面，保证尺寸 50	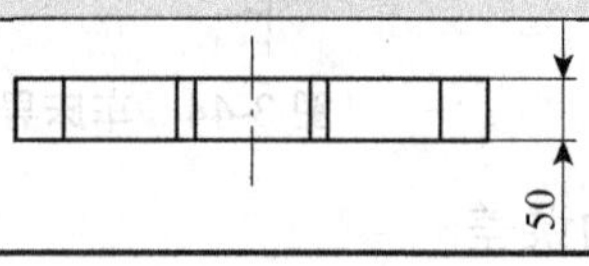

【活动二】磨平面

要求：磨削上、下模座的上、下表面。

工件采用电磁吸盘安装，电磁吸盘如图 3-46 所示。平面磨床工作台内埋有线圈，通电即能产生磁场，磁场磁化软磁性材料（工作台），由此产生很大的磁力。

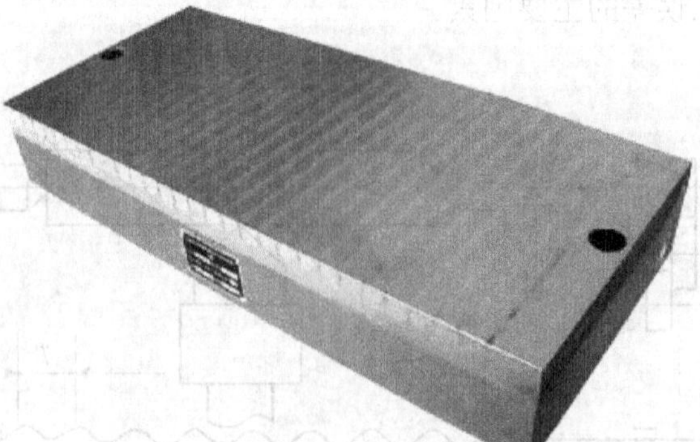

图 3-46　电磁吸盘

加工上模座时，先以其下表面为基准，粗磨上表面；然后以上表面为基准，粗、精磨下表面。加工下模座时，先以其上表面为基准，粗磨下表面；再以下表面为基准，粗、精磨上表面。

模座表面精度要求较高，因此采用周模。粗磨时砂轮的速度为 22～25m/min，工作台进给速度为 8m/min，垂直进给量为 0.05mm；精磨时砂轮的速度为 25～30m/min，工作台进给速度为 4m/min，垂直进给量为 0.01mm。

【活动三】刮研平面

要求：按图纸要求，手工刮研上模座的下表面和下模座的上表面。

① 清理工件表面。去除缺口、毛刺，铲除氧化皮，去除油污等。

② 调整工件的位置。选用合适的夹持方法和放置高度，使刮削方便、省力。

③ 准备刮刀、校准工具和显示剂。

④ 确定刮削步骤。根据工件表面的加工余量、上道工序的加工质量和图纸的技术要求确定步骤。

⑤ 进行精度检查。检查刮削精度的方法主要有两种：一是用边长为 25mm 的正方形框内的点数来衡量，各种平面要求的点数见表 3-9；二是用仪器测量被刮削表面本身的形状精度。

表 3-9　各种平面要求的点数

平面种类	质量情况（25mm×25mm 内的点数）	适用范围	需采用的刮削方法
普通平面	6～10	固定接触面	粗刮、细刮
中等平面	8～15	机器台面和一般量具的接触面	粗刮、细刮
高等平面	16～24	1～2 级平板、直尺和精密机床的导轨	粗刮、细刮、精刮
超级平面	25 以上	0 级平板、精密工具的平面	粗刮、细刮、精刮、超精刮

任务实施

1. 选择设备和工具、量具

平面磨床、千分尺和砂轮。

2. 质量检查的内容和成绩评定标准

冲压模座精加工检测与评价表见表 3-10。

表 3-10　冲压模座精加工检测与评价表

序号	检测内容	配分	量具	检测结果	学生评分	教师评分
1	50	10 分				
2	$R_a1.6$	20 分				
3	文明生产	违纪一项扣 10 分				
合　计		30 分				

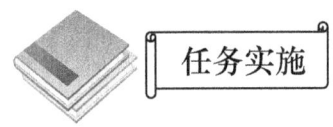

任务小结

板类零件上平面的精加工常采用磨削，磨削分为端磨和周磨，周磨的精度高于端磨，端磨的效率高于周磨。平面的精密加工方法还有刮研、精刨等。

机床的几何误差受到机床的制造误差、安装误差、使用中的磨损等因素的影响，在加工中直接影响刀具与工件的相互位置精度，造成加工误差。机床的几何误差主要包括主轴回转误差、导轨导向误差和传动链传动误差。

习题

1. 简述周磨和端磨加工的特点。
2. 平面的精密加工方法有哪些？
3. 机床的几何误差有哪些？

任务四　模座孔系的粗加工

知识点

钻床的工艺范围；
平行孔系的加工；
钻孔和扩孔工艺；
工艺尺寸链。

技能点

学会钻孔和扩孔加工。

任务导入

上、下模座中两个相互平行的孔，既要保证尺寸精度，又要保证位置精度。粗加工时常采用先钻孔再扩孔的工艺，加工过程均在钻床上完成。

本任务需要完成图 3-47 所示零件的加工，工序图如图 3-47 所示。

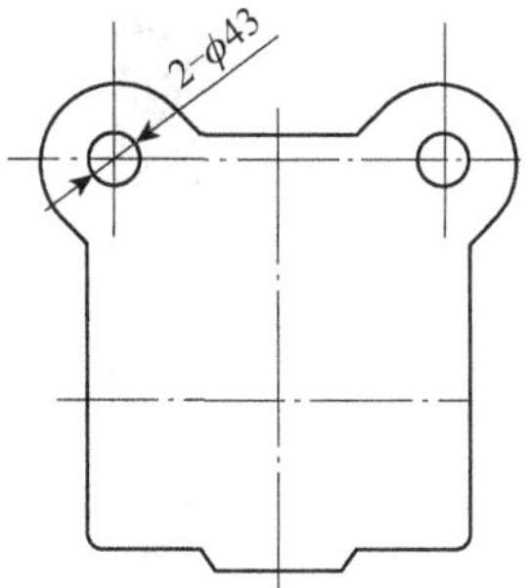

图 3-47 工序图

一、钻床

钻床主要是用钻头钻削直径不大、精度要求较低的孔，此外还可以进行扩孔、铰孔、攻螺纹等加工。加工时，工件固定不动，刀具旋转形成主运动，同时沿轴向移动完成进给运动。钻床的应用范围很广，其加工方法如图 3-48 所示。

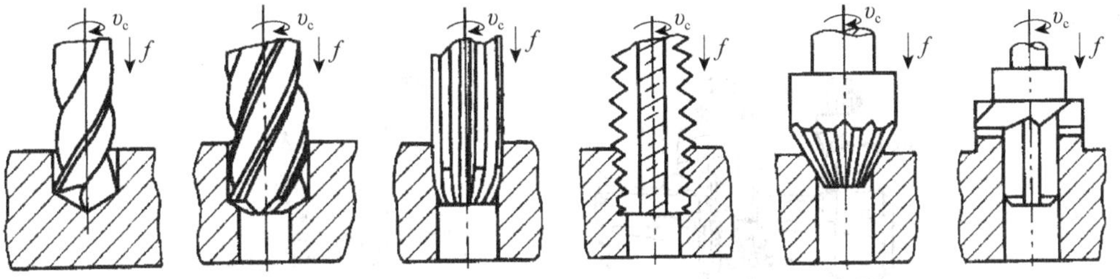

图 3-48 钻床的加工方法

钻床的主要类型有台式钻床、立式钻床、摇臂钻床及深孔钻床等。

1. 立式钻床

立式钻床是应用较广的一种机床，如图 3-49 所示。其主参数是最大钻孔直径，常用的有 25mm、35mm、40mm 和 50mm 等几种。

立式钻床的特点是主轴轴线垂直布置，而且位置是固定的。加工时，为使刀具旋转中心线与被加工孔的中心线重合，必须移动工件，因此立式钻床只适用于加工中小工件上直径 $d \leq 50$mm 的孔。

立式钻床的变速箱中装有主运动变速传动机构，进给箱中装有进给运动变速机构及操纵机构。加工时，进给箱固定不动，转动操纵手柄，由主轴随主轴套筒在进给箱中做直线移动来完成进给运动。工作台和进给箱都装在立柱的垂直导轨上，并可上下调整位置，以加工不同高度的工件。

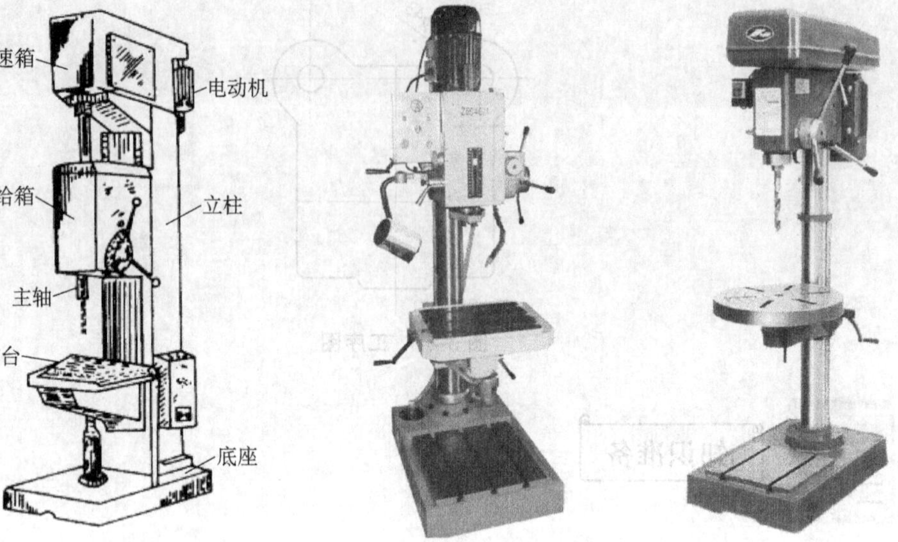

图 3-49 立式钻床

2. 摇臂钻床

摇臂钻床广泛用于大中型零件上直径 $d \leqslant 80$mm 孔的加工，如图 3-50 所示。主轴箱可以在摇臂上水平移动，摇臂既可绕立柱转动，又可沿立柱垂直升降。加工时，工件在工作台或机座上安装固定，通过调整摇臂和主轴箱的位置，使主轴中心线与被加工孔的中心线重合。

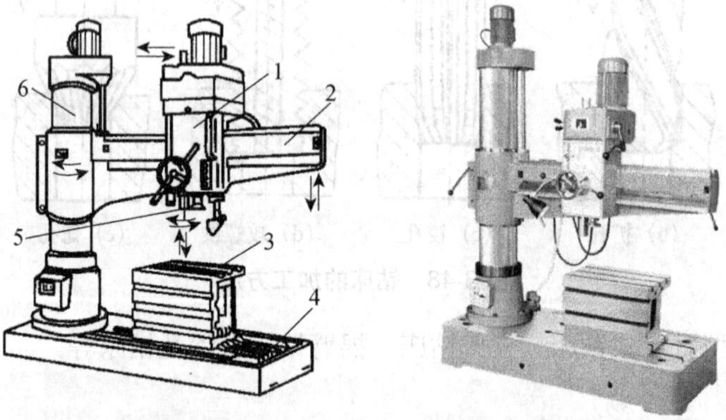

(a) 摇臂钻床的结构　　(b) Z3035型摇臂钻床

1—主轴变速、进刀箱；2—摇臂；3—工作台；4—底座；5—主轴；6—立柱

图 3-50 摇臂钻床

3. 其他钻床

台钻是一种加工小型工件上直径 d=0.1～13mm 的孔的立式钻床，如图 3-51（a）所示；多轴钻床可同时加工工件上的多个孔，生产率高，广泛用于大批量生产，如图 3-51（b）所示；中心孔钻床用来加工轴类零件两端面上的中心孔，如图 3-51（c）所示；深孔钻床用于加工孔深与直径比 $L/D>5$ 的深孔，如图 3-51（d）所示。

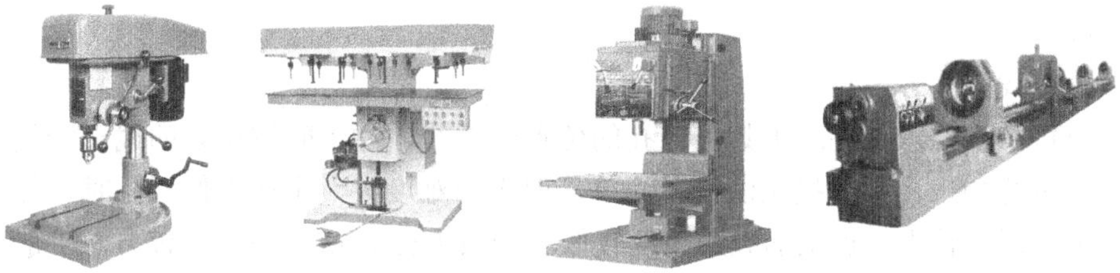

（a）台钻　（b）多轴钻床　（c）中心孔钻床　（d）深孔钻床

图 3-51　其他钻床

二、平行孔系

平行孔系的主要技术要求是各平行孔中心线与基准面之间的距离尺寸精度和相互位置精度。生产中常采用以下几种方法。

1. 镗模法

用镗模加工孔系如图 3-52 所示，工件装夹在镗模上，镗杆支承在镗模的导套里，由导套引导镗杆在工件的正确位置上镗孔。

用镗模镗孔时，镗杆与机床主轴多采用浮动连接，机床精度对孔系加工精度影响很小。孔距精度和相互位置精度主要取决于镗模的精度，因而可以在精度较低的机床上加工精度较高的孔系；同时，镗杆刚度大大提高，有利于采用多刀同时切削；且定位夹紧迅速，生产效率高。另外，镗模的精度要求高，制造周期长，成本高。因此，镗模法广泛应用于成批及大量生产。在单件小批量生产中，对一些精度要求较高、结构复杂的箱体孔系，往往也采用镗模法加工。

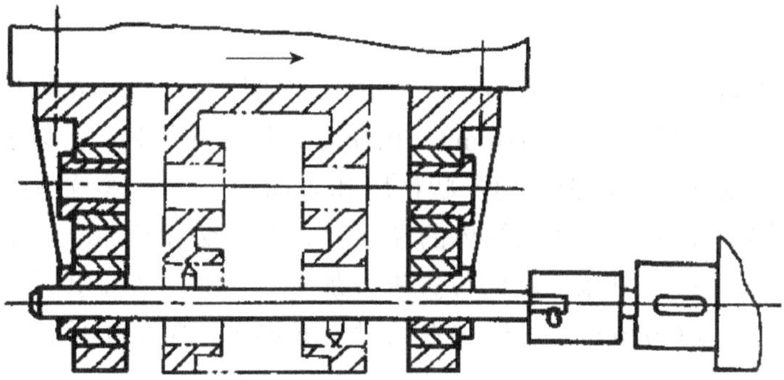

图 3-52　用镗模加工孔系

由于镗模本身的制造误差和导套与镗杆的配合间隙对孔系加工精度有影响，用镗模加工孔系不可能达到很高的加工精度。一般孔径尺寸精度为 IT7 级左右，表面粗糙度值为 R_a1.6～0.8μm。孔与孔之间的同轴度和平行度，当从一端加工时，可达 0.02～0.03mm；当从两端加工时，可达 0.04～0.05mm。孔距精度一般为±0.05mm。

用镗模法加工孔系，既可在通用机床上加工，也可在专用机床或组合机床上加工。

2. 找正法

找正法是在通用机床上，借助一些辅助装置去找正每个被加工孔的正确位置。找正法包括以下几种。

（1）画线找正法

加工前按图样要求在毛坯上划出各孔的位置轮廓线，加工时按所划的线一一找正，同时结合试切法进行加工。画线找正法设备简单，但操作难度大，生产率低。同时，加工精度受工人技术水平影响较大，加工的孔距精度较低，一般为±0.3mm 左右。该方法一般只用于单件小批生产和孔距精度要求不高的孔系加工。

（2）量块心轴找正法

量块心轴找正法如图 3-53 所示，将精密心轴分别插入机床主轴孔和已加工孔中，然后组合一定尺寸的量块来找正主轴的位置。找正时，在量块和心轴间要用塞尺测定间隙，以免量块与心轴直接接触而产生变形。此法可达到较高的孔距精度（±0.03mm），但生产率低，适用于单件小批量生产。

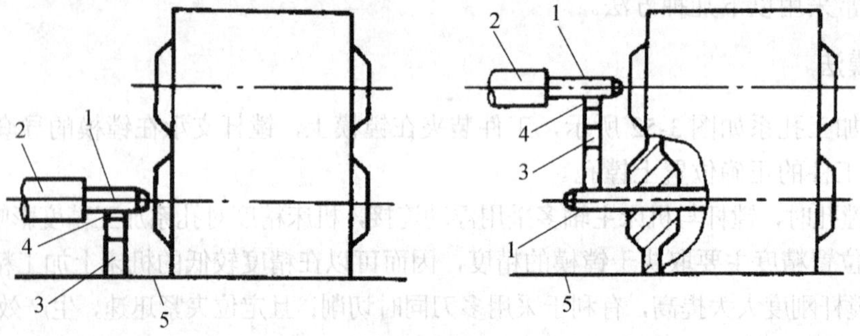

1—心轴；2—主轴；3—量块；4—塞尺；5—镗床工作台

图 3-53　量块心轴找正法

（3）样板找正法

样板找正法如图 3-54 所示，先用 10～20mm 厚的钢板制造孔系样板，样板上孔系的孔距精度要求很高（一般小于±0.01mm），孔径比工件的孔径稍大，以便镗杆通过。样板上的孔径尺寸精度要求不高，但几何形状精度和表面粗糙度要求较高，以便保证找正精度。使用时，将样板 1 装在被加工箱体的端面上，利用装在机床主轴上的百分表找正器 2，按样板上的孔逐个找正机床主轴的位置进行加工。用此法加工孔系不易出差错，找正迅速，孔距精度可达±0.02mm，样板成本比镗模低得多，常用于单件中小批量生产中加工大型箱体的孔系。

3. 坐标法

坐标法是将被加工孔系间的孔距尺寸换算成两个互相垂直的坐标尺寸，然后按此坐标尺寸精确地调整机床主轴和工件在水平与垂直方向的相对位置，通过控制机床的坐标位移尺寸和公差来间接保证孔距尺寸精度。该法在单件小批量生产及精密孔系加工中应用较广。

三轴孔的孔心距与坐标尺寸如图 3-55 所示，O、A、B 三孔中心距有一定的公差要求，给定 L_{OA}=（129.49+0.17+0.27）mm，L_{AB}=（125+0.17+0.27）mm，L_{OB}=（166.5+0.20+0.30）mm，B 孔中心在 Y 方向的坐标尺寸 Y_{OB}=54mm。镗孔时，先镗完 O 孔后，只要以 O 孔中心为

坐标原点，分别按坐标尺寸 X_{OA}、Y_{OA}、X_{OB}、Y_{OB} 移动工作台与主轴头镗 A 孔及 B 孔，那么图样上所给定的孔心距尺寸就可保证。显然，用坐标法加工孔系需将图样上的孔距尺寸和公差换算为机床位移的坐标尺寸和公差，其孔距精度主要取决于机床的坐标位移精度。

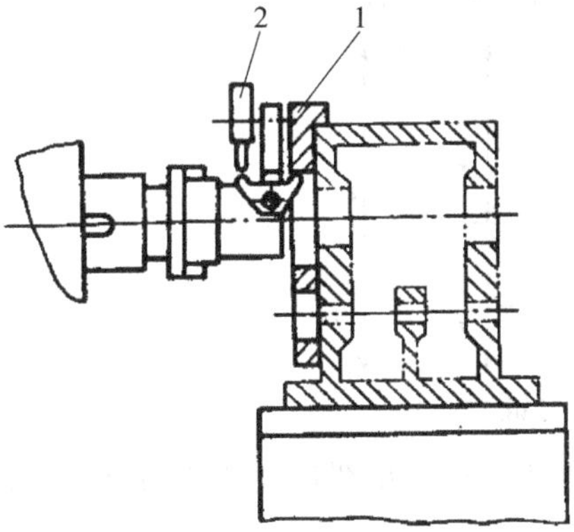

1—样板；2—百分表找正器

图 3-54　样板找正法

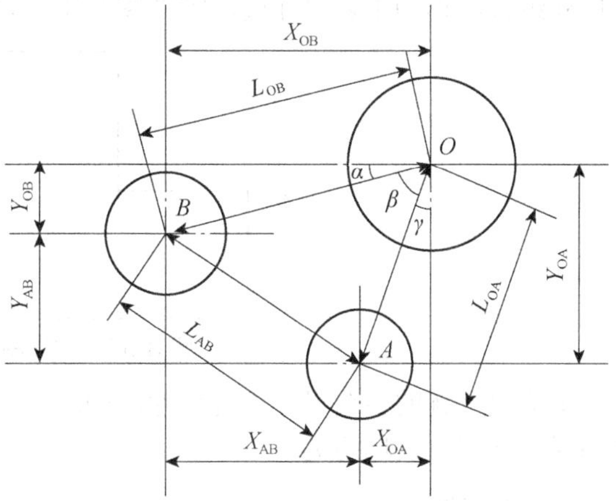

图 3-55　三轴孔的孔心距与坐标尺寸

三、锪钻

锪钻是用来在已加工的孔上加工圆柱形沉头孔、锥形沉头孔和凸台端面等的工具。锪钻一般分为柱形锪钻、锥形锪钻和端面锪钻三种，如图 3-56 所示。

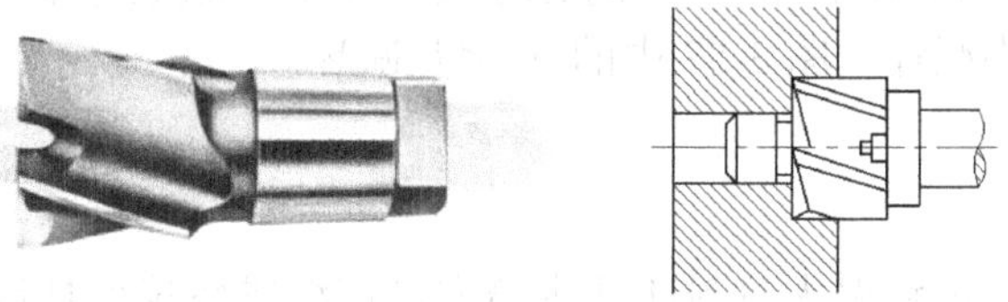

(a) 柱形锪钻与锪沉孔

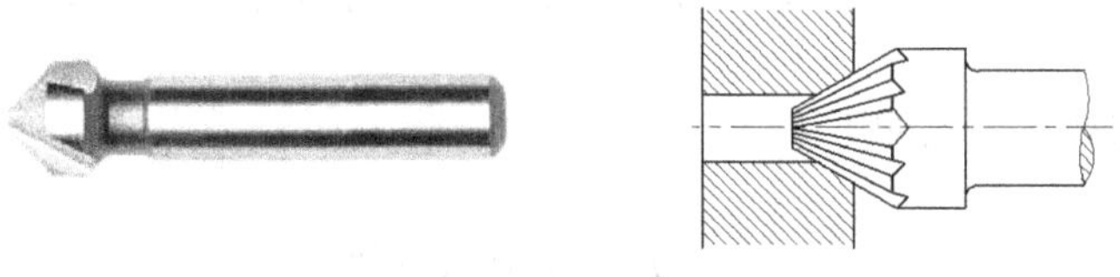

(b) 锥形锪钻与锪锥面

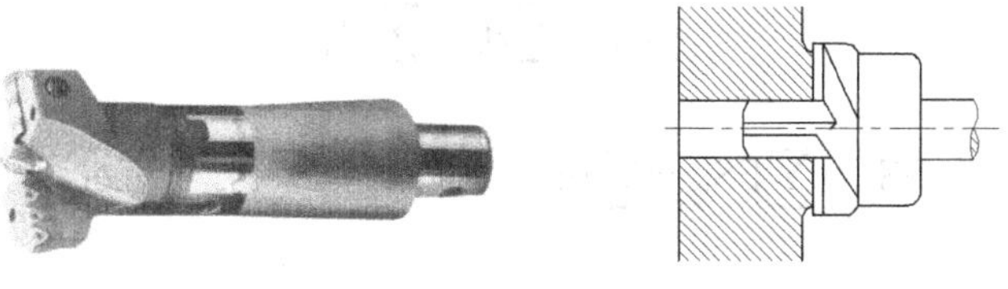

(c) 端面锪钻与锪孔口

图 3-56　锪钻

四、工艺尺寸链

在零件的加工或产品的装配过程中，经常会遇到一些相互联系且按一定顺序排列的封闭的尺寸组合，称为工艺尺寸链，零件图与工艺尺寸链如图 3-57 所示。

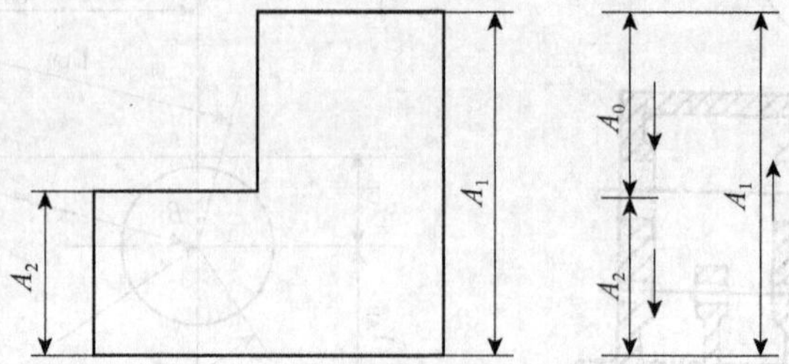

图 3-57　零件图与工艺尺寸链

组成尺寸链的各个尺寸称为尺寸链的环，图 3-57 中 A_1、A_2、A_0 都是尺寸链的环，它们可分为封闭环和组成环两类。

1. 封闭环

加工（或测量）过程中最后自然形成的一环称为封闭环，图 3-57 中的 A_0 就是封闭环，每个尺寸链中只有一个封闭环。

2. 组成环

加工（或测量）过程中直接获得的环称为组成环。在组成环中，如果其变动会引起封闭环的同向变动，则称为增环，图 3-57 中的 A_1 就是增环；在组成环中，如果其变动会引起封闭环的反向变动，则称为减环，图 3-57 中的 A_2 就是减环。

提示

同向变动是指该组成环增大时封闭环也增大，该组成环减小时封闭环也减小，反之为反向变动。判定增、减环时，先给封闭环任意定出方向并画出箭头，然后沿此方向环绕尺寸链回路，依次给每个组成环画出箭头。此时，凡箭头方向与封闭环相反的组成环为增环，相同的则为减环。

工艺尺寸链的计算公式如下。

封闭环的公差：

$$T_0 = \sum T_{增} + \sum T_{减} \qquad (3\text{-}4)$$

基本尺寸：

$$A_0 = \sum A_{增} - \sum A_{减} \qquad (3\text{-}5)$$

封闭环上偏差：

$$\mathrm{ES}_0 = \sum \mathrm{ES}_{增} - \sum \mathrm{EI}_{减} \quad (\mathrm{es}_0 = \sum \mathrm{es}_{增} - \sum \mathrm{ei}_{减}) \qquad (3\text{-}6)$$

封闭环下偏差：

$$\mathrm{EI}_0 = \sum \mathrm{EI}_{增} - \sum \mathrm{ES}_{减} \quad (\mathrm{ei}_0 = \sum \mathrm{ei}_{增} - \sum \mathrm{es}_{减}) \qquad (3\text{-}7)$$

学习任务

【活动一】工艺分析

要求：分析模座孔系粗加工工艺。

内、外圆柱面互为基准，加工内孔时，以非配合的外圆柱面作为定位基准；加工配合外圆时，以内孔作为定位基准。这样既符合基准重合原则，又符合基准统一原则。

模座孔系粗加工步骤见表 3-11。

表 3-11　模座孔系粗加工步骤

步骤	加工内容	图示
1	划前部平面和导套孔中心线	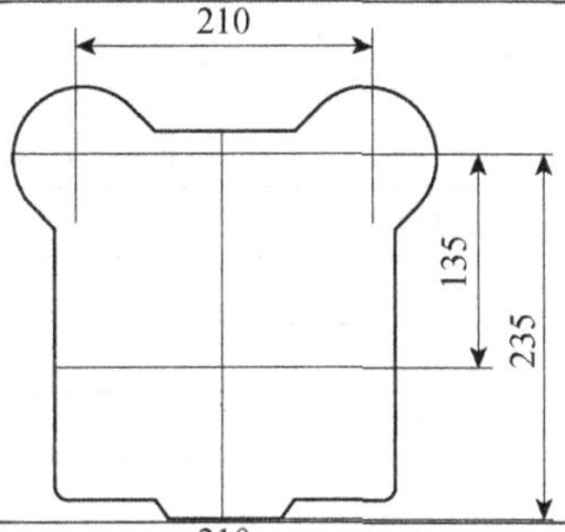
2	按画线铣前部平面	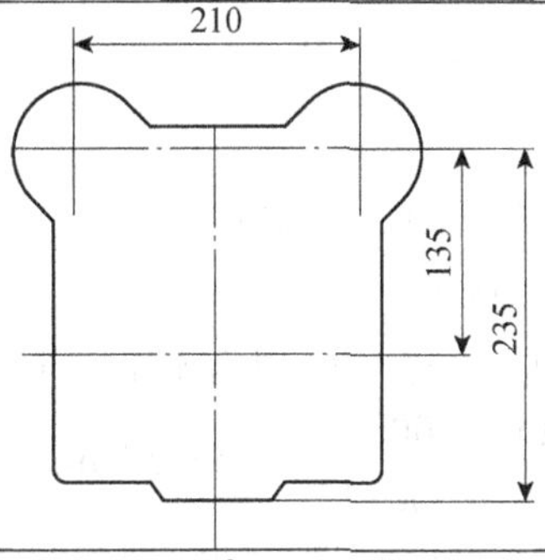
3	按画线钻导套孔至 ϕ 43	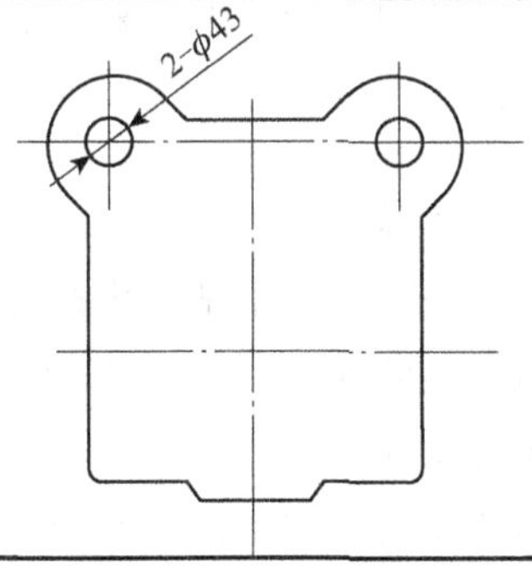

【活动二】画线

要求：按图纸要求划孔的位置线。

① 去毛刺。

② 擦去工件表面油污。

③ 涂红丹。除红丹外，也可以涂蓝油。待红丹干燥后，才可以画线。

④ 画线。用划针划出两个孔的位置线，并用游标卡尺测量画线尺寸的正确性。

⑤ 打样冲眼。打样冲眼时，先将样冲向外倾，使样冲尖端对正线中，然后立正，用手锤轻敲。样冲眼之间的距离视线段的长短而定，一般在直线上距离较大，在曲线上距离要小些，交点及连接点都必须打样冲眼。

【活动三】钻孔

要求：按要求加工 2-ϕ43 孔。

1. 选择主轴转速

用直径较大的钻头钻孔时，主轴转速应较低；用小直径的钻头钻孔时，主轴转速可较高，但进给量要小，切削速度按表 3-12 选择。

表 3-12　高速钢钻头切削速度

工件材料	切削速度 v
铸铁	14～22m/min
钢	16～24m/min
青铜或黄铜	30～60m/min

钻床转速公式为

$$n=\frac{1000v}{\pi d} \tag{3-8}$$

式中　v——切削速度（m/min）；

d——钻头直径（mm）。

例：用直径为 12mm 的钻头钻钢件，计算钻孔时钻头的转速。

解：$n=\dfrac{1000v}{\pi d}=\dfrac{1000\times 20}{\pi\times 12}=530\text{r/min}$

主轴的变速可通过调整带轮组合来实现。

2. 钻头的装拆

（1）直柄钻头的装拆

直柄钻头用钻夹头夹持，用钻夹头钥匙转动钻夹头旋转外套，可实现夹紧或放松，在钻夹头上装拆钻头如图 3-58（a）所示。钻头夹持长度不能小于 15mm。

（2）锥柄钻头的装拆

①安装。锥柄钻头的柄部锥体与钻床主轴锥孔直接连接，需利用加速冲力一次装接，用钻头套装夹钻头如图 3-58（b）所示。连接时必须将钻头锥柄及主轴锥孔擦干净，且使矩形舌部的方向与主轴上的腰形孔中心线方向一致。②拆卸。将斜铁敲入钻头套或钻床主轴上的腰形孔内，斜铁的直边向上，利用斜边的向下分力，使钻头与钻头套或主轴分离，钻头的装拆如图 3-58（c）所示。

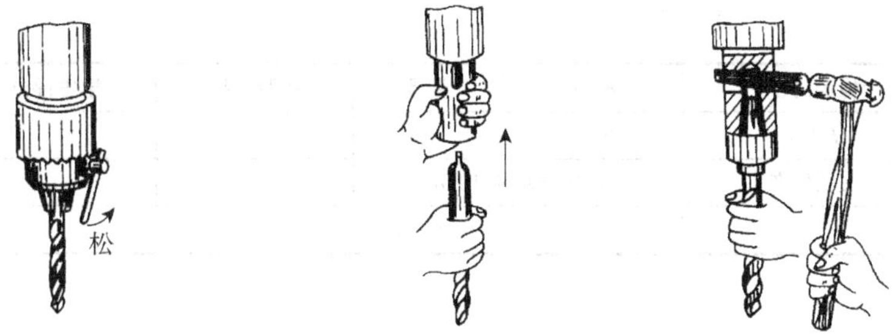

（a）在钻夹头上装拆钻头　　（b）用钻头套装夹钻头　　（c）用斜铁拆下钻头

图 3-58　钻头的装拆

3. 起钻

先使钻头对准孔的中心钻出一浅坑，观察定心是否正确，并要不断校正，目的是保证孔的位置精度。

4. 手动进给操作

当起钻达到钻孔的位置要求后，即可扳动手柄完成钻孔。

5. 倒角

机加工后，在工件的直角或锐角处一般会产生毛刺。这些毛刺一方面会影响今后工件的装配工作，另一方面会造成操作人员手部受伤或划伤其他工件。最简单的去毛刺方法就是倒角。

提示

钻孔时，进给力要适当，并要经常退钻排屑，以免切屑阻塞而扭断钻头。孔将钻穿时，必须减小进给力，以防进给量过大而增大切削抗力，造成钻头折断，或使工件随着钻头转动造成事故。

任务实施

1. 选择设备和工具、量具

钻床、麻花钻、扩孔钻等。

2. 质量检查的内容和成绩评定标准

模座孔系粗加工检测与评价表见表 3-13。

表 3-13　模座孔系粗加工检测与评价表

序号	检测内容	配分	量具	检测结果	学生评分	教师评分
1	2-ϕ43	20 分				
2	210	10 分				

续表

序号	检测内容	配分	量具	检测结果	学生评分	教师评分
3	$R_a6.3$	20 分				
4	文明生产	违纪一项扣 10 分				
合计		50 分				

任务小结

平行孔系的加工方法主要有镗模法、找正法和坐标法。一般情况下，镗模法在大批量生产中采用，找正法和坐标法在单件小批生产中采用。由于工序基准和定位基准不重合，使公差减小，造成加工难度提高。生产中常使用工艺尺寸链计算工序尺寸及其极限偏差。

习题

1. 分析钻孔加工与锪孔加工的区别。

2. 简述孔系的种类及其特点。

3. 如图 3-59（a）所示，零件表面 *A*、*B* 已加工。选择 *A* 面为定位基准加工 *C* 面，为保证设计尺寸 80mm 及其公差，求工序尺寸 *H*。请画出尺寸链，指出封闭环、增环和减环。

4. 如图 3-59（b）所示，插座内、外圆和端面已车成，当前工序是铣四槽。已知槽深尺寸，设计基准是 2 面。现以 1 面作为定位基准铣四槽，试计算铣刀调整尺寸 A_2 及其上、下偏差，并画出尺寸链，指出封闭环、增环和减环。

5.电镀轴套如图 3-59（c）所示，控制单面镀层厚 0.015～0.02mm，得镀后尺寸，计算此轴镀前尺寸及上、下偏差，绘出尺寸链图，并指出封闭环、增环和减环。要求写出每步计算公式。

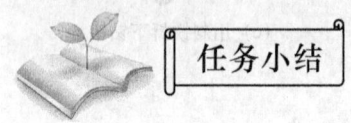

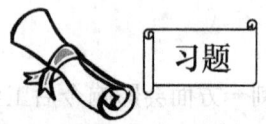

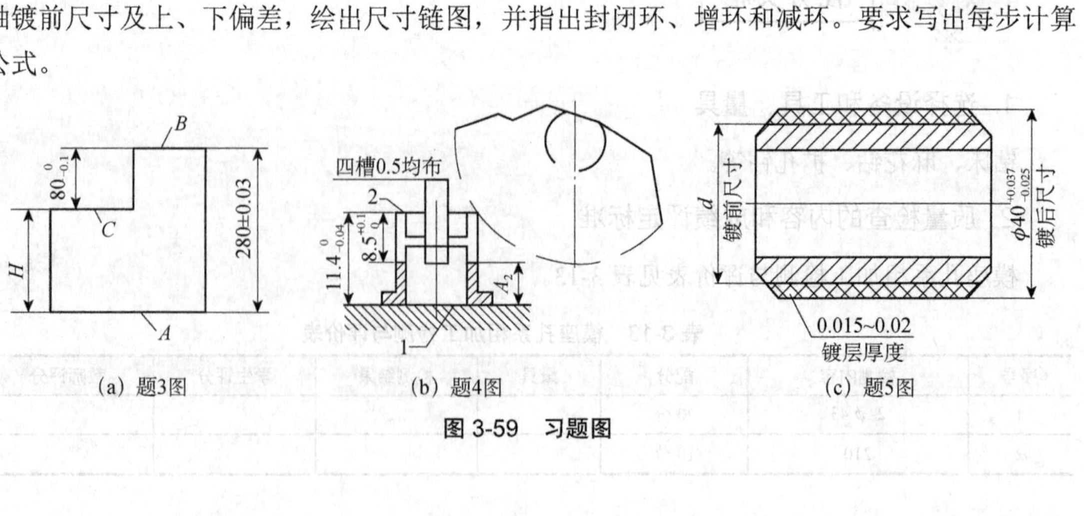

(a) 题3图　(b) 题4图　(c) 题5图

图 3-59　习题图

任务五 模座孔系的精加工

知识点

铰刀及其结构；
铰削与镗削工艺；
基准不重合误差。

技能点

浮动镗孔。

任务导入

上、下模座孔系要求尺寸和孔距相同，在精加工时采用配作的方法来保证。孔系与基准平面之间的位置关系在上一个任务中保证，本任务在此前基础上继续加工，不改变其位置关系。

本任务需要完成图 3-60 所示零件的加工。

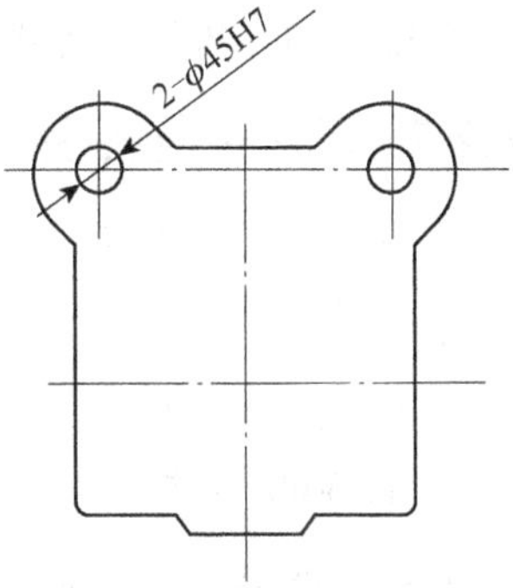

图 3-60 零件

知识准备

一、铰刀

铰刀用来铰孔，可以从孔壁上切除微量金属层，以提高其尺寸精度和降低表面粗糙度值，铰孔是钻孔和扩孔的后续加工。但铰孔只能提高孔的尺寸精度和形状精度，却不能提高孔的位置精度。

1. 铰刀的结构

铰刀的结构如图 3-61 所示，铰刀由柄部、颈部和工作部分组成。铰刀的工作部分又由切削部分、校准部分和倒锥部分组成。

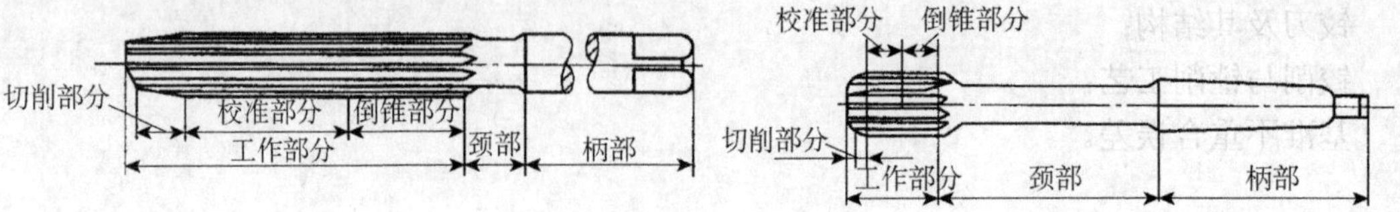

(a) 手用　　(b) 机用

图 3-61　铰刀的结构

2. 铰刀的种类

① 按使用方式可分为手用铰刀和机用铰刀，铰刀的种类如图 3-62 所示。

② 按铰刀容屑槽的形状不同，可分为直槽铰刀和螺旋槽铰刀，如图 3-62 所示。

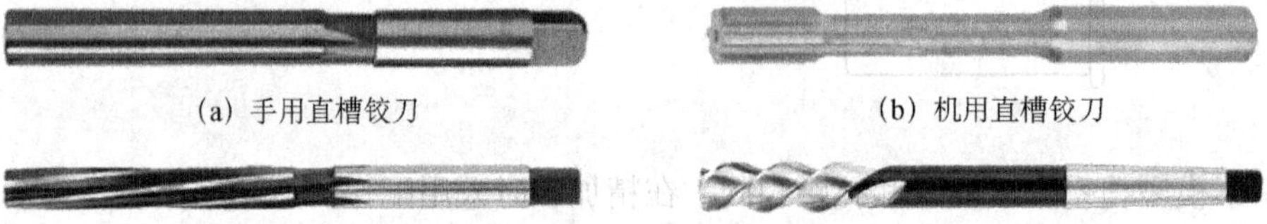

(a) 手用直槽铰刀　　(b) 机用直槽铰刀

(c) 手用螺旋槽铰刀　　(d) 机用大螺旋槽铰刀

图 3-62　铰刀的种类

③ 按孔的形状可分为圆柱铰刀和锥铰刀。锥铰刀如图 3-63 所示。

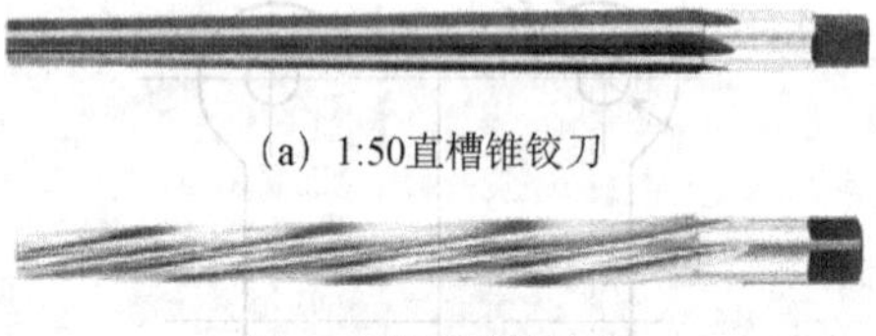

(a) 1:50直槽锥铰刀

(b) 1:50螺旋槽锥铰刀

图 3-63　锥铰刀

④ 按结构不同可分为整体式铰刀和可调节铰刀，如图 3-64 所示为可调节手铰刀。

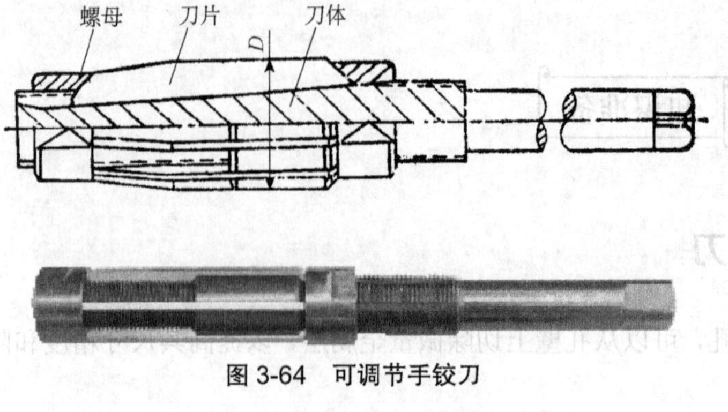

图 3-64　可调节手铰刀

3. 结构参数

（1）切削锥角

切削锥角决定铰刀切削部分的长度，对铰削力和铰削质量有较大影响。由于定心等原因，一般手用铰刀的锥角比机用铰刀小。

（2）倒锥量

为了避免铰刀校准部分的后部发生摩擦，在校准部分磨出倒锥。在铰刀直径相同的情况下，机用铰刀的倒锥量大。

（3）铰刀直径

铰刀直径尺寸一般都留有 0.005～0.02mm 的研磨量。使用者可根据实际情况自行研磨。

（4）标准铰刀的齿数

为了便于测量铰刀的直径，铰刀的齿数多为偶数。一般手用铰刀的刀齿在圆周上是不均匀分布的，铰刀刀齿分布如图 3-65 所示。

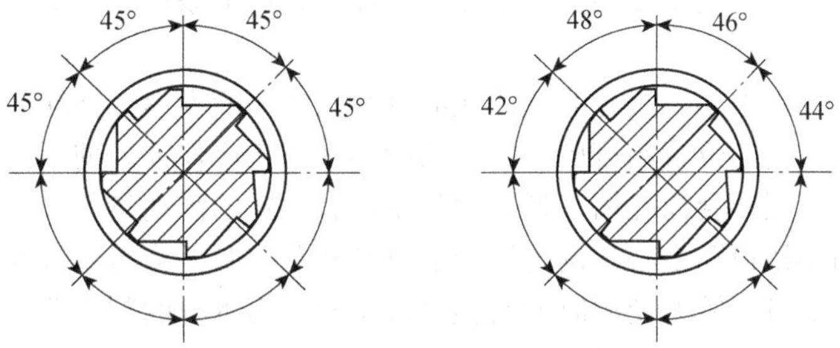

(a) 均匀分布　　(b) 不均匀分布

图 3-65　铰刀刀齿分布

（5）各种铰刀的应用

① 整体圆柱铰刀主要用来铰削标准直径系列的孔。

② 可调节铰刀主要用来铰削少量的非标准孔。

③ 锥铰刀用于铰削圆锥孔，铰圆锥孔前底孔应钻成阶梯孔，如图 3-66 所示。锥铰刀一般制成两把或三把一套，分粗铰刀和精铰刀，成套锥铰刀如图 3-67 所示。

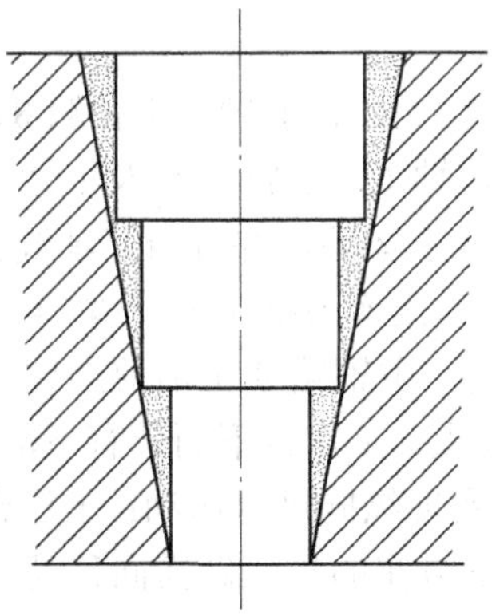

图 3-66　铰圆锥孔前底孔应钻成阶梯孔

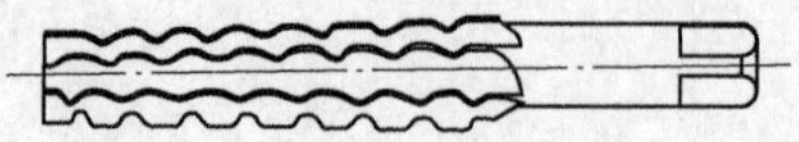

(a) 粗铰刀

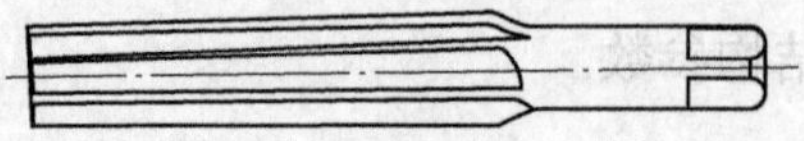

(b) 精铰刀

图 3-67　成套锥铰刀

④ 螺旋槽铰刀用于铰削有键槽的孔。

⑤ 硬质合金铰刀适用于高速铰削和铰削硬材料。

由于铰削和工艺条件不同，孔在铰削后直径会发生扩张或收缩，且变化量不易确定。因此，铰刀直径留有余量，可通过试铰以后研磨确定铰刀直径。研磨铰刀时，可将其装夹在车床上，使其低速反转，然后用极细的油石片（如珩磨条）加润滑油进行研磨。

二、铰孔

铰孔是对未淬硬孔进行精加工的一种方法。由于铰孔加工余量较小，切削速度较低，铰刀刀齿较多、刚性好且制造精度高，加之排屑、冷却、润滑条件较好等，铰孔后孔本身的质量得到提高。

铰孔主要用于加工中、小尺寸的孔，孔的直径范围一般为 3～150mm。铰孔无法纠正孔的位置误差，因此，孔的位置精度应由铰孔前的预加工工序保证。使用浮动卡头将铰刀安装在机床主轴锥孔内或尾座套筒孔内，使铰刀的轴线有一定的浮动量。铰孔时，铰刀可依靠铰前工序加工的孔的轴线自动定心。确定铰刀的直径和公差时，应考虑被加工孔的公差、铰孔时孔的扩张量或收缩量、铰刀使用时的磨损储备量和铰刀本身的制造公差等因素。铰孔时，应合理选择余量（查有关手册）和切削液。

三、镗床

镗床主要用于加工尺寸较大且精度要求较高的孔，特别是分布在不同表面上、孔距和位置精度要求很严格的孔系，如箱体、汽车发动机缸体等零件上的孔系。镗床工作时，由刀具做旋转主运动，进给运动则根据机床类型和加工条件的不同或者由刀具完成，或者由工件完成。镗床的主要类型有卧式镗床、坐标镗床及金刚镗床等。

1. 卧式镗床

卧式镗床如图 3-68 所示。它主要由床身 10、主轴箱 8、工作台 3、平旋盘 5、前立柱 7、后立柱 2 等组成。主轴箱中装有镗轴 6、平旋盘 5 及主运动和进给运动的变速、操纵机构。加工时，镗轴 6 带动镗刀旋转形成主运动，并可沿其轴线移动实现轴向进给运动；平旋盘 5 只做旋转运动，装在平旋盘端面燕尾导轨中的径向刀架 4 除了随平旋盘一起旋转外，还可带动刀具沿燕尾导轨做径向进给运动；主轴箱 8 可沿前立柱 7 的垂直导轨上下移动，以实现垂直进给运动。工件装夹在工作台 3 上，工作台下面装有下滑座 11 和上滑座 12，下滑座可沿床身 10 上的水平导轨做纵向移动，实现纵向进给运动；工作台还可在上滑座的环形导轨上绕垂直轴回转，进行转位；上滑座沿下滑座的导轨做横向移动，实现横向进给。利用主轴箱上下位置调节，可在一次装夹中，对工件上相互平行或呈一定角度的平面或孔进行加工。后立柱 2 可沿床身导轨做纵向移动。支架 1 可沿后立柱垂直导轨上下移动，用以支承悬伸较长的镗杆，以增强其刚性。

综上所述，卧式镗床的主运动有镗轴和平旋盘的旋转运动（二者是独立的，分别由不同的传动机构驱动）；进给运动有镗轴的轴向进给运动，平旋盘上径向刀架的径向进给运动，主轴箱的垂直进给运动，工作台的纵向、横向进给运动；辅助运动有工作台转位，后立柱纵向调位，后立柱支架的垂直方向调位，以及主轴箱沿垂直方向和工作台沿纵、横方向的快速调位运动。

卧式镗床结构复杂，通用性较强，除可进行镗孔外，还可进行钻孔、加工各种形状的沟槽、铣平面、车削端面和螺纹等。卧式镗床的主参数是镗轴直径。它广泛用于机修和工具车间，适用于单件小批量生产。

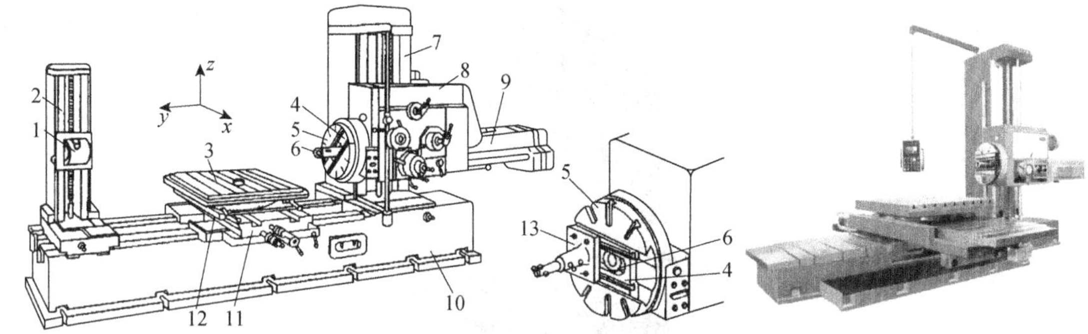

1—支架；2—后立柱；3—工作台；4—刀具溜板；5—平旋盘；6—镗轴；7—前立柱；
8—主轴箱；9—后尾筒；10—床身；11—下滑座；12—上滑座；13—径向刀架

图 3-68 卧式镗床

图 3-69（a）为利用装在镗轴上的镗刀镗孔，纵向进给运动 f_1 由镗轴移动完成；图 3-69（b）为利用后立柱支架支承长镗杆镗削同轴孔，纵向进给运动 f_3 由工作台移动完成；图 3-69（c）为利用平旋盘上的刀具镗削大直径孔，纵向进给运动 f_3 由工作台完成；图 3-69（d）为利用装在镗轴上的端铣刀铣平面，垂直进给运动 f_2 由主轴箱完成；图 3-69（e）、（f）为利用装在平旋盘径向刀架上的刀具车内沟槽和端面，径向进给运动 f_4 由径向刀架完成。

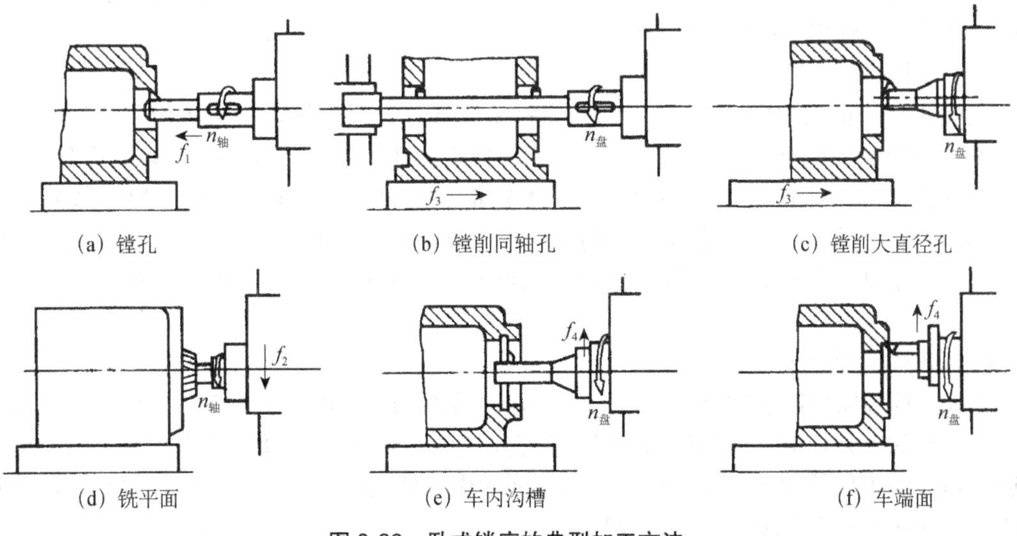

（a）镗孔　（b）镗削同轴孔　（c）镗削大直径孔

（d）铣平面　（e）车内沟槽　（f）车端面

图 3-69 卧式镗床的典型加工方法

2. 坐标镗床

该类机床上具有坐标位置的精密测量装置，加工孔时按直角坐标来精密定位，所以称为坐标镗床。坐标镗床是一种高精度机床，主要用于镗削高精度的孔，特别适用于加工相互位置精度很高的孔系，如钻模、镗模等的孔系。坐标镗床还可以进行钻、扩、铰孔及精铣加工。此外，还可以用于精密刻线、样板画线、孔距及直线尺寸的精密测量等工作。

坐标镗床有单柱式、双柱式和卧式三种。

（1）单柱式坐标镗床

单柱式坐标镗床如图 3-70 所示。

图 3-70　单柱式坐标镗床

单柱式坐标镗床的主轴垂直布置，并由主轴套筒带动上下移动以实现垂直进给，有的主轴箱可沿立柱导轨上下移动以适应不同高度的工件。工作台沿滑座做纵向移动，滑座沿床身导轨做横向移动，以配合坐标定位。工作台三面敞开，操作方便。中小型坐标镗床大多采用这种布局形式，坐标定位精度为 2～4μm。主轴带动刀具做旋转主运动，主轴套筒沿轴向做进给运动。其特点是结构简单，操作方便，特别适宜加工板状零件的精密孔，但它的刚性较差，所以这种结构只适用于中小型坐标镗床。

（2）双柱式坐标镗床

双柱式坐标镗床如图 3-71 所示。两立柱上部通过顶梁连接，横梁可沿立柱导轨上下调整位置。主轴箱沿横梁导轨做横向移动，工作台沿床身导轨做纵向移动，以配合坐标定位。大型双柱式坐标镗床在立柱上还配有水平主轴箱。采用双柱框架式结构，刚性较好，大中型坐标镗床多为这种形式，坐标定位精度为 3～10μm。主轴上安装刀具做主运动，工件安装在工作台上随工作台沿床身导轨做纵向直线移动。双柱式坐标镗床的主参数为工作台面宽度。

（3）卧式坐标镗床

卧式坐标镗床如图 3-72 所示。主轴平行于工作台面，利用精密回转工作台可在一次安装中很方便地加工箱体类零件四周所有的坐标孔，而且工件安装方便，生产效率较高。这种镗床适合箱体类零件的加工。工作台能在水平面内做旋转运动，进给运动可以由工作台纵向移动或主轴轴向移动来实现，加工精度较高。

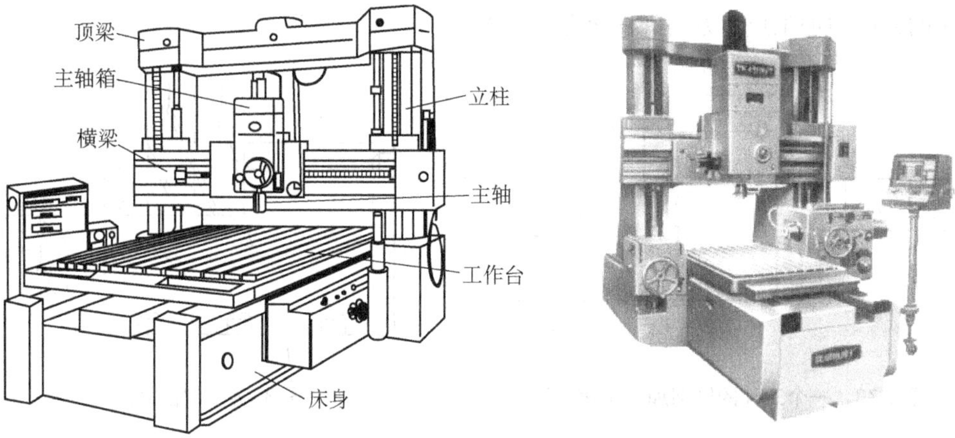

图 3-71　双柱式坐标镗床

图 3-72　卧式坐标镗床

四、基准不重合误差

基准不重合误差 Δ_B 是定位基准与工序基准不重合而产生的误差。

图 3-73 为一个工件的铣削加工工序简图，图 3-74 为其定位简图。加工尺寸 h_1 的工序基准是 E，定位基准则是 A。这种定位基准与工序基准的不重合，将会使它们之间的尺寸 h_2（或位置）公差给工序尺寸 h_1 造成定位误差，由图 3-74 可知：

$$\Delta_B = h_{max} - h_{min} = \delta_{h2} \tag{3-9}$$

Δ_B 仅与基准的选择有关，通常在设计时遵循基准重合原则，即可防止产生 Δ_B。

如图 3-73 中的工序尺寸 H_1，其工序基准与定位基准均为 B，即基准重合，基准不重合误差为零。计算基准不重合误差时，应注意判别定位基准和工序基准。

当基准不重合误差受多个尺寸影响时，应将其在工序尺寸方向上合成。

基准不重合误差的一般计算式为

$$\Delta_B = \sum_{i=1}^{n} \delta_i \cos\beta \tag{3-10}$$

式中　δ_i——定位基准与工序基准间的尺寸链组成环的公差（mm）；

β——δ_i的方向与加工尺寸方向间的夹角（°）。

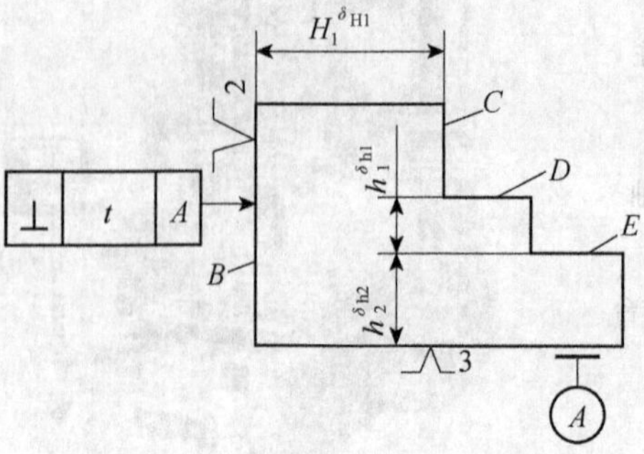

图 3-73　一个工件的铣削加工工序简图

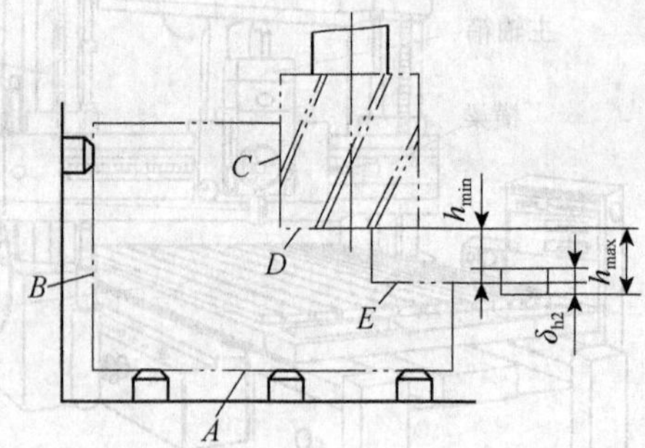

图 3-74　定位简图

学习任务

【活动一】工艺分析

要求：分析模座孔系精加工工艺。

ϕ45H7 孔径较大，精加工可采用机铰或镗削，本任务采用镗削，为减少镗削时的形状误差，采用浮动镗削。由于上、下模座的 2-ϕ45H7 孔的孔距要求一致，因此，精加工时须配作，上、下模座用虎钳先行固定成整体，再用机用虎钳或压板装夹。

模座孔系精加工步骤见表 3-14 所示。

表 3-14　模座孔系精加工步骤

步骤	加工内容	图示
1	上、下模座重叠，一起镗孔至 ϕ 45H7	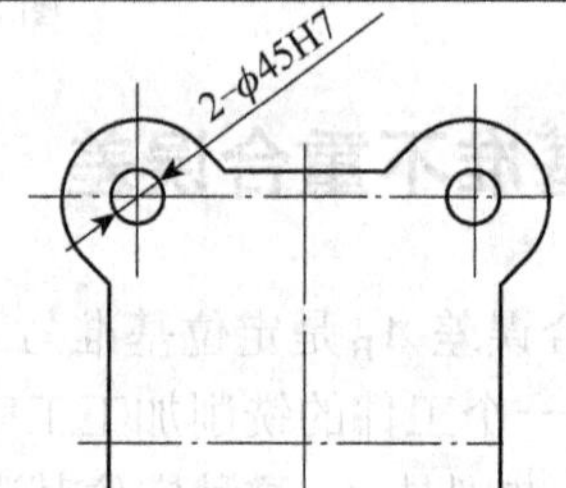
2	按画线铣 $R2.5$ 圆弧槽	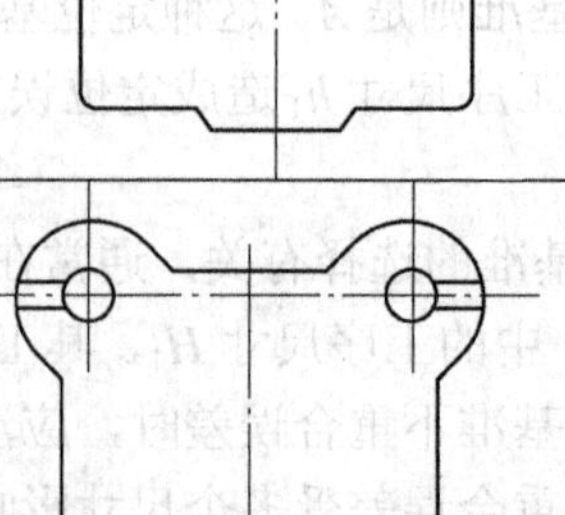

【活动二】精镗孔

要求：保证上、下模座 2-ϕ45H7 的孔距和孔径。

上、下模座同时镗孔，以保证孔径和孔距相等。可采用浮动镗削的方式，刀片在刀杆中不做径向固定，利用孔壁自行导向，孔径由刀片上对称的两个切削刃确定，浮动镗孔如图 3-75 所示。

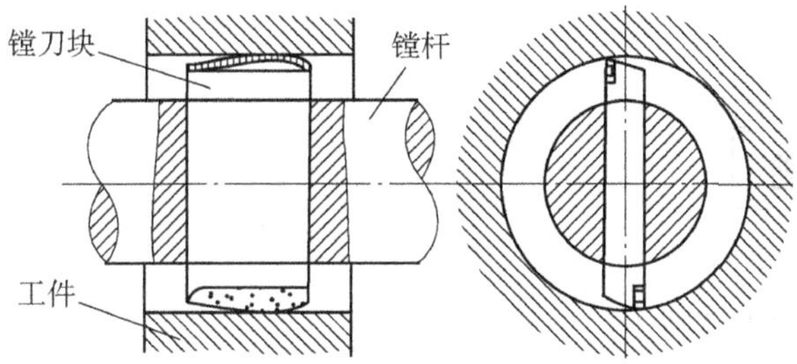

图 3-75　浮动镗孔

提示

浮动镗孔时径向力可以相互抵消，多用于精加工非标准高精度通孔。但加工后不能提高孔的位置精度，孔的位置精度必须由上一道工序来保证。

任务实施

1. 选择设备和工具、量具

镗床、浮动镗刀和塞规。

2. 质量检查的内容和成绩评定标准

模座孔系精加工检测与评价表见表 3-15。

表 3-15　模座孔系精加工检测与评价表

序号	检测内容	配分	量具	检测结果	学生评分	教师评分
1	2-ϕ45	20 分				
2	210	20 分				
3	R_a1.6	10 分				
4	文明生产	违纪一项扣 10 分				
合计		50 分				

任务小结

浮动镗孔不改变孔的位置精度，孔的位置精度由上一道工序保证。

定位时，定位基准与工序基准不重合而产生的基准不重合误差，是定位误差的一个组成部分。

习题

1. 简述浮动镗孔的工艺特点。
2. 简述板类零件的典型工艺路线。
3. 平面的精密加工方法有哪些？
4. 简述上模座加工的工艺过程。

项目小结

平面是基础类零件（如箱体、工作台、床身及支架等）的主要表面，也是回旋体零件的重要表面之一（如端面、台肩面等）。根据平面所起的作用不同，可以将其分为非结合面、结合面、导向面、测量工具的工作平面等。平面的加工方法有车削、铣削、刨削、磨削、拉削、研磨、刮研等。其中，刨削、铣削、磨削是平面的主要加工方法。

由于平面作用不同，其技术要求也不同，因此，应根据工件的技术要求、毛坯种类、原材料状况及生产规模等因素合理选用加工方案，以保证平面加工质量。常用的平面加工方案见表 3-16。

表 3-16　常用的平面加工方案

序号	加工方案	经济精度	表面粗糙度值/μm	适用范围
1	粗车－半精车	IT9	R_a6.3～3.2	回转体零件的端面
2	粗车－半精车－精车	IT8～IT7	R_a1.6～0.8	
3	粗车－半精车－磨削	IT8～IT6	R_a0.8～0.2	
4	粗刨（或粗铣）－精刨（或精铣）	IT10～IT8	R_a6.3～1.6	精度不太高的不淬硬平面
5	粗刨（或粗铣）－精刨（或精铣）－刮研	IT7～IT6	R_a0.8～0.1	精度要求较高的不淬硬平面
6	粗刨（或粗铣）－精刨（或精铣）－磨削	IT7	R_a0.8～0.2	精度要求较高的淬硬平面或不淬硬平面
7	粗刨（或粗铣）－精刨（或精铣）－粗磨－精磨	IT7～IT6	R_a0.4～0.02	
8	粗铣－拉削	IT9～IT7	R_a0.8～0.2	大量生产，较小平面（精度与拉刀精度有关）
9	粗铣－精铣－精磨－研磨	IT5 以上	R_a0.1～0.06	高精度平面

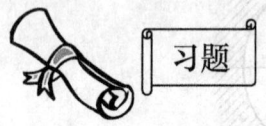

项目四　冲裁凹模的加工

项目说明

本项目主要介绍冲裁凹模的加工。通过本项目的学习和训练，掌握盘类零件加工过程中所涉及的设备、工装夹具、刀具、量具等的选用和加工工艺，并完成图 4-1 所示冲裁凹模零件的加工。

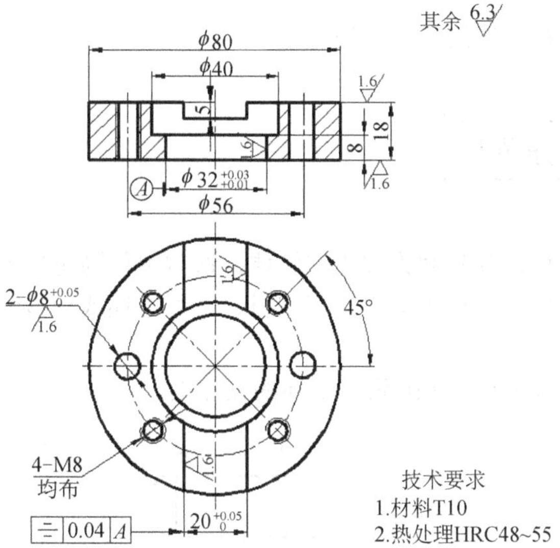

图 4-1　冲裁凹模零件

学习目标

了解盘类零件的结构与工艺特性；
了解零件定位误差及定位误差分析；
掌握盘类零件的加工工艺；
掌握加工盘类零件时相关设备、夹具的选择和使用；
掌握相关材料与刀具的选择和使用。

任务一　备料

知识点

锻造毛坯；
锻造设备与工艺；
锻件毛坯的热处理；
零件的结构工艺性。

技能点

学会对锻件毛坯进行合理的预先热处理。

任务导入

冲裁凹模为盘类零件，其外观为扁平回转体，通常用作固定件或重要的结构零件等。冲裁凹模在工作中受到的冲击载荷很大，选用型材、铸件毛坯或焊接毛坯均不合适，应采用锻件毛坯。

本任务需要完成图 4-2 所示 T10 锻件毛坯的预加工。

图 4-2　T10 锻件毛坯

知识准备

一、锻造毛坯

锻造毛坯是对金属施加压力，通过塑性变形塑造具有要求的形状或合适压缩力的零件。锻造加工能保证金属纤维组织的连续性，使锻件的纤维组织与锻件外形保持一致，金属流线

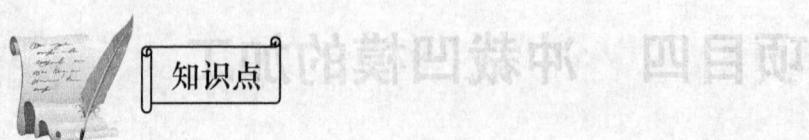

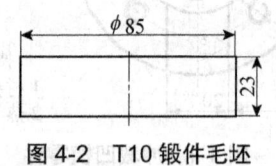

完整，从而保证零件具有良好的力学性能与较长的使用寿命。金属流线如图 4-3 所示。一般对受力大、要求高的重要机械零件，大多采用锻造生产方法制造毛坯。

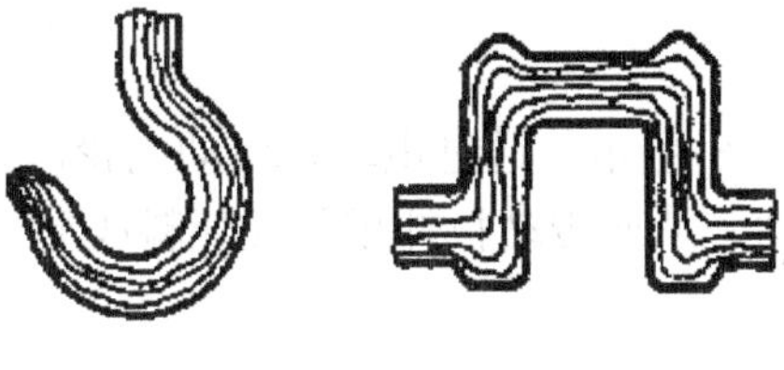

(a) 吊钩　　(b) 曲轴

图 4-3　金属流线

锻造用料主要是各种成分的碳素钢和合金钢，其次是铝、镁、铜、钛等及其合金。材料的原始状态有棒料、铸锭、金属粉末和液态金属。金属变形前的横断面积与变形后的横断面积之比称为锻造比。正确地选择锻造比、合理的加热温度及保温时间、合理的始锻温度和终锻温度、合理的变形量及变形速度，有利于提高产品质量和降低成本。

一般的中小型锻件都用圆形或方形棒料作为坯料。棒料的晶粒组织和机械性能均匀、良好，形状和尺寸准确，表面质量好，便于组织批量生产。只要合理控制加热温度和变形条件，不需要大的锻造变形就能锻出性能优良的锻件。

锻造可分为自由锻、镦粗、挤压、模锻等。

自由锻如图 4-4 所示。利用冲击力或压力使金属在上下两个砧铁（砧块）间产生变形以获得所需锻件，主要有手工锻造和机械锻造两种。

模锻如图 4-5 所示，金属坯料在具有一定形状的锻模膛内受压变形而获得锻件。模锻又分为开式模锻和闭式模锻。

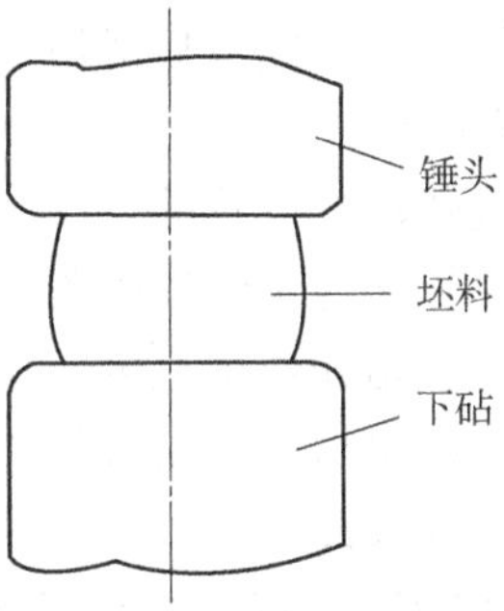

图 4-4　自由锻

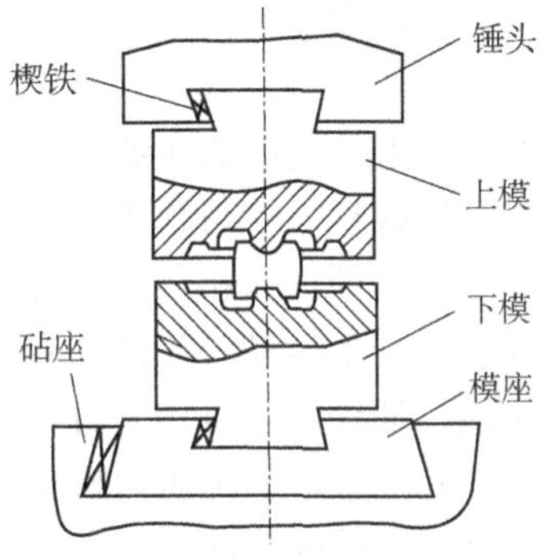

图 4-5　模锻

闭式模锻和闭式镦锻由于没有飞边，材料的利用率较高，用一道工序或几道工序就可以完成复杂锻件的精加工。由于没有飞边，锻件的受力面积减小，所需要的载荷也减小。但是，应注意不能使坯料完全受到限制，为此要严格控制坯料的体积和锻模的相对位置，并应对锻件进行测量，尽量减少锻模的磨损。

二、锻造设备

锻造设备包括成形用的冲压机、锻锤、机械压力机、液压机、螺旋压力机和平锻机，以及锻造操作机、开卷机、矫正机、剪切机等辅助设备。锻造设备工作部分的运行方式可分为直线往复运动和相对旋转运动两大类。

1. 冲压机

冲压机又称冲床，如图 4-6 所示，通过电动机驱动飞轮，并通过离合器、传动齿轮带动曲柄连杆机构使滑块上下运动，从而带动拉伸模具使坯料成形。

2. 机械压力机

机械压力机是一种结构精巧的通用型压力设备，通过对金属坯件施加强大的压力使金属发生塑性变形和断裂来加工零件，如图 4-7 所示。机械压力机具有用途广泛、生产效率高等特点，可用于切断、冲孔、落料、弯曲、铆合和成形等工艺。

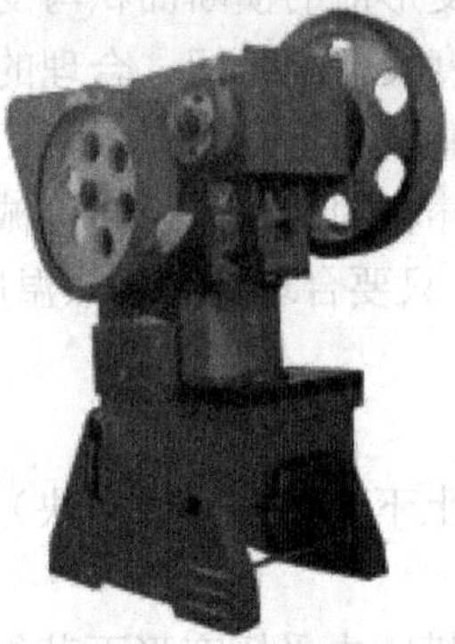

图 4-6 冲压机

图 4-7 机械压力机

机械压力机工作时由电动机通过三角皮带驱动大皮带轮（通常也作为飞轮），经过齿轮副和离合器带动曲柄滑块机构，使滑块和凸模直线下行。锻压工作完成后滑块上行，离合器自动脱开，同时曲柄轴上的止动器接通，使滑块停在上止点附近。

螺旋压力机是用螺杆、螺母作为传动机构，并靠螺旋传动将飞轮的正反向回转运动转变为滑块的上下往复运动的锻压机械。工作时，电动机使飞轮加速旋转以积蓄能量，同时通过螺杆、螺母推动滑块向下运动。当滑块接触工件时，飞轮被迫减速至完全停止，积蓄的旋转动能转变为冲击能，通过滑块打击工件，使之变形。打击结束后，电动机使飞轮反转，带动滑块上升，回到原始位置。螺旋压力机的规格用公称工作力来表示。

曲柄压力机是最常用的冷冲压设备之一，一般用作冷冲压模具的工作平台。其结构简单，使用方便。按床身结构形式的不同，曲柄压力机可分为开式曲柄压力机和闭式曲柄压力机；按驱动连杆数的不同，可分为单点压力机和多点压力机；按滑块是一个还是两个，可分为单动压力机和双动压力机。

三、毛坯材料

碳素工具钢共有七个牌号，即 T7～T13。其中 T7～T9 用于制造承受冲击的工具，如木工工具冲子、凿子、锤子等；T10～T11 用于制造低速切削工具，如钻头、丝锥、车刀等；T12～T13 用于制造耐磨工具，如锉刀、锯条等。

① 成分：高碳（0.65%～1.35%）。

② 热处理：正火+球化退火+淬火（水淬）+低温回火。

③ 用途：热硬性、淬透性差，只用于制造小尺寸的手工工具和低速刃具。

四、锻件毛坯的热处理工艺

退火是一种金属热处理工艺，指的是将金属缓慢加热到一定温度，保持足够时间，然后以适宜的速度冷却。退火是为了使经过铸造、锻轧、焊接或切削加工的材料或工件软化，改善塑性和韧性，使化学成分均匀化，去除残余应力，获得预期的物理性能。

退火最主要的工艺参数之一是最高加热温度（退火温度），大多数合金的退火温度是以该合金系的相图为基础选择的，如碳素钢以铁碳平衡图为基础。各种钢（包括碳素钢及合金钢）的退火温度，视具体退火目的取该钢种 Ac_3 以上、Ac_1 以上或以下的某一温度。各种非铁合金的退火温度则取该合金的固相线温度以下、固溶度线温度以上或以下的某一温度。

1. 退火的目的

① 降低硬度，改善切削加工性。

② 消除残余应力，稳定尺寸，减少变形与裂纹倾向。

③ 细化晶粒，调整组织，消除组织缺陷。

④ 使材料组织和成分均匀化，改善材料性能或为以后的热处理做组织准备。

2. 退火工艺

在生产中，退火工艺应用很广泛。根据工件退火的目的不同，退火的工艺规范有多种，常用的有完全退火、球化退火和去应力退火等。

（1）重结晶退火（完全退火）

重结晶退火应用于平衡加热和冷却时有固态相变（重结晶）发生的合金。其退火温度为该合金的相变温度区间以上或以内的某一温度，加热和冷却都缓慢。合金于加热和冷却过程中各发生一次相变重结晶，故称为重结晶退火。这种退火方法普遍应用于钢。

（2）不完全退火

不完全退火是将铁碳合金加热到 Ac_1 与 Ac_3 之间的某一温度，达到不完全奥氏体化，随之缓慢冷却的退火工艺。不完全退火主要适用于中高碳钢和低合金钢锻轧件等，其目的是细化组织和降低硬度。

（3）等温退火

等温退火是应用于钢和某些非铁合金，如钛合金的一种控制冷却的退火方法。钢采用等温退火能大大缩短生产周期，并能使整个工件获得更为均匀的组织和性能。等温退火也可在钢的热加工的不同阶段采用。

（4）均匀化退火

均匀化退火又称扩散退火，是应用于钢及非铁合金（如锡青铜、硅青铜、白铜、镁合金等）的铸锭或铸件的一种退火方法。将铸锭或铸件加热到相应合金的固相线温度以下的某一较高温度，长时间保温，然后缓慢冷却下来。

（5）球化退火

球化退火是只应用于钢的一种退火方法。将钢加热到稍低于或稍高于 Ac_1 的温度，或者使温度在 A_1 上下变化，然后缓冷下来。目的在于使珠光体内的片状渗碳体及先共析渗碳体都变为球粒状，均匀分布于铁素体基体中（这种组织称为球化珠光体）。具有这种组织的中碳钢和高碳钢硬度低，切削性能好，冷形变能力大。对工具钢来说，这种组织是淬火前最好的原始组织。

（6）去应力退火

将钢件加热到稍高于 Ac_1 的温度，保温一定时间后随炉冷却到 550～600℃再出炉空冷的热处理工艺称为去应力退火。去应力退火加热温度低，在退火过程中无组织转变，主要适用于毛坯件及经过切削加工的零件，目的是消除毛坯和零件中的残余应力，稳定工件尺寸及形状，减少零件在切削加工和使用过程中的形变和裂纹倾向。

五、零件的结构工艺性

零件的结构工艺性是指所设计的零件在满足使用要求的前提下制造的可行性和经济性。对于零件的切削加工工艺性有如下要求。

① 应使用标准化参数，如采用标准配合、标准尺寸等。

② 应便于在机床上安装，设置工艺搭子，如图 4-8 所示。

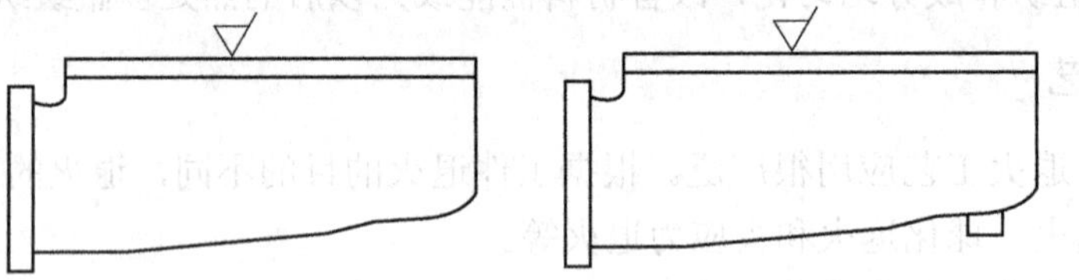

(a) (b)

图 4-8 设置工艺搭子

③ 应便于加工。避免内表面的加工，如图 4-9 所示。

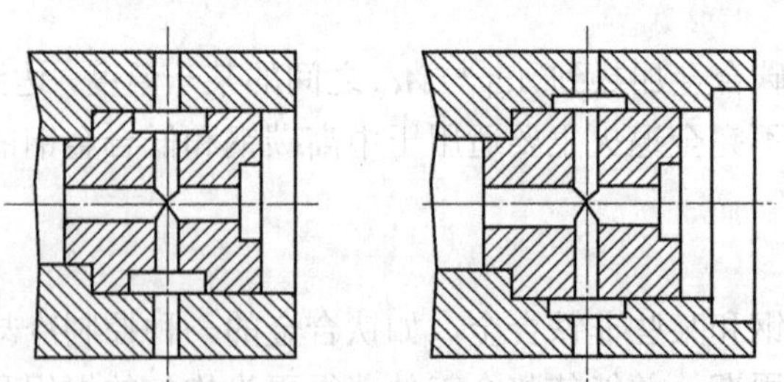

(a) (b)

图 4-9 避免内表面的加工

应设置退刀槽，如图 4-10 所示。

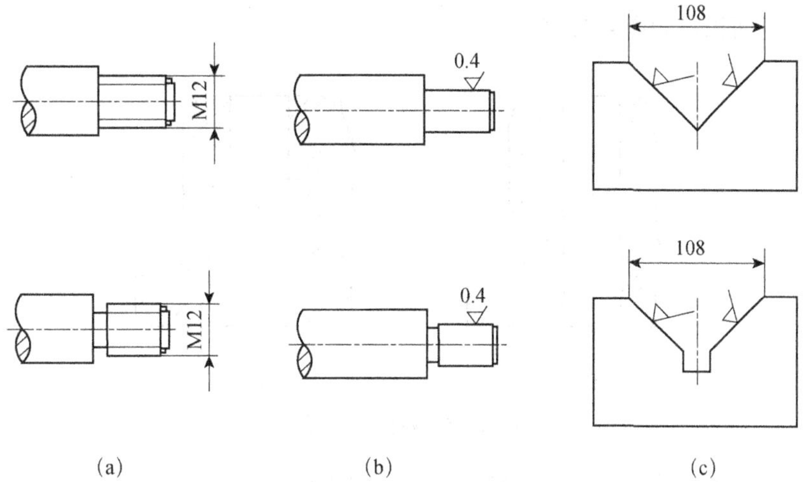

图 4-10　设置退刀槽

应减少安装次数，如图 4-11 所示。

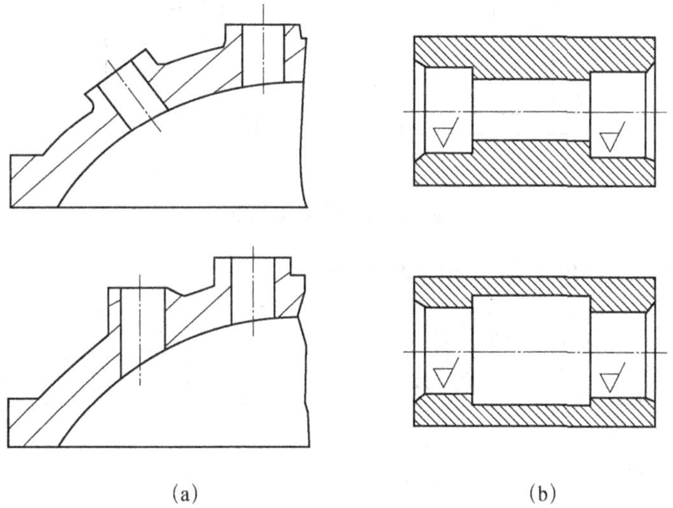

图 4-11　减少安装次数

应减少机床调整次数，如图 4-12 所示。

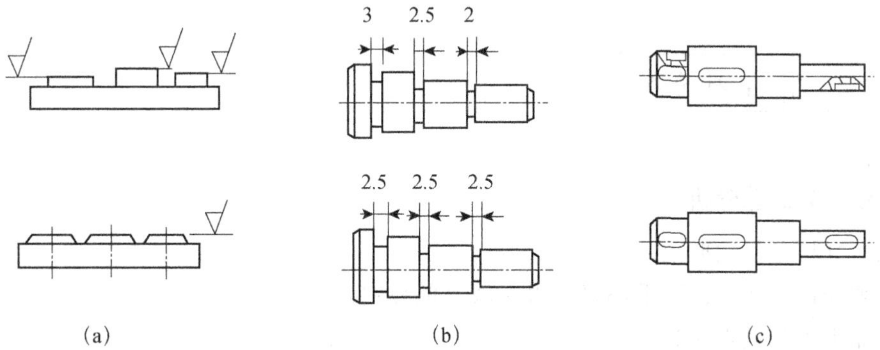

图 4-12　减少机床调整次数

应减少加工面积，如图 4-13 所示。

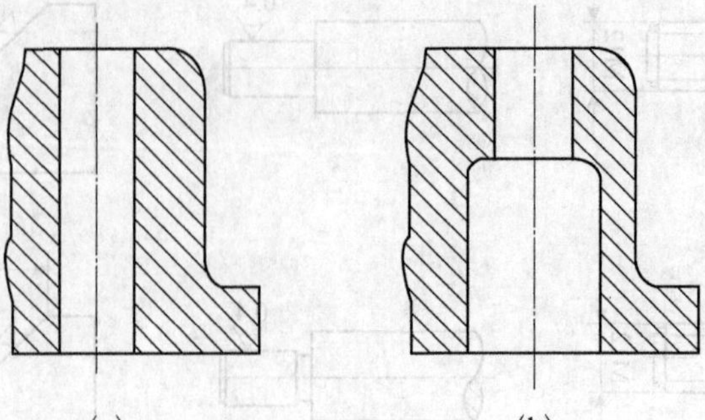

图 4-13　减少加工面积

应提高工件加工时的刚度，设置加强筋，如图 4-14 所示。

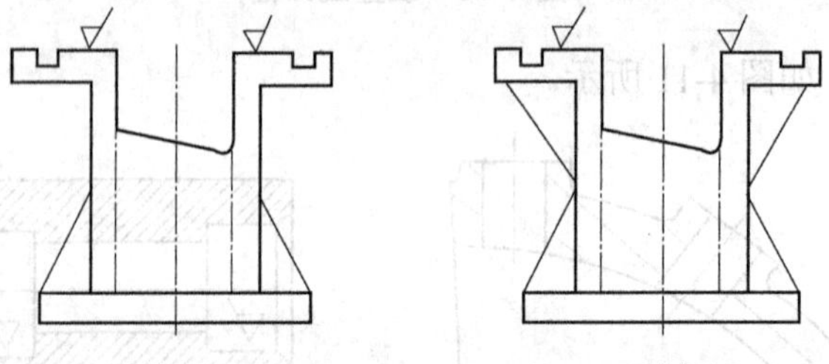

图 4-14　设置加强筋

应减少加工困难，圆角过渡，如图 4-15 所示。

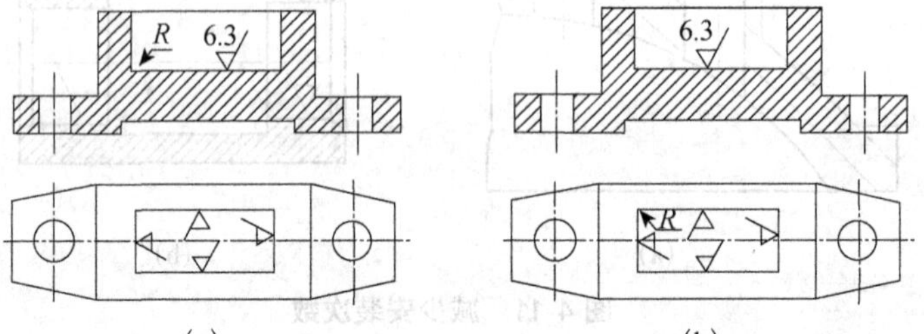

图 4-15　圆角过渡

学习任务

【活动一】工艺分析

要求：分析备料的要求。

毛坯须经过锻造，锻造毛坯采用直径较小的棒料。

备料加工步骤见表 4-1。

表 4-1 备料加工步骤

步骤	加工内容	图示
1	下料 $\phi 60 \times 46$	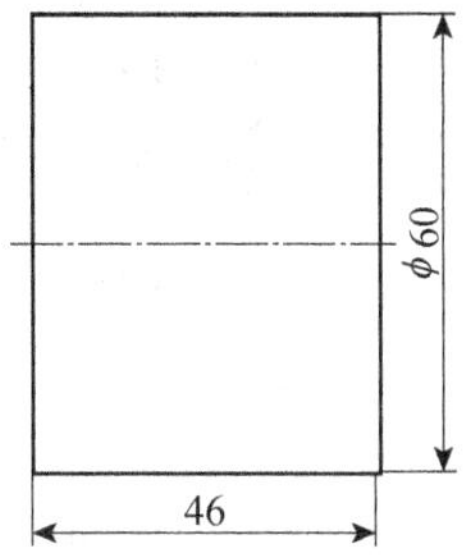
2	锻造 $\phi 85 \times 23$	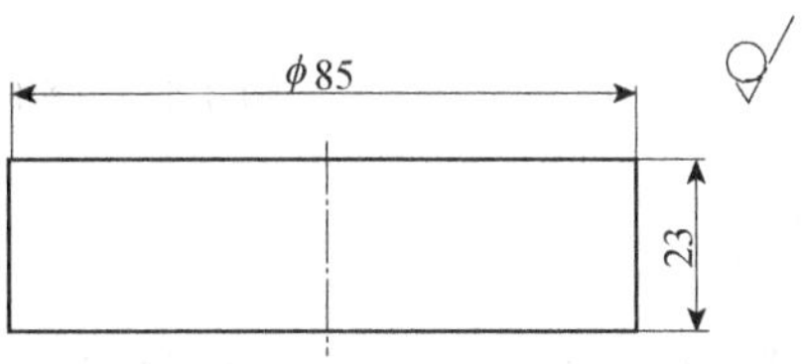

【活动二】锻造毛坯

要求：采用自由锻完成毛坯的制造。

自由锻常用工艺有拔长、镦粗、冲孔、弯曲等。

① 拔长也称延伸，它使坯料横断面积减小，长度增大，如图 4-16（a）所示。

② 镦粗使毛坯高度减小，横断面积增大，如图 4-16（b）所示。

③ 冲孔是利用冲头在镦粗后的坯料上冲出通孔或不通孔，如图 4-16（c）所示。

④ 弯曲是采用一定的工模具将毛坯弯成所规定的外形，如图 4-16（d）所示。

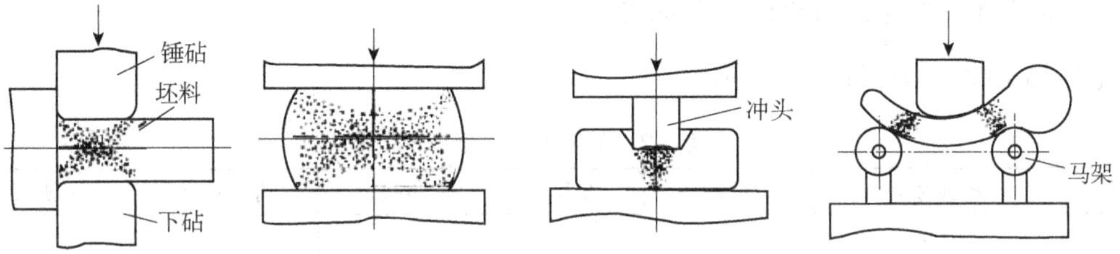

（a）拔长　（b）镦粗　（c）冲孔　（d）弯曲

图 4-16 自由锻常用工艺

本任务采用镦粗，加工温度为 700～800℃。

【活动三】毛坯预先热处理

要求：消除毛坯的内应力并降低其硬度。

工件适于切削加工的硬度为 HB170～250。T10 的出厂硬度为 HB225，经过锻造后，表面产生加工硬化，硬度有较大的提高，不适于直接进行切削加工。因此，在切削加工前须进行退火处理。

毛坯使用的材料为 T10，根据图 4-17 碳钢退火温度范围，退火的加热温度应控制在 760～780℃，将工件保温一定时间后，在炉内缓慢冷却。

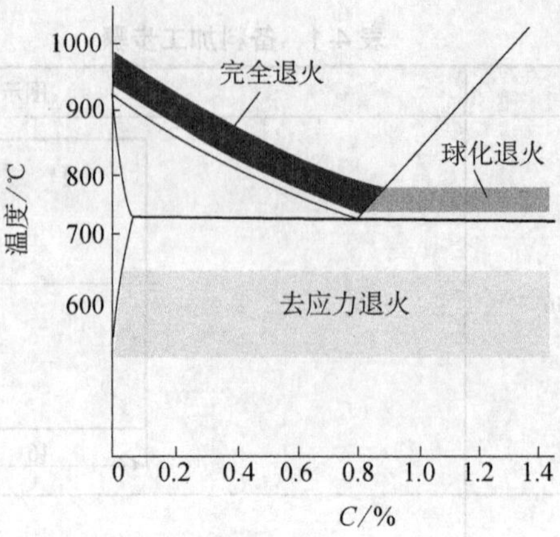

图 4-17　碳钢退火温度范围

提示

T10 含碳量高，内部的渗碳体呈网状分布，单独使用球化退火达不到降低硬度的效果，必须先通过正火消除网状渗碳体，再进行球化退火。

任务实施

1. 选择工具和量具

钢直尺。

2. 质量检查的内容和成绩评定标准

毛坯加工检测与评价表见表 4-2。

表 4-2　毛坯加工检测与评价表

序号	检测内容	配分	量具	检测结果	学生评分	教师评分
1	$\phi 85$	10 分				
2	23	10 分				
3	文明生产	违纪一项扣 10 分				
合计		20 分				

任务小结

通过本任务的学习和训练，能够掌握锻件毛坯的选择与加工方法，理解锻件毛坯预先热处理对切削加工的重要作用。下料时，保证毛坯轴线的位置及伸出长度，是获得合格毛坯的必要条件。

习题

1. 简述锻件毛坯的热处理工艺及其目的。
2. 零件的结构工艺性是什么？
3. 分析表 4-3 零件的结构工艺性。

表 4-3　零件

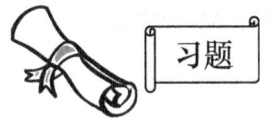

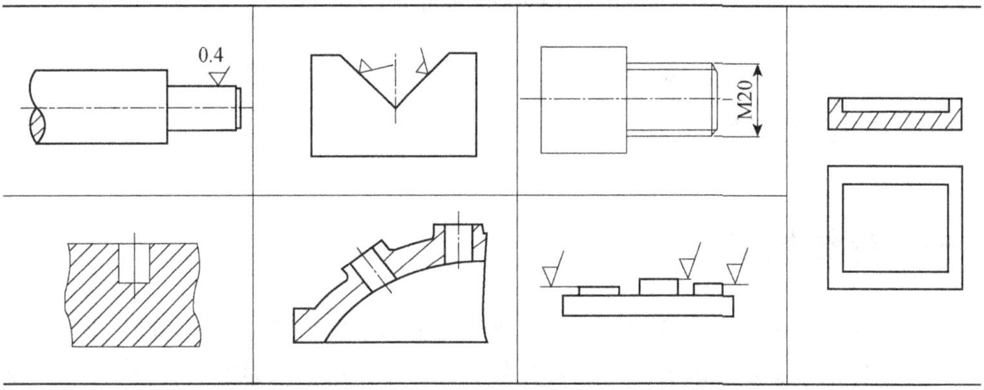

任务二　基准面的加工

知识点

螺纹的加工；
六点定位原则；
常用的定位元件和定位形式。

技能点

学会加工基准面，完成攻螺纹。

任务导入

选择质量较好的面为基准面，先车削，再与顶面互为基准进行磨削。以底面为基准，加

工时保证顶面、外圆表面、内孔和直槽的位置关系，为此须利用 4 个 M8 螺纹孔。

本任务需要完成如图 4-18 所示零件的基准面加工。

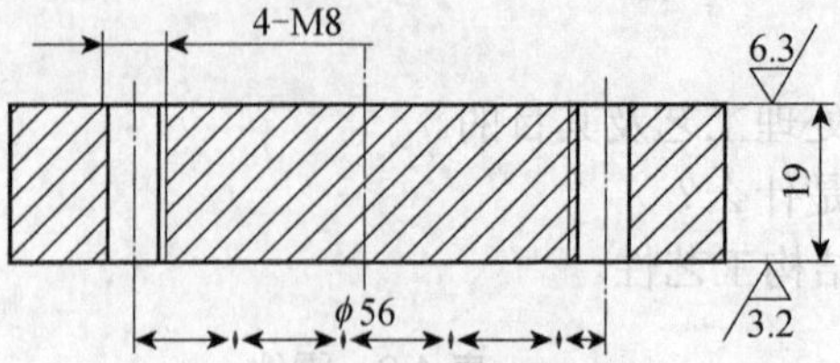

图 4-18　零件

知识准备

一、螺纹加工

在工件上加工出内、外螺纹的方法，主要有切削和滚压两类。螺纹切削一般指用成形刀具或磨具在工件上加工螺纹的方法，主要有车削、铣削、攻丝、套丝、磨削、研磨和旋风切削等。螺纹滚压是一种无切屑的螺纹加工工艺，螺纹是靠成形滚压模具使零件毛坯表层金属产生塑性变形而形成的，但一般不能加工内螺纹。螺纹加工方法见表 4-4。这些方法各有不同的特点，必须根据工件的技术要求、批量、轮廓尺寸等因素来选择，以充分发挥各种方法的优势。

表 4-4　螺纹加工方法

加工方法	加工示意图		
车螺纹	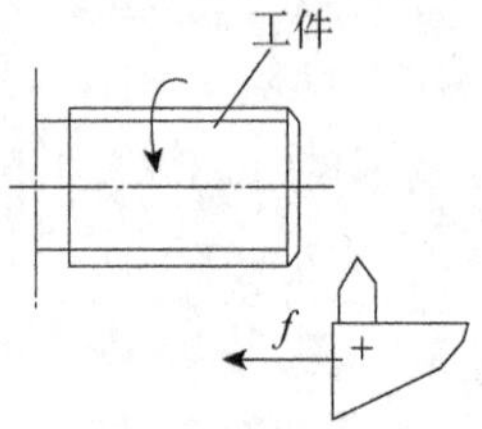	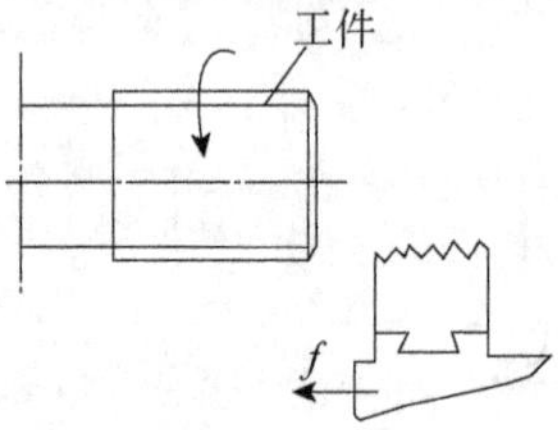	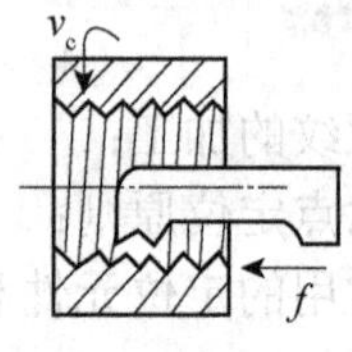
	车外螺纹	梳刀车外螺纹	车内螺纹
铣螺纹	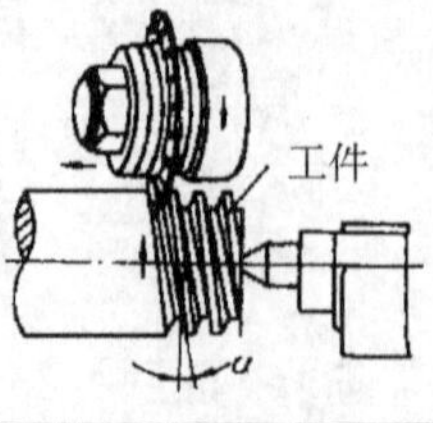	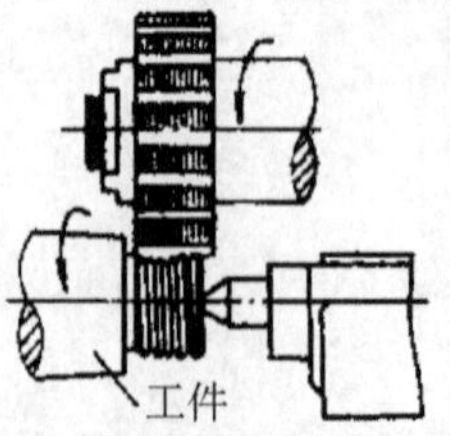	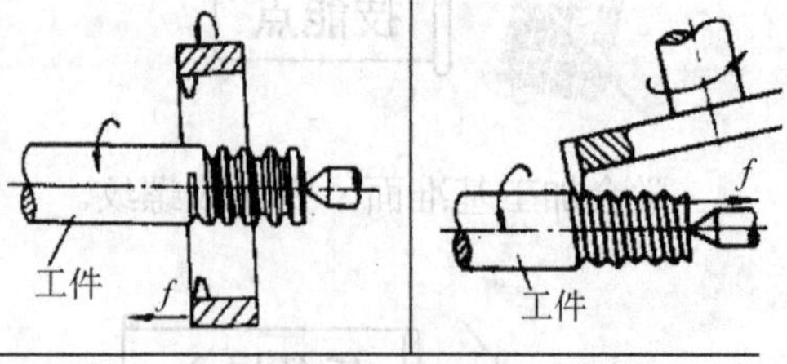
	盘铣刀铣外螺纹	梳刀铣外螺纹	旋风铣外螺纹

续表

<table>
<tr><th>加工方法</th><th colspan="4">加工示意图</th></tr>
<tr><td rowspan="2">磨削螺纹</td><td>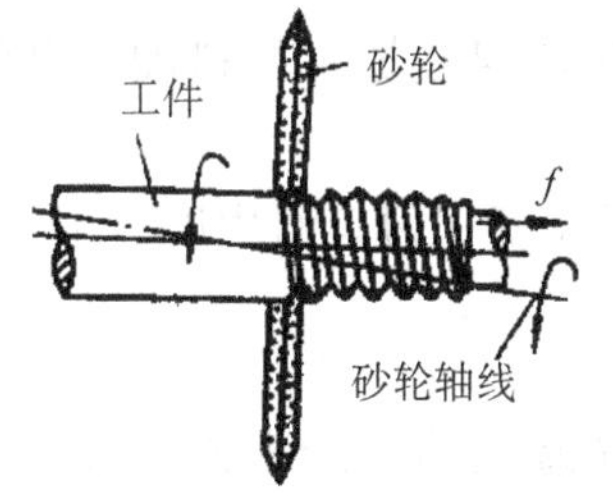</td><td>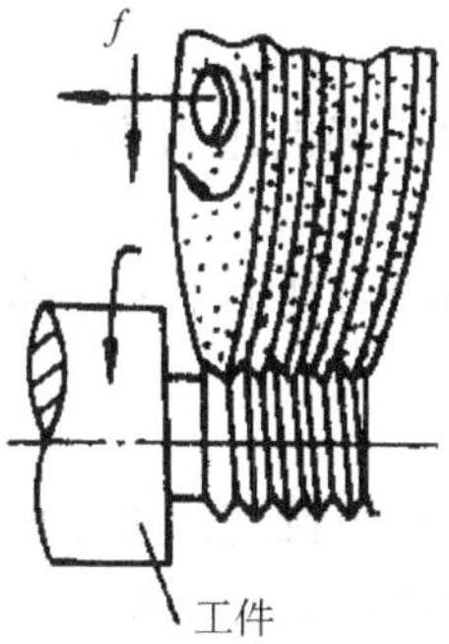</td><td colspan="2">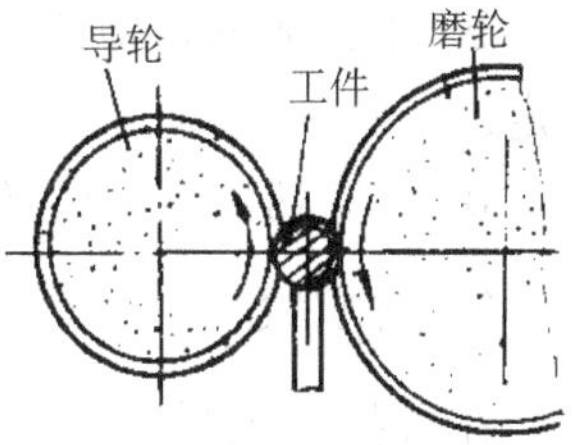</td></tr>
<tr><td>单线砂轮磨外螺纹</td><td>多线砂轮磨外螺纹</td><td colspan="2">无心磨削外螺纹</td></tr>
<tr><td rowspan="2">滚压螺纹</td><td>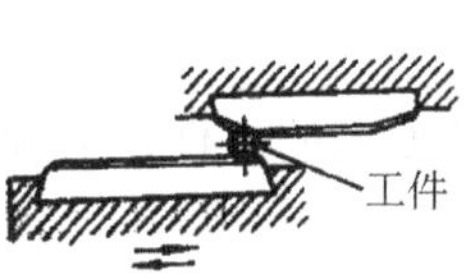</td><td>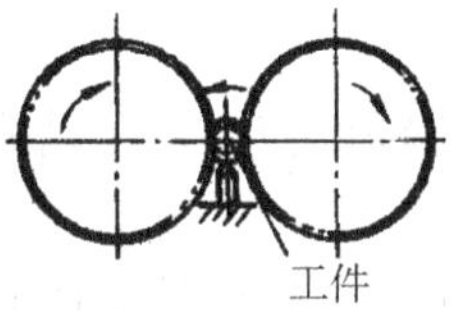</td><td>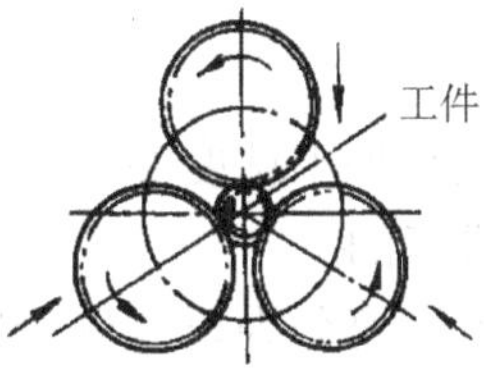</td><td>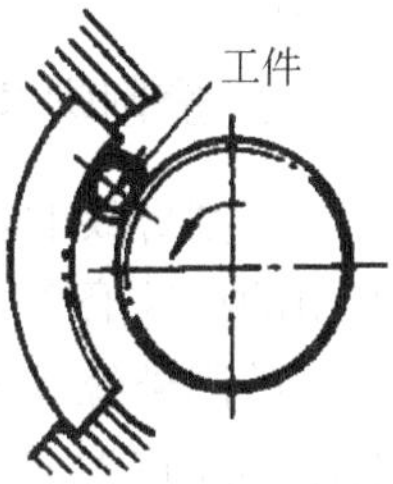</td></tr>
<tr><td>搓外螺纹</td><td>双辊滚压外螺纹</td><td>三辊滚压外螺纹</td><td>行星滚压外螺纹</td></tr>
<tr><td rowspan="2">套螺纹与攻螺纹</td><td colspan="2">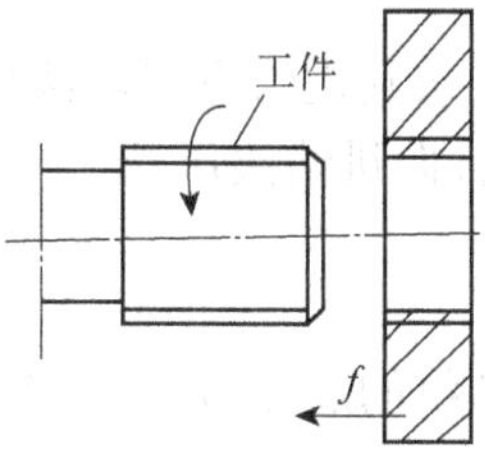</td><td colspan="2">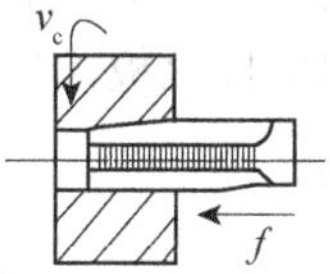</td></tr>
<tr><td colspan="2">板牙套外螺纹</td><td colspan="2">丝锥攻内螺纹</td></tr>
</table>

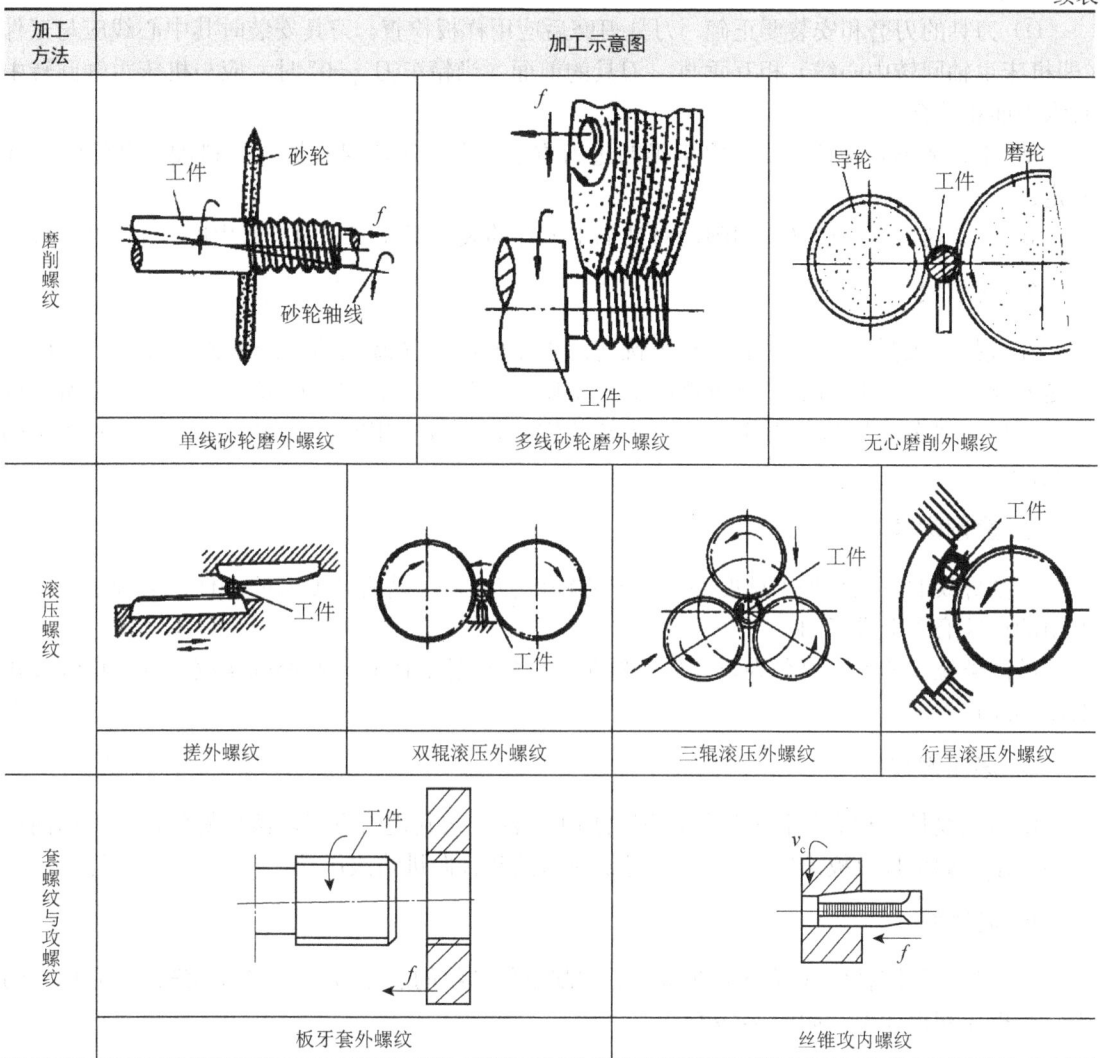

1. 车削螺纹

车削螺纹是应用最广、最简单的一种螺纹加工方法，它具有以下特点。

① 适用范围广。不同尺寸和各种轮廓的螺纹均可用车削方法加工，而且刀具简单、费用低，所使用的车床通用性好。

② 可以获得较高的精度，一般可达 7 级，有时可达 6 级，被加工螺纹的表面粗糙度值可达 $R_a1.6\mu m$。无论是加工精度或螺纹表面粗糙度均比铣螺纹、套螺纹、攻螺纹好。

③ 生产率比铣螺纹、套螺纹、攻螺纹低。

④ 对工人的技术水平要求较高，特别是对刀具的刃磨技术要求较高。因为螺纹车刀是成形刀具，刀具刃磨质量和刀具安装误差会直接影响被加工零件的表面质量。

从上述特点可以看出，车削螺纹多用于精度要求较高、产量不大的生产条件。车削螺纹的方法也有多种，在单件小批生产条件下，常采用螺纹车刀车削螺纹。用梳刀车削螺纹是一种提高生产率的有效方法。

车削螺纹时应注意以下几个问题。

① 刀具的刃磨和安装要正确，刀具刃磨后应用样板检查。刀具安装时其中心线应与工件（即机床主轴回转中心线）相互垂直，刀具的前面（当精车刀 $\gamma=0°$ 时）应与机床主轴回转中心水平面相重合。

② 粗、精车要分开，要采用正确的进刀方法，走刀次数视被加工材料硬度及螺纹尺寸而定。

③ 注意切削液的选择。切削液对被加工零件的表面粗糙度和刀具耐用度有很大的影响。

2. 铣螺纹

在成批或大量生产条件下，常用铣切法加工螺纹。铣螺纹的生产率比车螺纹高，但因它是断续切削，故其加工表面粗糙度值比车削大。铣螺纹的方法很多，一般按加工所用铣刀的不同，可分为用盘铣刀铣螺纹、用梳状铣刀铣螺纹、用蜗杆状铣刀铣螺纹和旋风铣削螺纹四种。

3. 磨削螺纹

磨削螺纹的特点是加工精度高和表面粗糙度值小，可精磨硬度高的工件，磨削螺纹是在专用的螺纹磨床上进行的。

磨削外螺纹的方法可分为单线砂轮磨削、多线砂轮磨削和无心磨削螺纹三种，单线砂轮磨削螺纹较为常用。

4. 滚压螺纹

滚压螺纹是一种高效且无切屑的螺纹加工方法。按其进给方式，滚压螺纹可分为切向进给滚压法（如用搓丝板滚压等）、径向进给滚压法和轴向进给滚压法。

5. 套螺纹

用板牙在外圆柱面（或外圆锥面）上切削出外螺纹的加工方法，称为套螺纹。套螺纹的工具是板牙和板牙架，如图 4-19 所示。

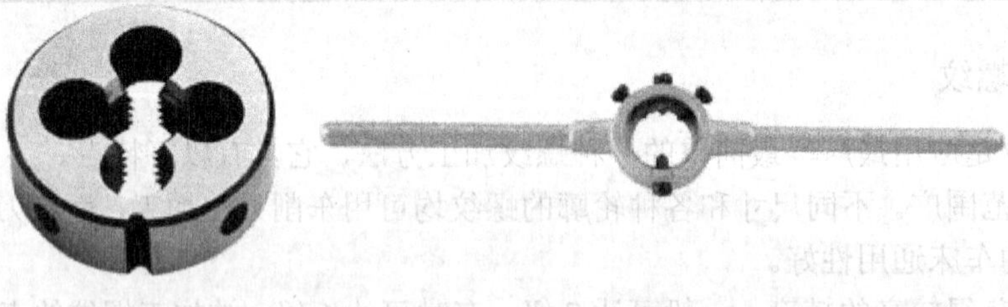

（a）板牙　　（b）板牙架

图 4-19　板牙与板牙架

6. 攻螺纹

用丝锥在工件孔中切削内螺纹的加工方法，称为攻螺纹。其操作方便，生产效率高，工件互换性好，可以加工车削无法完成的小直径内螺纹。攻螺纹的工具是丝锥和铰杠，如图 4-20 所示。

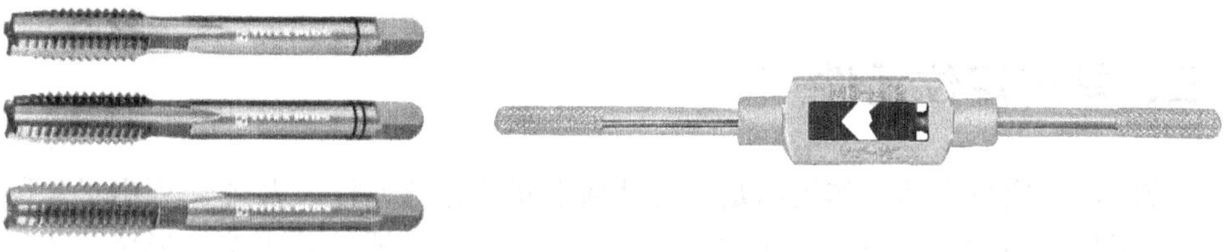

（a）丝锥　　（b）铰杠

图 4-20　丝锥与铰杠

二、六点定位原则

一个尚未定位的工件，其位置是不确定的。工件的六个自由度如图 4-21 所示，在空间直角坐标系中，工件可沿 x、y、z 轴有不同的位置，也可以绕 x、y、z 轴回转方向有不同的位置。它们分别用 $\vec{x}$ 、$\vec{y}$ 、$\vec{z}$ 和 $\hat{x}$ 、$\hat{y}$ 、$\hat{z}$ 表示。这种工件位置的不确定性，通常称为自由度。其中，$\vec{x}$ 、$\vec{y}$ 、$\vec{z}$ 称为沿 x、y、z 轴方向的自由度；$\hat{x}$ 、$\hat{y}$ 、$\hat{z}$ 称为绕 x、y、z 轴回转方向的自由度。定位的任务首先是消除工件的某些自由度。

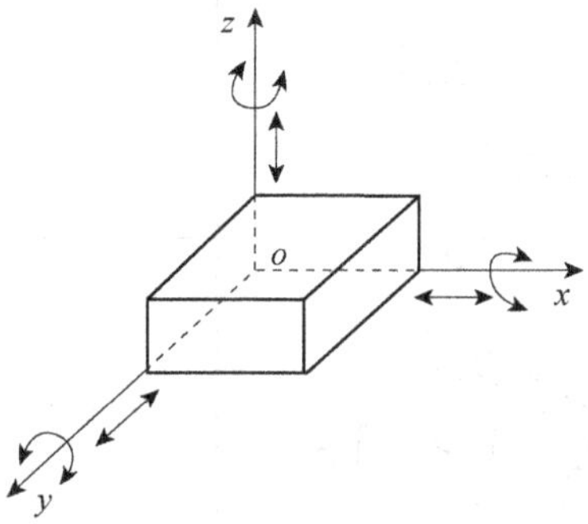

图 4-21　工件的六个自由度

六点定位原则是指夹具用合理分布的六个支承点限制工件的六个自由度，即用一个支承点限制工件的一个自由度的方法，使工件在夹具中的位置完全确定，平面几何体的定位如图 4-22 所示。

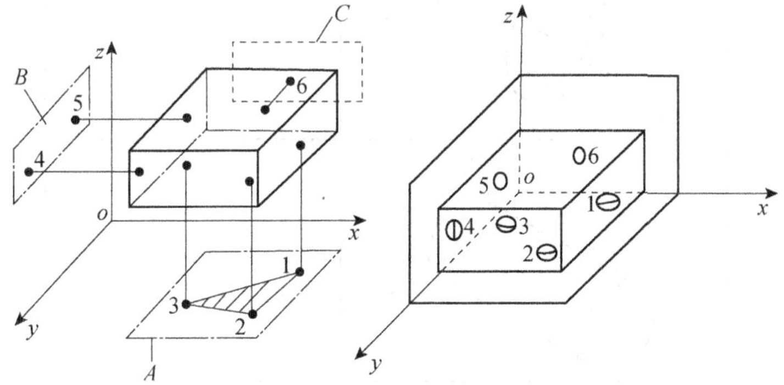

图 4-22　平面几何体的定位

提示

六点定位原则不考虑工件的质量和支承点的刚性，即两者不会发生变形。定位时，工件必须与支承点保持接触，表示定位有效。如果两者之间没有接触，则定位无效。

三、常用定位元件

在定位时，起定位支承点作用的是一定几何形状的定位元件。表 4-5 列出了常用定位元件能限制的工件自由度。其中，应注意菱形销、短圆柱定位销、活动式 V 形块、顶尖及三爪自定心卡盘的定位方式。

表 4-5 常用定位元件能限制的工件自由度

定位基准	定位简图	定位元件	限制的自由度
大平面	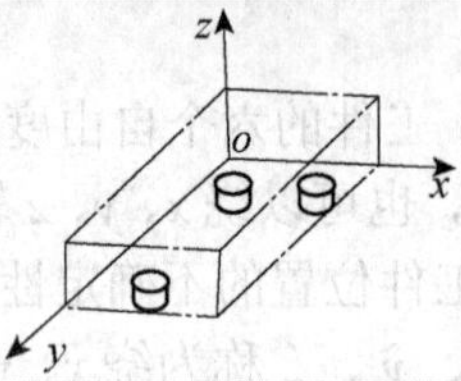	支承钉	$\vec{z}$、$\hat{x}$、$\hat{y}$
	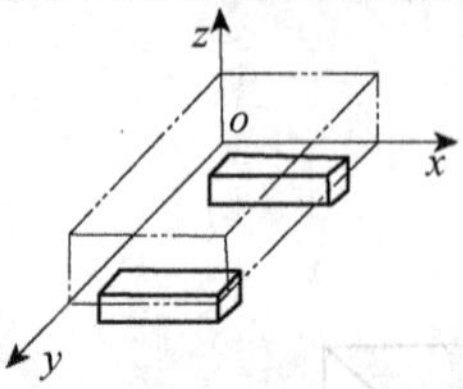	支承板	$\vec{z}$、$\hat{x}$、$\hat{y}$
长圆柱面	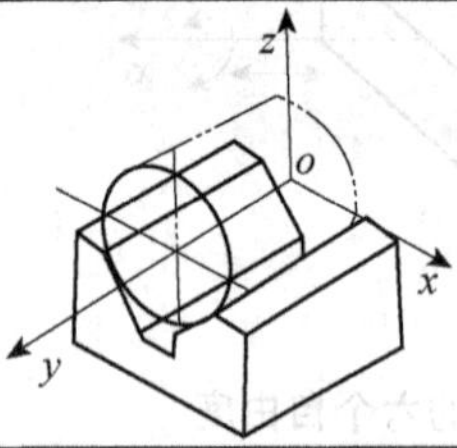	固定式 V 形块	$\vec{x}$、$\vec{z}$、$\hat{x}$、$\hat{z}$
	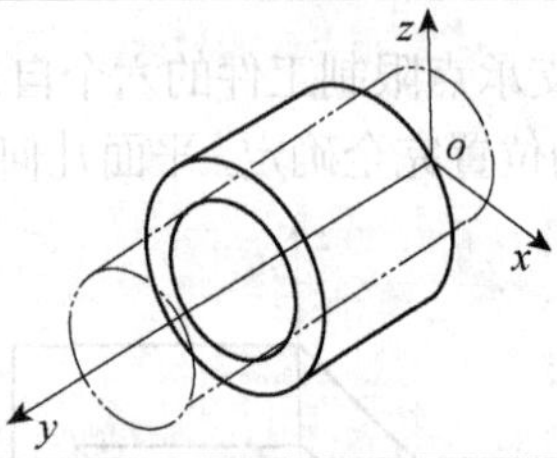	固定式长套	
	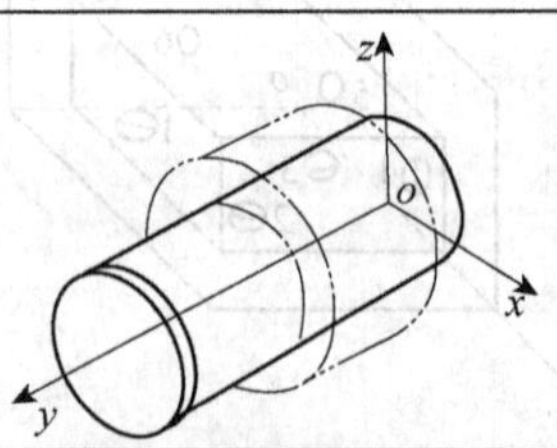	心轴	
长圆柱面	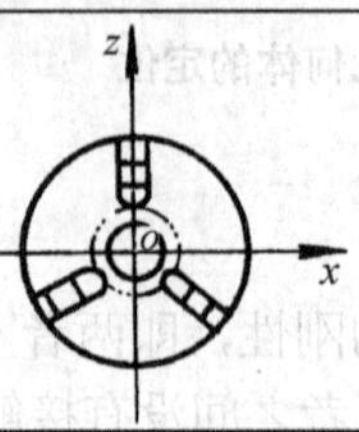	三爪自定心卡盘	$\vec{x}$、$\vec{z}$、$\hat{x}$、$\hat{z}$

续表

定位基准	定位简图	定位元件	限制的自由度
两中心孔	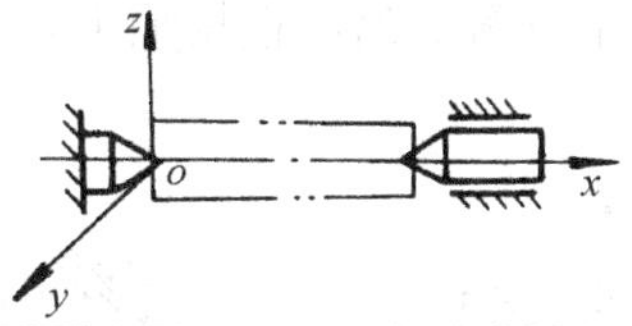	固定顶尖	$\vec{x}$、$\vec{y}$、$\vec{z}$
		活动顶尖	$\hat{y}$、$\hat{z}$
短外圆与中心孔	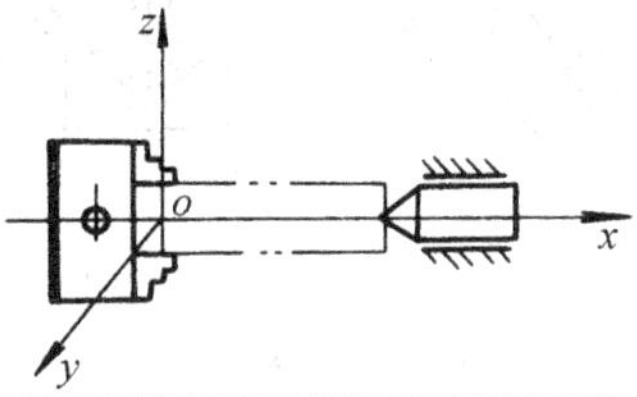	三爪自定心卡盘	$\vec{y}$、$\vec{z}$
		活动顶尖	$\hat{y}$、$\hat{z}$
大平面与两外圆弧面	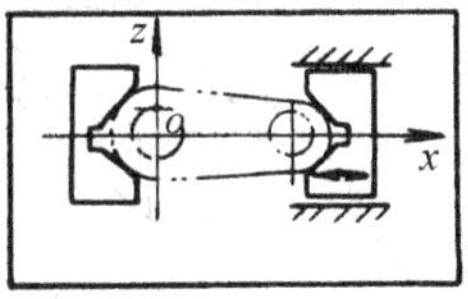	支承板	$\vec{y}$、$\hat{x}$、$\hat{z}$
		短固定式 V 形块	$\vec{x}$、$\vec{z}$
		短活动式 V 形块（防转）	$\hat{y}$
大平面与两圆柱孔	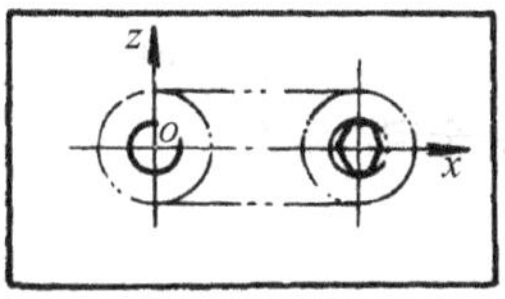	支承板	$\vec{y}$、$\hat{x}$、$\hat{z}$
		短圆柱定位销	$\vec{x}$、$\vec{z}$
		短菱形销（防转）	$\hat{y}$
长圆柱孔与其他	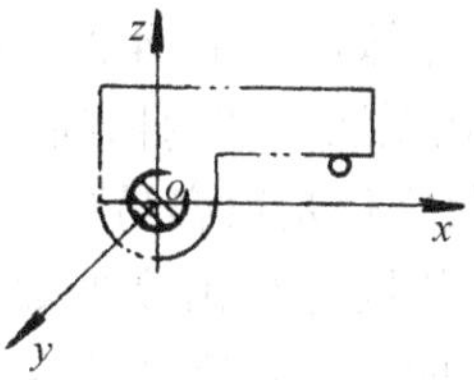	固定式心轴	$\vec{x}$、$\vec{z}$、$\hat{x}$、$\hat{z}$
		挡销（防转）	$\hat{y}$
大平面与短锥孔	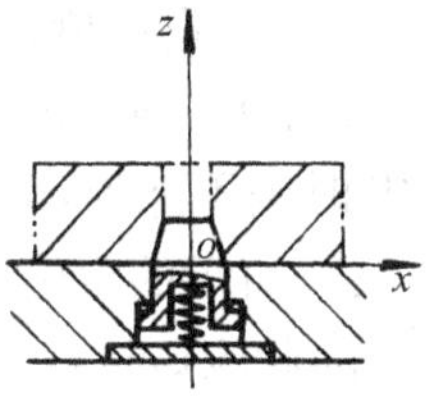	支承板	$\vec{z}$、$\hat{x}$、$\hat{y}$
		活动锥销	$\vec{x}$、$\vec{y}$

四、工件的定位形式

1. 完全定位与不完全定位

正确的定位形式有完全定位和不完全定位两种。完全定位适合较复杂工件的加工。在满足加工要求的情况下，还可以采用不完全定位。如图 4-23 所示为不完全定位示例，它们在保证加工要求的条件下，仅限制了工件的部分自由度。图 4-23（a）所示的圆锥面中心定位，限制了工件的 $\vec{x}$、$\vec{y}$、$\vec{z}$、$\hat{x}$、$\hat{z}$ 五个自由度。图 4-23（b）所示的平面支承限制了工件的 $\vec{x}$、$\vec{z}$、$\hat{x}$、$\hat{y}$、$\hat{z}$ 五个自由度。图 4-23（c）、（d）所示的工件加工面相同，前者须限制工件的 $\vec{x}$、

$\vec{z}$、$\hat{x}$、$\hat{y}$、$\hat{z}$ 五个自由度；后者无两槽之间的位置要求，则可不必限制 $\hat{y}$ 自由度，限制的自由度为 $\vec{x}$、$\vec{z}$、$\hat{x}$、$\hat{z}$。图 4-23（e）所示的平板状工件的定位，仅限制了工件的 $\vec{z}$、$\hat{x}$、$\hat{y}$ 三个自由度，它是常见定位中定位点较少的一种。这种根据加工要求，仅限制工件部分自由度的定位形式，称为不完全定位。

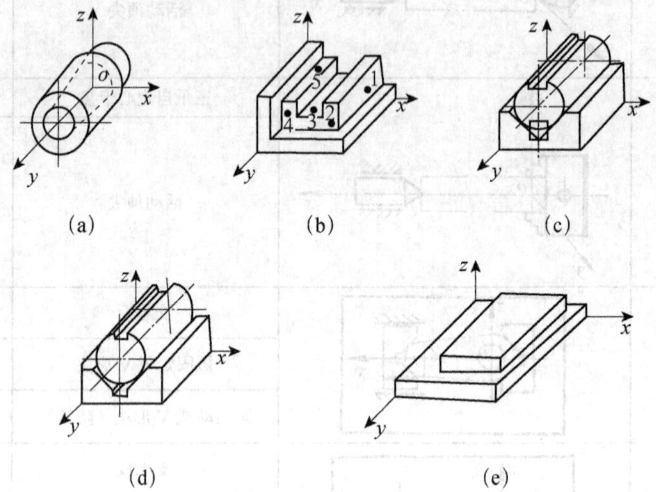

图 4-23　不完全定位示例

2. 欠定位与过定位

欠定位是一种定位不足而影响加工的现象。例如，在图 4-23（c）中，若不设置防转的定位销，则工件的 $\hat{y}$ 自由度就不能得到限制，也就无法保证两槽间的位置要求，因此欠定位是不允许的。通常只要仔细分析定位点的作用，欠定位是很容易防止的。

过定位的情况较复杂，它是指定位时工件的同一自由度被数个定位元件重复限制。过定位如图 4-24（a）所示，要求被加工平面对 A 面的垂直度公差为 0.04mm。若用夹具的两个大平面实现定位，则工件的 A 面被限制了 $\vec{x}$、$\hat{y}$、$\hat{z}$ 三个自由度，B 面被限制了 $\vec{z}$、$\hat{x}$、$\hat{y}$ 三个自由度，其中 $\hat{y}$ 自由度被 A、B 面同时限制。由图 4-24（a）可见，当工件处于加工位置 I 时，可保证垂直度要求；而当工件处于加工位置 II 时则不能保证。这种随机的误差造成了定位的不稳定，严重时会引起过定位干涉。图 4-25（a）所示的定位中，支承板和定位销重复限制了工件的 $\vec{z}$ 自由度，可能出现不能装夹的现象，因此应该尽量避免和消除过定位现象。

通常可采取下列措施来消除过定位。

① 减小接触面积。如图 4-24（b）所示，把定位的面接触改为线接触，减去了引起过定位的自由度 $\hat{y}$。

② 修改定位元件形状，以减少定位支承点。过定位如图 4-25（a）所示。如图 4-25（b）所示，将圆柱定位销改为菱形销，使定位销在干涉部位（z 方向）不接触，减去了引起过定位的自由度 $\vec{z}$。

③ 缩短圆柱面的接触长度。

④ 设法使过定位的定位元件在干涉方向上能浮动，以减少实际支承点数目。如图 4-26 所示的可浮动定位元件分别在 $\vec{z}$、$\vec{x}$ 和 $\hat{y}$、$\hat{z}$ 方向上浮动，从而消除了过定位。

⑤ 拆除过定位元件。

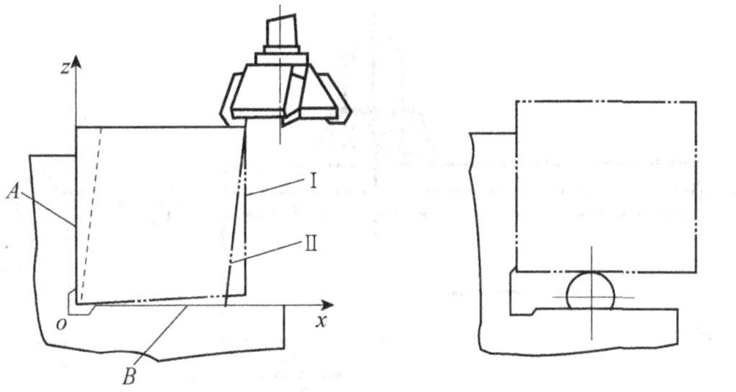

（a）过定位　　（b）把面接触改为线接触

图 4-24　过定位及其消除方法示例一

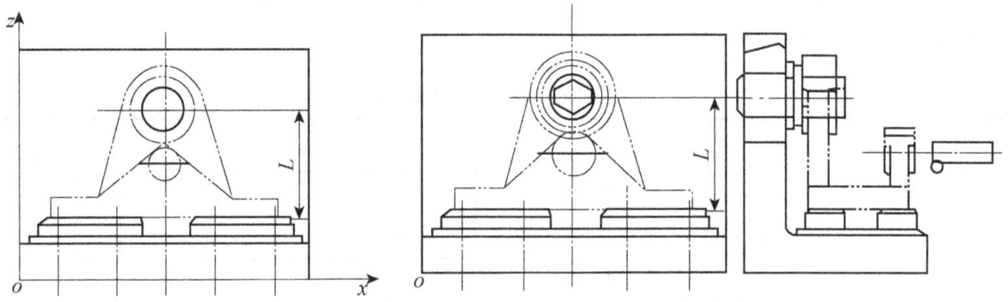

（a）过定位　　（b）把圆柱定位销改为菱形销

图 4-25　过定位及其消除方法示例二

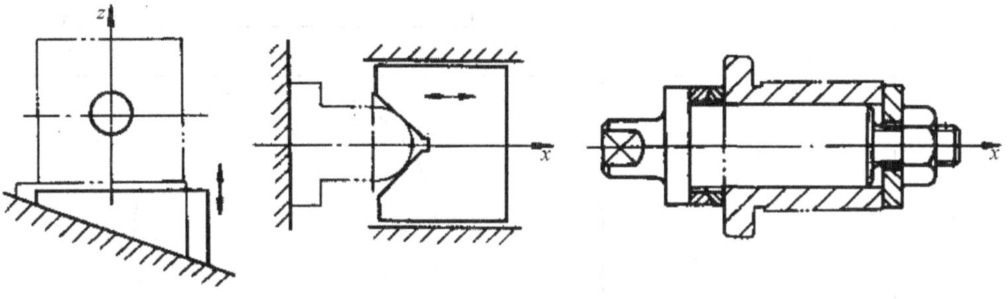

（a）可浮动的平面支承（$\vec{z}$）　（b）可浮动的V形块（$\vec{x}$）　（c）球面垫圈（$\hat{y}$、$\hat{z}$）

图 4-26　可浮动定位元件

学习任务

【活动一】工艺分析

要求：确定定位基准并分析加工工艺。

对于工件上的某些重要表面（如导轨和重要的孔等），为了尽可能使其加工余量均匀，应选择重要表面作为粗基准。当精加工或光整加工工序要求余量尽可能小而均匀时，应选择被加工表面本身作为定位基准，这就是自为基准原则，机床导轨面自为基准示例如图 4-27 所示。

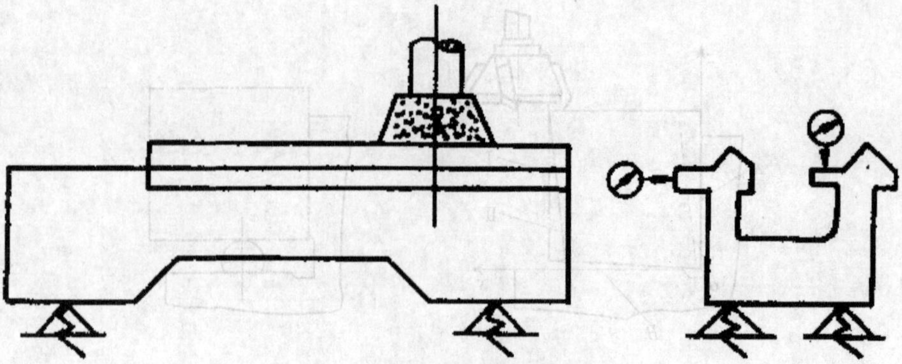

图 4-27 机床导轨面自为基准示例

因此，本任务选择工件的底面作为精基准面，则顶面为粗基准面。

基准面的加工步骤见表 4-6。

表 4-6 基准面的加工步骤

步骤	加工内容	图示
1	车削顶面（见平）	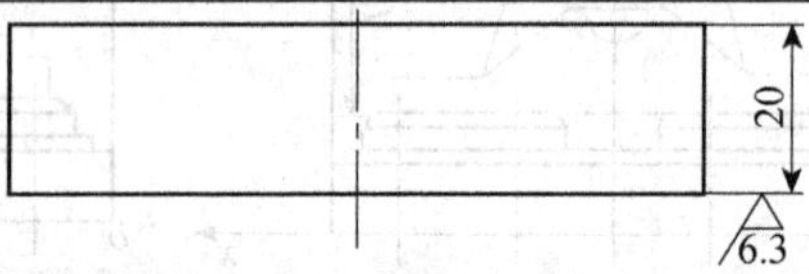
2	磨底面，保证厚度 19	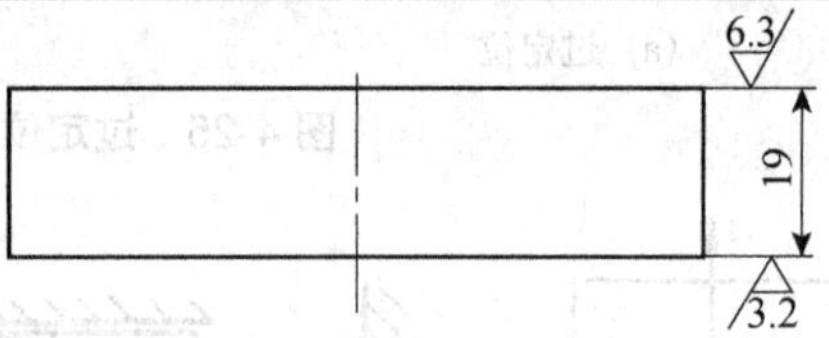
3	画螺孔中心线	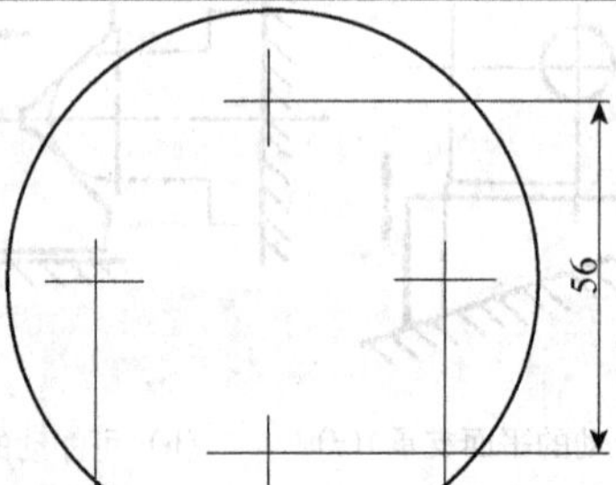
4	钻 4 个 $\phi 6.7$ 螺纹底孔	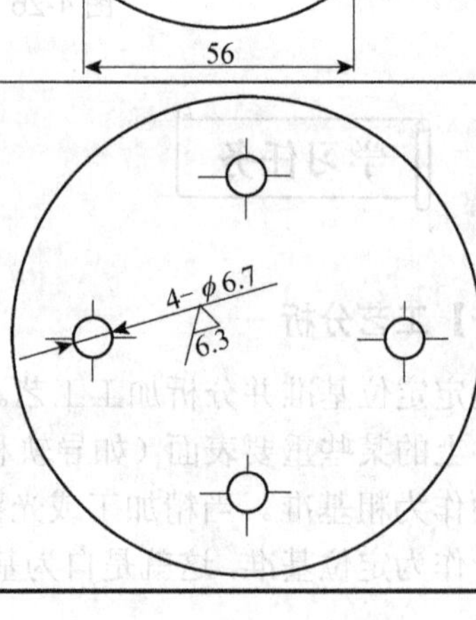

续表

步骤	加工内容	图示
5	攻 4 个 M8 螺纹孔	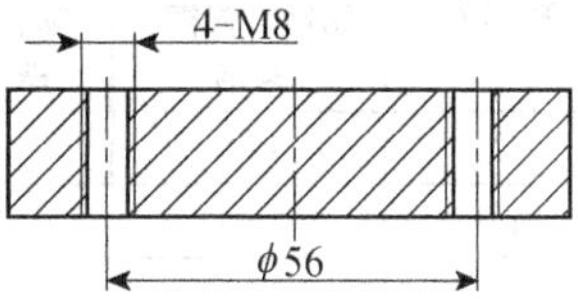

【活动二】加工螺纹底孔

要求：正确加工螺纹底孔。

螺纹底孔直径计算方法见表 4-7。

攻螺纹时，由于丝锥对工件材料产生挤压，螺纹底孔表面材料被抬起。如果底孔直径与螺纹小径相同，则螺纹牙顶会嵌入丝锥刀齿的根部，使加工无法正常进行。

表 4-7　螺纹底孔直径计算方法

被加工材料和扩张量	底孔直径计算公式
钢和其他塑性大的材料，扩张量中等	$D_0=D-P$
铸铁和其他塑性小的材料，扩张量较小	$D_0=D-$（1.05～1.1）P

注：D_0——攻丝前底孔直径；D——螺纹公称直径；P——螺距。

例：计算在钢件上攻 M8 螺纹时的底孔直径并选择钻头。普通螺纹攻丝前钻底孔的钻头直径见表 4-8。

解：查表 4-8 得 M8 螺纹的螺距 P=1.25mm。

钢件攻丝前底孔直径为 $D_0=D-P=8-1.25=6.75$mm。

根据计算，可选用 ϕ 6.7mm 的钻头。

表 4-8　普通螺纹攻丝前钻底孔的钻头直径　（单位：mm）

螺纹直径 D	螺距 P	钻头直径		螺纹直径 D	螺距 P	钻头直径	
		铸铁、青铜、黄铜	钢、可锻铸铁、紫铜			铸铁、青铜、黄铜	钢、可锻铸铁、紫铜
2	0.4	1.6	1.6	10	1.5	8.4	8.5
	0.25	1.75	1.75		1.25	8.6	8.7
2.5	0.45	2.05	2.05		1	8.9	9
	0.35	2.15	2.15		0.75	9.1	9.2
3	0.5	2.5	2.5	12	1.75	10.1	10.2
	0.35	2.65	2.65		1.5	10.4	10.5
4	0.7	3.3	3.3		1.25	10.6	10.7
	0.5	3.5	3.5		1	10.9	11
5	0.8	4.1	4.2	14	2	11.8	12
	0.5	4.5	4.5		1.5	12.4	12.5
6	1	4.9	5		1	12.9	13
	0.75	5.2	5.2	16	2	13.8	14
8	1.25	6.6	6.7		1.5	14.4	14.5
	1	6.9	7		1	14.9	15
	0.75	7.1	7.2	18	2.5	15.3	15.5

续表

螺纹直径 D	螺距 P	钻头直径	
		铸铁、青铜、黄铜	钢、可锻铸铁、紫铜
18	2	15.8	16
	1.5	16.4	16.5
	1	16.9	17
20	2.5	17.3	17.5
	2	17.8	18
	1.5	18.4	18.5
	1	18.9	19
22	2.5	19.3	19.5

螺纹直径 D	螺距 P	钻头直径	
		铸铁、青铜、黄铜	钢、可锻铸铁、紫铜
22	2	19.8	20
	1.5	20.4	20.5
	1	20.9	21
24	3	20.7	21
	2	21.8	22
	1.5	22.4	22.5
	1	22.9	23

【活动三】攻内螺纹

要求：正确加工 M8 内螺纹。

选用直径为 M8 的机用丝锥，机用丝锥如图 4-28 所示，在攻丝机上完成内螺纹加工。

图 4-28　机用丝锥

攻螺纹前，孔口须倒角。装夹工件时，要求底孔的轴线应处于垂直位置。

由于本工件是塑性材料，为了减少切削时的摩擦，提高螺孔的表面质量，延长丝锥的使用寿命，采用机油或浓度较高的乳化液润滑。

任务实施

1. 选择工具和量具

高度游标卡尺、游标卡尺、划针、样冲、丝锥、麻花钻、车刀等。

2. 质量检查的内容和成绩评定标准

基准面加工检测与评价表见表 4-9。

表 4-9　基准面加工检测与评价表

序号	检测内容	配分	量具	检测结果	学生评分	教师评分
1	19	5 分				
2	M8（四处）	20 分				
3	56（两处）	20 分				
4	R_a6.3	5 分				
5	文明生产	违纪一项扣 10 分				
合计		50 分				

任务小结

通过本任务的学习和训练，能够掌握盘类零件定位的基本要求，了解选择和加工基准面的方法，理解基准面对后续加工的重要作用，掌握内螺纹的加工工艺。

习题

1. 常用的内、外螺纹加工方法有哪些？
2. 简述定位与夹紧的关系。
3. 定位的种类有哪些？各有何特点？
4. 简述几种典型定位基准的定位特点。

任务三　定位孔的加工

知识点

孔的结构工艺性；
铰孔加工；
铰削工艺参数；
深孔加工。

技能点

学会铰削定位孔。

任务导入

定位孔是为使相邻两零件准确定位而设计的插入定位销的孔。定位孔采用先钻后铰的工艺进行加工。在装配时，加工模座上的定位孔以冲裁凹模上的定位孔为模板。

本任务需要完成如图 4-29 所示冲裁凹模的定位孔的加工。

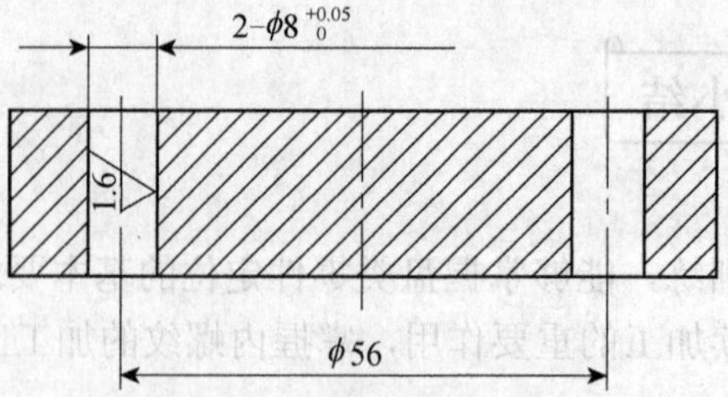

图 4-29　冲裁凹模的定位孔

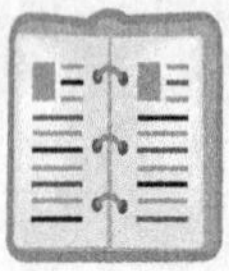

知识准备

一、孔的结构工艺性

孔可分为通孔、阶梯孔、盲孔、交叉孔等几类。通孔的工艺性最好，特别是孔的长径比 $L/D \leqslant 1.5$ 的短圆柱孔，$L/D > 5$ 时圆柱孔加工就较困难。阶梯孔的工艺性较差。交叉孔的结构工艺性如图 4-30 所示。交叉孔的工艺性很差，如图 4-30（a）所示。当刀具加工到交叉口处时，由于不连续切削，容易损坏刀具并使孔的轴线偏斜，而且还不能采用浮动刀具加工。为改善其工艺性，可将 ϕ70mm 的毛坯孔不铸通，如图 4-30（b）所示，加工完 ϕ100mm 孔后再加工 ϕ70mm 孔。盲孔的工艺性最差，应尽量避免。若结构允许，可将盲孔钻通而改成阶梯孔，以改善其结构工艺性。

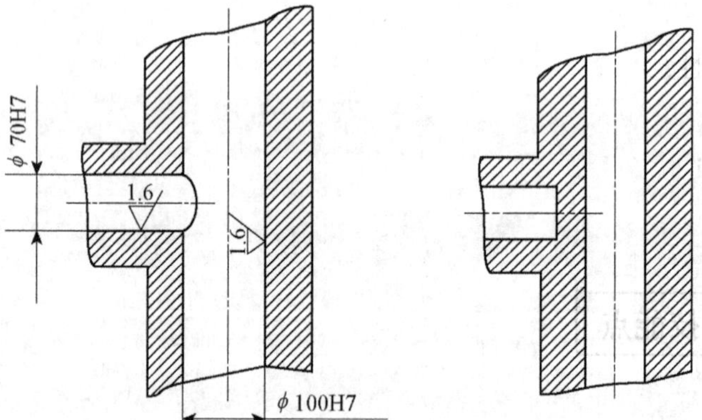

图 4-30　交叉孔的结构工艺性

二、铰削用量

铰削用量包括铰削余量、铰削速度和进给量。

首先要确定铰削余量。铰削余量主要根据工件材料、铰孔精度和加工表面粗糙度等具体要求确定。当余量过小时，通常不能把前道工序的加工痕迹去除；当余量过大时，由于切削负荷增大，容易破坏铰刀工作的稳定性，引起振动，从而导致铰孔扩大，大大降低刀具使用寿命。

铰削速度和进给量也要合理选择，应在保证质量的前提下提高加工效率。一般来说，提高铰削速度和增大进给量，会使铰孔精度下降，表面粗糙度值增大，铰刀磨损加剧，容易引起振动。情况严重时，甚至会使硬质合金刃口崩裂。铰削钢时常取 f=0.05～0.6mm/r，铰削铸铁时 f=0.2～2mm/r，孔加工要求高及孔小时应取小值。铰削速度可取 v_c=3～20m/min，铰削钢时为避免产生积屑瘤，应选用小值。

加工时，铰削用量可以按表 4-10～表 4-12 选取。

表 4-10　高速钢铰刀加工不同材料的铰削用量

铰刀直径/mm	低碳钢 HBS 120～200		低合金钢 HBS 200～300		高合金钢 HBS 300～400		软铸铁 HBS130		中硬铸铁 HBS175		硬铸铁 HBS230	
	f	v	f	v	f	v	f	v	f	v	f	v
6	0.13	23	0.1	18	0.1	7.5	0.15	30.5	0.15	26	0.15	21
9	0.18	23	0.18	18	0.15	7.5	0.2	30.5	0.2	26	0.2	21
12	0.2	27	0.2	21	0.18	9	0.25	36.5	0.25	29	0.25	24
15	0.25	27	0.25	21	0.2	9	0.3	36.5	0.3	29	0.3	24
19	0.3	27	0.33	21	0.25	9	0.38	36.5	0.38	29	0.36	24
22	0.33	27	0.33	21	0.25	9	0.43	36.5	0.43	29	0.41	24
25	0.51	27	0.38	21	0.3	9	0.51	36.5	0.51	29	0.41	24
铰刀直径/mm	可锻铸铁		铸造黄铜及青铜		铸造铝合金及锌合金		塑料		不锈钢		钛合金	
	f	v	f	v	f	v	f	v	f	v	f	v
6	0.1	17	0.13	46	0.15	43	0.13	21	0.05	7.5	0.15	9
9	0.18	20	0.18	46	0.2	43	0.18	21	0.1	7.5	0.2	9
12	0.2	20	0.23	52	0.25	49	0.2	24	0.15	9	0.25	12
15	0.25	20	0.3	52	0.3	49	0.25	24	0.2	9	0.25	12
19	0.3	20	0.41	52	0.38	49	0.3	24	0.25	11	0.3	12
22	0.33	20	0.43	52	0.43	49	0.33	24	0.3	12	0.38	18
25	0.38	20	0.51	52	0.51	49	0.51	24	0.36	14	0.51	18

表 4-11　硬质合金铰刀铰孔的铰削用量

加工材料		铰刀直径/mm	铰削深度/mm	进给量/mm	铰削速度/(m/min)
钢	σ_b≤1000MPa	＜10	0.08～0.12	0.15～0.25	6～12
		10～20	0.12～0.15	0.20～0.35	
		20～40	0.15～0.20	0.30～0.50	
	σ_b＞1000MPa	＜10	0.08～0.12	0.15～0.25	4～10
		10～20	0.12～0.15	0.20～0.35	
		20～40	0.15～0.20	0.30～0.50	
铸钢 σ_b≤700MPa		＜10	0.08～0.12	0.15～0.25	6～10
		10～20	0.12～0.15	0.20～0.35	
		20～40	0.15～0.20	0.30～0.50	
灰铸铁	σ_b≤200	＜10	0.08～0.12	0.15～0.25	8～15
		10～20	0.12～0.15	0.20～0.35	
		20～40	0.15～0.20	0.30～0.50	

续表

加工材料		铰刀直径/mm	铰削深度/mm	进给量/mm	铰削速度/(m/min)
灰铸铁	$\sigma_b>200$	<10	0.08～0.12	0.15～0.25	5～10
		10～20	0.12～0.15	0.20～0.35	
		20～40	0.15～0.20	0.30～0.50	
冷硬铸铁 HBS65～80		<10	0.08～0.12	0.15～0.25	3～5
		10～20	0.12～0.15	0.20～0.35	
		20～40	0.15～0.20	0.30～0.50	

表 4-12 常用铰刀的铰削用量

铰刀类型	铰孔余量（单边）/mm	铰削速度/（m/min）	进给量/（mm/r）
高速钢铰刀	0.1～0.3	4～6	0.2～1.5
高速钢阶梯铰刀	0.2～0.5	4～6	0.2～1.5
硬质合金铰刀	0.1～0.4	8～12	0.3～1.0
无刃铰刀	0.01～0.03	3～6	0.5～1.0

使用数控设备进行铰削时，铰削参数可参考表 4-13。

表 4-13 CNC 机床铰刀铰削参数

规格	铰削速度/（m/min）	铰孔余量（单边）/mm	*S*/（r/min）	*F*/（mm/min）	进给量/（mm/r）
FMM-20/4	12	0.1～1.5	200	160	0.4～1.2
FMM-25/4	14	0.1～1.5	180	200	0.6～1.6
FMM-30/4	16	0.2～1.8	170	190	0.6～1.6
FMM-32/4	16	0.2～3.0	165	180	0.6～1.6
FMM-40/4	20	0.2～3.0	160	170	0.6～1.6

提示

铰孔前，必须加工底孔，加工时用切削油或切削液润滑。

孔径在 16mm 以下，余量以不超过 0.15mm（单边）为宜；孔径在 16～50mm，余量以不超过 0.25mm（单边）为宜。

三、深孔加工

一般将长径比 $L/D>5$ 的孔称为深孔，深孔加工与一般孔加工比较，生产率低，难度大。

1. 深孔加工的工艺特点

① 孔的轴线易歪斜，这是因为深孔刀具较细长，刚性比较差，加工中容易发生引偏和振动。

② 刀具的冷却和散热条件差，切削温度升高，使刀具的耐用度降低。

③ 切屑排出困难，有时会划伤已加工表面，严重时会引起刀具崩刃甚至折断。

深孔加工必须采取各种工艺措施，解决上述三方面的问题。例如，可采取工件旋转的方式，以及改进刀具导向结构，以减少刀具引偏；采用压力输送切削液，以冷却刀具和排出切屑；改进刀具结构，强制断屑，以适应具有一定压力的切削液输入，有利于切屑顺利排出等。

2. 深孔钻削

单件小批生产中的深孔钻削，常采用接长的麻花钻在卧式车床上进行。为了排屑和冷却刀具，钻头每进给一段不长的距离就要从孔内退出。在加工中，钻头频繁进退，既影响钻孔效率，又增加工人劳动强度。

成批生产中的深孔钻削，常采用深孔钻头在专用深孔加工机床上进行，深孔加工示意图如图 4-31 所示。当采用内排屑深孔钻削时，必须使用机床附件油压头，以使深孔钻头获得良好的导向性能，并使高压切削液进入深孔内的钻削区以冷却钻头和顺利排出切屑，从而保证深孔钻削的持续进行。

加工深孔的钻头种类很多，可根据孔径 *D* 和孔的长径比（*L*/*D*）选择不同的钻头。一般钻 ϕ2～10mm 深孔，多采用单刃内排屑枪钻；钻 ϕ30～75mm 深孔，多采用双刃内排屑深孔钻；喷吸钻用于 ϕ18mm 以上的深孔加工。

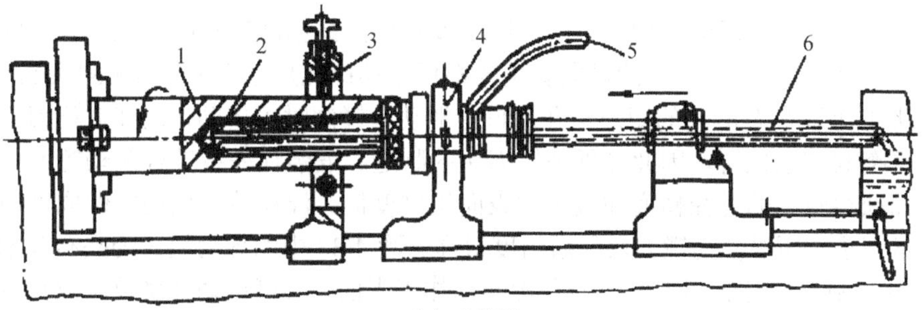

(a) 内排屑

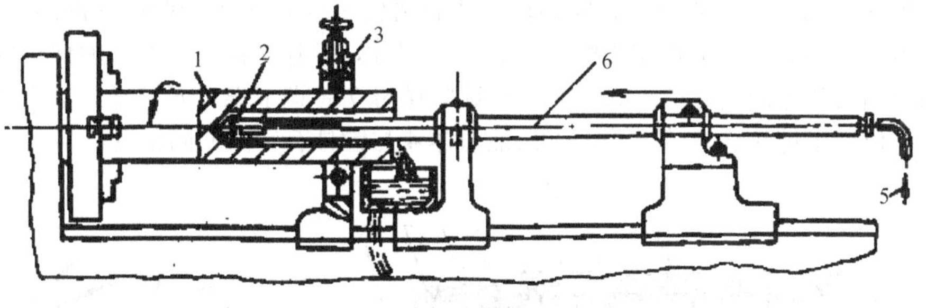

(b) 外排屑

1—工件；2—深孔钻头；3—中心架；4—油压头；5—切削液；6—钻杆

图 4-31　深孔加工示意图

3. 深孔镗削

经过钻削的深孔，如果要进一步提高尺寸精度、直线度及减小表面粗糙度值，则要用镗头镗孔。深孔镗削与一般镗削不同，它仍使用深孔钻床，在钻杆上装上深孔镗头，深孔镗头如图 4-32 所示。深孔镗头的前后端均有导向块，前导向块由两块硬质合金组成，后导向块由四块硬质合金组成。镗头尺寸由对刀块调整，其尺寸应与镗头的导向块尺寸及导套尺寸一致，否则工件孔内将产生竹节状表面。前导向块轴向位置在刀尖后面 2mm 左右。这种镗头采用推镗和前排屑法，与过去采用的拉镗方法相比，其镗杆受压，镗杆的稳定性不如拉镗，但装夹工件和调整尺寸都比较方便，生产率也比拉镗高。

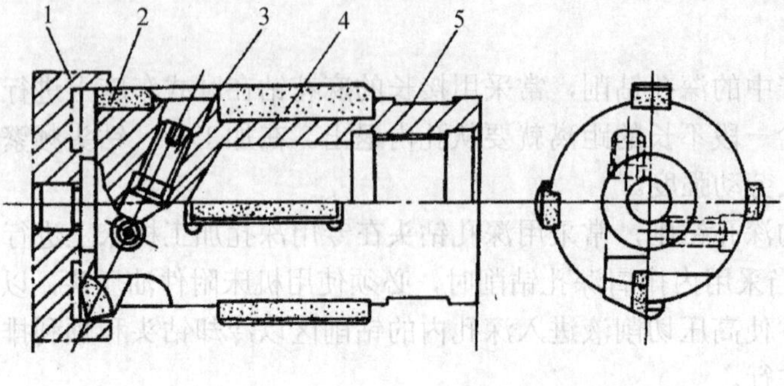

1—对刀块；2—前导向块；3—调节螺钉；4—后导向块；5—刀体

图 4-32 深孔镗头

4. 浮动镗孔（浮动铰孔）

浮动镗孔是镗深孔后的精加工方法，所用设备仍然是钻削深孔的设备，只需取下深孔镗头，换上深孔铰刀头，油压头中的导向套也要根据浮动镗孔尺寸更换。图 4-33 是深孔铰刀头。浮动镗刀块 1 可以在刀体 4 的矩形槽孔内自由滑动，镗削时可借助作用在对称刀刃上的切削力来自动平衡其切削位置，因此能抵消镗刀块的制造、安装误差或镗杆跳动等所引起的不良影响，从而获得较高的孔径精度和很小的表面粗糙度值。浮动镗刀块通常做成可调的，又因其切削用量很小，所以浮动镗刀块的耐用度很高。图 4-33 中的导向块 3 为夹布胶木（或白桦木），有一定的弹性，这种材料既可避免擦伤已加工表面，又可自动补偿数次镗孔后直径的磨损，维持良好的导向作用。使用螺钉 2 将导向块 3 固定在楔形板 5 上。通过转动调节螺母 6，可使楔形板 5 在刀体 4 的斜槽中轴向移动，从而调整导向块的径向尺寸。镗孔时，应使前导向块与孔紧配，后导向块应调整得略大于镗刀块尺寸，工作时能自动磨去而保持较高的导向精度。当导向块的径向尺寸调整完成后，用锁紧螺母 7 将调节螺母 6 锁紧。接头 8 与镗杆间采用止口定位、平螺纹连接的方法，以保证刀体 4 与镗杆有较高的同轴度。

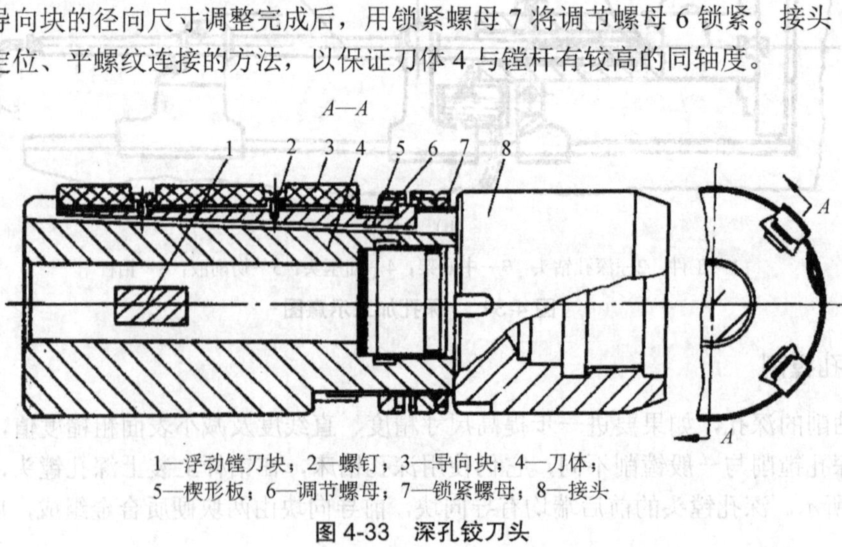

1—浮动镗刀块；2—螺钉；3—导向块；4—刀体；
5—楔形板；6—调节螺母；7—锁紧螺母；8—接头

图 4-33 深孔铰刀头

学习任务

【活动一】工艺分析

要求：分析定位孔的加工工艺。

定位孔采用先钻后铰工艺进行加工，可以由钳工或机加工完成。由于是单件生产，本任务由钳工完成。钳工画线时，可用分度头或V形块加靠铁定位，用高度游标卡尺画线。定位孔的加工步骤见表4-14。

表4-14 定位孔的加工步骤

步骤	加工内容	图示
1	画两个定位孔的中心线	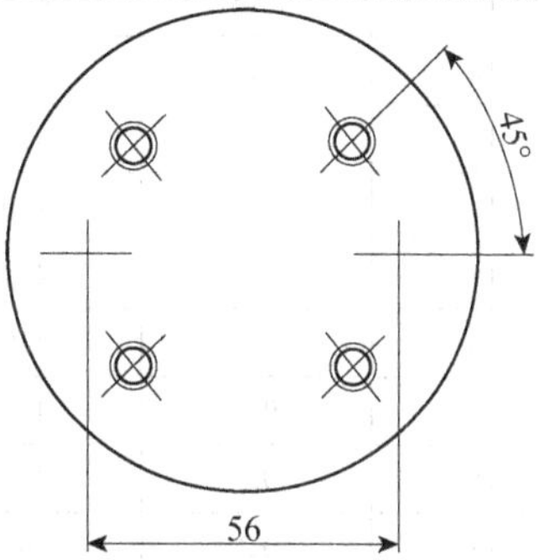
2	钻铰 2−ϕ8	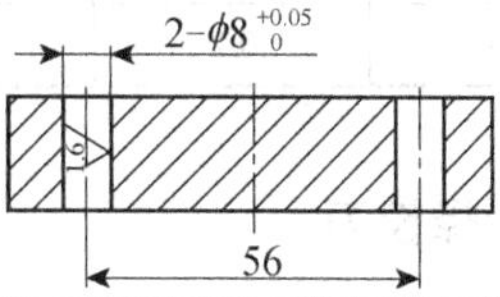

【活动二】加工底孔

要求：正确选择麻花钻加工底孔。

本任务的定位孔直径为8mm，根据标准麻花钻直径和铰削余量选择麻花钻。根据表4-15选用直径为7.8mm的标准麻花钻。

表4-15 部分常用直柄标准麻花钻规格表 （单位：mm）

规格 *d*(H8)	全长	刃长	规格 *d*(H8)	全长	刃长	规格 *d*(H8)	全长	刃长	规格 *d*(H8)	全长	刃长
6	93	57	7			8			9		
6.1			7.1			8.1			9.1		
6.2			7.2	109	69	8.2	117	75	9.2	125	81
6.3			7.3			8.3			9.3		
6.4	101	63	7.4			8.4			9.4		
6.5			7.5			8.5			9.5		
6.6			7.6			8.6			9.6		
6.7			7.7	117	75	8.7	125	81	9.7	133	87
6.8	109	69	7.8			8.8			9.8		
6.9			7.9			8.9			9.9		

麻花钻的切削参数可由表 4-16 查得，转速为 640r/min，进给量为 0.15mm/r，切削速度为 16m/min。

表 4-16　部分常用直柄标准麻花钻切削参数表

钻头直径/mm	切削速度/（m/min）	进给量/（mm/r）	转速/（r/min）	钻头直径/mm	切削速度/（m/min）	进给量/（mm/r）	转速/（r/min）
2	16	0.1	2550	18	18	0.3	320
3	16	0.1	1700	20	18	0.3	280
4	16	0.1	1275	22	18	0.4	260
5	16	0.1	1020	23	18	0.4	250
6	16	0.15	850	24	18	0.4	240
7	16	0.15	730	25	18	0.4	230
8	16	0.15	640	26	20	0.5	250
9	16	0.15	565	28	20	0.5	230
10	16	0.15	510	30	22	0.6	235
11	16	0.15	460	33	22	0.6	215
12	18	0.2	480	36	22	0.6	200
13	18	0.2	440	38	22	0.6	185
14	18	0.2	410	40	25	0.7	200
15	18	0.2	380	43	25	0.7	185
16	18	0.2	360	46	25	0.7	175
17	18	0.2	340	48	25	0.7	165

【活动三】选择铰刀

要求：正确选择铰刀。

铰刀的精度对孔的质量有重大影响，铰刀直径公差直接影响被加工孔的尺寸精度、铰刀制造成本和使用寿命。铰孔时，刀齿径向跳动及铰削用量和切削液等因素会使孔径大于铰刀直径，称为铰孔扩张；而刀刃钝圆半径挤压孔壁，则会使孔产生恢复而缩小，称为铰孔收缩。一般扩张和收缩的因素同时存在，最后结果应由实验确定。经验表明：用高速钢铰刀铰孔一般发生扩张，用硬质合金铰刀铰孔一般发生收缩，铰削薄壁孔时也常发生收缩。

因此，选定铰刀后，应进行试铰。对于新铰刀，还要先对刀齿进行修磨，具体方法如下。

① 将铰刀夹在车床的三爪卡盘上。

② 低速反转主轴。

③ 手持珩磨条修磨铰刀刀齿（注意使用机油润滑）。

【活动四】选择铰削参数

要求：正确选择铰削参数。

1. 铰削余量

铰削余量与前道工序的加工质量有直接关系，因此确定铰削余量时，还要考虑工艺过程。

铰削余量表见表 4-17，精度要求较高的孔必须经过扩孔或粗铰。

表 4-17　铰削余量表　（单位：mm）

铰刀直径	铰 削 余 量
≤6	0.05～0.1
6～18	一次铰：0.1～0.2
	二次铰、精铰：0.1～0.15
18～30	一次铰：0.2～0.3
	二次铰、精铰：0.1～0.15
30～50	一次铰：0.3～0.4
	二次铰、精铰：0.15～0.25

2. 铰削速度与进给量

根据表 4-10，本任务中的材料为低碳钢，进给量为 0.15～0.25mm/r，铰削速度为 6～12m/min。

提示

铰钢件孔通常用 10%～15%浓度的乳化液或硫化油，铰铸件孔通常用湿润性较好、黏性较小的煤油。用硬质合金铰刀铰孔时，也应使用切削液，而且切削液供给必须等到铰削完毕才能停止，否则容易引起刃口崩裂。

任务实施

1. 选择工具和量具

麻花钻、铰刀、游标卡尺、塞规等。

2. 质量检查的内容和成绩评定标准

定位孔的加工检测与评价表见表 4-18。

表 4-18　定位孔的加工检测与评价表

序号	检测内容	配分	量具	检测结果	学生评分	教师评分
1	2−ϕ8	20 分				
2	56	10 分				
3	R_a1.6	20 分				
4	文明生产	违纪一项扣 10 分				
合计		50 分				

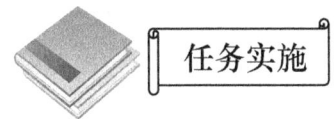

任务小结

定位孔的加工一般采用先钻后扩的工艺，铰削参数的选择对铰削质量的影响很大。此外，还要对铰刀进行适当处理（如新铰刀必须研磨），以及合理使用切削液。

习题

1. 简述各类孔的工艺特点。
2. 简述铰孔加工的工艺特点。
3. 简述深孔加工的工艺特点。
4. 深孔的加工方法有哪些？

任务四　冲裁凹模的半精加工

知识点

工件的定位；
定位误差及其计算；
数控车削工艺；
柔性工装。

技能点

学会采用柔性夹具装夹工件，进行半精加工。

任务导入

粗加工尚未完成外圆、内孔的加工，应以底面为基准，按基准统一原则加工外圆和内孔。由于内、外圆表面有一定的位置要求，因此，安装时通过环形垫块过渡，将其固定在柔性夹具上。

本任务需要完成如图 4-34 所示冲裁凹模的半精加工。

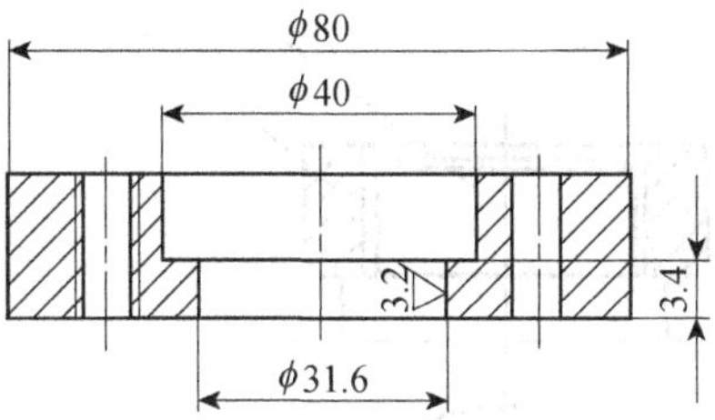

图 4-34　冲裁凹模

一、工件的定位

工件加工的尺寸、形状和表面间的相互位置精度是由刀具与工件的相对位置来保证的。加工前，确定工件在机床或夹具中的正确位置称为定位。

在实际生产中，关于定位的概念做如下说明。

① 定位时应有实际的组件来限定工件的位置。例如，将工件直接装在机床的工作台上，它的上下位置就由工作台所限定，工作台就是一个实际的组件。这时，工件的前后、左右方向就没有定位，因为没有实际的组件去限制它。如果在工作台上装上两个互相垂直的定位板，定位组件对工件的定位如图 4-35 所示，则工件的前后、左右方向就都定位了。

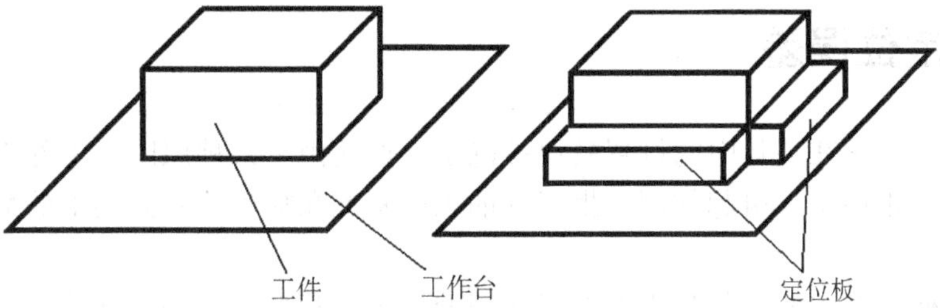

图 4-35　定位组件对工件的定位

② 定位应该具有一定的精度要求。如果定位精度较低，则只能是粗定位。而较高的定位精度则要求定位面有较高的几何精度及较小的表面粗糙度值。

③ 定位精度通常指一批零件的限定位置的分布范围。对于某一个零件来说，它的定位精度是某一个数值；对于另一个零件来说，它的定位精度可能是另一个数值。对于一批零件来说，其定位精度是一个误差的分布带。例如，一个工件的位置是通过其上的孔与夹具上的定位销相配合来决定的，一批零件的定位精度如图 4-36 所示，在水平面上的定位精度则是两倍配合间隙。

提示

为了保证加工表面与其设计基准间的相对位置精度，工件定位时应使加工表面的设计基准相对于机床占据正确位置。

为了保证加工表面与其设计基准间的距离尺寸精度，当采用调整法进行加工时，位于机床或夹具上的工件相对于刀具必须有一确定的位置。

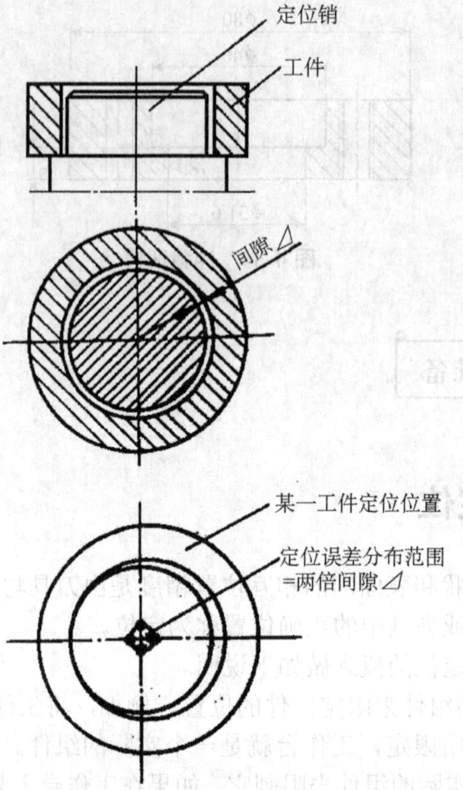

图 4-36　一批零件的定位精度

二、定位误差

工件定位后，它在夹具中的位置就已被确定，然而由于某种原因，工件仍会产生定位误差。定位误差是指由定位引起的同一批工件的工序基准在加工尺寸方向上的最大变动量，以 $\varDelta_D$ 表示。

定位误差研究的主要对象是工件的工序基准和定位基准，工序基准的变动量将影响工件的尺寸精度和位置精度。造成定位误差的原因有定位基准与工序基准不重合误差 $\varDelta_B$，以及定位基准位移误差 $\varDelta_Y$ 两个方面。

V 形块定心定位的基准位移误差如图 4-37 所示。

如图 4-37（a）所示，若不计 V 形块的误差而仅有工件基准面的圆度误差，则工件的定位中心会发生偏移，产生基准位移误差。由图 4-37（b）可知，仅由于 δ_d 的影响，使工件中心沿 z 向从 o_1 移至 o_2，即基准位移量为

$$o_1o_2 = \frac{\delta_d}{2\sin\left(\alpha/2\right)} \tag{4-1}$$

则

$$\varDelta_Y = \frac{\delta_d}{2\sin\left(\alpha/2\right)} \tag{4-2}$$

式中 δ_d——工件定位基准的直径公差（mm）；
$\alpha/2$——V 形块的半角（°）。

V 形块的对中性好，即其沿 x 向的位移误差为零。对于较精密的定位，须适当提高外圆的精度。

当 α=90° 时，V 形块的基准位移误差可由下式计算：

$$\varDelta_Y = 0.707\delta_d \tag{4-3}$$

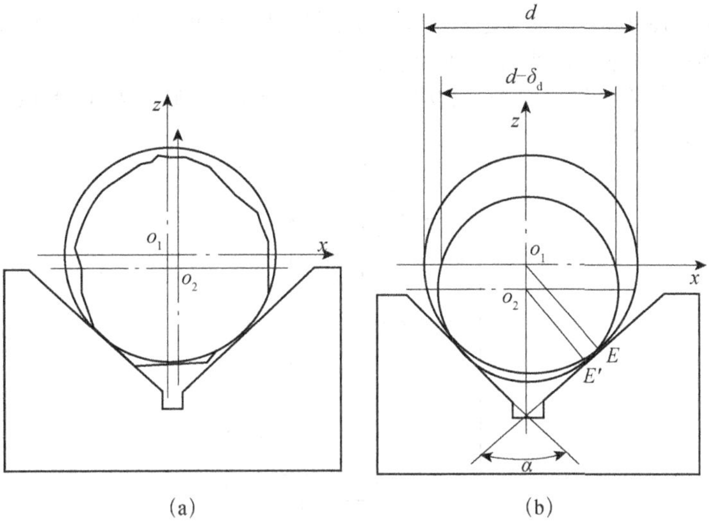

图 4-37 V 形块定心定位的基准位移误差

定位误差可由基准不重合误差 $\varDelta_B$ 与基准位移误差 $\varDelta_Y$ 合成。

① 当 $\varDelta_B$=0、$\varDelta_Y \neq 0$ 时，产生定位误差的原因是基准位移误差，故只要计算出 $\varDelta_Y$ 即可，即 $\varDelta_D = \varDelta_Y$。

例：定位误差计算示例一如图 4-38 所示，用单角度铣刀铣削斜面，求加工尺寸 39±0.04mm 的定位误差。

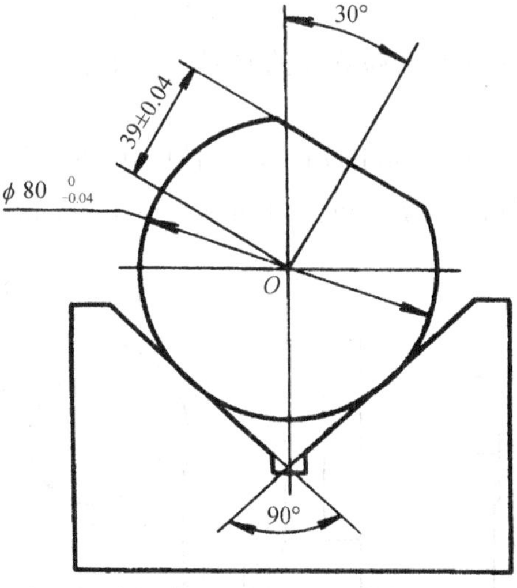

图 4-38 定位误差计算示例一

解：因为定位基准与工序基准重合，所以 $\Delta_B=0$。

沿 z 向的基准位移误差为

$$\Delta_Y=\frac{\delta_d}{2\sin\left(\alpha/2\right)}=0.707\delta_d=0.707\times0.04=0.028\text{mm}$$

将 Δ_Y 值投影到加工尺寸方向，即

$$\Delta_D=\Delta_Y\cos30^\circ=0.028\times0.866=0.024\text{mm}$$

② 当 $\Delta_B\neq0$、$\Delta_Y=0$ 时，产生定位误差的原因是基准不重合误差，故只要计算出 Δ_B 即可，即 $\Delta_D=\Delta_B$。这种情况常见于以平面为主要基准的定位中。

例：定位误差计算示例二如图 4-39 所示，以 A 面定位加工 ϕ 20H8mm 孔，求加工尺寸 40±0.1mm 的定位误差。

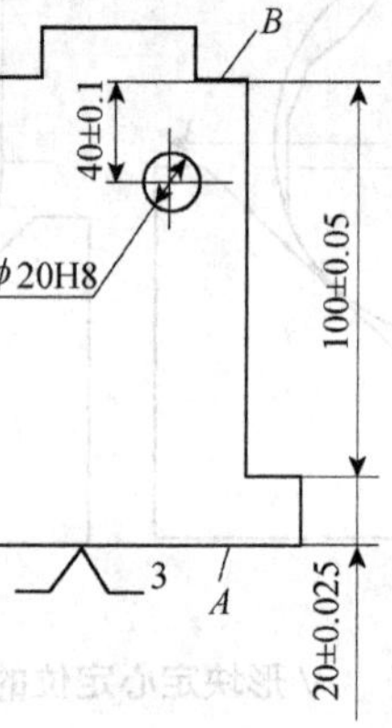

图 4-39 定位误差计算示例二

解：因为平面 A 与支承接触较好，所以 $\Delta_Y=0$。

由图 4-39 可知，工序基准为 B 面，定位基准为 A 面，故基准不重合。

$$\Delta_B=\sum\delta_i\cos\beta=\left(0.05+0.10\right)\cos0^\circ=0.15\text{mm}$$

则

$$\Delta_D=\Delta_B=0.15\text{mm}$$

③ 当 $\Delta_B\neq0$、$\Delta_Y\neq0$，且造成定位误差的原因是相互独立的因素时，应将两项误差相加，即 $\Delta_D=\Delta_B+\Delta_Y$。

例：定位误差计算示例三如图 4-40 所示，工件以 d_1 外圆定位，加工 ϕ10H8mm 孔。已知 $d_1=30_{-0.01}^{\ 0}\text{mm}$、$d_2=55_{-0.056}^{-0.010}\text{mm}$，$H=40\pm0.15\text{mm}$，$t=0.03\text{mm}$，求加工尺寸 $40\pm0.15\text{mm}$ 的定位误差。

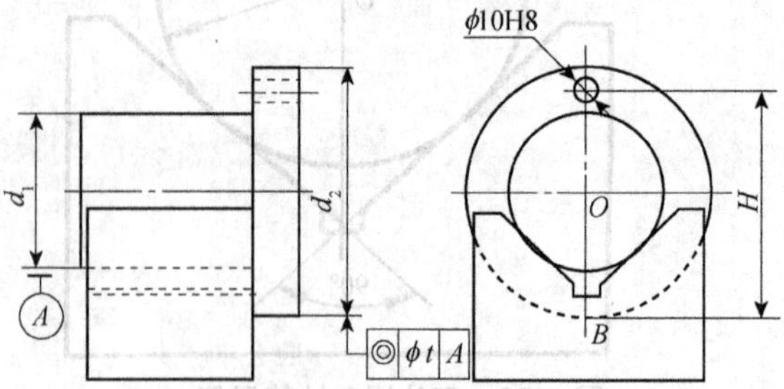

图 4-40 定位误差计算示例三

解：定位基准是圆柱 d_1 的轴线 A，工序基准则在 d_2 外圆的素线 B 上，是相互独立的因素。

$$\varDelta_{\mathrm{B}}=\sum\delta_i\cos\beta=\left(\frac{\delta_{\mathrm{d2}}}{2}+t\right)\cos0^\circ=\frac{0.046}{2}+0.03=0.053\mathrm{mm}$$

$$\varDelta_{\mathrm{Y}}=0.707\delta_{\mathrm{d1}}=0.707\times0.01=0.007\mathrm{mm}$$

则

$$\varDelta_{\mathrm{D}}=\varDelta_{\mathrm{B}}+\varDelta_{\mathrm{Y}}=0.053+0.007=0.06\mathrm{mm}$$

三、数控加工工艺

在制订数控加工工艺时，一般应进行以下几方面的工作：数控加工工艺内容的选择、数控加工工艺性分析、数控加工工艺路线的设计。

1. 数控加工工艺内容的选择

对于一个零件来说，并非全部加工工艺过程都适合在数控机床上完成，往往只是其中的一部分工艺内容适合采用数控加工。这就需要对零件图样进行仔细的工艺分析，选择那些最适合、最需要进行数控加工的内容和工序。在选择内容时，应结合本企业设备的实际，立足于解决难题、攻克关键问题和提高生产效率，充分发挥数控加工的优势。

（1）适于数控加工的内容

在选择时，一般可按下列顺序考虑。

① 通用机床无法加工的内容应作为优先选择内容。

② 通用机床难以加工、质量也难以保证的内容应作为重点选择内容。

③ 通用机床加工效率低、工人手工操作劳动强度大的内容，可在数控机床尚存在富余加工能力时选择。

（2）不适于数控加工的内容

一般来说，上述加工内容采用数控加工后，在产品质量、生产效率与综合效益等方面都会得到明显提高。相比之下，下列内容则不宜采用数控加工。

① 占机调整时间长。如以毛坯的粗基准定位加工第一个精基准，须用专用工装协调的内容。

② 加工部位分散，需要多次安装、设置原点。这时，采用数控加工很麻烦，效果不明显，可安排通用机床补充加工。

③ 按某些特定的制造依据（如样板等）加工的型面轮廓。主要原因是获取数据困难，易于与检验依据发生矛盾，增加了程序编制的难度。

提示

在选择和确定加工内容时，也要考虑生产批量、生产周期、工序间周转情况等。总之，要尽量做到合理，达到多、快、好、省的目的，还要防止把数控机床作为通用机床使用。

2. 数控加工工艺性分析

被加工零件的数控加工工艺性问题涉及面很广，下面结合编程的可能性和方便性提出一些必须分析和审查的主要内容。

（1）尺寸标注应符合数控加工的特点

在数控编程中，所有点、线、面的尺寸和位置都是以编程原点为基准的。因此，零件图纸上最好直接给出坐标尺寸，或者尽量以同一基准标注尺寸。

（2）几何要素的条件应完整、准确

在程序编制中，编程人员必须充分掌握构成零件轮廓的几何要素参数及各几何要素间的关系。因为在自动编程时要对零件轮廓的所有几何元素进行定义，手工编程时要计算每个节点的坐标，无论哪一点不明确或不确定，编程都无法进行。但由于零件设计人员在设计过程中考虑不周或被忽略，常常出现参数不全或不清楚的现象，如圆弧与直线、圆弧与圆弧是相切还是相交或相离。所以在审查与分析图纸时，一定要仔细核算，发现问题应及时与设计人员联系。

（3）定位基准可靠

在数控加工中，加工工序往往较集中，以同一基准定位十分重要。因此，往往需要设置一些辅助基准，或在毛坯上增加一些工艺凸台。

（4）统一几何类型及尺寸

零件的外形、内腔最好采用统一的几何类型及尺寸，这样可以减少换刀次数，还可能应用控制程序或专用程序以缩短程序长度。零件的形状应尽可能对称，便于利用数控机床的镜像加工功能来编程，以节省编程时间。

完成以上工作后，须填写数控加工工序卡，见表 4-19。数控加工工序卡与普通加工工序卡有许多相似之处，所不同的是工序简图中应注明编程原点与对刀点，要进行简要编程说明（如所用机床型号、程序编号、刀具半径补偿、镜像对称加工方式等）及切削参数（即程序编入的主轴转速、进给速度、最大背吃刀量或宽度等）的选择。

表 4-19　数控加工工序卡

单位		产品名称或代号				零件名称		零件图号
工序简图		车间				使用设备		
		工艺序号				程序编号		
		夹具名称				夹具编号		
工步号	工步作业内容	加工面	刀具号	刀补量	主轴转速	进给速度	背吃刀量	备注
编制		审核		批准		年　月　日	共　页	第　页

学习任务

【活动一】工艺分析

要求：分析冲裁凹模的半精加工工艺。

冲裁凹模的半精加工需要完成车外圆、钻孔和镗孔。采用底面作为定位基准，使用环形垫块，利用工件上已有的螺纹，将工件与环形垫块连接，再将两者固定在托板上，一次安装完成车外圆、钻孔和镗孔，保证三者之前的位置关系。

冲裁凹模的半精加工步骤见表 4-20。

表 4-20　冲裁凹模的半精加工步骤

步骤	加工内容	图示
1	工件上托板，车外圆 $\phi 80$	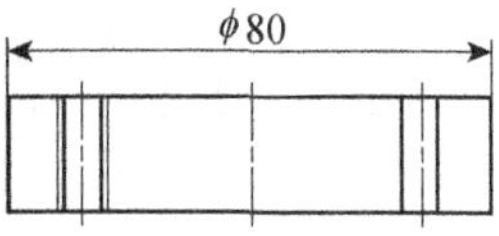
2	钻孔 $\phi 30$	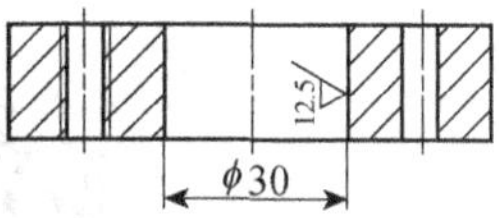
3	镗孔 $\phi 31.6$ 和 $\phi 40$	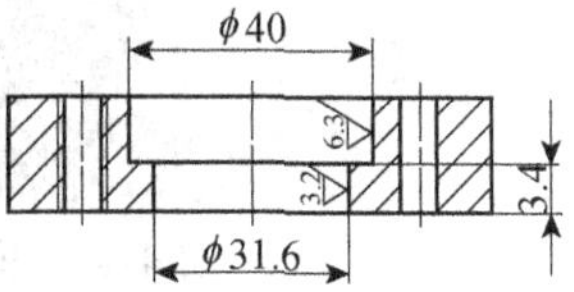

【活动二】安装工件

要求：使用托板正确安装工件。

工件的柔性装夹如图 4-41 所示。

托板如图 4-42 所示，托板起随行夹具的作用。工件用螺钉固定在托板的正面，托板的背面装有拉钉，拉钉如图 4-43 所示。拉钉和托板背面的弹性定位槽与柔性卡盘连接并定位，柔性卡盘如图 4-44 所示，柔性卡盘利用压缩空气打开，由弹簧进行机械夹紧。

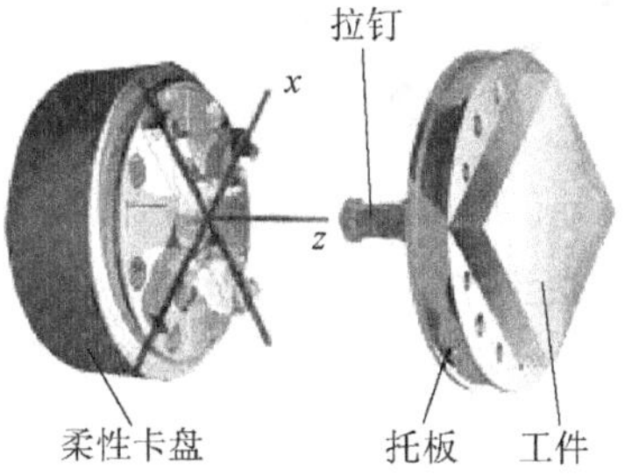

图 4-41　工件的柔性装夹

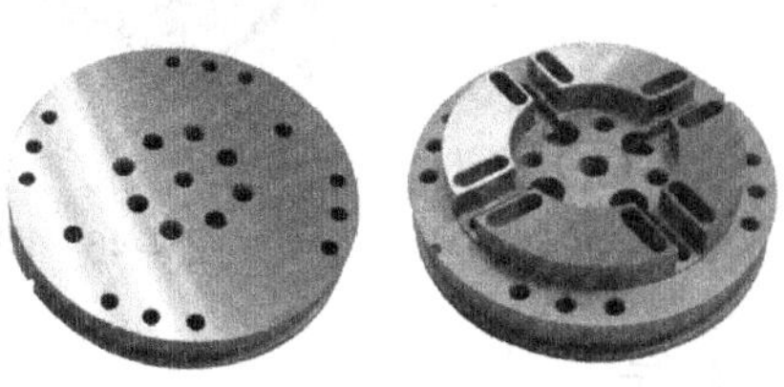

(a) 正面　(b) 背面

图 4-42　托板

图 4-43　拉钉

图 4-44　柔性卡盘

【活动三】安装夹具

要求：使用回转气缸将柔性卡盘安装到数控车床的主轴上。

安装在数控车床上的柔性卡盘如图 4-45 所示。

图 4-45　安装在数控车床上的柔性卡盘

柔性卡盘与回转气缸作为刚性连接，回转气缸如图 4-46（a）所示。回转气缸通过卡盘法兰连接在车床的主轴上，卡盘法兰如图 4-46（b）所示。卡盘法兰连接气缸与机床主轴之前，先将其端面用“自车自”的方法加工一刀。

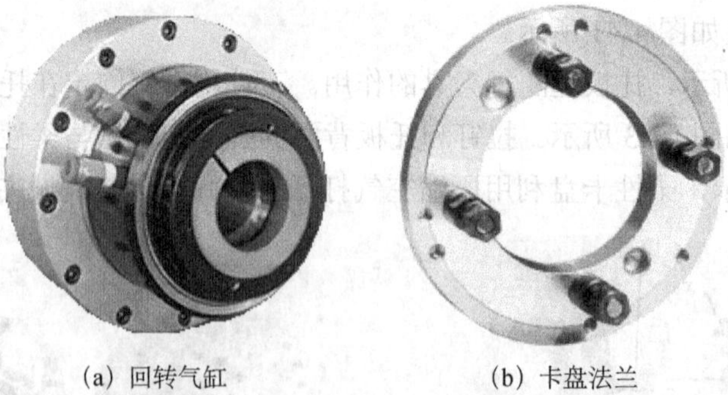

（a）回转气缸　　（b）卡盘法兰

图 4-46　回转气缸与卡盘法兰

提示

工作时，主轴带动气缸连续回转。柔性卡盘由压缩空气松开，靠其内部的弹簧夹紧工件。启动设备前，将气管从进气口处取下。工作结束后，用堵头保护柔性卡盘。

在安装柔性卡盘的过程中，要用校准规检测柔性卡盘与主轴的同轴度，校准规如图 4-47 所示。

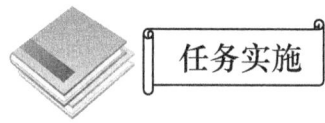

图 4-47　校准规

【活动四】选择数控车削参数

要求：正确选择车削参数。

T10 为碳钢，采用 YT15 加工，根据表 4-21 可得切削速度为 240m/min，进给量为 0.15 mm/r，背吃刀量为 1mm。

表 4-21　硬质合金刀具切削用量推荐表

刀具材料	工件材料	粗加工			半精加工			精 加 工		
		切削速度/（m/min）	进给量/（mm/r）	背吃刀量/mm	切削速度/（m/min）	进给量/（mm/r）	背吃刀量/mm	切削速度/（m/min	进给量/（mm/r）	背吃刀量/mm
硬质合金或涂层硬质合金	碳钢	220	0.2	3	240	0.15	1	260	0.1	0.4
	低合金刚	180	0.2	3	200	0.15	1	220	0.1	0.4
	高合金钢	120	0.2	3	140	0.15	1	160	0.1	0.4
	铸铁	80	0.2	3	100	0.15	1	120	0.1	0.4
	不锈钢	80	0.2	2	70	0.15	1	60	0.1	0.4
	钛合金	40	0.2	1.5	80	0.15	1	150	0.1	0.4
	灰铸铁	120	0.2	2	120	0.15	1	120	0.15	0.5
	球墨铸铁	100	0.2	2	110	0.15	1	120	0.15	0.5
	铝合金	1600	0.2	1.5	1600	0.15	1	1600	0.1	0.5

任务实施

1. 选择工具和量具

麻花钻、镗刀、内径千分尺、游标卡尺、柔性卡盘、托板等。

2. 质量检查的内容和成绩评定标准

冲裁凹模半精加工检测与评价表见表 4-22。

表 4-22　冲裁凹模半精加工检测与评价表

序号	检测内容	配分	量具	检测结果	学生评分	教师评分
1	$\phi80$	5 分				
2	$\phi31.6$	15 分				
3	$\phi40$	5 分				
4	8.4	5 分				
5	$R_a3.2$	15 分				
6	$R_a6.3$	5 分				
7	文明生产	违纪一项扣 10 分				
合计		50 分				

任务小结

使用柔性夹具，可以实现不同表面加工过程中的基准统一，提高零件的位置精度，从而提高加工质量。数控机床在使用过程中，结合柔性夹具进行适当改造，可充分发挥其优势，提高加工效率，降低成本。

习题

1. 简述工件与托板的连接方式及其目的。
2. 假设不计图 4-40 中 t 的影响，试求加工尺寸 40 ± 0.15mm 的定位误差。

任务五　冲裁凹模的精加工

知识点

电火花线切割机床；
电火花线切割的加工工艺；
电火花线切割的工艺参数。

技能点

学会利用柔性夹具完成冲裁凹模的线切割加工。

任务导入

ϕ 32 圆孔与 20×5 的槽有对称度的要求，应在一次安装中完成加工。对磨床和线切割机床的夹具进行改装，使其可以装夹托板。以底面为基准，磨削内孔和切削 20×5 的槽。

本任务需要完成图 4-48 所示冲裁凹模的精加工。

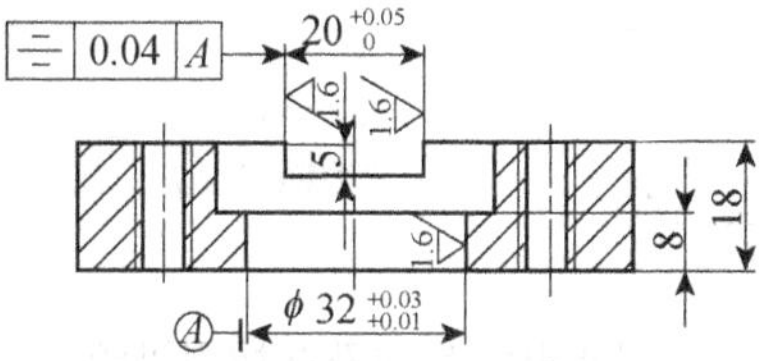

图 4-48　冲裁凹模

知识准备

一、电火花线切割机床

电火花线切割是在电火花加工的基础上用线状电极（钼丝或铜丝）靠火花放电对工件进行切割，有时简称线切割。控制系统对电火花线切割加工而言非常重要，控制系统的稳定性、可靠性、控制精度及自动化程度都直接影响加工工艺指标和工人的劳动强度。电火花线切割在电火花线切割机床上进行。

1. 电火花线切割机床的组成

电火花线切割机床由机械部分、电气部分和工作液系统三大部分组成，电火花线切割机床如图 4-49 所示。

（1）机械部分

机械部分的精度直接影响机床的工作精度，也影响电气性能的充分发挥。机械部分由机床床身、坐标工作台、运丝机构、线架机构、锥度机构、润滑系统等组成。机床床身通常为箱式结构，提供各部件的安装平台，而且与机床精度密切相关。坐标工作台通常由十字拖板、滚动导轨、丝杠运动副、齿轮传动机构等部分组成。运丝机构由储丝筒、电动机、齿轮副、传动机构、换向装置和绝缘件等部分组成。电动机和储丝筒连接，用来带动电极丝按一定的线速度移动，并将电极丝整齐地排绕在储丝筒上。线架分单立柱悬臂式和双立柱龙门式。单立柱悬臂式分上、下臂，一般下臂是固定的，上臂可升降移动。导轮安装在线架上，用来支撑电极丝。锥度机构分摇摆式和十字拖板式。摇摆式是上、下臂通过杠杆转动来完成工作的，一般用在大锥度机上。十字拖板式通过移动使电极丝伸缩来完成工作，一般用在小锥度机上。润滑系统起到冷却、缓蚀、吸振、减小噪声的作用。

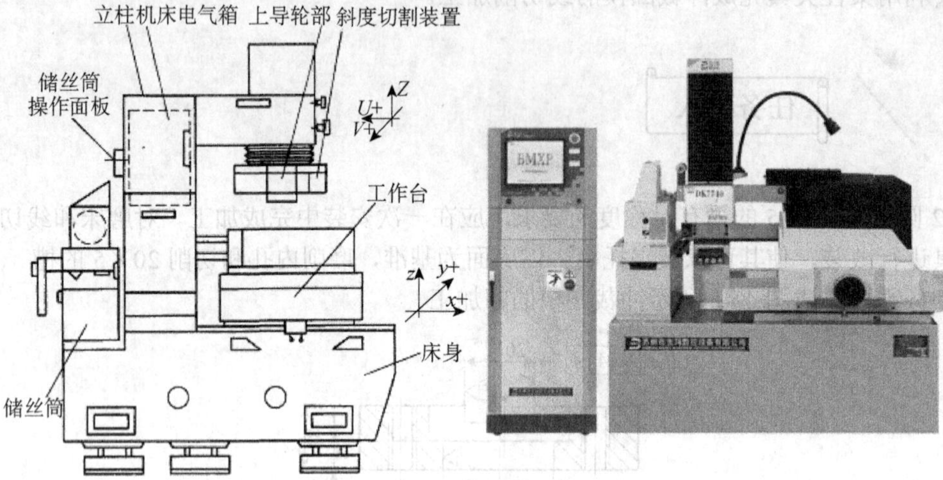

图 4-49　电火花线切割机床

（2）电气部分

电气部分包括机床电路、脉冲电源、驱动电源和控制系统等，电火花线切割机床电气部分结构图如图 4-50 所示。

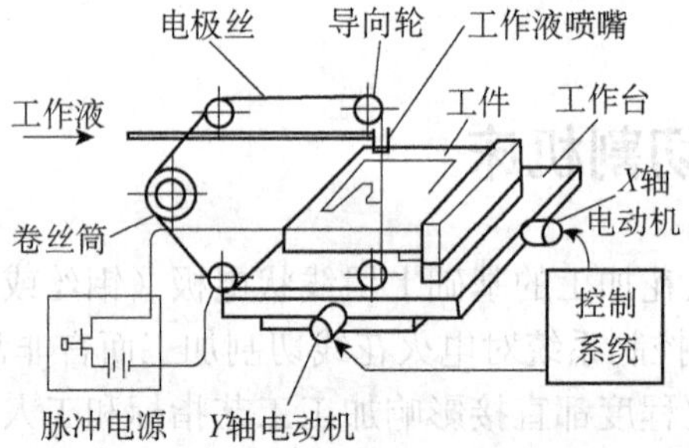

图 4-50　电火花线切割机床电气部分结构图

机床电路主要控制运丝电机和工作液泵的运行，使电极丝能连续切割工件。脉冲电源提供电极丝与工件之间的火花放电能量，用于切割工件。驱动电源也称驱动电路，由脉冲分配器、功率放大电路、电源电路、预放电路和其他控制电路组成。控制系统主要控制工作台拖板的运动（轨迹控制）和脉冲电源的放电（加工控制）。

（3）工作液系统

工作液系统一般由工作液箱、工作液泵、进液管、回液管、流量控制阀、过滤网罩或过滤芯等组成。主要作用是集中放电能量，带走放电热量以冷却电极丝和工件，排除电蚀产物等。

2. 电火花线切割机床的种类

电火花线切割机床按走丝速度可分为高速往复走丝电火花线切割机床、低速单向走丝电火花线切割机床和立式自旋转电火花线切割机床三类，电火花线切割机床的种类如图 4-51 所示。其又可按工作台形式分成单立柱十字工作台型和双立柱型（又称龙门型）。

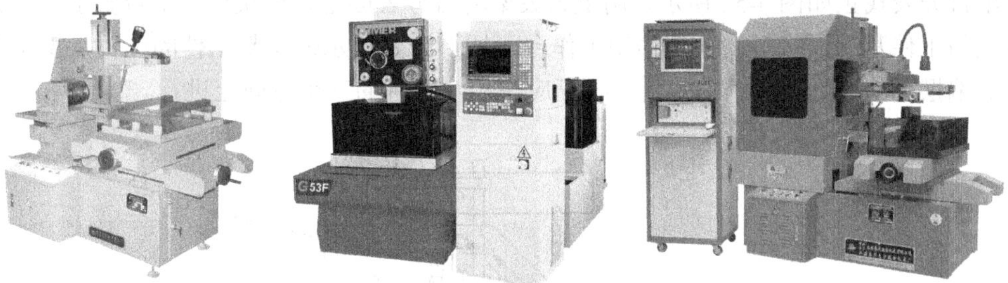

(a) 高速往复走丝电火花线切割机床 (b) 低速单向走丝电火花线切割机床 (c) 立式自旋转电火花线切割机床

图 4-51　电火花线切割机床的种类

3. 电火花线切割机床的工艺特点

① 数控线切割加工是轮廓切割加工，无须设计和制造成形工具电极，大大降低了加工费用，缩短了生产周期。

② 直接利用电能进行脉冲放电加工，工具电极和工件不直接接触，无机械加工中的宏观切削力，适宜加工低刚度零件及细小零件。

③ 无论工件硬度如何，只要是导电或半导电的材料就能进行加工。

④ 切缝可窄至 0.005mm，只对工件材料沿轮廓进行“套料”加工，材料利用率高，能有效节约贵重材料。

⑤ 移动的长电极丝连续不断地通过切割区，单位长度电极丝的损耗量较小，加工精度高。

⑥ 一般采用水基工作液，可避免发生火灾，安全可靠，可实现昼夜无人值守连续加工。

⑦ 通常用于加工零件上的直壁曲面，通过 $X-Y-U-V$ 四轴联动控制，也可进行锥度切割和加工上下截面异形体、形状扭曲的曲面体和球形体等零件。

⑧ 不能加工盲孔及纵向阶梯表面。

二、工件的装夹与调整

1. 工件的装夹

装夹工件时，必须保证工件的切割部位位于机床工作台纵向、横向进给的允许范围之内，避免超出极限。同时，应考虑切割时电极丝的运动空间。夹具应尽可能选择通用（或标准）件，所选夹具应便于装夹，便于协调工件和机床的尺寸关系。在加工大型模具时，要特别注意工件的定位方式，尤其是加工快结束时，工件的变形、重力的作用会使电极丝被夹紧，影响加工。

2. 工件的调整

工件装夹后，还必须配合找正法进行调整，使工件的定位基准面分别与机床的工作台面和工作台的进给方向保持平行，这样才能保证所切割的表面与基准面之间的相对位置精度。

常用的找正法有以下几种。

（1）用百分表找正

用百分表找正如图 4-52 所示，用磁力表架将百分表固定在丝架或其他位置上，百分表的测量头与工件基准面接触，往复移动工作台，按百分表指示值调整工件的位置，直至百分表指针的偏摆范围达到所要求的数值。找正应在相互垂直的三个方向上进行。

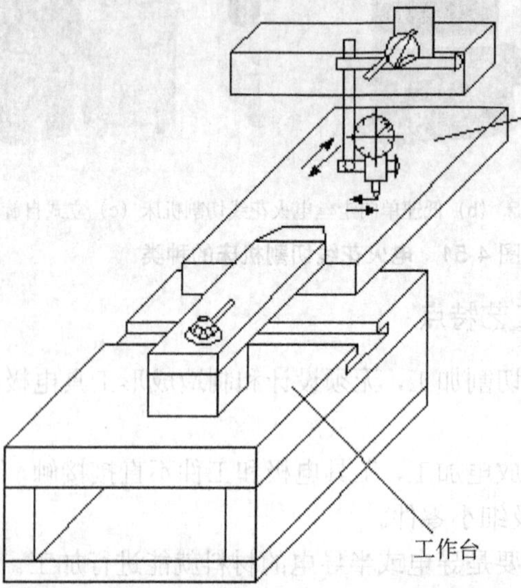

图 4-52　用百分表找正

（2）用画线法找正

工件的切割图形与定位基准之间的相互位置精度要求不高时，可采用画线法找正，如图 4-53 所示。将固定在丝架上的划针对准工件上划出的基准线，往复移动工作台，目测划针、基准线间的偏离情况，将工件调整到正确位置。

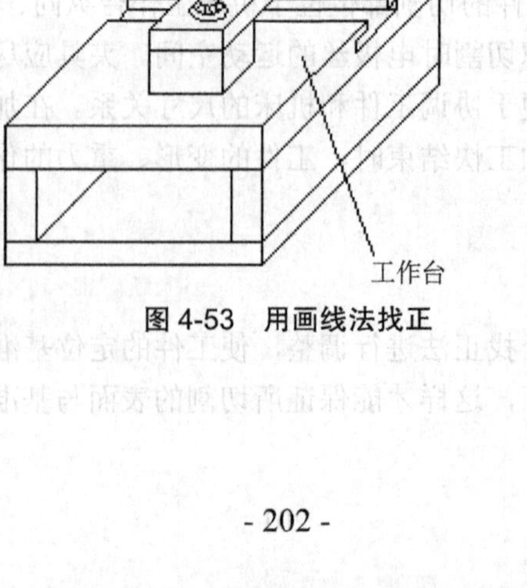

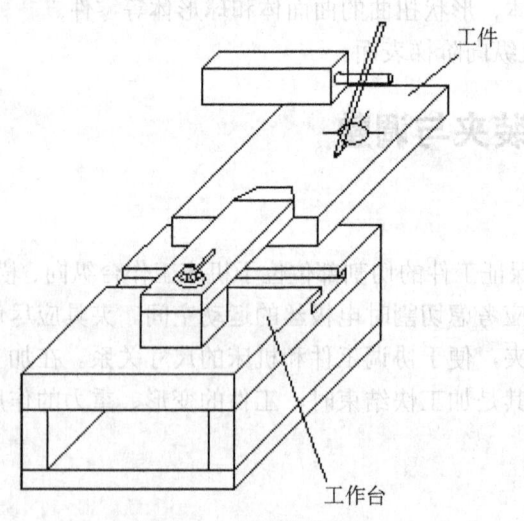

图 4-53　用画线法找正

三、电极丝的选择和调整

1.电极丝的选择

电极丝应具有良好的导电性和抗电蚀性，抗拉强度高，材质均匀。常用电极丝有钼丝、钨丝、黄铜丝和包芯丝等。钨丝抗拉强度高，直径在 0.03～0.1mm 范围内，一般用于各种窄缝的精加工，但价格昂贵。黄铜丝适用于慢速加工，加工表面粗糙度和平直度较好，蚀屑附着少，但抗拉强度低，损耗大，直径在 0.1～0.3mm 范围内，一般用于慢速单向走丝加工。钼丝抗拉强度高，适用于快速走丝加工，我国快速走丝机床大多选用钼丝作为电极丝，直径在 0.08～0.2mm 范围内。

电极丝的直径应根据切缝宽窄、工件厚度和拐角尺寸大小来选择。若加工带尖角、窄缝的小型模具，宜选用较细的电极丝；若加工大厚度工件或大电流切割，应选较粗的电极丝。电极丝的主要类型和规格见表 4-23。

表 4-23　电极丝的主要类型和规格

电极丝的类型	电极丝的直径
钼丝	0.08～0.2mm
钨丝	0.03～0.1mm
黄铜丝	0.1～0.3mm
包芯丝	0.1～0.3mm

2. 穿丝孔和电极丝切入位置的选择

穿丝孔是电极丝相对于工件运动的起点，同时也是程序执行的起点，一般选在工件上的基准点处。为缩短开始切割时的切入长度，穿丝孔也可选在距离孔边缘 2～5mm 处，穿丝孔如图 4-54（a）所示。加工凸模时，为减小变形，电极丝切割时的运动轨迹与边缘的距离应大于 5mm，切入位置的选择如图 4-54（b）所示。

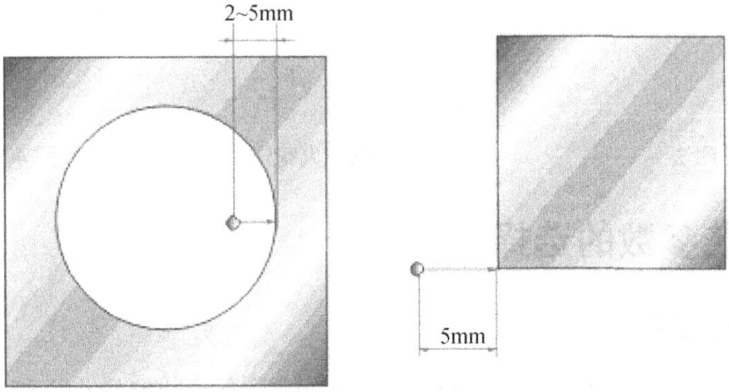

（a）穿丝孔　　（b）切入位置的选择

图 4-54　穿丝孔和切入位置的选择

3. 电极丝位置的调整

线切割加工之前，应将电极丝调整到切割的起始坐标位置上，其调整方法有以下几种。

（1）目测法

对于加工要求较低的工件，在确定电极丝与工件基准间的相对位置时，可以直接目测或借助 2～8 倍的放大镜来进行观察。目测法如图 4-55 所示，利用穿丝处划出的十字基准线，分别沿画线方向观察电极丝与基准线的相对位置，根据两者的偏离情况移动工作台，当电极丝中心分别与纵、横方向基准线重合时，工作台纵、横方向上的读数就确定了电极丝中心的位置。

（2）火花法

火花法如图 4-56 所示，移动工作台使工件的基准面逐渐靠近电极丝，在出现火花的瞬时，记下工作台的相应坐标值，再根据放电间隙推算电极丝中心的坐标。此法简单易行，但往往因电极丝靠近基准面时产生的放电间隙与正常切割条件下的放电间隙不完全相同而产生误差。

（3）自动找中心

所谓自动找中心，就是让电极丝在工件孔的中心处自动定位。此法根据线电极与工件的短路信号来确定电极丝的中心位置。数控功能较强的线切割机床常用这种方法。自动找中心如图 4-57 所示，首先让线电极在 X 轴方向移动至与孔壁接触（使用半程移动指令 G82），此时当前点 X 轴坐标为 X_1；接着使线电极往反方向移动与孔壁接触，此时当前点 X 轴坐标为 X_2；系统自动计算 X 轴方向中点坐标 X_0[X_0=（X_1+X_2）/2]，并使线电极到达 X 轴方向中点坐标 X_0。然后在 Y 轴方向进行上述过程，使线电极到达 Y 轴方向中点坐标 Y_0[Y_0=（Y_1+Y_2）/2]。这样，经过几次重复就可找到孔的中心位置。

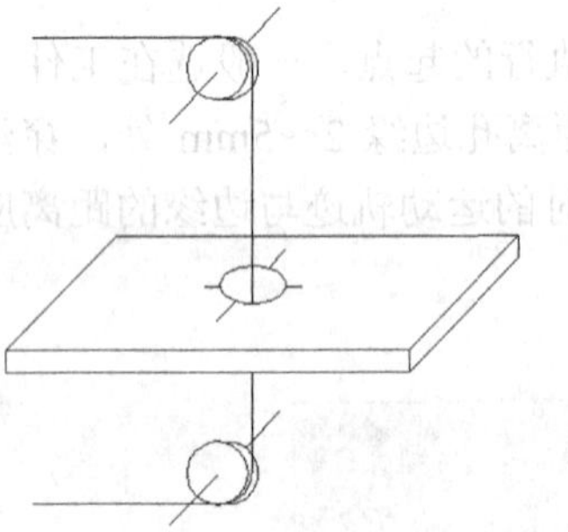

图 4-55　目测法

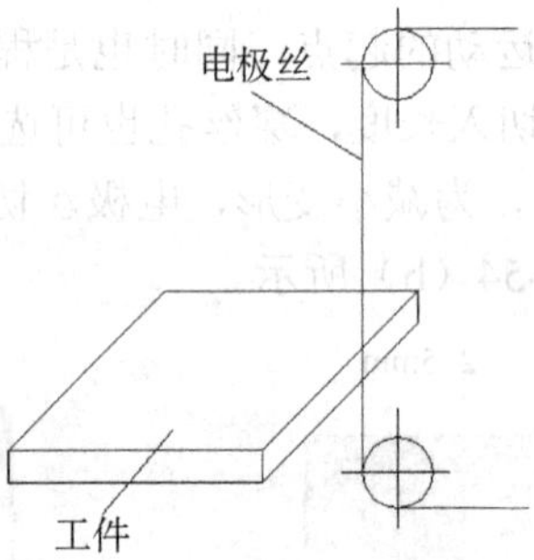

图 4-56　火花法

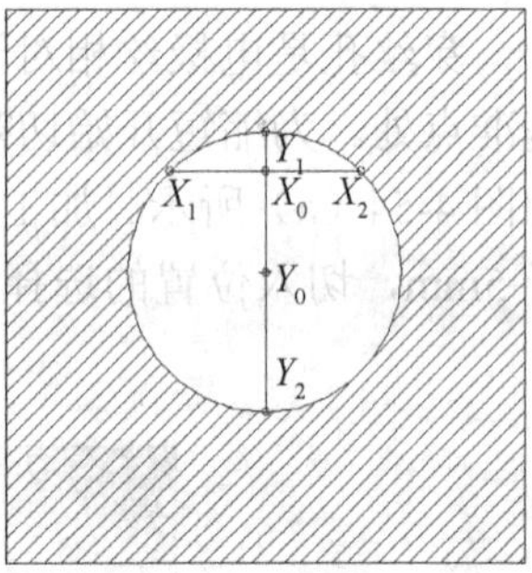

图 4-57　自动找中心

四、工艺参数的选择

1. 脉冲参数的选择

线切割加工一般都采用晶体管高频脉冲电源，用单个脉冲能量小、脉宽窄、频率高的脉冲参数进行正极性加工。加工时，可改变的脉冲参数主要有电流峰值、脉冲宽度、脉冲间隔、空载电压和放电电流。要求获得较好的表面粗糙度时，所选用的脉冲参数要小；若要求获得较高的切割速度，脉冲参数要选大一些，但加工电流的增大受排屑条件及电极丝截面积的限制，过大的电流易引起断丝，快速走丝线切割加工脉冲参数的选择见表 4-24。

表 4-24 快速走丝线切割加工脉冲参数的选择

应用	脉冲宽度 t_i/μs	电流峰值/A	脉冲间隔 t_0/μs	空载电压/V
快速切割或加工大厚度工件，表面粗糙度值大于 R_a2.5μm	20～40	大于 12	为实现稳定加工，一般选择 $t_0/t_i \geqslant 3$	一般为 70～90
半精加工，表面粗糙度值为 R_a1.25～2.5μm	6～20	6～12		
精加工，表面粗糙度值小于 R_a1.25μm	2～6	4.8 以下		

2. 工艺尺寸的确定

线切割加工时，为了获得所要求的加工尺寸，电极丝和加工图形之间必须保持一定的距离，电极丝中心轨迹如图 4-58 所示。图中点画线表示电极丝中心轨迹，实线表示型孔或凸模轮廓。编程时首先要求出电极丝中心轨迹与加工图形之间的垂直距离 ΔR（间隙补偿距离），并将电极丝中心轨迹分割成单一的直线或圆弧段，求出各线段的交点坐标后，逐步进行编程。具体步骤如下。

① 设置加工坐标系。根据工件的装夹情况和切割方向，确定加工坐标系。为简化计算，应尽量选取图形的对称轴线为坐标轴。

② 补偿计算。按选定的电极丝半径 r、放电间隙 δ、孔类和轴类零件的单面配合间隙 $Z/2$，则加工孔类零件的补偿距离 $\Delta R_1=r+\delta$，孔类零件如图 4-58（a）所示；加工轴类零件的补偿距离 $\Delta R_2=r+\delta-Z/2$，轴类零件如图 4-58（b）所示。

③ 将电极丝中心轨迹分割成平滑的直线和单一的圆弧段，按孔类或轴类零件的平均尺寸计算出各线段交点的坐标值。

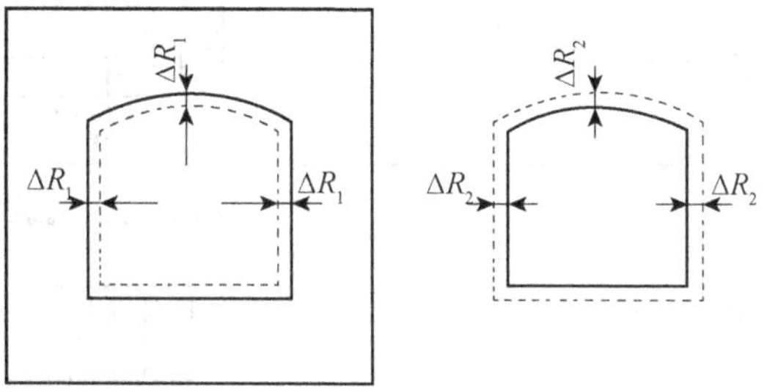

（a）孔类零件　（b）轴类零件

图 4-58 电极丝中心轨迹

五、工作液的选配

工作液对切割速度、表面粗糙度、加工精度等都有较大影响，加工时必须正确选配。常用的工作液主要有乳化液和去离子水。

对于慢速走丝线切割加工，目前普遍使用去离子水。为了提高切割速度，在加工时还要加入有利于提高切割速度的导电液，以增大工作液的电阻率。

对于快速走丝线切割加工，目前最常用的是乳化液。乳化液是由乳化油和工作介质配制（浓度为5%～10%）而成的。工作介质可用自来水，也可用蒸馏水、高纯水和磁化水。

学习任务

【活动一】工艺分析

要求：分析冲裁凹模的精加工工艺。

工件半精加工之后，从托板上取下，进行热处理。将底面磨削后作为定位基准，再次将工件固定到托板上，按基准统一原则，在万能外圆磨床上磨削顶面，然后磨削ϕ32孔，最后在线切割机床上加工20×5直槽。由于有柔性夹具的定位，因此可以保证工件的位置公差。

冲裁凹模精加工步骤见表4-25。

表4-25 冲裁凹模精加工步骤

步骤	加工内容	图示
1	磨底面	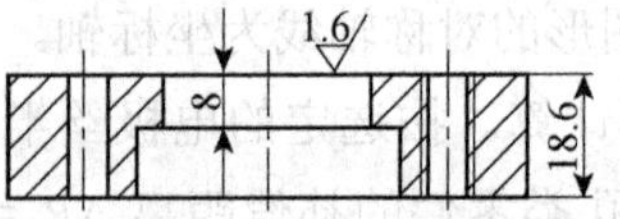
2	磨顶面，保证厚度18	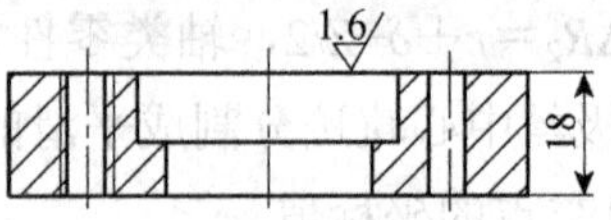
3	上托盘，磨孔ϕ32至尺寸	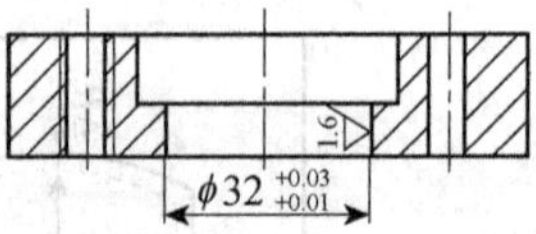
4	线切割20×5直槽	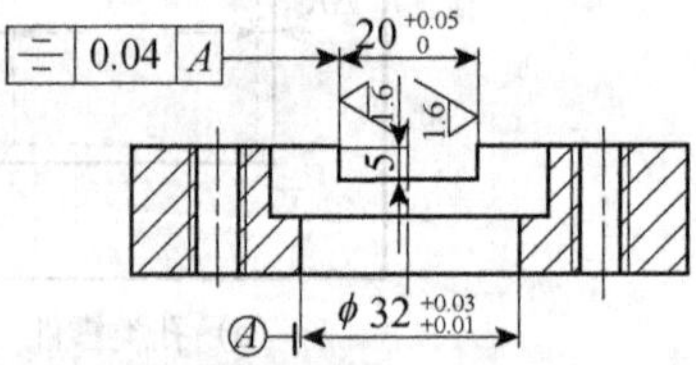

【活动二】安装夹具

要求：将柔性卡盘安装到相关设备上。

在万能外圆磨床的头架上安装柔性卡盘，方法与在数控车床的主轴上安装柔性卡盘相同，柔性卡盘在头架上的安装如图4-59所示。

图 4-59　柔性卡盘在头架上的安装

柔性卡盘与直角座作为刚性连接，直角座由 T 型螺栓固定在线切割机床的桥架上，柔性卡盘在线切割机床上的安装如图 4-60 所示。

图 4-60　柔性卡盘在线切割机床上的安装

任务实施

1. 选择工具和量具

柔性卡盘、托板、校准规、千分尺、钼丝、砂轮、内圆磨头等。

2. 质量检查的内容和成绩评定标准

冲裁凹模精加工检测与评价表见表 4-26。

表 4-26　冲裁凹模精加工检测与评价表

序号	检测内容	配分	量具	检测结果	学生评分	教师评分
1	18	4 分				
2	$\phi 30^{+0.03}_{+0.01}$	10 分				
3	$20^{+0.05}_{0}$	10 分				
4	5	4 分				
5	⌯ 0.04 *A*	10 分				
6	$R_a1.6$（三处）	12 分				
7	文明生产	违纪一项扣 10 分				
合计		50 分				

任务小结

通过使用柔性夹具，可以实现在不同设备中加工零件时，按基准统一原则进行定位，从而有效保证零件的位置精度。

电火花线切割加工是特种加工的一种，由于加工时没有明显的切削力，因此对难切削金属（硬度高、刚性差等）的加工有优势。

习题

1. 线切割的加工路线如何确定？
2. 简述线切割机床的分类及其特点。
3. 编制冲裁凹模加工工艺过程，填写表 4-27。

表 4-27　冲裁凹模加工工艺过程

工序号	工序内容	工艺装备名称及编号				定位基准面
		设备名称	夹具	刀具	量具	

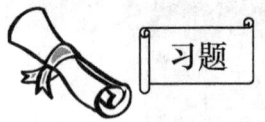

项目小结

冲裁凹模的内表面用于成形制件外形，其有锋利的刃口将制件从条料中切离下来。此外，还有安装用的基准面、定位用的销孔和紧固用的螺孔，以及用于安装其他零部件的孔、槽等。因此，在工艺分析中如何保证刃口的质量和形状、位置精度是至关重要的。

圆凹模的典型工艺方案：备料—锻造—退火—车削—平磨—画线—钳工（螺孔及销孔）—淬火—回火—平磨下端面—万能磨内孔及上端面—线切割直槽—钳工装配。

采用柔性夹具的工艺方案：备料—锻造—退火—车削—平磨—画线—钳工（螺孔及销孔）—淬火—回火—平磨下端面—万能磨内孔及上端面—线切割直槽—钳工装配。

按照规定的技术要求，将零件组合成组件，并进一步组合成部件以至整台机器的过程，称为装配。装配精度不仅影响机器或部件的工作性能，而且影响它们的使用寿命。

1. 互换装配法

在装配过程中，零件互换后仍能达到装配精度要求的装配方法称为互换装配法。其中，装配时不经任何选择、调整和修配就可以使装配对象全部达到装配精度，称为完全互换装配，各有关零件公差之和应小于或等于装配公差；装配时无须选择、修配或改变其大小或位置，装入后即能使绝大多数装配对象达到装配精度，称为不完全互换装配，各有关零件公差平方之和应小于或等于装配公差的平方。

2. 选配法

选配法是将配合零件按经济精度制造，然后选择合适的零件进行装配，以保证装配精度的一种方法。其中，凭经验挑选合格的零件，通过试凑进行装配的方法称为直接选配法；将组成环按经济精度进行加工，再按实际尺寸分组，各对应组进行装配的方法称为分组选配法；将零件预先测量分组，再在各对应组内凭经验直接选配的方法称为复合选配法。

直接选配法比较简单，工作时间长，劳动量大，无互换性，装配质量取决于工人的技术水平，不宜用于节拍要求较严的大批量生产中。

分组选配法组成环公差增大若干倍，同组零件具有互换性，但工作量大，一般用于大批量生产中装配精度要求高、组成环数量少的装配尺寸链。

复合选配法是直接选配法和分组选配法的综合，配合件公差可以不等，装配质量高，速度较快，能满足一定的生产节拍。

3. 修配法

各组成环均按经济精度制造，其中一环预留修配量，装配时去除修配量，使装配达到设计所要求的精度。

4. 调整法

装配时调节调整件的相对位置，或选用合适的调整件，使封闭环达到其公差与极限偏差要求。

项目五　注塑凸模的加工

项目说明

本项目主要介绍注塑凸模的加工。通过本项目的学习和训练，掌握多工序较复杂零件加工过程中所涉及的设备、工装夹具、刀具、量具等的选用和加工工艺，并完成如图 5-1 所示注塑凸模零件的加工。

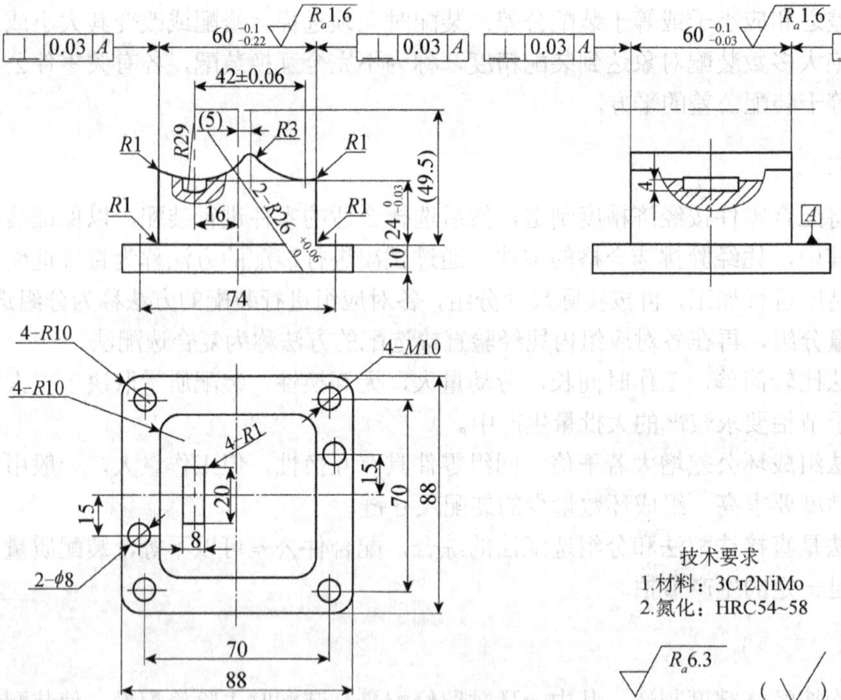

图 5-1　注塑凸模零件

学习任务

了解多工序零件的结构特点；

掌握多工序零件的定位方法；
掌握多工序零件的加工工艺；
掌握加工多工序零件时相关设备、夹具的选择和使用；
掌握多工序零件的过程性测量方法。

任务一　毛坯的加工

知识点

合金工具钢毛坯材料及热处理；
机械加工工艺过程；
生产类型及工艺特点。

技能点

学会对合金工具钢锻件毛坯进行合理的预处理。

任务导入

注塑凸模是重要的结构零件，工作在高温环境中，受力比较复杂，选用型材、铸件毛坯或焊接毛坯均不合适，只能采用锻件毛坯。注塑凸模毛坯的外观通常为六面体，各表面之间有一定的形位要求。

本任务需要完成如图 5-2 所示 3Cr2NiMo 锻件毛坯的预加工。

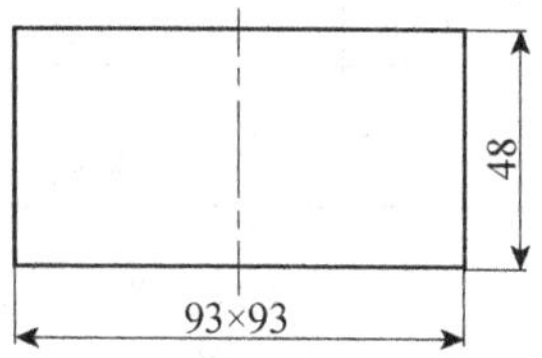

图 5-2　3Cr2NiMo 锻件毛坯

知识准备

一、机械加工工艺过程的组成

机械加工工艺过程是由一个或若干个顺序排列的工序组成的，而工序又可分为安装、工位、工步和走刀。

1. 工序

一个或一组工人，在一个工作地对同一个或同时对几个工件所连续完成的那一部分工艺过程，称为工序。区分工序的主要依据，是设备（或工作地）是否变动和完成的那一部分工艺内容是否连续。零件加工的设备变动后，即构成了另一工序。例如，如图 5-3 所示的阶梯轴采用单件小批生产时，其加工工艺过程见表 5-1；采用中批生产时，其加工工艺过程见表 5-2。

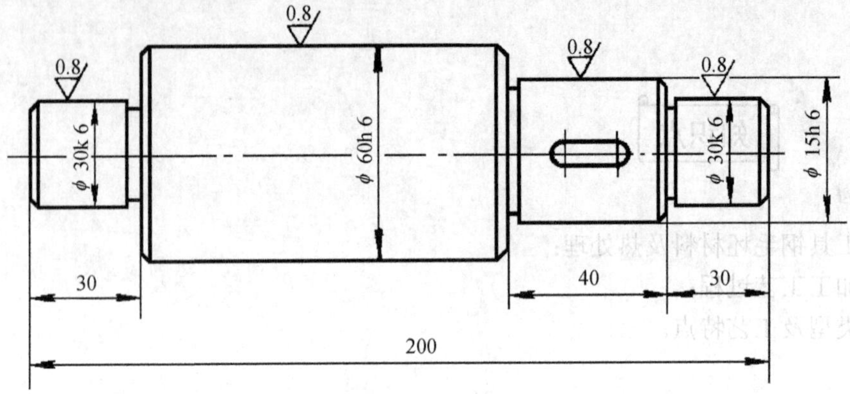

图 5-3　阶梯轴

表 5-1　阶梯轴加工工艺过程（单件小批生产）

工序号	工序内容	设备
1	车端面、钻中心孔、车全部外圆、车槽与倒角	车床
2	铣键槽、去毛刺	铣床
3	磨外圆	外圆磨床

表 5-2　阶梯轴加工工艺过程（中批生产）

工序号	工序内容	设备	工序号	工序内容	设备
1	铣端面、钻中心孔	铣端面、钻中心孔机床	4	去毛刺	钳工台
2	车外圆、车槽与倒角	车床	5	磨外圆	外圆磨床
3	铣键槽	铣床			

工序不仅是制订工艺过程的基本单元，也是制订时间定额、配备工人、安排作业计划和进行质量检验的基本单元。

2. 工步与走刀

在一个工序内，往往需要采用不同的工具对不同的表面进行加工。为了便于分析和描述工序的内容，工序还可以进一步划分为工步。工步是指加工表面（或装配时的连接表面）和加工（或装配）工具不变的条件下所完成的那部分工艺过程。

构成工步的任一因素（加工表面、刀具）改变后，一般即为另一工步。但对于那些在一次安装中连续进行的若干相同工步，如图 5-4 所示零件上四个 ϕ15mm 孔的钻削，可描述成一个工步，即钻 4-ϕ15mm 孔。

为了提高生产率，用几把刀具同时加工几个表面的工步，称为复合工步，如图 5-5 所示。在工艺文件中，复合工步应被视为一个工步。

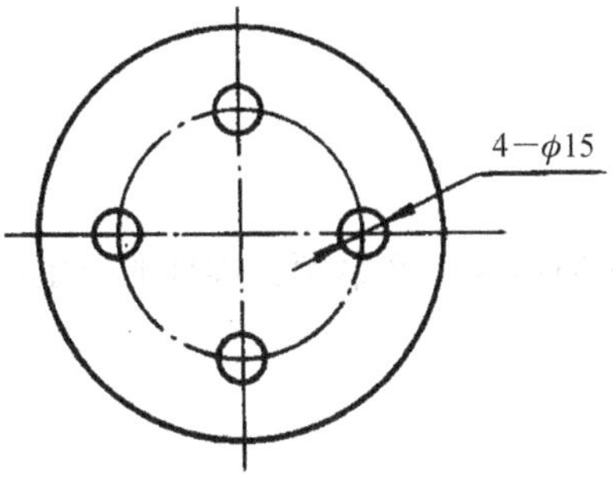

图 5-4　包括四个相同表面加工的工步

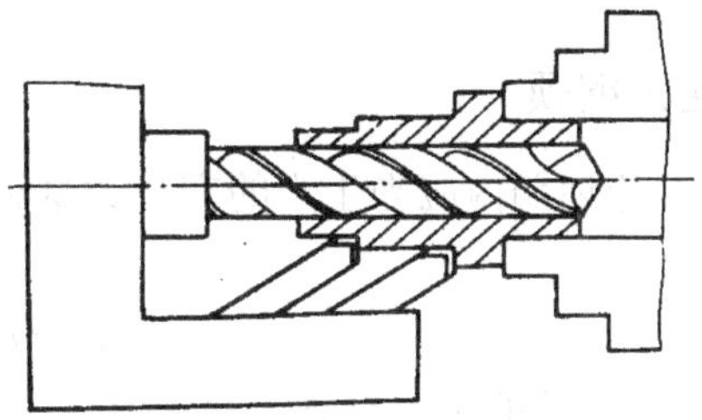

图 5-5　复合工步

在一个工步内，若被加工表面要切去的金属层很厚，须分几次切削，则每进行一次切削就是一次走刀，一个工步可包括一次或几次走刀。

3. 安装与工位

工件在加工之前，在机床或夹具上先占据一正确位置（定位），再予以夹紧的过程称为装夹。工件（或装配单元）经一次装夹后所完成的那一部分工序内容称为安装。例如，表 5-2 的工序 3 中，一次安装即可铣出键槽；而工序 2 中，为了车出全部外圆，最少需要两次安装。

提示

在一个工序中，工件可能只需一次安装，也可能需要几次安装。但是，工件加工中应尽量减少安装的次数，因为多一次安装就多造成一次安装误差，而且会增加辅助时间。

为了完成一定的工序内容，一次装夹工件后，工件（或装配单元）与夹具或设备的可动部分一起相对于刀具或设备的固定部分所占据的每个位置，称为工位。为了减少工件安装的次数，在大批量生产时，常采用各种回转工作台、回转夹具或移位夹具，使工件在一次安装中先后处于几个不同位置进行加工。此时，工件在机床上占据的每个加工位置均称为工位。多工位加工示例如图 5-6 所示，利用回转工作台在一次安装中顺序完成装卸工件、钻孔、扩孔和铰孔四个工位加工的示例。

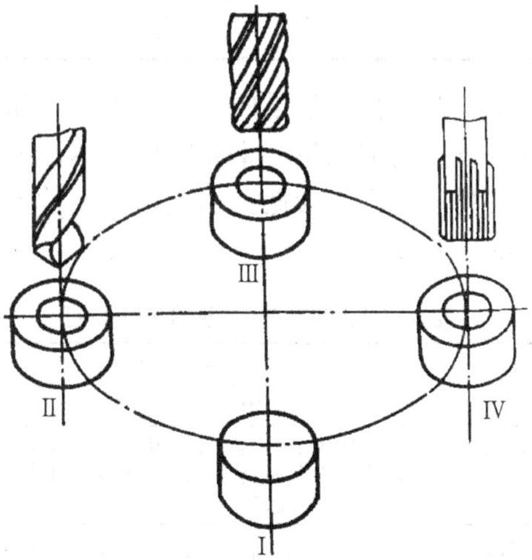

工位 I—装卸工件；工位 II—钻孔；工位III—扩孔；工位IV—铰孔

图 5-6　多工位加工示例

二、生产类型及工艺特征

1. 生产纲领

企业在计划期内应当生产的产品数量和进度计划称为生产纲领。零件的年生产纲领可按下式计算：

$$N = Qn\left(1 + a\% + b\%\right) \tag{5-1}$$

式中，N——零件的生产纲领；

Q——产品的生产纲领；

n——每台产品中该零件的数量；

$a\%$——备品的百分率；

$b\%$——废品的百分率。

生产纲领对生产组织和零件加工工艺过程起着重要的作用，它决定了各工序所需专业化和自动化的程度，以及应选用的工艺方法和工艺装备。

2. 生产类型

企业（或车间、工段、班组、工作地）生产专业化程度的分类称为生产类型。一般可分为单件生产、成批生产和大量生产三种类型，而生产类型的划分一方面要考虑生产纲领，即年产量；另一方面还必须考虑产品本身的大小和结构的复杂性。表 5-3 为生产类型与生产纲领的关系。

表 5-3　生产类型与生产纲领的关系

生产类型	零件的年生产纲领（件）			特征
	重型零件	中型零件	轻型零件	
单件生产	<5	<10	<100	产品品种繁多，每种产品仅制造一个或少数几个，而且很少重复生产
小批生产	5～100	10～200	100～500	
中批生产	100～300	200～500	500～5000	产品品种不多，每种产品仅制造一定数量，可呈周期性重复生产
大批生产	300～1000	500～5000	5000～50000	产品的产量大、品种少，大多数工作地长期重复进行某一零件某一工序的加工
大量生产	>1000	>5000	>50000	

不同生产类型零件的加工工艺有很大的不同。产量大、产品固定时，尽量采用各种高生产率的专用机床和专用夹具，以提高劳动生产率和降低成本。但在产量小、产品品种多时，目前多采用通用机床和通用夹具，生产率较低；当采用数控技术加工时，生产率将有较大的提高。各种生产类型的工艺特征见表 5-4。

表 5-4　各种生产类型的工艺特征

工艺特征	生产类型		
	单件小批	中批	大批大量
零件的互换性	用修配法，钳工修配，缺乏互换性	大部分具有互换性。装备精度要求高时，灵活应用分组装配法和调整法，同时保留某些修配法	具有广泛性。少数装配精度较高处，采用分组装配法和调整法
毛坯的制造方法和加工余量	木模手工造型或自由锻造。毛坯精度低，加工余量大	部分采用金属模铸造或模锻。毛坯精度和加工余量中等	广泛采用金属模机器造型、模锻或其他高效方法。毛坯精度高，加工余量小

续表

工艺特征	生产类型		
	单件小批	中批	大批大量
机床设备及其布置形式	通用机床。按机床类别采用机群式布置	部分通用机床和高效机床。按工件类别分工段排列设备	广泛采用高效专用机床及自动机床。按流水线和自动线排列设备
工艺设备	大多采用通用夹具、标准附件、通用刀具和万用量具。靠画线和试切法达到精度要求	广泛采用夹具，部分靠找正装夹，达到精度要求。较多采用专用刀具和量具	广泛采用专用高效夹具、复合刀具、专用量具或自动检验装置。靠调整法达到精度要求
对工人的技术要求	需技术水平较高的工人	需一定技术水平的工人	对调整工的技术水平要求高，对操作工的技术水平要求较低
工艺文件	有工艺过程卡，关键工序需要工序卡	有工艺过程卡，关键零件需要工序卡	有工艺过程卡和工序卡，关键工序需要调整卡和检验卡
成本	较高	中等	较低

3. 生产组织形式

产品的生产类型确定以后，就可确定相应的生产组织形式。生产组织形式及其应用场合见表 5-5。

表 5-5　生产组织形式及其应用场合

序号	生产组织形式	应用场合
1	自动线	大量生产
2	流水线	成批生产
3	机群式	单件小批生产

4. 工序集中与分散

在拟订零件加工工艺路线时，确定工序集中或分散是很重要的。

工序集中就是将工件的加工集中在少数几道工序内完成，每道工序的加工内容较多。工序分散就是将工件的加工分散在较多的工序中进行，每道工序的加工内容很少，最少时每道工序仅包含一简单工步。

工序集中可采用多刀多刃、多轴机床、数控机床和加工中心等技术措施，也可采用普通机床进行顺序加工。

工序集中具有如下特点。

① 在一次安装中可以完成零件多个表面的加工，可以较好地保证这些表面的相互位置精度，同时可减少工件的装夹次数和辅助时间，并减少工件在机床间的搬运工作量，有利于缩短生产周期。

② 采用高效专用设备及工艺装备，生产率高。

③ 减少机床数量，并相应地减少操作工人，节省车间面积，简化生产计划和生产组织工作。

④ 因为采用专用设备和工艺装备，使投资增大，调整和维修复杂，生产准备工作量大，产品转换费时。

工序分散具有以下特点。

① 机床设备及工艺装备简单，调整和维修方便，工人容易掌握，生产准备工作量小，容易平衡工序时间，易于更换产品。

② 可采用最合理的切削用量，减少基本时间。

③ 设备数量多，操作工人多，占用生产面积大。

工序集中与工序分散各有利弊，应根据生产类型、现有生产条件、企业能力、工件结构特点和技术要求等进行综合分析，择优选用。

单件小批生产采用万能机床顺序加工，使工序集中，可以简化生产计划和组织工作。对于重型工件，为了减少工件装卸和运输的劳动量，工序应适当集中；对于大量生产的产品，可以采用专用设备及工艺装备，使工序集中；但对于结构较简单的产品（如轴承）和刚性差、精度高的精密工件，则工序应适当分散。目前的发展趋势是倾向于工序集中。

学习任务

【活动一】工艺分析

要求：分析毛坯的加工工艺。

毛坯须经过锻造，锻造毛坯采用尺寸较小的棒料进行镦粗。由于零件的六个面有相对位置要求，因此毛坯须达到一定的精度并预放足够的机械加工余量。锻造后，毛坯须进行热处理，消除内应力并调整切削性能。

毛坯加工步骤见表 5-6。

表 5-6　毛坯加工步骤

步骤	加工内容	图示
	锻造 93×93×48	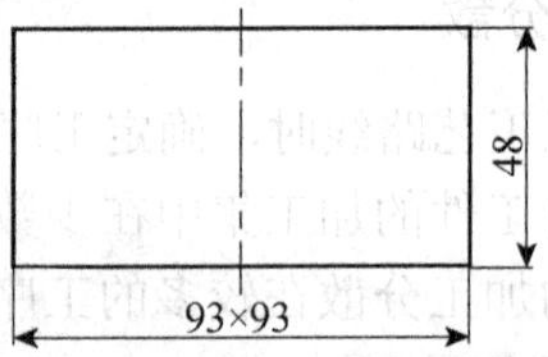

【活动二】选用材料

要求：按要求选用材料。

合金工具钢是在碳素工具钢的基础上加入铬、钼、钨、钒等合金元素，以提高淬透性、韧性、耐磨性和耐热性的一个钢种。

合金工具钢的淬硬性、淬透性、耐磨性和韧性均比碳素工具钢高，按用途大致可分为刃具、模具和量具用钢三类。其中，含碳量高的钢（碳质量分数大于 0.80%）多用于制造刃具、量具和冷作模具，这类钢淬火后的硬度在 HRC60 以上，且具有足够的耐磨性；含碳量中等的钢（碳质量分数 0.35%～0.70%）多用于制造热作模具，这类钢淬火后的硬度稍低，为 HRC50～55，但韧性良好。

提示

合金工具钢的牌号以“含碳量+合金元素符号+该元素百分含量”表示。当含碳量小于

1.00%时，含碳量用一位数字标明，这一位数字表示平均含碳量的千分之几，如 9SiCr。当含碳量大于 1.00%时，不标含碳量。

1. 刃具用钢

刃具在工作条件下会产生强烈的摩擦并发热，还会产生振动和承受一定的冲击负荷。刃具用钢应具有高硬度（HRC 62～65）、耐磨性、红硬性和良好的韧性。为了保证其具有高硬度，满足形成合金碳化物的需要，钢中碳质量分数一般在 0.80%～1.45%。铬是这类钢的主要合金元素，质量分数一般在 0.50%～1.70%。有的钢还含有钨，以提高切削金属的性能。这类工具钢因含有合金元素，故淬透性比碳素工具钢好，热处理产生的变形小，具有高硬度和良好的耐磨性。常用的类型有铬钢、硅铬钢和铬钨锰钢等，常用的牌号有 9SiCr、9Mn2V、CrWMn 等。

2. 模具用钢

模具大致可分为冷作模具、热作模具和塑料模具三类。

冷作模具钢属于高碳合金钢，碳质量分数为 1.0%～2.0%，以获得高硬度和良好的耐磨性。加入合金元素 Cr、Mo、W、V 等，以提高耐磨性、淬透性和耐回火性。常用的牌号有 9SiCr、9Mn2V、Cr12、Cr12MoV 等。

热作模具钢为中碳成分，碳质量分数为 0.3%～0.6%，以获得综合力学性能。合金元素有 Cr、Mn、Ni、Mo、W、Si 等，其中 Cr、Mn、Ni 的主要作用是提高淬透性， W、Mo 用于提高耐回火性并防止回火脆性，Cr、W、Mo、Si 还可提高钢的耐热疲劳性。常用的牌号有 5CrMnMo（用于中小型热锻模）、5CrNiMo（用于大型热锻模）等。

塑料模具对力学性能的要求不高，所以材料选择有较大的机动性。其材料应具备以下性能：①有良好的加工性能，有较高的预硬硬度（HRC 28～35），便于进行切削加工或电火花加工，易于蚀刻各种图案、文字和符号；②有良好的抛光性，模具抛光后表面达到高镜面度（一般为 R_a 0.1～0.012μm）；③有较高的硬度（热处理后硬度应超过 HRC 45）、良好的耐磨性、足够的强度和韧性；④热处理变形小（保证精度），有良好的焊接性（便于进行模具焊补）等。常用的牌号有 3Cr2NiMo、3CrMnMo、5NiSCa 等。现阶段有许多塑料模具的国外钢号（如日本、美国、德国、瑞典等）与国内钢号不一，表 5-7 为 3Cr2NiMo 国内外牌号对照表。

表 5-7　3Cr2NiMo 国内外牌号对照表

国家或组织	标　准	钢　号
中国	GB	3Cr2NiMo
德国	DIN	1.2738
瑞典	ASSAB	718
美国	AISI/SAE	P20+Ni
日本	JS	SNCM
国际标准组织	ISO	35CrMo2

3. 量具用钢

量具应具有良好的尺寸稳定性、较好的耐磨性、高硬度和一定的韧性。因此，量具用钢应满足以下条件：硬度高，组织稳定，耐磨性好，有良好的研磨和加工性能，热处理变形小，膨胀系数小，耐蚀性好。这类钢一般属于过共析钢，加入的合金元素有铬、锰、钨、钼等。常用的量具用钢牌号有 CrMn、CrWMn 等。

【活动三】毛坯预先热处理

要求：消除毛坯的内应力并降低其硬度。

合金工具钢的种类不同，其热处理方法也不同。

① 刃具用钢的预先热处理为球化退火，最终热处理为淬火加低温回火，热处理后硬度达HRC 60～65。高精度量具在淬火后可进行冷处理，以减少残余奥氏体量，从而提高其尺寸稳定性。为了进一步提高尺寸稳定性，淬火、回火后，还可进行时效处理。

② 冷作模具钢加工前应进行反复锻打并退火，最终热处理一般为淬火和回火，硬度为HRC 60～64。

③ 热作模具钢坯料锻造后须进行退火，以消除锻造应力，降低硬度，利于切削加工；最终热处理为淬火、高温（或中温）回火，硬度约为 HRC 40。

④ 塑料模具钢锻造过后，预先热处理为正火，最终热处理为渗碳淬火、低温回火、表面淬火等。

正火是将钢加热至适当温度保温，然后缓慢冷却（空冷）的热处理工艺。正火的加热温度如图 5-7 所示。正火与完全退火较为类似，但是冷却速度较完全退火快。正火的作用是改善材料的机械性能和切削性能，细化铸态组织，消除网状渗碳体等。

正火主要用于钢铁工件。有些临界冷却速度很小的钢，在空气中冷却就可以使奥氏体转变为马氏体，这种处理不属于正火，而称为空冷淬火。与此相反，一些用临界冷却速度较大的钢制作的大截面工件，即使在水中淬火也不能得到马氏体，淬火的效果接近正火。钢正火后的硬度比退火高。对于含碳量低于 0.25%的低碳钢，正火后达到的硬度适中，比退火更便于切削加工，一般均采用正火为切削加工做准备。热处理与硬度的关系如图 5-8 所示。

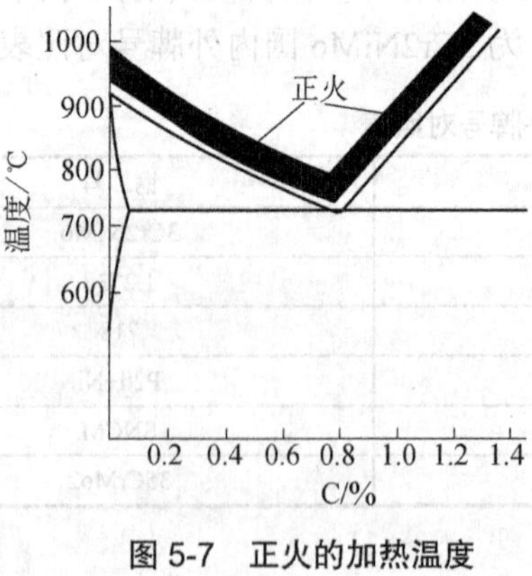

图 5-7　正火的加热温度

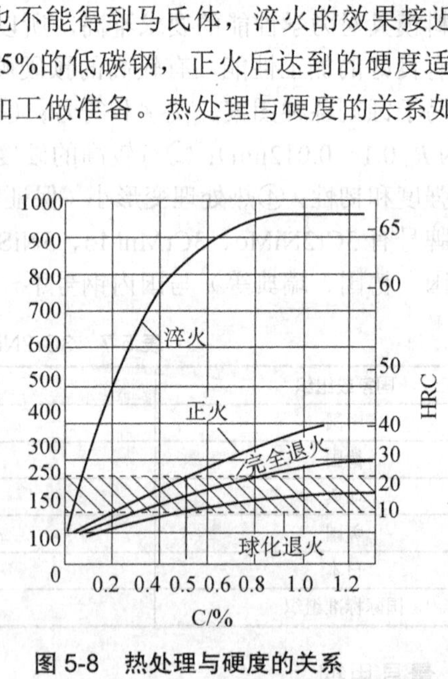

图 5-8　热处理与硬度的关系

含碳量为 0.25%～0.5%的中碳钢，正火后也可以满足切削加工的要求。对于用这类钢制作的轻载荷零件，正火还可以作为最终热处理。高碳工具钢和轴承钢正火是为了消除组织中的网状碳化物，为球化退火做组织准备。

对于一些受力不大、性能要求不高的普通结构零件，由于正火后比退火后具有更好的综合力学性能，可将正火作为最终热处理，以减少工序、节约能源、提高生产效率。

提示

正火与退火的不同点是正火冷却速度比退火冷却速度稍快，因而正火组织要比退火组织更细一些，其机械性能也有所提高。另外，正火炉外冷却不占用设备，生产率较高，因此生产中应尽可能采用正火代替退火。

任务实施

1. 选择工具和量具

钢直尺。

2. 质量检查的内容和成绩评定标准

毛坯加工检测与评价表见表 5-8。

表 5-8　毛坯加工检测与评价表

序号	检测内容	配分	量具	检测结果	学生评分	教师评分
1	93×93	10 分				
2	48	10 分				
3	文明生产	违纪一项扣 10 分				
合　计		20 分				

任务小结

在机械加工过程中，零件的工步数目一般是固定不变的，根据零件的生产类型及其工艺特点，按照工序集中或工序分散原则划分成合适的工序。

合金工具钢由于含有合金成分，热处理性能优于碳素工具钢，在工具、磨具和量具的制造中被广泛使用。

习题

1. 简述工序、工步、走刀（工作行程）的概念。划分工序的主要依据是什么？
2. 什么叫作工件的装夹？什么叫作工位？在一个工序中，工件需要几次安装？
3. 生产类型有哪几种？简述加工不同生产类型零件的工艺设备的工艺特征。
4. 简述工序集中与工序分散的选用。

任务二 基准面的加工

知识点

平面的定位元件；
夹紧机构；
切削质量。

技能点

利用找正安装加工基准面。

任务导入

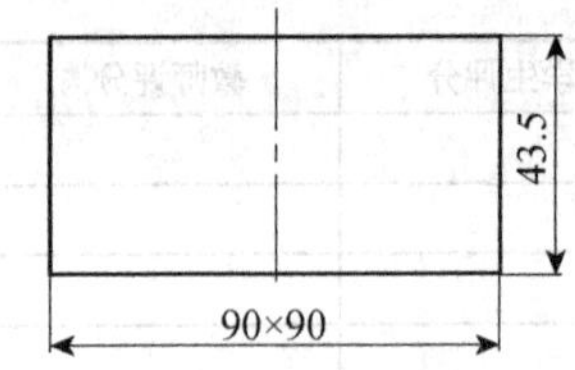

图 5-9 基准面

以底面为粗基准，用铣床加工六面，保证各面之间的位置精度。加工时，选择质量较好的面为基准面，采用铣削的方法进行加工，然后以顶面为基准磨削底面。

本任务需要完成图 5-9 所示基准面的加工。

知识准备

一、工件的定位

平面定位的主要类型是支承定位，通过工件的定位基准平面与定位元件表面相接触而实现定位。常见的支承元件有下列几种。

1. 固定支承

支承的高度是固定的，使用时不能调整高度。

（1）支承钉

如图 5-10 所示为用于平面定位的几种常用支承钉，它们利用顶面对工件进行定位。其中，图 5-10（a）为平顶支承钉，常用于精基准面的定位。图 5-10（b）为圆顶支承钉，多用于粗基准面的定位。图 5-10（c）为网纹顶支承钉，常用于要求较大摩擦力的侧面定位。图 5-10（d）为带衬套支承钉，由于它便于拆卸和更换，一般用于批量大、磨损快、需要经常修理的场合。一个支承钉只限制一个自由度。

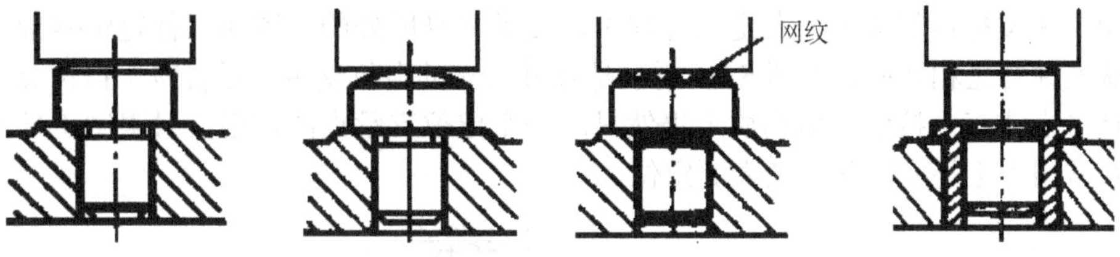

(a) 平顶支承钉　(b) 圆顶支承钉　(c) 网纹顶支承钉　(d) 带衬套支承钉

图 5-10　几种常用支承钉

（2）支承板

支承板有较大的接触面积，能确保工件定位稳固。一般较大的精基准平面定位多用支承板作为定位元件。如图 5-11 所示为两种常用的支承板。图 5-11（a）为平板式支承板，其结构简单、紧凑，但不易清除落进沉头螺孔中的切屑，一般用于侧面定位。图 5-11（b）为斜槽式支承板，它在结构上做了改进，即在支承面上开两个斜槽供固定螺钉使用，便于清屑，它适用于底面定位。短支承板限制一个自由度，长支承板限制两个自由度。

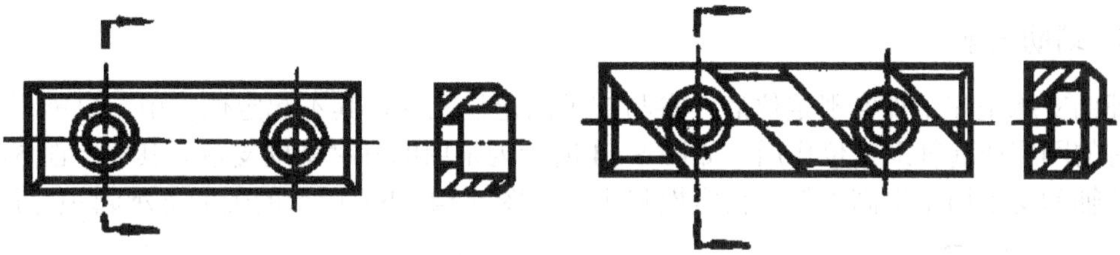

(a) 平板式支承板　(b) 斜槽式支承板

图 5-11　支承板

2. 可调支承

可调支承的顶端位置可以在一定的范围内调整。如图 5-12 所示为几种常用的可调支承。使用时，按要求高度调整好调整支承钉后，用螺母锁紧。可调支承适用于未加工的平面定位，以调节补偿各批毛坯尺寸误差，一般不是对每个加工工件进行调整，而是对一批工件毛坯调整一次。

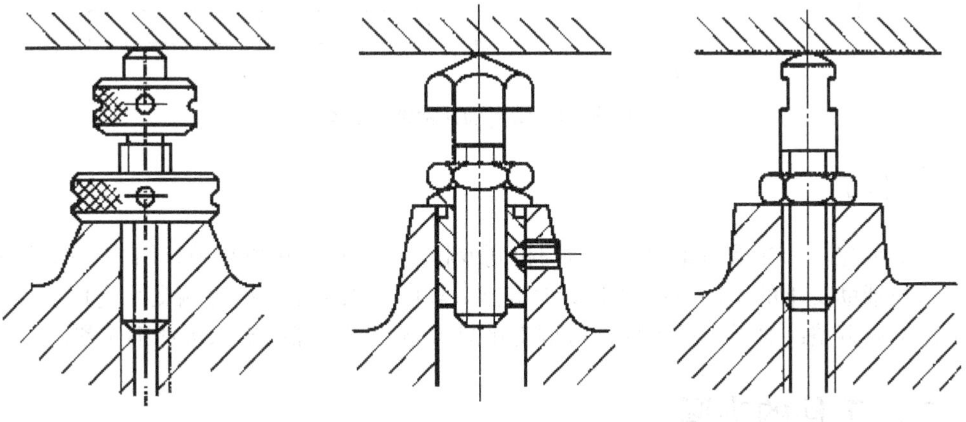

(a)　(b)　(c)

图 5-12　几种常用的可调支承

3. 浮动支承

浮动支承又称自位支承，在定位过程中，支承本身所处的位置随工件定位基准面的变化而自动调整并与之相适应。如图 5-13 所示是几种常见的自位支承。尽管每个自位支承与工件间可能是二点或三点接触，但实质上仍然只起一个定位支承点的作用，只限制工件的一个自由度，其常用于毛坯表面和断续表面定位。

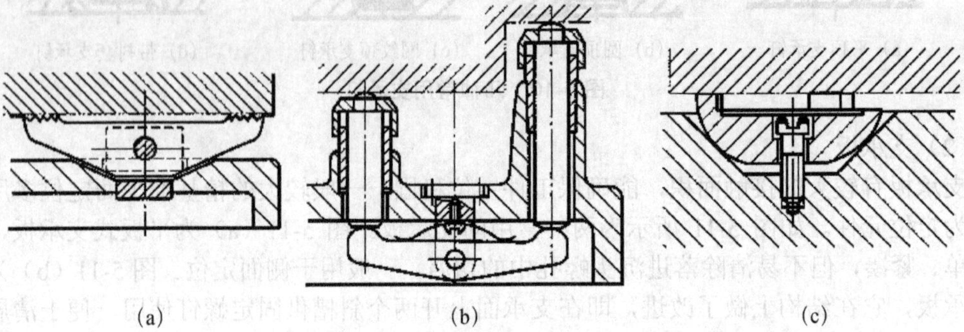

图 5-13　几种常见的自位支承

4. 辅助支承

辅助支承是在工件实现定位后才参与支承的定位元件，其不起定位作用，只能提高工件加工时的刚度或起辅助定位作用。如图 5-14 所示为常用的几种辅助支承。其中，图 5-14（a）所示的辅助支承用于提高工件的稳定性和刚度；图 5-14（b）所示的辅助支承起预定位作用。

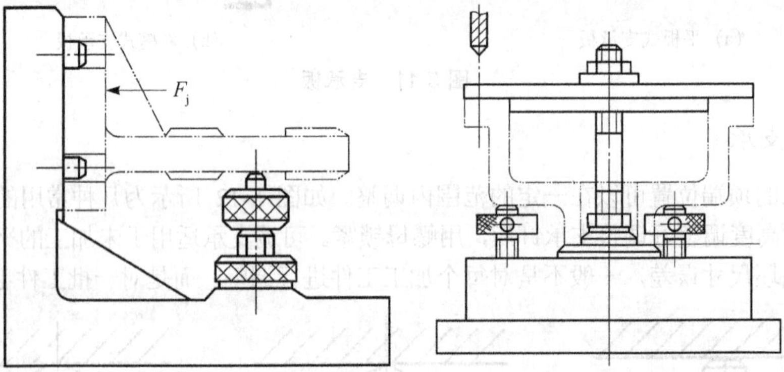

图 5-14　常用的几种辅助支承

提示

可调支承与辅助支承的相同点：结构相同或相近，高度都可以调节，调节后都必须锁紧。可调支承与辅助支承的不同点：可调支承定位，辅助支承不定位；可调支承定位前调整，辅助支承定位后调整；对于一批工件，可调支承只调整一次，辅助支承每件都调整。

二、工件的夹紧

工件在夹具中正确定位后，由夹紧装置将工件夹紧。通常夹紧装置由动力装置、夹紧元件和中间传力机构组成，夹紧装置的组成如图 5-15 所示。

① 动力装置是产生夹紧动力的装置。

② 夹紧元件是直接用于夹紧工件的元件。

③ 中间传力机构是将原动力以一定的大小和方向传递给夹紧元件的机构。

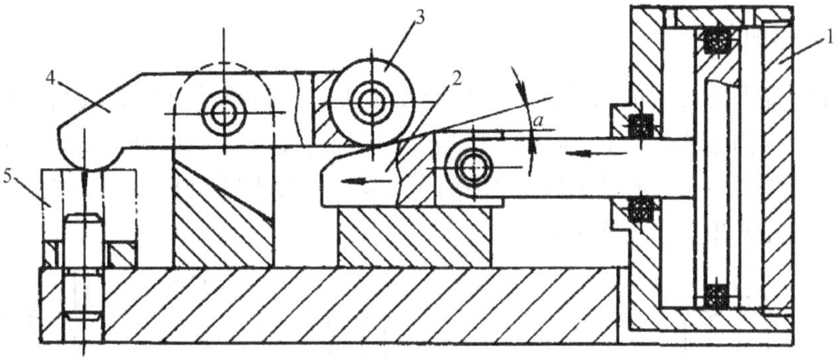

1—气缸；2—斜块；3—滚子；4—压板；5—工件

图 5-15　夹紧装置的组成

提示

夹紧装置的要求：夹紧过程不得破坏工件在夹具中占有的定位位置；夹紧力要适当，既要保证工件在加工过程中定位的稳定性，又要防止因夹紧力过大损伤工件表面或使工件产生过大的夹紧变形；操作安全、省力；应尽量简单，便于制造和维修。

典型夹紧机构有斜楔夹紧机构、螺旋夹紧机构、偏心夹紧机构、定心夹紧机构、铰链夹紧机构、联动夹紧机构和弹性夹紧机构等。

1. 斜楔夹紧机构

斜楔夹紧机构是夹紧机构中最为基本的一种形式，如图 5-16 所示。它是利用斜面移动时

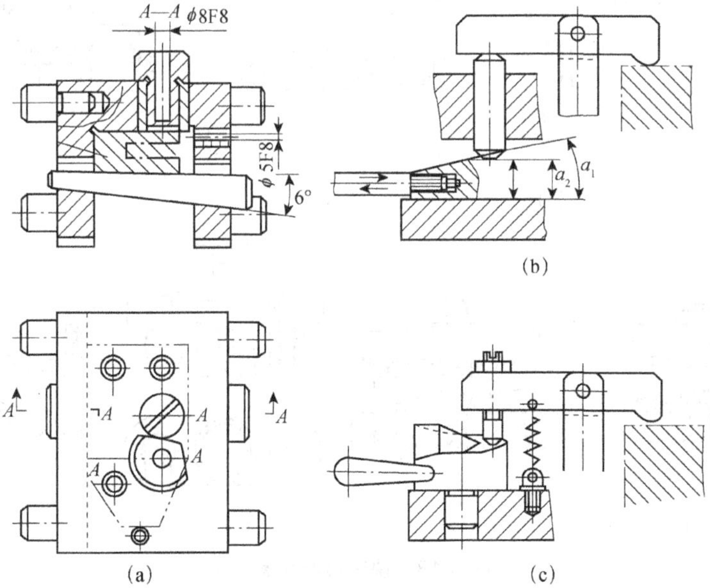

图 5-16　斜楔夹紧机构

所产生的力来夹紧工件的，常用于气动和液压夹具中。在手动夹紧中，斜楔夹紧机构往往和其他机构联合使用。

斜楔夹紧机构的缺点是夹紧行程小，手动操作不方便。斜楔夹紧机构常用在气动、液压夹紧装置中，此时斜楔夹紧机构无须自锁。

2. 螺旋夹紧机构

采用螺旋装置直接夹紧或与其他元件组合实现夹紧的机构统称螺旋夹紧机构，如图 5-17 所示。螺旋夹紧机构结构简单，容易制造。由于螺旋升角小，螺旋夹紧机构的自锁性能好，夹紧力和夹紧行程都较大，在手动夹具中应用较多。螺旋夹紧机构可以看成绕在圆柱表面上的斜面，将它展开就相当于一个斜楔。

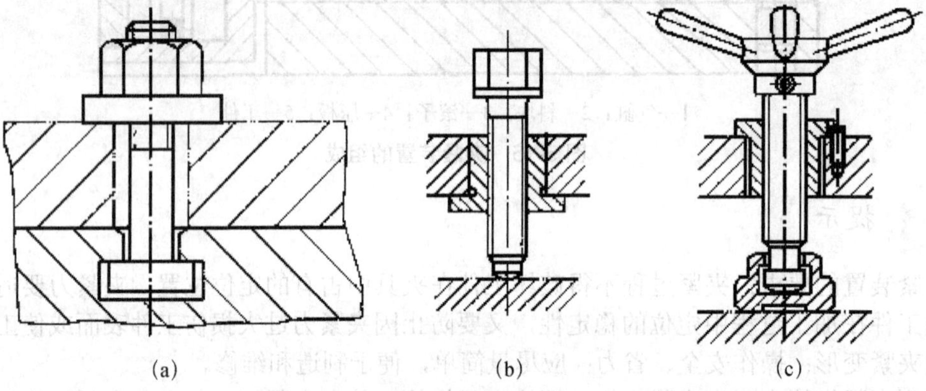

图 5-17 螺旋夹紧机构

为了减少辅助时间，常采用快速螺旋夹紧机构，如图 5-18 所示。

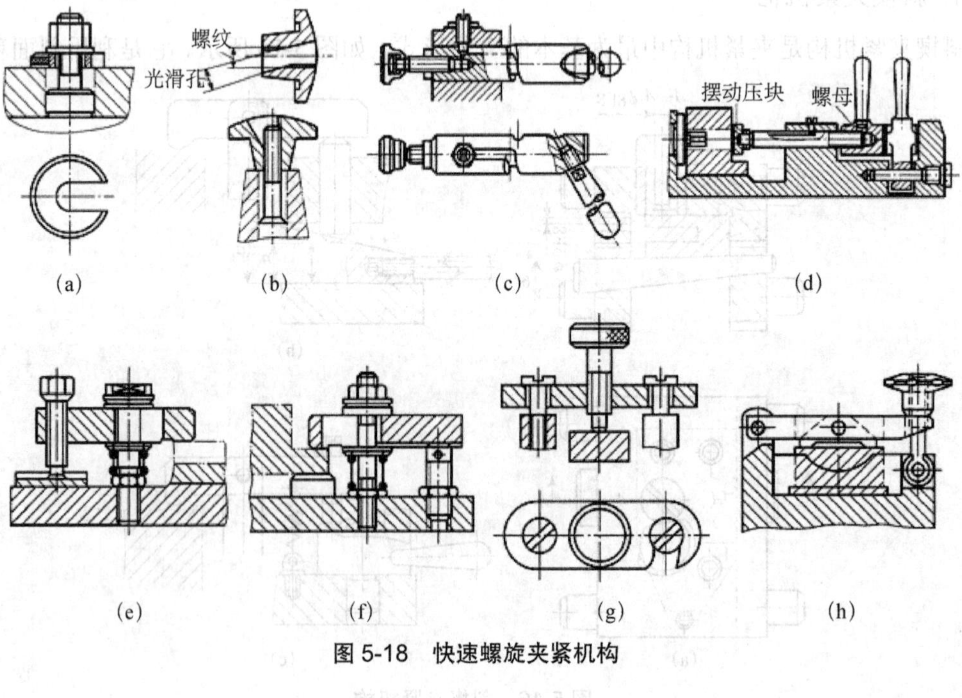

图 5-18 快速螺旋夹紧机构

3. 偏心夹紧机构

偏心夹紧机构是斜楔夹紧机构的一种变形，它是通过偏心轮直接夹紧工件或与其他元件组合夹紧工件的，如图 5-19 所示。常用的偏心件有圆偏心和曲线偏心两类。圆偏心夹紧机构具有结构简单、夹紧迅速等优点，但它的夹紧行程小，增力倍数小，自锁性能差，故一般只在被夹紧表面尺寸变动不大和切削过程振动较小的场合应用。

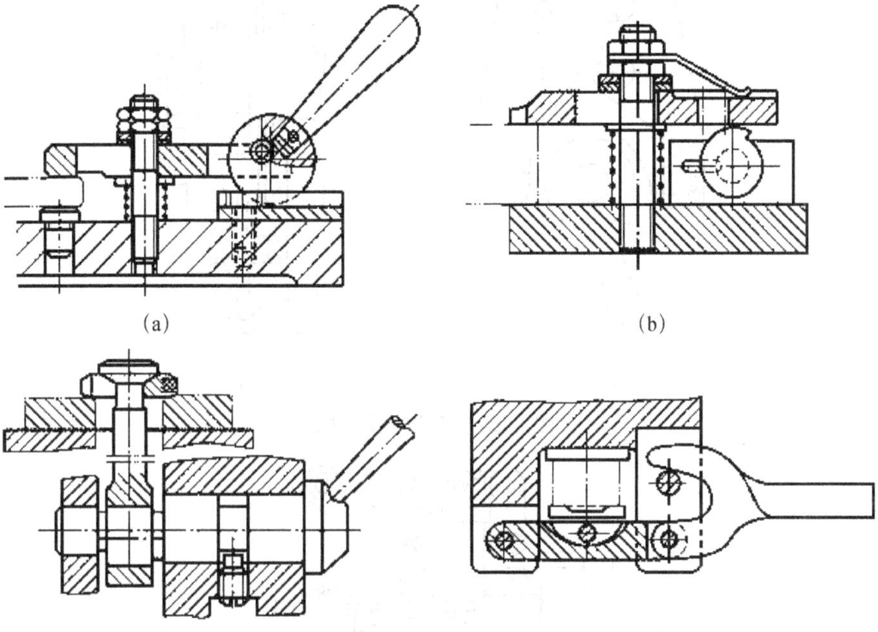

(a)　(b)　(c)　(d)

图 5-19　偏心夹紧机构

4. 定心夹紧机构

定心夹紧机构能够在实现定心的同时，起到将工件夹紧的作用。其工作原理是定心夹紧元件均分定位基面公差，元件同时做等速移动和均匀的弹性变形。定心夹紧机构中与工件定位基面相接触的元件，既是定位元件，又是夹紧元件。定心夹紧机构如图 5-20 所示。

如图 5-20（a）所示，利用偏心轮推动卡爪同时向里夹紧工件，实现定心夹紧；如图 5-20（b）所示利用斜楔实现定心夹紧，中间传力机构推动锥体向右移动，使三个卡爪同时向外伸出，对工件内孔进行定心夹紧。

5. 铰链夹紧机构

铰链夹紧机构是一种增力装置，它具有增力倍数较大、摩擦损失较小的优点，广泛应用于气动夹具中。铰链夹紧机构如图 5-21 所示，压缩空气进入气缸后，气缸 1 经铰链扩力机构 2 推动压板 3、4 同时将工件夹紧。

6. 联动夹紧机构

联动夹紧机构是一种高效夹紧机构，它可通过一个操作手柄或一个动力装置，对一个工件的多个夹紧点实施夹紧，或同时夹紧若干个工件，如图 5-22 所示。联动夹紧机构可分为单件联动夹紧机构和多件联动夹紧机构。

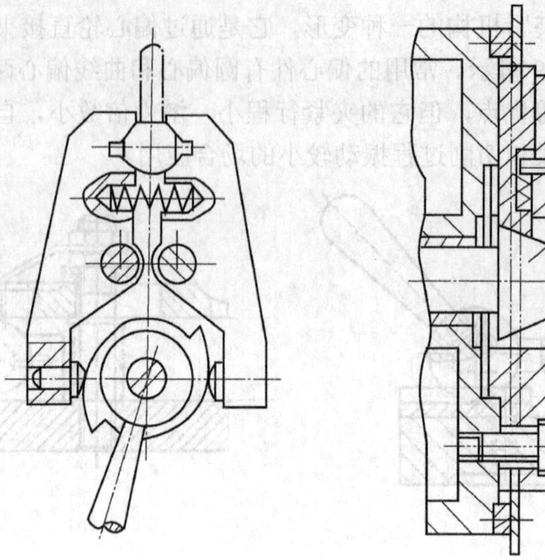

(a)　　　　　　　　　　　　　　(b)

图 5-20　定心夹紧机构

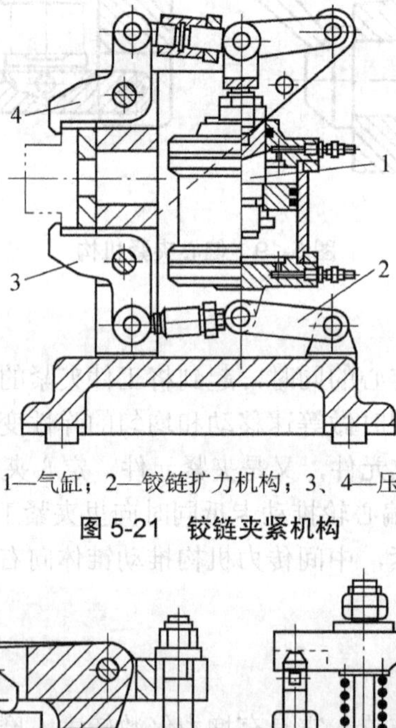

1—气缸；2—铰链扩力机构；3、4—压板

图 5-21　铰链夹紧机构

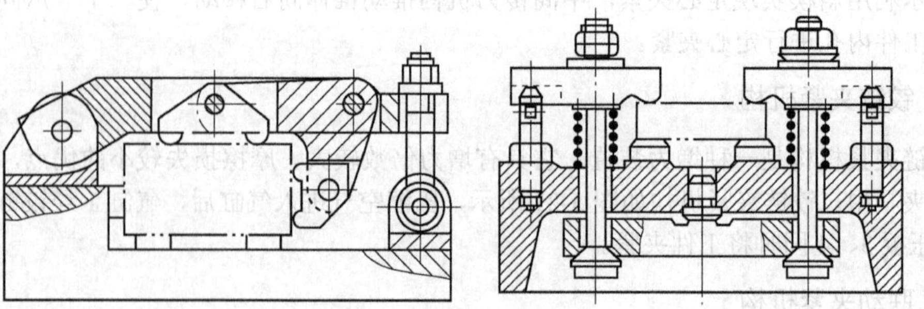

(a)　　　　　　　　　　　　　　(b)

图 5-22　联动夹紧机构

7. 弹性夹紧机构

弹性夹紧机构利用强力弹簧与钢珠作为夹紧元件并传递夹紧力，如图 5-23 所示。其特点为夹紧力大、夹紧可靠、操作简便、重复定位精度高。

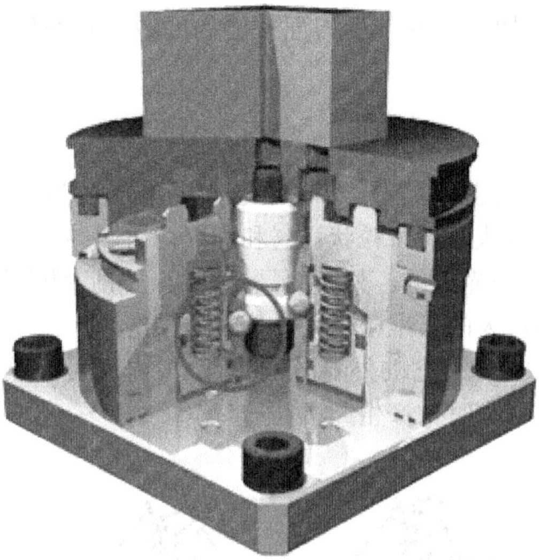

图 5-23 弹性夹紧机构

三、切屑

1. 切屑形成过程

对塑性金属进行切削时，切屑的形成过程就是切削层金属的变形过程。切削层金属变形过程如图 5-24 所示，当工件受到刀具的挤压以后，切削层金属在始滑移面 *OA* 以左发生弹性变形。在 *OA* 面上，应力达到材料的屈服强度，则发生塑性变形，产生滑移现象。随着刀具的连续移动，原来处于始滑移面上的金属不断向刀具靠拢，应力和变形也逐渐加大。在终滑移面上，应力和变形达到最大值。越过该面，切削层金属将脱离工件基体，沿着前刀面流出而形成切屑。

切屑在形成过程中存在三个变形区，即第一变形区、第二变形区和第三变形区。

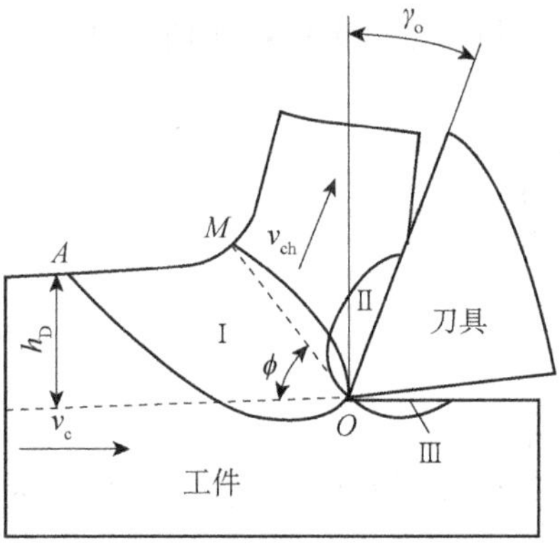

图 5-24 切削层金属变形过程

第一变形区是从 OA 线到 OM 线内的区域，伴随沿滑移线的剪切变形，随之产生加工硬化。

第二变形区是切屑与前刀面摩擦的区域，切屑底层靠近前刀面处纤维化，流动速度降低，切屑弯曲，切屑与刀具接触温度升高。

第三变形区是工件已加工表面与后刀面接触的区域，存在纤维化与加工硬化，变形较密集。

2. 切屑的类型

由于工件材料不同，切削条件各异，切削过程中生成的切屑形状是多种多样的。切屑按形状主要分为带状切屑、节状切屑、粒状切屑和崩碎切屑四种，切屑的类型如图 5-25 所示。

① 带状切屑的内表面是光滑的，外表面呈毛茸状。加工塑性金属时，在切削厚度较小、切削速度较高、刀具前角较大的工况条件下常形成此类切屑。

② 节状切屑又称挤裂切屑。它的外表面呈锯齿形，内表面有时有裂纹。在切削速度较低、切削厚度较大、刀具前角较小时常产生此类切屑。

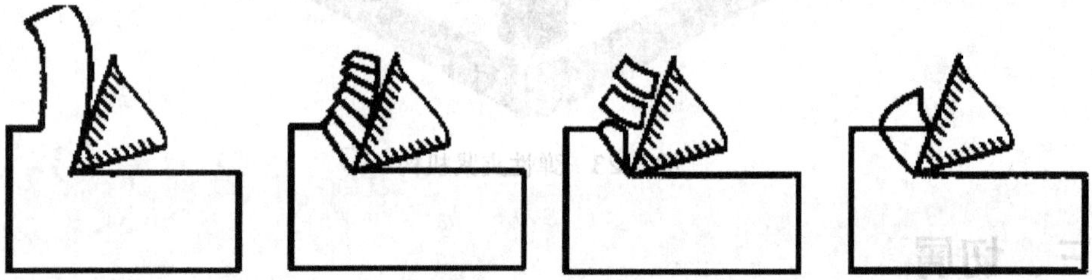

(a) 带状切屑　(b) 节状切屑　(c) 粒状切屑　(d) 崩碎切屑

图 5-25　切屑的类型

③ 粒状切屑又称单元切屑。在切屑形成过程中，如剪切面上的剪切应力超过了材料的断裂强度，切屑单元就会从被切材料上脱落，形成粒状切屑。

④ 加工脆性材料时，切削厚度越大，越易得到崩碎切屑。

提示

前三种切屑是加工塑性金属时常见的切屑类型。形成带状切屑时，切削过程最平稳，切削力波动小，已加工表面粗糙度值较小；形成粒状切屑时，切削过程中的切削力波动最大。

学习任务

【活动一】工艺分析

要求：分析基准面的加工工艺。

由于毛坯为锻件，退火后采用找正安装加工六面。底面为精基准面，粗加工时以该面为基准进行找正。

基准面加工步骤见表 5-9。

表 5-9　基准面加工步骤

步骤	加工内容	图示
1	找正安装，铣削四个侧面	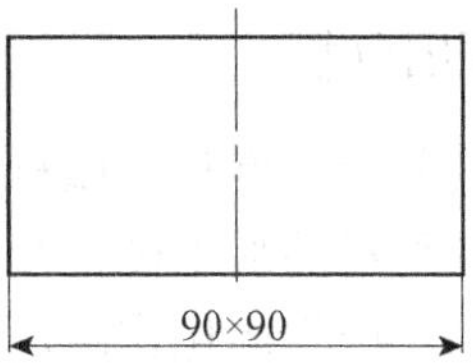
2	铣削顶面	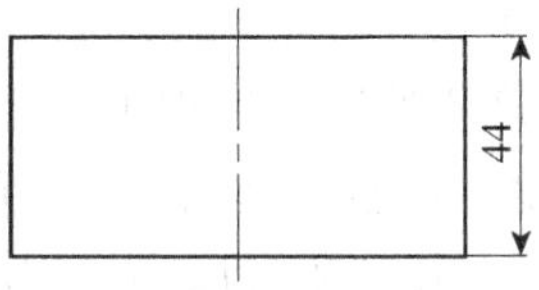
3	精铣底面	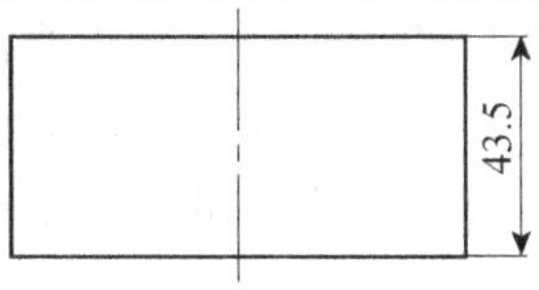

【活动二】积屑瘤的控制

要求：采用合理方式控制积屑瘤。

加工一般钢料或其他塑性材料时，在切削速度不高而又能形成连续切屑的情况下，常常在前刀面处粘着一块剖面有时呈三角状的硬块。它的硬度很高，通常是工件材料的 2～3 倍，在处于比较稳定的状态时，能够代替刀刃进行切削。这块冷焊在前刀面上的金属称为积屑瘤或刀瘤，积屑瘤如图 5-26 所示。

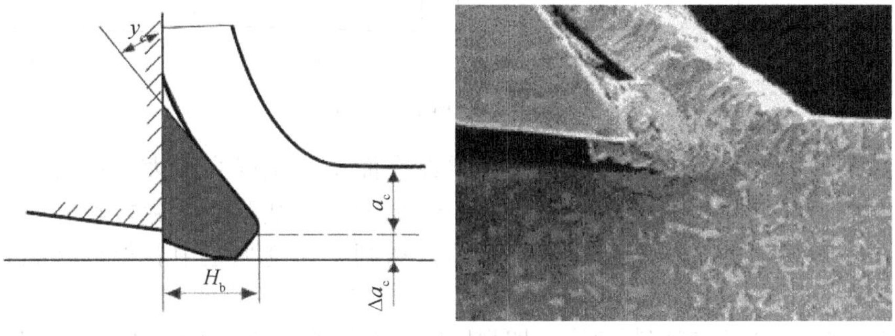

图 5-26　积屑瘤

1. 积屑瘤的形成过程

切屑对前刀面接触处的摩擦，使前刀面十分洁净。当两者的接触面达到一定温度且压力较高时，会产生黏结现象，即所谓的“冷焊”。切屑从粘在刀面的底层上流过，形成“内摩擦”。如果温度与压力适当，底层上面的金属因内摩擦而变形，也会发生加工硬化而被阻滞在底层，粘成一体。这样黏结层就逐步长大，直到该处的温度与压力不足以造成黏附为止。

2. 积屑瘤对切削过程的影响

① 实际前角增大。

② 切削厚度增大，可能引起振动。

③ 加工表面粗糙度值增大。

④ 对刀具寿命有影响。

3. 积屑瘤产生原因分析

积屑瘤的产生及其积聚高度与金属材料的硬化性质有关，也与刃前区的温度和压力分布有关。一般说来，塑性材料的加工硬化倾向越强，越易产生积屑瘤。温度与压力太低，不会产生积屑瘤；温度太高，产生弱化作用，也不会产生积屑瘤。走刀量保持一定时，积屑瘤高度与切削速度有密切关系。

通过分析积屑瘤产生原因可以得出防止积屑瘤的主要方法。

① 降低切削速度，使温度降低，黏结现象不易发生。

② 采用高速切削，使切削温度高于积屑瘤消失的相应温度。

③ 采用润滑性能好的切削液，减小摩擦。

④ 增大刀具前角，以减小切屑与前刀面接触区的压力。

⑤ 适当提高工件材料硬度，减小加工硬化倾向。

【活动三】鳞刺的控制

要求：采用合理方式控制鳞刺。

在切削金属零件的过程中，零件表面上往往会出现不同程度的鳞刺现象，鳞刺的形成如图 5-27 所示。因材料、切削用量、刀具几何角度不同，产生的鳞刺高低程度也不同。

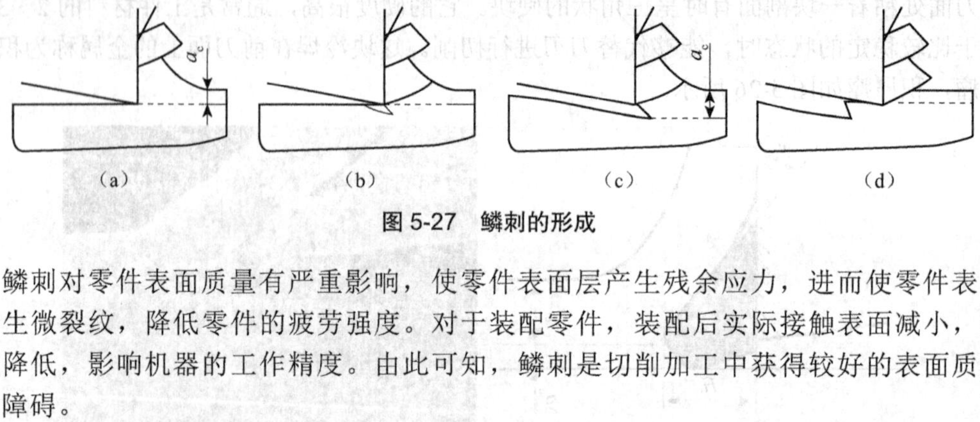

图 5-27　鳞刺的形成

鳞刺对零件表面质量有严重影响，使零件表面层产生残余应力，进而使零件表面容易产生微裂纹，降低零件的疲劳强度。对于装配零件，装配后实际接触表面减小，接触刚度降低，影响机器的工作精度。由此可知，鳞刺是切削加工中获得较好的表面质量的一大障碍。

影响鳞刺的主要因素有切削速度、切削厚度、刀具的前角、工件的材质和切削液等。

1. 切削速度

切削速度主要是通过切削温度来影响鳞刺的，温度在一定范围内时，刀具和切屑间的摩擦系数最大，容易产生切削层的层积。切削速度是影响切削温度的主要因素，在某一切削速度范围内容易形成鳞刺。通过实践发现，切削速度低时，开始出现鳞刺但高度较小，鳞刺的高度随着切削速度的提高而增大，达到一定速度时便减小，最后消失。

2. 切削厚度

在同一切削速度下，切削厚度增大时，切削温度和力及刀具与切屑接触的长度随之增大。因此，鳞刺的高度随着切削厚度增大而增大。

3. 刀具的前角

刀具的前角增大时，前刀面上的法向力减小，切削温度降低，切屑变形减小，当切削速度低时，鳞刺的高度随前角增大而减小；但切削速度高时，随着切削温度的升高，鳞刺的高度却随着前角增大而增大。

4. 工件的材质

在实践中发现，在较低的切削速度下，经过调质处理的工件切削后鳞刺较大，经过正火处理的工件鳞刺较小。但在较高的切削速度下，情况完全不一样，经调质处理的工件鳞刺高度较小，经过正火和退火处理的工件鳞刺较高。

5. 切削液及其他

使用切削液，可以有效控制切削温度，减少摩擦。采用润滑和冷却性能很好的切削液，可以防止和抑制鳞刺产生和生长。选用与工件材料化学亲和性差的刀具材料，也可以抑制鳞刺产生。

【活动四】切屑的控制

要求：采用合理方式控制切屑。

工件材料脆性越大（断裂应变值小）、切削厚度越大、切屑卷曲半径越小，切屑就越容易折断。

1. 采用断屑槽

通过设置断屑槽对流动中的切屑施加一定的约束力，使切屑应变增大，切屑卷曲半径减小。断屑槽的尺寸参数应与切削用量的大小相适应，否则会影响断屑效果。常用的断屑槽截面形状有折线形、直线圆弧形和全圆弧形，如图 5-28 所示。前角较大时，采用全圆弧形断屑槽，刀具的强度较好。

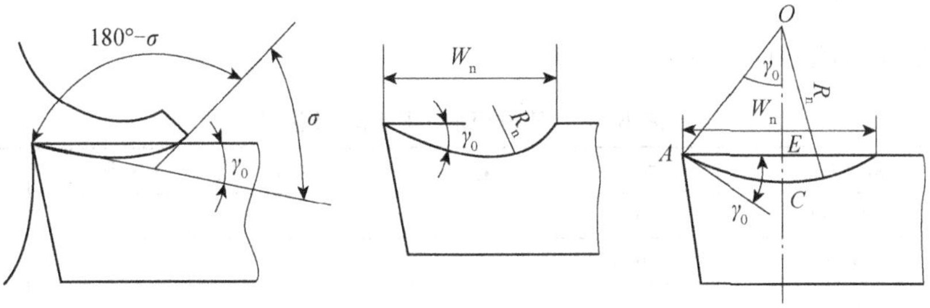

（a）折线形　　（b）直线圆弧形　　（c）全圆弧形

图 5-28　常用的断屑槽截面形状

断屑槽位于前刀面上的形式有平行式、外斜式、内斜式三种，如图 5-29 所示。外斜式常形成 C 形屑和 6 字形屑，能在较宽的切削用量范围内实现断屑；内斜式常形成长紧螺卷形屑，但断屑范围窄；平行式的断屑范围处于上述两者之间。

2. 改变刀具角度

增大刀具主偏角，切削厚度变大，有利于断屑。减小刀具前角可使切屑变形加大，切屑易于折断。刃倾角可以控制切屑的流向，刃倾角为正值时，切屑常卷曲后碰到后刀面折断形成C形屑或自然流出形成螺卷形屑；刃倾角为负值时，切屑常卷曲后碰到已加工表面折断形成C形屑或6字形屑。

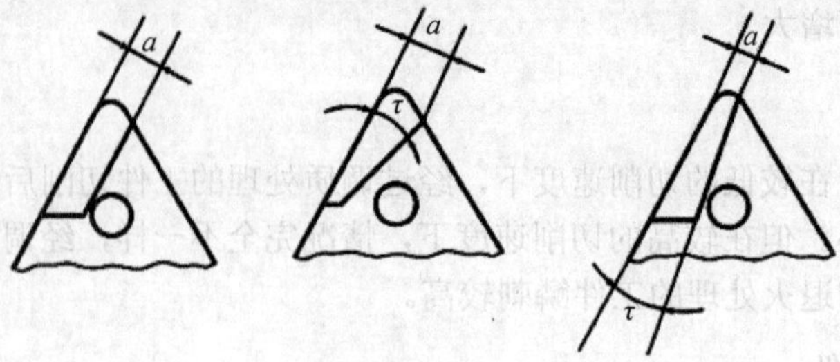

（a）平行式　（b）外斜式　（c）内斜式

图5-29　断屑槽位于前刀面上的形式

3. 调整切削用量

增大进给量使切削厚度增大，对断屑有利，但会增大加工表面粗糙度值。适当地降低切削速度使切削变形增大，也有利于断屑，但这会降低材料切除效率。因此，应根据实际条件适当选择切削用量。

任务实施

1. 选择工具和量具

游标卡尺和圆柱铣刀。

2. 质量检查的内容和成绩评定标准

基准面加工检测与评价表见表5-10。

表5-10　基准面加工检测与评价表

序号	检测内容	配分	量具	检测结果	学生评分	教师评分
1	90×90	20分				
2	43.5	10分				
3	$R_a3.2$	20分				
4	文明生产	违纪一项扣10分				
合　计		50分				

任务小结

平面定位采用的方式有固定支承、可调支承、浮动支承和辅助支承。对于毛坯平面的定位，常采用固定支承、浮动支承和可调支承，用辅助支承增强其刚性。

在切削过程中，由于切削参数、刀具角度、工件材质及切削液等因素，会产生不同类型的切屑、鳞刺和积屑瘤等，从而对工件表面质量产生影响。

习题

1. 可调支承与辅助支承有哪些异同点？
2. 常用的夹紧装置有哪些？
3. 简述积屑瘤及其控制方法。
4. 常见的切屑类型有哪些？它们是如何产生的？

任务三　注塑凸模的粗加工

知识点

数控铣床及铣削工艺；

刀具的磨损；

工艺系统受力变形引起的加工误差。

技能点

学会用数控铣床加工工件的外轮廓。

任务导入

粗加工要完成注塑凸模的成形加工，必须保证凸台四个侧面与基准面之间的位置精度。粗加工在立式铣床上完成，以底面为基准进行定位。四个螺孔和两个定位孔在粗加工时一并完成。

本任务需要完成图 5-30 所示零件的加工。

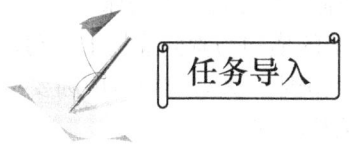

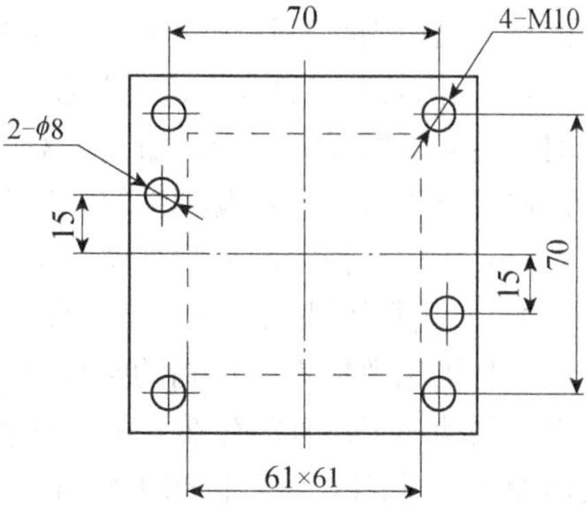

图 5-30　零件

知识准备

一、加工设备

数控铣床是在普通铣床上集成了数字控制系统，可以在程序代码的控制下较精确地自动进行铣削加工的机床，其结构与普通铣床有很大区别。

数控铣床主要由床身、铣头、纵向工作台、横向床鞍、升降台、电气控制系统等组成，能够完成基本的铣削、镗削、钻削、攻螺纹及自动工作循环等，可加工各种形状复杂的凸轮、样板及模具零件等。数控铣床的床身固定在底座上，用于安装和支承机床各部件。控制台上有彩色液晶显示器、机床操作按钮和各种开关及指示灯。纵向工作台、横向床鞍安装在升降台上，通过纵向进给伺服电动机、横向进给伺服电动机和垂直升降进给伺服电动机的驱动，完成 X、Y、Z 坐标的进给。电气柜安装在床身立柱的后面，其中装有电气控制系统。

1. 数控铣床的特点

① 用数控铣床加工零件，精度很稳定。如果忽略刀具的磨损，用同一程序加工的零件具有相同的精度。

② 数控铣床尤其适合加工形状比较复杂的零件，如各种模具等。

③ 数控铣床自动化程度很高，生产率高，适合加工批量较大的零件。

2. 数控铣床的种类

（1）按构造分类

① 工作台升降式数控铣床。这类数控铣床采用工作台移动、升降而主轴不动的方式，如图 5-31（a）所示的工作台升降式数控铣床。小型数控铣床一般采用此种方式。

② 主轴头升降式数控铣床。这类数控铣床采用工作台纵向和横向移动，且主轴沿垂向溜板上下运动的方式。主轴头升降式数控铣床在精度保持、承载重量、系统构成等方面具有很多优点，已成为数控铣床的主流，如图 5-31（b）所示的主轴头升降式数控铣床。

③ 龙门式数控铣床。这类数控铣床的主轴可以在龙门架的横向与垂向溜板上运动，而龙门架则沿床身做纵向运动，如图 5-31（c）所示的龙门式数控铣床。大型数控铣床因要考虑扩大行程、缩小占地面积及刚性等技术问题，往往采用龙门架移动式。

（2）按通用铣床的分类方法分类

① 立式数控铣床。立式数控铣床在数量上一直占据优势，应用范围也最广，如图 5-32 所示。从机床数控系统绕控制的坐标数量来看，目前三坐标数控立铣仍占大多数，一般可进行三坐标联动加工，但也有部分机床只能进行三个坐标中的任意两个坐标联动加工（常称为 2.5 坐标加工）。此外，还有机床主轴可以绕 X、Y、Z 坐标轴中的一个或两个轴做数控摆角运动的四坐标和五坐标数控立铣。

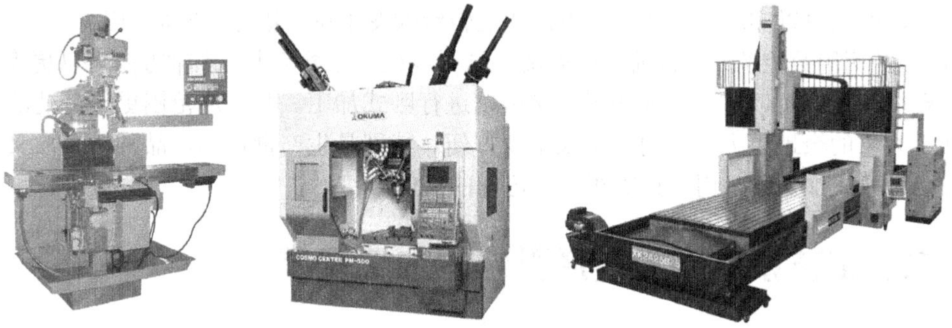

（a）工作台升降式数控铣床　（b）主轴头升降式数控铣床　（c）龙门式数控铣床

图 5-31　数控铣床

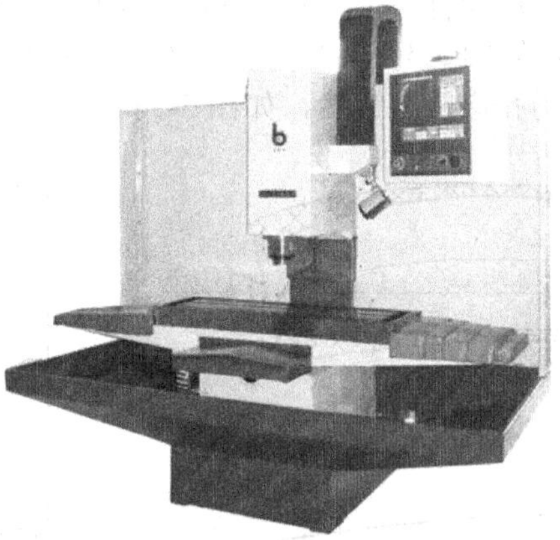

图 5-32　立式数控铣床

② 卧式数控铣床。与通用卧式铣床相同，其主轴轴线平行于水平面，卧式数控铣床与数控转台如图 5-33 所示。为了扩大加工范围和扩充功能，卧式数控铣床通常采用增加数控转台或万能数控转台的方式来实现四坐标或五坐标加工。这样，不但工件侧面上的连续回转轮廓

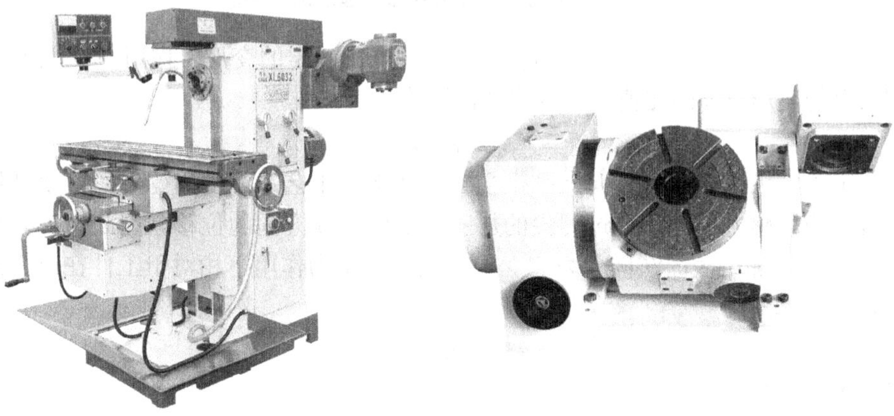

（a）卧式数控铣床　（b）数控转台

图 5-33　卧式数控铣床与数控转台

可以加工，而且可以实现在一次安装中，通过转台改变工位，进行“四面加工”。

③ 立卧两用数控铣床。目前，这类铣床已不多见。这类铣床的主轴方向可以更换，能实现在一台机床上既可以进行立式加工，又可以进行卧式加工。其应用范围更广，功能更全，选择加工对象的余地更大，给用户带来不少方便。特别是生产批量小，品种较多，又需要用立、卧两种方式加工时，用户只需买一台这样的机床即可。

二、工艺系统受力变形引起的加工误差

由机床、夹具、刀具、工件组成的工艺系统，在切削力、传动力、惯性力、夹紧力及重力等的作用下，会产生相应的变形（弹性变形及塑性变形）。这种变形将破坏刀刃和工件之间已调好的正确位置关系，从而产生加工误差。例如，车削细长轴时，工件在切削力作用下产生弯曲变形，加工后呈鼓形，如图 5-34（a）所示。又如，在内圆磨床上横向切入磨孔时，由于磨头主轴弯曲变形，磨出的孔会带有锥度，如图 5-34（b）所示。

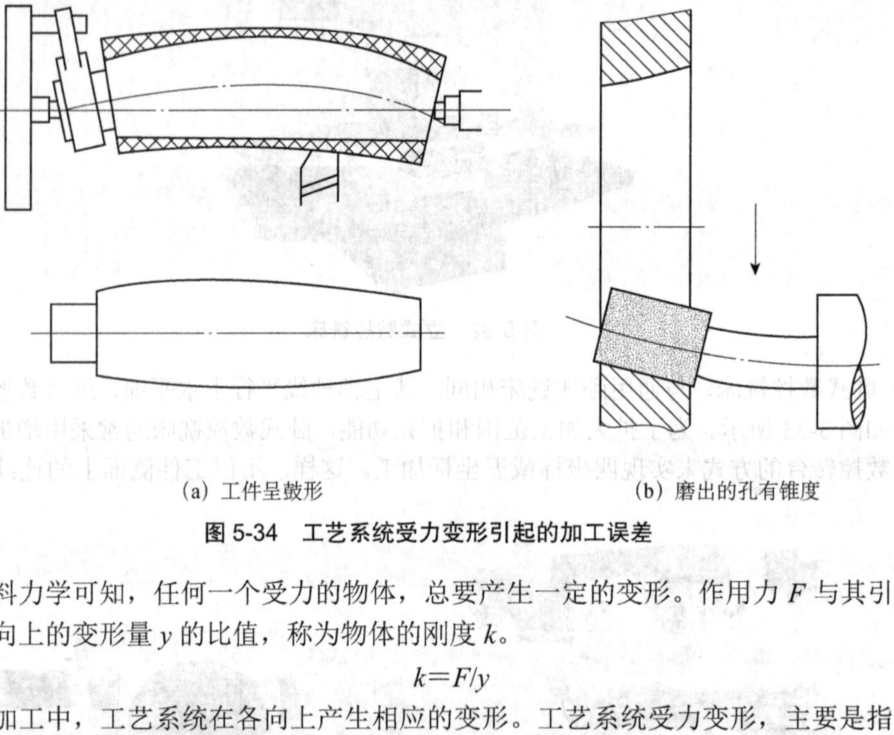

(a) 工件呈鼓形　　(b) 磨出的孔有锥度

图 5-34　工艺系统受力变形引起的加工误差

由材料力学可知，任何一个受力的物体，总要产生一定的变形。作用力 F 与其引起的在作用力方向上的变形量 y 的比值，称为物体的刚度 k。

$$k=F/y \qquad (5\text{-}2)$$

切削加工中，工艺系统在各向上产生相应的变形。工艺系统受力变形，主要是指对加工精度影响最大的敏感方向，即通过刀尖的加工表面的法线方向的位移。因此，工艺系统的刚度 k_{xt} 定义为，零件加工表面法向分力 F_y，与刀具在切削力作用下相对于工件在该方向的位移 y_{xt} 的比值，即

$$k_{xt}=F_y/y_{xt} \qquad (5\text{-}3)$$

工艺系统的总变形量是

$$y_{xt}=y_{jc}+y_{dj}+y_{jj}+y_g \qquad (5\text{-}4)$$

工艺系统刚度的一般式为

$$k_{xt} = \frac{1}{\frac{1}{k_{jc}} + \frac{1}{k_{jj}} + \frac{1}{k_{dj}} + \frac{1}{k_{g}}} \tag{5-5}$$

式中 y_{xt}——工艺系统的总变形量(mm)；
k_{xt}——工艺系统的总刚度(N/mm)，$k_{xt}=F_y/Y_{xt}$；
y_{jc}——机床变形量(mm)；
k_{jc}——机床刚度(N/mm)，$k_{jc}=F_y/y_{jc}$；
y_{jj}——夹具变形量(mm)；
k_{jj}——夹具刚度(N/mm)，$k_{jj}=F_y/y_{jj}$；
y_{dj}——刀具变形量(mm)；
k_{dj}——刀具刚度(N/mm)，$k_{dj}=F_y/y_{dj}$；
y_g——工件变形量(mm)；
k_g——工件刚度(N/mm)，$k_g=F_y/y_g$。

因此，知道工艺系统各个组成部分的刚度后，即可求出系统刚度。

1. 切削力着力点位置变化引起的工件形状误差

如图 5-35（a）所示为在车床上加工短而粗的光轴。由于工件刚度较大，在切削力的作用下，其变形相对于机床、夹具的变形要小得多，而车刀在敏感方向的变形也很小，故可忽略不计。此时，工艺系统的变形完全取决于头架、尾座（包括顶尖）和刀架的变形，工件呈马鞍形。

如图 5-35（b）所示为在车床上加工细长轴。由于工件细而长，刚度小，在切削力的作用下，其变形大大超过机床、夹具和刀具的变形。因此，机床、夹具和刀具的受力变形可以忽

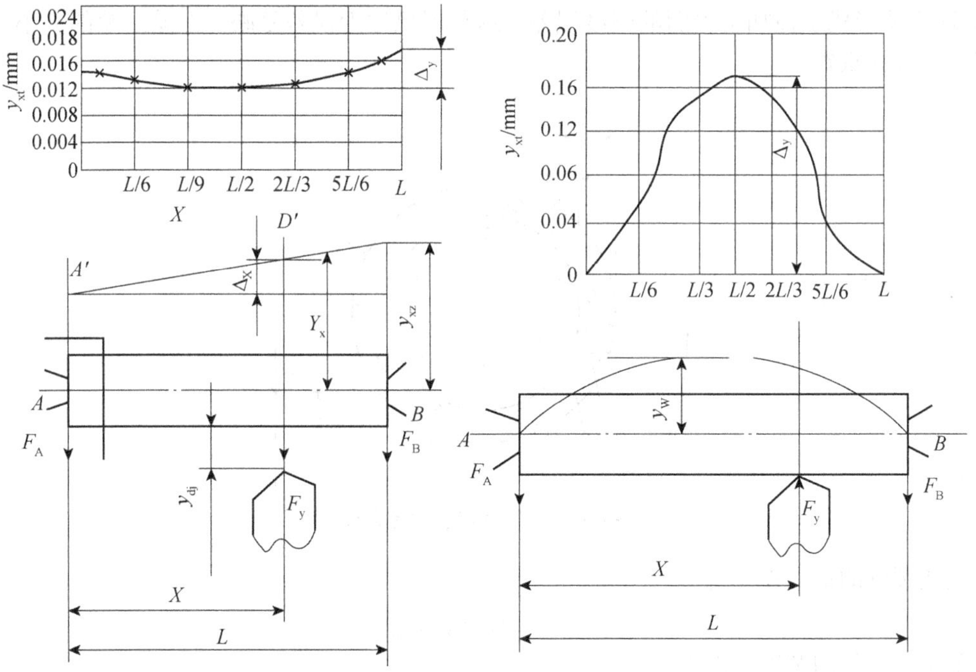

（a）加工短而粗的光轴　　（b）加工细长轴

图 5-35　工艺系统变形随着力点位置的变化而变化

略不计，工艺系统的变形完全取决于工件的变形，工件呈腰鼓形。

不同类型的机床，由于着力点的变化而引起的刚度变化形式也不同，其造成的加工误差也有差别。图 5-36 显示了采用内圆磨床和单臂龙门刨床加工时，系统刚度随着力点位置的变化所造成的加工误差。

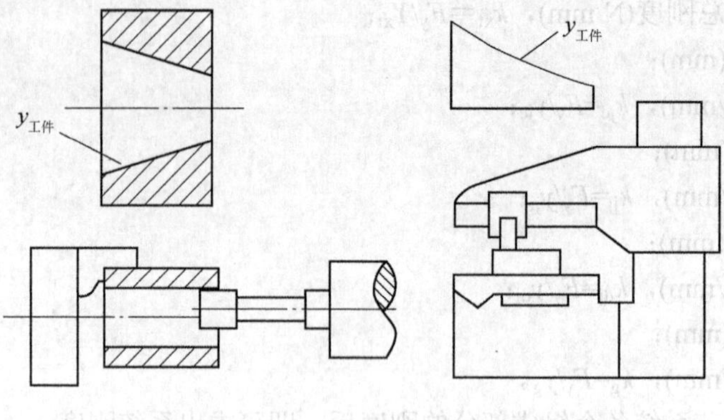

(a) 内圆磨床　　(b) 单臂龙门刨床

图 5-36　系统刚度变化造成的加工误差

2. 切削力变化引起的加工误差

在切削加工中，往往由于被加工表面的几何形状误差引起切削力的变化，造成工件的加工误差。零件形状误差复映如图 5-37 所示，由于工件毛坯的圆度误差，车削时刀具的切削深度在 a_{p1} 与 a_{p2} 之间变化。因此，切削分力 F_y 也随切削深度 a_p 的变化由 F_{ymax} 变为 F_{ymin}。根据前面的分析，工艺系统将产生相应的变形，即由 y_1 变为 y_2（刀尖相对于工件产生 y_1 到 y_2 的位移），这样就形成了被加工表面的圆度误差。这种现象称为误差复映。误差复映的大小可根据刚度计算公式求得。

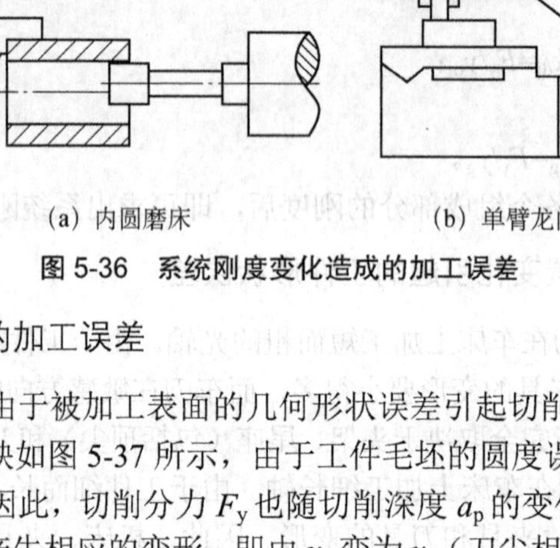

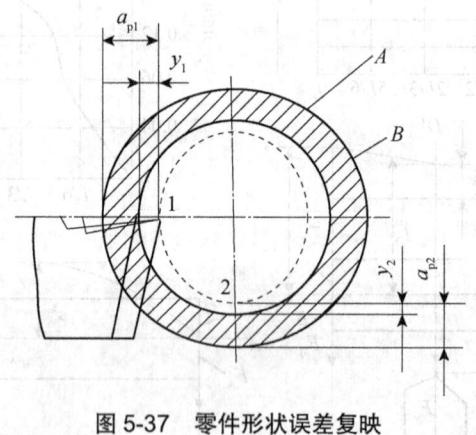

图 5-37　零件形状误差复映

毛坯圆度的最大误差为

$$\Delta_m = a_{p1} - a_{p2} \tag{5-6}$$

车削后工件的圆度误差为

$$\Delta_\omega = y_1 - y_2 \tag{5-7}$$

$$y_1 = F_{ymax}/k_{xt} \tag{5-8}$$

$$y_2=F_{y\min}/k_{xt} \tag{5-9}$$

$$F_y=\lambda C_{Fz}a_p f^{0.75} \tag{5-10}$$

式中 λ——系数，$\lambda=F_y/F_z$，一般取 0.4；

C_{Fz}——与工件材料和刀具几何角度有关的系数；

f——进给量（mm/r）。

所以

$$y_1=\lambda C_{Fz}a_{p1}f^{0.75}/k_{xt} \tag{5-11}$$

$$y_2=\lambda C_{Fz}a_{p2}f^{0.75}/k_{xt} \tag{5-12}$$

$$\Delta_\omega=y_1-y_2=\lambda C_{Fz}f^{0.75}（a_{p1}-a_{p2}）/k_{xt}=\lambda C_{Fz}f^{0.75}\Delta_m/k_{xt} \tag{5-13}$$

$$\Delta_\omega/\Delta_m=\lambda C_{Fz}f^{0.75}/k_{xt}=\varepsilon f^{0.75}=A/k_{xt} \tag{5-14}$$

式中 A——径向切削力系数；

ε——复映系数。

复映系数 ε 定量地反映了毛坯误差在经过加工后减小的程度，它与工艺系统的刚度成反比，与径向切削力系数 A 成正比。要减小工件的复映误差，可增加工艺系统的刚度或降低径向切削力系数（如增大主偏角、减小进给量等）。

当毛坯的误差较大，一次走刀不能满足加工精度要求时，需要多次走刀来消除 Δ_m 复映到工件上的误差。多次走刀总 ε 值计算如下：

$$\varepsilon_\Sigma=\varepsilon_1\times\varepsilon_2\times\cdots\times\varepsilon_n=（\lambda C_{Fz}/k_{xt}）^n（f_1\times f_2\times\cdots\times f_n）^{0.75} \tag{5-15}$$

提示

由于 ε 是远小于 1 的系数，所以经过多次走刀以后，ε 已降为很小的值，加工误差也会逐渐减小而达到零件的加工精度要求，一般经过 2～3 次走刀即可达到 IT7 级精度要求。

切削力的变化引起的加工误差还表现为：材料硬度不均匀而引起的加工误差；用调整法加工一批工件时，毛坯余量不一造成的加工尺寸分散等。

3. 惯性力、传动力、重力和夹紧力所引起的加工误差

（1）惯性力及传动力所引起的加工误差

切削加工中，高速旋转部件（包括夹具、工件和刀具等）的不平衡将产生离心力 F_Q。F_Q 在每一转中不断地改变方向，它在 y 方向的分力大小的变化，会使工艺系统的受力变形也随之变化而产生加工误差。惯性力所引起的加工误差如图 5-38 所示。车削一个不平衡的工件，当离心力 F_Q 与切削力 F_y 方向相反时，工件被推向刀具，使切削深度增加，如图 5-38（a）所示；当 F_Q 与切削力 F_y 方向相同时，工件被拉离刀具，使切削深度减小，如图 5-38（b）所示，其结果就造成了工件的圆度误差。

在车床或磨床类机床上加工轴类零件时，常用单爪拨盘带动工件旋转。单爪拨盘传动力的影响如图 5-39 所示，传动力在拨盘的每一转中经常改变方向，其在 y 方向上的分力有时与切削力 F_y 方向相同，有时方向相反。因此，它也会造成工件的圆度误差。为此，在加工高精度零件时，改用双爪拨盘或柔性连接装置带动工件旋转。

（2）夹紧力和重力引起的加工误差

被加工工件在装夹过程中，由于刚度较低或着力点不当，都会发生变形，造成加工误差。

如图 5-40 所示，加工发动机连杆大头孔时，由于夹紧着力点不当，使工件产生夹紧变形，造成加工后两孔中心线不平行，以及所加工大孔的轴线与定位端面产生垂直度误差。

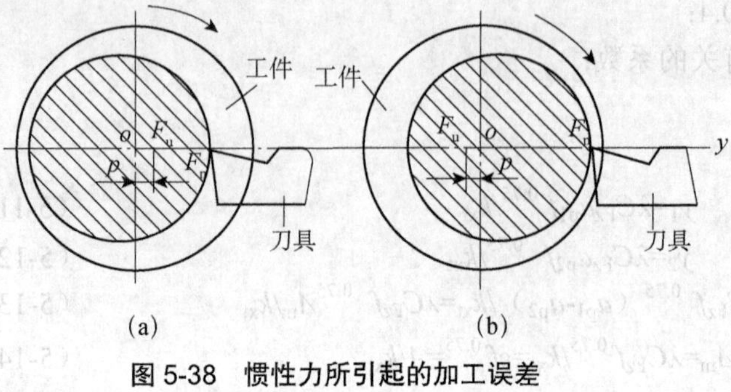

图 5-38　惯性力所引起的加工误差

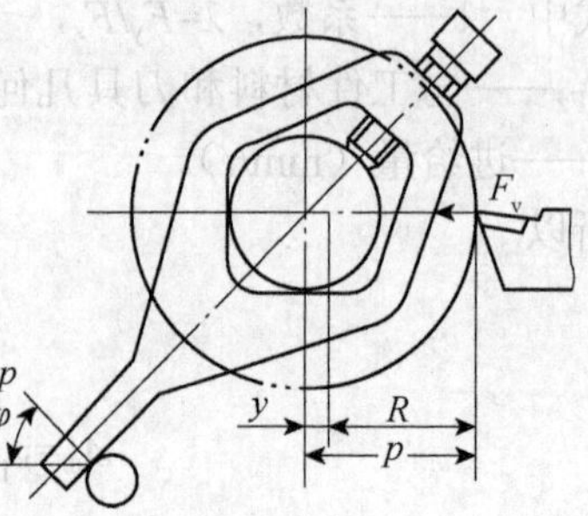

图 5-39　单爪拨盘传动力的影响

在工艺系统中，零部件的自重也会引起变形，如龙门铣床与龙门刨床刀架横梁的变形、镗床镗杆下垂变形等，这些都会造成加工误差。

自重所引起的加工误差如图 5-41 所示，摇臂钻床的摇臂在主轴箱自重的影响下产生变形，造成主轴轴线与工作台不垂直，从而使被加工的孔与定位面也产生垂直度误差。

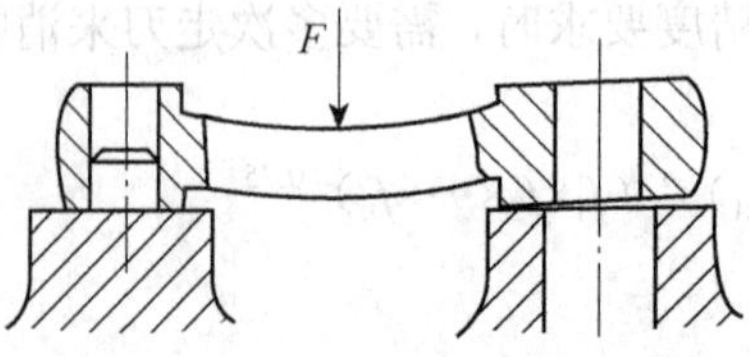

图 5-40　着力点不当引起的加工误差

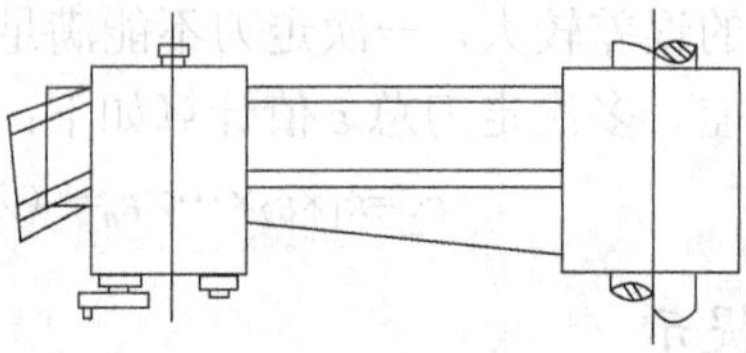

图 5-41　自重所引起的加工误差

三、减少工艺系统受力变形的措施

减少工艺系统的受力变形，是机械加工中保证产品质量和提高生产效率的主要途径之一。根据生产的实际情况，可采取以下几方面措施。

1. 提高接触刚度

一般部件都是接触刚度低于实体零件的刚度，所以，提高接触刚度是提高工艺系统刚度的关键。常用的方法是改善工艺系统主要零件接触表面的配合质量，如刮研机床导轨副，配研顶尖锥体与主轴和尾座套筒锥孔的配合面，研磨加工精密零件用的顶尖孔等，这些都是在实际生产中行之有效的工艺措施。刮研可提高配合面的形状精度，减小表面粗糙度值，使实际接触面增大，微观表面和局部表面的弹性变形与塑性变形减少，从而有效地提高接触刚度。

提高接触刚度的另一措施是预加载荷，这样可以消除配合面间的间隙，而且能使零部件之间有较大的实际接触面，减少受力后的变形量。预加载荷法常在各类轴承的调整中使用。

2. 提高工件刚度

切削力引起的加工误差，往往是由于工件本身刚度不足或工件各个部位刚度不均匀而产生的。特别是加工叉类、细长轴等零件，非常容易变形。在这种情况下，提高工件刚度就是提高加工精度的关键。其主要措施是缩小切削力作用点到工件支承面之间的距离，以提高工件加工时的刚度。如图 5-42 所示为增加支承以提高工件刚度，车削细长轴时，采用中心架或跟刀架以提高工件刚度。

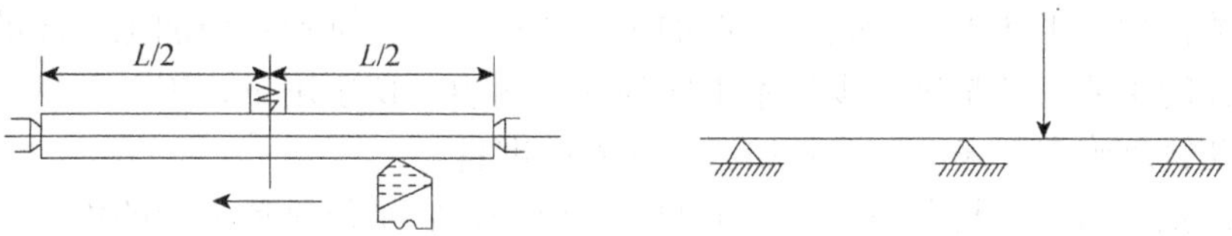

（a）采用中心架

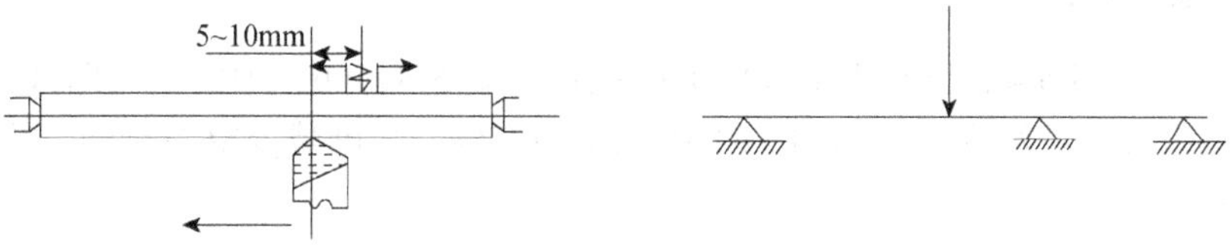

（b）采用跟刀架

图 5-42 增加支承以提高工件刚度

3. 提高机床部件刚度

在切削加工中，有时由于机床部件刚度低而产生变形和振动，影响加工精度和生产率的提高。因此，加工时常采用一些辅助装置以提高机床部件的刚度。

4. 合理装夹工件

对于薄壁零件的加工，夹紧时必须选择适当的夹紧方法，否则将会引起很大的形状误差。磨削薄板工件如图 5-43 所示。如图 5-43（a）所示，在平面磨床上磨削薄板工件，工件毛坯存在形状误差。当磁力将工件吸向磁力盘表面时，工件将产生弹性变形，如图 5-43（b）所示。磨削后，由于弹性恢复，工件已磨完的表面又产生翘曲，如图 5-43（c）所示。改进办法是在工件与磁力盘之间垫橡皮垫（厚约 0.5mm），如图 5-43（d）、（e）所示。夹紧工件时，橡皮垫被压缩，减少工件的变形，便于将工件的弯曲部分磨掉。这样经多次正反面交替磨削，即可获得平面度较高的平面，如图 5-43（f）所示。

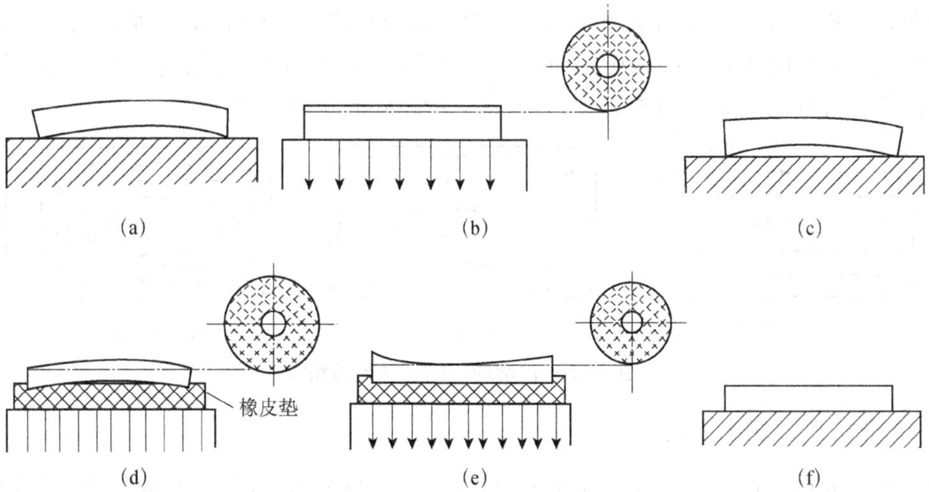

图 5-43 磨削薄板工件

四、数控铣削工艺

在选择数控加工工艺内容和确定零件加工路线后，即可进行数控加工工序的设计。数控加工工序设计的主要任务是进一步把本工序的加工内容、切削用量、工艺装备、定位夹紧方式及刀具运动轨迹确定下来，为编制加工程序做好准备。

走刀路线就是刀具在整个加工工序中的运动轨迹，它不但包括工步的内容，也反映工步顺序。走刀路线是编写程序的依据之一。确定走刀路线时应注意以下几点。

1. 寻求最短走刀路线

例如，加工如图 5-44（a）所示零件上的孔系。图 5-44（b）中的走刀路线为先加工外圈孔后，再加工内圈孔。若改用图 5-44（c）中的走刀路线，则可减少空刀时间，节省定位时间，提高加工效率。

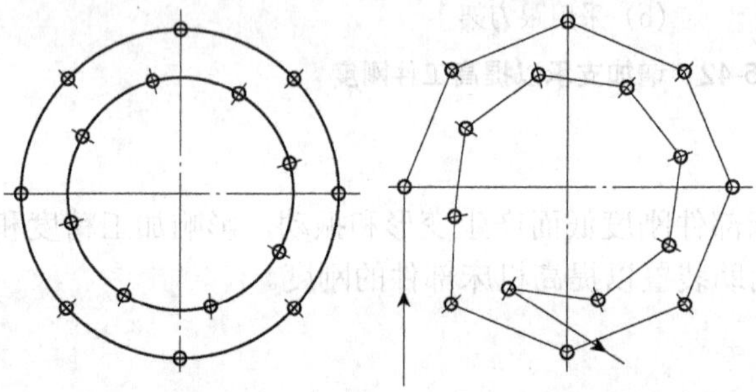

（a）零件　（b）走刀路线1　（c）走刀路线2

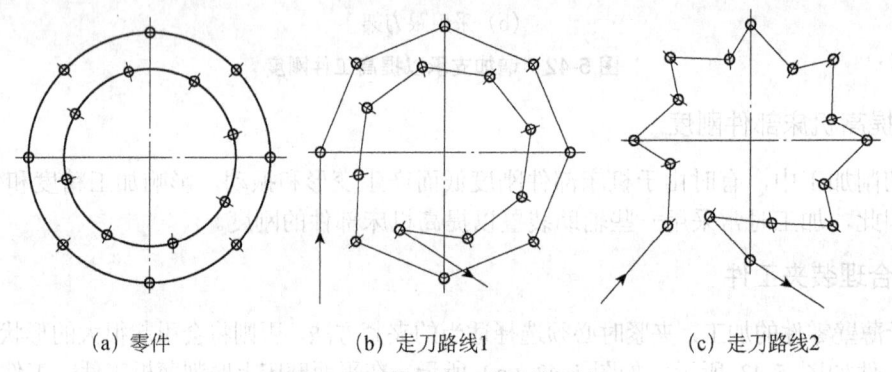

图 5-44　最短走刀路线的设计

2. 最终轮廓一次走刀完成

为保证工件轮廓表面加工后的粗糙度要求，最终轮廓应安排在最后一次走刀中连续加工出来。

图 5-45（a）为用行切法加工内腔的走刀路线，这种走刀路线能切除内腔中的全部余量，不留死角，不伤轮廓。但行切法会在两次走刀的起点和终点间留下残留高度，达不到要求的表面粗糙度。采用图 5-45（b）中的走刀路线，先用行切法，最后沿周向环切一刀，光整轮廓表面，能获得较好的效果。图 5-45（c）也是一种较好的走刀路线。

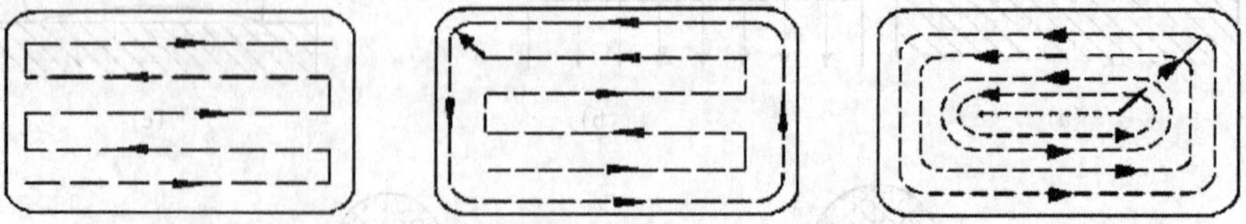

（a）走刀路线1　（b）走刀路线2　（c）走刀路线3

图 5-45　铣削内腔的三种走刀路线

3. 选择切入、切出方向

考虑刀具的进、退刀（切入、切出）路线时，刀具的切出或切入点应在沿工件轮廓的切线上，以保证工件轮廓光滑，刀具切入和切出时的外延如图 5-46 所示；应避免在工件轮廓面上垂直上、下刀而划伤工件表面；应尽量减少轮廓切削加工过程中的暂停（切削力突然变化造成弹性变形），以免留下刀痕。

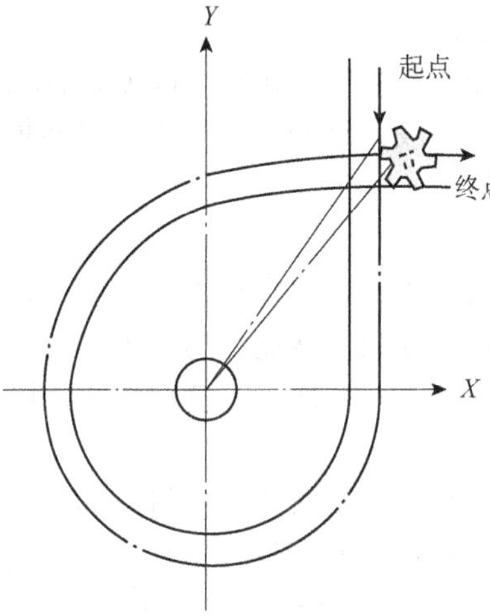

图 5-46　刀具切入和切出时的外延

4. 选择工件在加工后变形小的路线

对横截面积小的细长零件或薄板零件，应采用分几次走刀加工到最后尺寸的方法或对称去除余量法安排走刀路线。安排工步时，应先安排对工件刚度破坏较小的工步。

五、刀具磨损

刀具磨损是指刀具摩擦面上的刀具材料逐渐损失的现象，如图 5-47 所示。

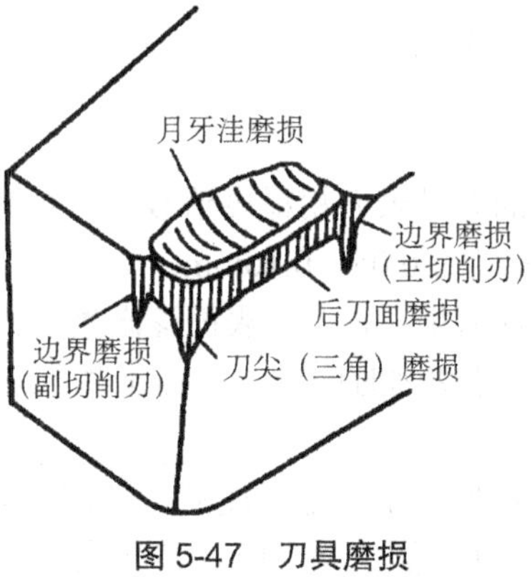

图 5-47　刀具磨损

① 前刀面磨损。当切削塑性材料时，如果切削厚度和切削速度都比较大，切屑会在前刀面上磨出洼凹，这个洼凹称为月牙洼。产生月牙洼的地方是切削温度最高的地方。

② 后刀面磨损。由于切削刃的刃口钝圆半径对加工表面的挤压与摩擦，在切削刃的下方会磨出一条后角等于零的沟痕，这就是后刀面磨损。切削脆性材料时，在切削速度较低、切削厚度较小的情况下，将会发生后刀面磨损。

1. 刀具磨损的原因

刀具磨损是机械、热和化学三种作用的综合结果。根据磨损机理不同，刀具磨损的原因主要有下列几种。

（1）磨料磨损（机械擦伤磨损）

工件或切屑中的硬质点，如工件中的碳化物（Fe_3C、TiC、VC）、氮化物（TiN、SiN）、积屑瘤碎片等，在刀具表面刻画沟纹，这种磨损称为磨料磨损，也叫机械擦伤磨损。各种切削速度下的刀具都存在磨料磨损。

（2）黏结磨损（冷焊磨损）

刀具前刀面与切屑、后刀面与工件之间存在很大的压力、高温和强烈的摩擦，使接触点产生塑性变形而发生黏结（冷焊）现象，从而将刀具上局部强度低的微粒带走。高速钢、硬质合金、陶瓷、立方氮化硼和金刚石刀具都可能发生黏结磨损。

（3）扩散磨损

在高温高压作用下，在接触处刀具材料和工件材料的化学元素在固态下互相扩散，改变了原化学成分，使刀具的强度和硬度降低，导致刀具磨损。例如，当切削温度达 800℃以上时，硬质合金中的 C、W、Co 等元素扩散到切屑中而被带走，切屑中的 Fe 元素扩散到刀具表层，形成新的较低硬度的复合碳化物。

（4）化学磨损（氧化磨损）

在一定的切削温度下，刀具材料与周围介质的某些成分（如空气中的氧、切削液中的极压添加剂硫和氯等）会发生化学反应，在刀具表面形成一层硬度较低的化合物，很容易被磨损，这种磨损称为化学磨损。例如，当切削温度达到 700～800℃时，空气中的 O_2 与硬质合金中的 Co、TiC、WC 等发生氧化反应，生成 Co_3O_4、CoO、WO_3、TiO_2 等较软的氧化物。这些氧化物容易被工件、切屑擦去，造成磨损。

（5）相变磨损

若用工具钢作为刀具，当切削温度超过材料的相变温度时，金相组织会发生改变，使刀具硬度显著降低（相当于退火），磨损加快。

2. 刀具磨损的过程

① 初期磨损阶段。新刃磨的刀具表面粗糙度值较大，存在微观裂纹、氧化或脱碳层等缺陷，使用时磨损较快，通常磨损量为 0.05～0.10mm。

② 正常磨损阶段。经过初期磨损后，刀具表面逐渐磨平而进入正常磨损阶段。这一阶段的磨损较为缓慢和均匀，磨损量随切削时间的增长而增加。它是刀具的有效工作阶段，刀具的使用不应超出这一阶段。

③ 急剧磨损阶段。当磨损量增加至一定限度后，切削力急剧增大，切削温度迅速升高，磨损量大幅度增长，致使刀具切削性能急剧下降，甚至失去切削能力，出现刀具烧坏或崩刃等不良现象。

3. 刀具的磨钝标准

刀具的磨钝标准也就是判断刀具磨损的依据，它是指刀具允许磨损量。刀具磨损量达到了规定的磨钝标准时，就应该重新刃磨刀具或更换刀具，否则会影响工件加工质量，并加剧刀具的磨损，从而减少刀具重磨次数，增加重磨难度，缩短刀具使用寿命。

通常以刀具后刀面磨损带中间部分的平均磨损量允许达到的最大值作为刀具的磨钝标准。刀具两次刃磨之间的净切削时间称为刀具的耐用度。

在实际生产中，较少用磨钝标准判断刀具的磨损情况，而是凭感观判断，如观察工件已加工表面的粗糙度变化、切屑颜色的变化、切屑形态的变化，听噪声的大小，感觉切削时产生的振动等。

学习任务

【活动一】工艺分析

要求：分析注塑凸模粗加工工艺。

以工件的底面为基准定位，在数控铣床上加工 61×61 凸台。底部四个螺纹孔和两个定位销孔采用钳工画线加工，也可在数控铣床上直接加工。为保证几个孔的位置，可先用中心钻点孔后，再进行后续钻、攻、铰加工。

注塑凸模粗加工步骤见表 5-11。

表 5-11　注塑凸模粗加工步骤

步骤	加工内容	图示
1	铣削 61×61 凸台	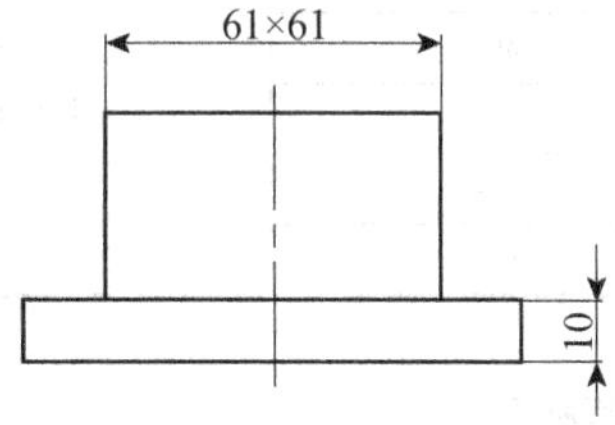
2	画线	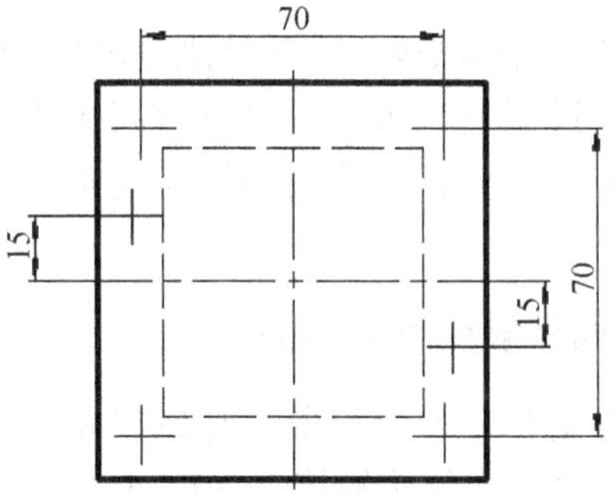
3	钻、铰两个 ϕ 8 定位孔，钻、攻四个 M10 螺孔	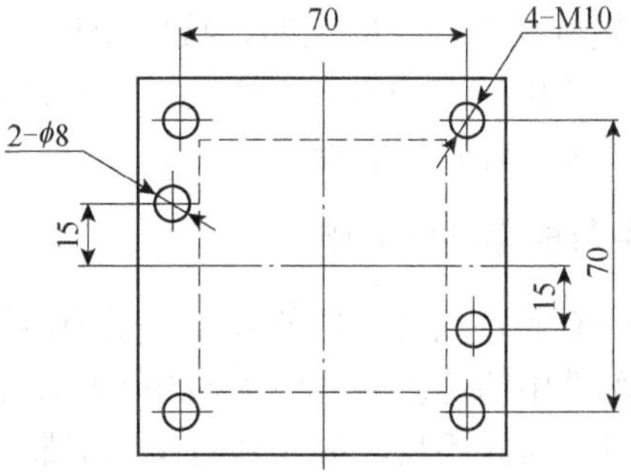

【活动二】选择数控铣削参数

要求：合理选用铣削参数。

根据表 5-12 可知，为了获得较高的生产效率，采用 $\phi 20R0.5$ 硬质合金镶齿铣刀粗铣，a_p 为 0.25mm，n 为 2000r/min，f 为 1000 mm/min。

表 5-12 铣削 $3Cr_2NiMo$ 的参数表

铣刀及加工方式	型号	a_p（mm）	n（r/min）	f（mm/min）
硬质合金镶齿铣刀，粗加工	$\phi 63R6$	1.0～1.5	750	1800～2200
	$\phi 40R6$	0.5～0.8	900	1500～2000
	$\phi 32R6$	0.35～0.5	1600	1600～1800
	$\phi 30R5$	0.3～0.5	1800	1200～1600
	$\phi 20R0.5$	0.15～0.25	1500～2000	900～1200
	$\phi 16R0.8$	0.15～0.25	1800～2000	750～1200
硬质合金镶齿铣刀，精加工	$\phi 20R10$	0.3～0.4	2000	800～1000
	$\phi 16R8$	0.3～0.4	2000～2600	750～1200
	$\phi 12R6$	0.2～0.3	2500～2800	750～1000
	$\phi 10R5$	0.15～0.25	2500～2650	500～750
	$\phi 8R4$	0.1～0.2	3000～3500	300～500
	$\phi 6R3$	0.1～0.2	3000～3500	200～400
整体合金铣刀，精加工	$\phi 12$	小于 3/4 刀具直径	1100	1000～1200
	$\phi 10$		1200	800～1000
	$\phi 8$		1300	600～800
	$\phi 6$		1500	400～600
	$\phi 4$		1800～2000	100～250
	$\phi 3$		2000～2400	50～80

【活动三】调整机床

要求：调整机床以减少机床部件刚度的影响。

加工前，通过调整机床，可以有效减少机床部件刚度造成的加工误差。影响机床部件刚度的因素很多，主要有连接表面接触变形、部件中的薄弱零件、配合间隙和摩擦力等几个方面。

1. 连接表面接触变形的影响

零件表面总是存在宏观和微观几何误差，连接表面之间的实际接触面积只是名义接触面积的一部分，表面间的接触情况如图 5-48 所示。在外力作用下，接触处将产生较大的接触应力，引起接触变形。实验表明，接触变形 y 与压强 p 的关系如图 5-49 所示，接触刚度（$k_j = \Delta p / \Delta y$）将随载荷的增大而增大。影响接触变形的因素主要是零件接触表面的形状精度、表面粗糙度和零件材料的硬度。

2. 部件中薄弱零件的影响

如果部件中有某些刚度很低的零件，受力后这些零件就会发生较大的变形，使整个部件的刚度降低。部件中的薄弱零件如图 5-50 所示，溜板部件中的楔铁细而长，刚性差，并且不易加工平直，导致接触不良，故在外力作用下最容易发生变形，从而降低整个部件的刚度。

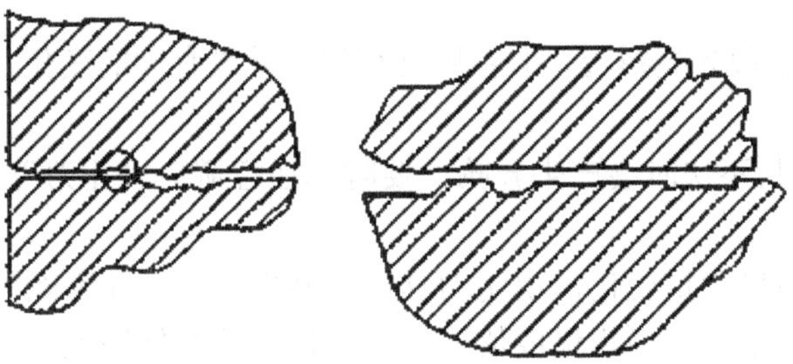

图 5-48　表面间的接触情况

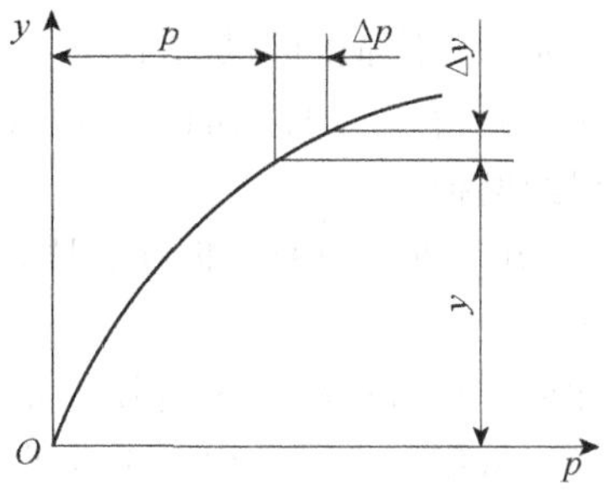

图 5-49　接触变形 y 与压强 p 的关系

3. 间隙和摩擦力的影响

零件接触面间的间隙对接触刚度的影响，主要表现在加工中载荷方向经常变化的镗床和铣床上。当载荷方向改变时，间隙引起位移，影响刀具与零件表面间的准确位置。如果载荷是单向的，那么在第一次加载消除间隙后，对加工精度影响较小。如图 5-51 所示为间隙对部件刚度的影响。

摩擦力对接触刚度影响的过程：当加载时，摩擦力阻止变形增加；而卸载时，摩擦力却阻止变形的减少。因此使卸载曲线与加载曲线不重合，如图 5-51 所示（表面间的塑性变形也是使卸载曲线与加载曲线不重合的原因）。

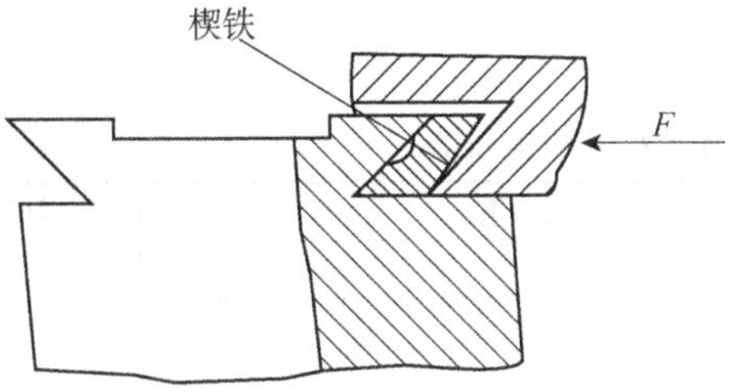

图 5-50　部件中的薄弱零件

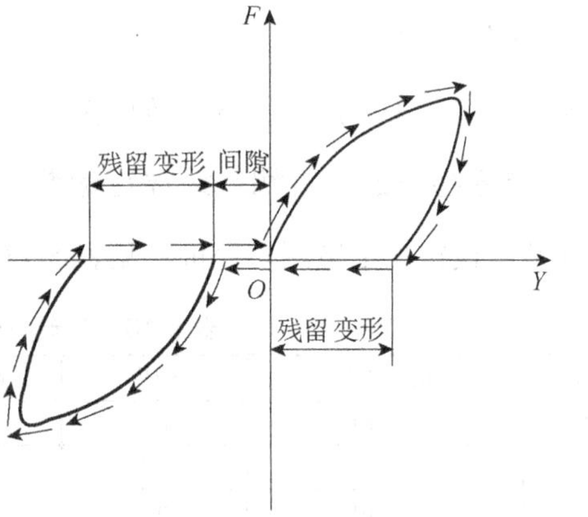

图 5-51　间隙对部件刚度的影响

【活动四】判断刀具磨损情况

要求：合理判断刀具磨损情况。

刀具磨损情况可以根据刀具寿命表（以加工工件数量为依据）来判断，一些高端装备制造企业或者单件批量生产企业用它来指导生产，此方法适合被加工工件昂贵的航空航天、汽轮机、汽车关键部件如发动机等生产企业。一般情况下，可以通过“四看一听”来判断刀具是否需要更换。

① 一“看”加工。如果加工过程中出现断续的无规则火星，说明刀具已经磨损，可根据刀具平均寿命及时换刀。

② 二“看”铁屑颜色。铁屑颜色改变，说明加工温度已经改变，可能是刀具磨损。

③ 三“看”铁屑形状。铁屑两侧出现锯齿状，铁屑不正常卷曲，铁屑变得更细碎，这些

现象都是刀具磨损的判断依据。

④ 四“看”工件表面。工件表面出现光亮痕迹，但粗糙度和尺寸并没有大的变化，表明刀具已经磨损。

⑤ 五“听”声音，振动加剧、刀具不快时会产生异响。要时刻注意避免“扎刀”，以免造成工件报废。

此外，还可观察机床负载，如有明显增量变化，说明刀具已经磨损，但这并不能作为唯一的换刀依据。刀具切出时工件毛边严重、表面粗糙度值增大、工件尺寸变化等现象也是刀具磨损的判定依据。

提示

在诸多学术类技术资料中，把刀具后刀面磨损宽度作为刀具的磨损标准和换刀依据。依据这种理论指导，很多专业测仪公司在实践生产中引入了刀具磨损宽度或者工件尺寸检测手段，用来实时观测刀具使用状况并指导生产。

任务实施

1. 选择工具和量具

游标卡尺、千分尺、塞规、数控铣刀、麻花钻和铰刀。

2. 质量检查的内容和成绩评定标准

注塑凸模粗加工检测与评价表见表 5-13。

表 5-13　注塑凸模粗加工检测与评价表

序号	检测内容	配分	量具	检测结果	学生评分	教师评分
1	61×61	10 分				
2	2-ϕ8	10 分				
3	4-M10	10 分				
4	70（两处）	5 分				
5	15（两处）	5 分				
6	10	5 分				
7	R_a6.3	5 分				
8	文明生产	违纪一项扣 10 分				
合计		50 分				

任务小结

通过本任务的学习和训练，掌握零件轮廓铣削加工方法，控制工艺系统切削力、传动力、惯性力、夹紧力及重力的影响，减少相应的变形。根据加工工序特点确定数控加工内容、切削用量、工艺装备、定位夹紧方式及刀具运动轨迹。加工前调整机床，以减少机床部件刚度对零件加工精度的影响。加工中通过“四看一听”来判断刀具是否需要更换。

习题

1. 简述误差复映及其控制方法。
2. 影响机床部件刚度的因素有哪些？
3. 简述减少工艺系统受力变形的主要途径。
4. 简述刀具的磨损形式和磨损的原因。
5. 何谓刀具的耐用度？影响耐用度的因素有哪些？

任务四　注塑凸模的精加工

知识点

加工中心；
柔性模块化夹具；
工艺系统热变形对加工精度的影响；
工件的精密检测。

技能点

学会利用柔性模块化夹具保证零件的位置精度。

任务导入

注塑凸模的凸台与其基准面的位置精度要求很高，应在一次安装中完成加工。根据凸台的结构，采用精密虎钳安装，用立式铣削加工中心加工凸台的四个侧面和精基准面。

本任务需要完成图 5-52 所示零件的加工。

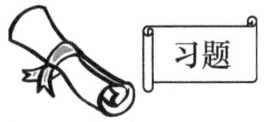

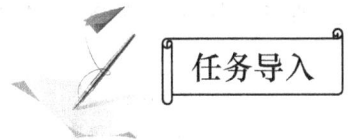

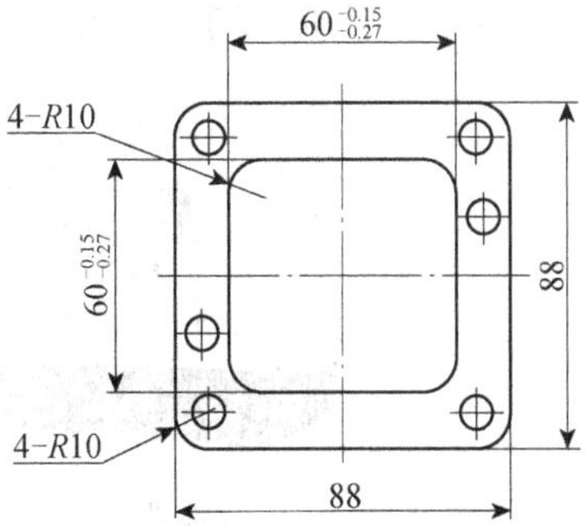

图 5-52　零件

知识准备

一、加工设备

数控机床实现了中、小批量加工自动化，改善了劳动条件。此外，它还具有生产率高、加工精度稳定、产品成本低等一系列优点。为了进一步发挥这些优点，数控机床开始向“工序集中”方向发展，即在一次装夹零件后能完成多工序加工的数控机床（即加工中心）。

加工中心（Computerized Numerical Control Machine，CNC），是由机械设备与数控系统组成的用于加工复杂形状工件的高效率自动化机床。加工中心备有刀库，具有自动换刀功能。加工中心是高度机电一体化的产品。工件装夹后，数控系统能控制机床按不同工序自动选择和更换刀具、自动对刀、自动改变主轴转速和进给量等，可连续完成钻、镗、铣、铰、攻丝等多种工序，因而大大减少了工件装夹时间、测量和机床调整等辅助工序时间，对加工形状比较复杂、精度要求较高、品种更换频繁的零件具有良好的经济效果。

1. 按加工工序分类

按加工工序不同可分为镗铣加工中心和车铣加工中心，如图 5-53 所示。

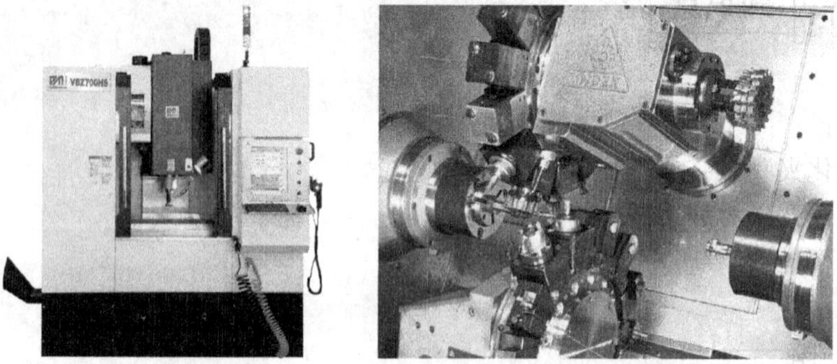

（a）镗铣加工中心　　（b）车铣加工中心

图 5-53　镗铣加工中心和车铣加工中心

2. 按控制轴数分类

按控制轴数不同可分为三轴加工中心、四轴加工中心和五轴加工中心等，如图 5-54 所示。

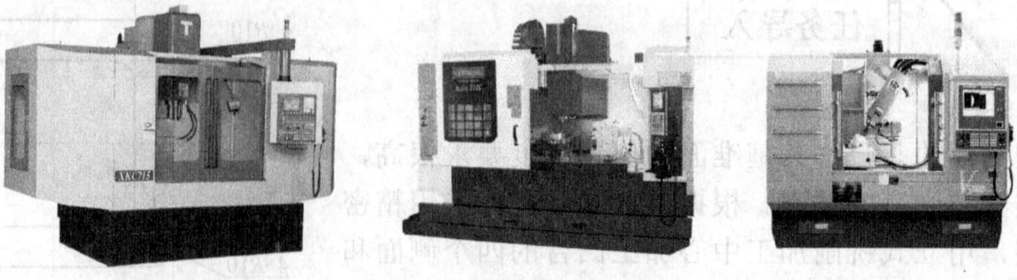

（a）三轴加工中心　　（b）四轴加工中心　　（c）五轴加工中心

图 5-54　按控制轴数分类

3. 按主轴与工作台相对位置分类

按主轴与工作台相对位置不同可分为卧式加工中心、立式加工中心和万能加工中心，如图 5-55 所示。

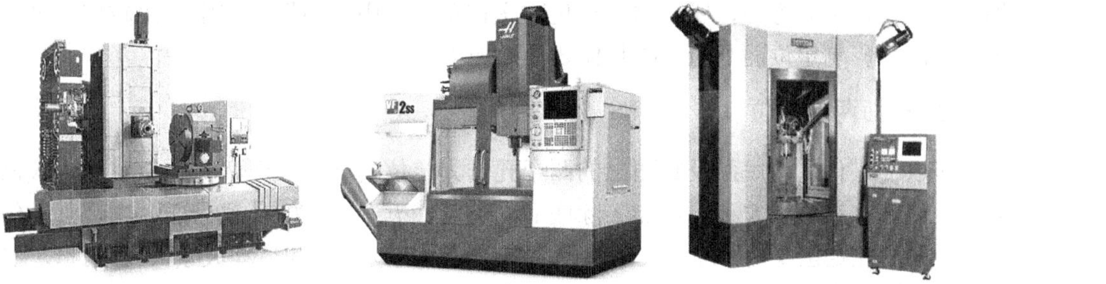

(a) 卧式加工中心　　(b) 立式加工中心　　(c) 万能加工中心

图 5-55　按主轴与工作台相对位置分类

卧式加工中心是指主轴轴线与工作台平行设置的加工中心，主要适用于加工箱体类零件。卧式加工中心一般具有分度转台或数控转台，可加工工件的各个侧面；也可做多个坐标的联合运动，以便加工复杂的空间曲面。

立式加工中心是指主轴轴线与工作台垂直设置的加工中心，主要适用于加工板类、盘类、模具及小型壳体类复杂零件。立式加工中心一般不带转台，仅做顶面加工。

万能加工中心又称多轴联动型加工中心，是指通过加工主轴轴线与工作台回转轴线的角度可控制联动变化，完成复杂空间曲面加工的加工中心。它适用于加工具有复杂空间曲面的叶轮转子、模具、刃具等工件。

此外，还有带立、卧两个主轴的复合式加工中心，以及主轴能调整成卧轴或立轴的立卧可调式加工中心，它们能对工件进行五个面的加工。

提示

多工序集中加工的形式也扩展到其他类型数控机床，如车削中心，它是在数控车床上配置多个自动换刀装置，能控制三个以上的坐标；除车削外，主轴还可以停转或分度，而由刀具旋转完成铣削、钻削、铰孔和攻丝等工序，适于加工复杂的旋转体零件。

二、工件的安装

凸模的外形类似于箱体，加工时通常优先考虑基准统一原则，使具有相互位置精度要求的大部分加工表面的大部分工序，尽可能使用同一组基准定位，以避免因基准转换而带来的累积误差，有利于保证零件各主要表面的相互位置精度。并且，由于多道工序采用同一基准，使夹具有相似的结构形式，可减少夹具设计与制造的工作量，减少生产准备时间，降低生产成本。另外，凸模的设计基准往往也是其装配基准，为保证主要表面间的相互位置精度，还必须考虑基准重合原则，使定位基准与设计基准、装配基准重合，避免基准不重合误差，有利于提高零件各主要表面的相互位置精度。因此，外形类似于箱体的多表面零件的定位常采用以下两种方案。

1. 三面定位

多表面零件加工常用三个相互垂直的平面作为定位基准，使定位基准与设计基准、装配基准重合，有利于保证孔系和各平面间的相互位置精度；同时，三面定位准确可靠，夹具结构简单，工件装卸方便，所以这种定位方案在单件和中、小批生产中应用较广。缺点是三面定位有时会影响定位面上的孔或其他要素的加工。

2. 一面两孔定位

多表面零件常用底面及底面上的两个孔作为定位基准。一面两孔定位可作为大部分工序的定位方案，在一次安装中可加工除底面处的其他五个面上的孔或平面，实现基准统一；同时，一面两孔定位稳定可靠，夹紧方便，易于实现自动定位和自动夹紧，在成批以上生产中，用组合机床与自动线加工多表面零件时，多采用这种定位方案。其缺点是两孔定位的误差，对相互位置精度的提高有所影响。为此，必须把定位孔的直径精度加工到 IT6 级以上，并提高两孔中心距离精度和夹具的制造精度。

以上两种定位方案各有优缺点，应根据实际生产条件合理选择。

三、工艺系统热变形引起的加工误差

在机械加工过程中，工艺系统在各种热源的影响下常产生复杂的变形，这会破坏工件与刀具的相对位置精度，造成加工误差，特别是在精加工工序中。据统计，在某些精密加工中，热变形引起的加工误差占总加工误差的 40%～70%。热变形不仅会降低系统的加工精度，而且会影响加工效率的提高。为了减少热变形的影响，常常需要花费很多时间进行预热或调整机床。特别是高效率、高精度和自动化加工技术的发展，使工艺系统热变形问题更为突出，它已成为机械加工技术进一步发展的重要研究课题。

1. 工艺系统的热源

引起工艺系统热变形的热源大致可分为两类：内部热源和外部热源。内部热源包括切削热和摩擦热，外部热源包括环境温度和辐射热。

切削热是切削过程中切削层金属的弹性变形和塑性变形，以及刀具与工件、切屑间的摩擦所产生的。它由工件、切屑、刀具、夹具、机床、切削液及周围介质传出。车削加工时，大量的切削热被切屑带走，传给工件的热量占 10%～30%，传给刀具的热量占 10%。孔加工时，由于大量切屑滞留在孔中，散热条件不好，使大量的切削热传入工件，其热量占 50%以上。磨削加工时，由于切屑很小，带走的热量也少，大约有 80%的热量传给工件，使其加工表面温度达 800～1000°C，这不仅会影响工件的加工精度，还会影响加工表面质量（脱碳或烧伤）。切削热是刀具和工件热变形的主要热源。

摩擦热主要是由机床和液压系统中的运动部件产生的，如电动机、轴承、齿轮传动副、导轨副、液压泵、阀等运动部件均会产生摩擦热，这是机床热变形的主要热源。

工艺系统的外部热源主要是环境温度和辐射热，它们对大型和精密工件的加工影响比较显著。

2. 工艺系统的热平衡

工艺系统受各种热源的影响，其温度会逐渐升高。与此同时，其也通过各种传热方式向周围散发热量。当单位时间内传入和散发的热量相等时，则认为工艺系统达到了热平衡。如图 5-56 所示为一般机床工作时的温度和时间曲线。机床开动后温度缓慢升高，经过一段时间，温度升至 $T_{衡}$便趋于稳定。由起始状态升温至 $T_{衡}$的这一段时间，称为预热阶段。当机床温度达到稳定值后，则认为其处于热平衡阶段，此时温度场处于稳定状态，其热变形也就趋于稳定。处于稳定温度场时产生的加工误差是有规律的。因此，精密及大型工件应在工艺系统达到热平衡后进行加工。

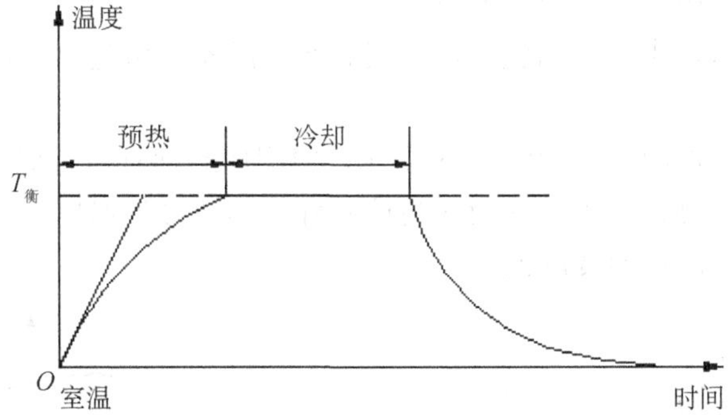

图 5-56　一般机床工作时温度和时间曲线

3. 机床热变形引起的加工误差

机床受热源的影响，各部分温度将发生变化，由于热源分布的不均匀和机床结构的复杂性，机床各部件将发生不同程度的热变形，破坏机床原有的几何精度，引起加工误差。

对于车床类机床，主要是主轴箱中的轴承、齿轮、离合器等传动副的摩擦使主轴箱和床身的温度上升，从而造成机床主轴抬高和倾斜。

对于导轨磨床、外圆磨床、龙门铣床等长床身机床，温差的影响也是很显著的。一般由于温度分层变化，床身上表面的温度比床身底面的温度高而形成温差，因此床身将产生弯曲变形，表面呈中凸状，床身纵向温差热效应的影响如图 5-57 所示。

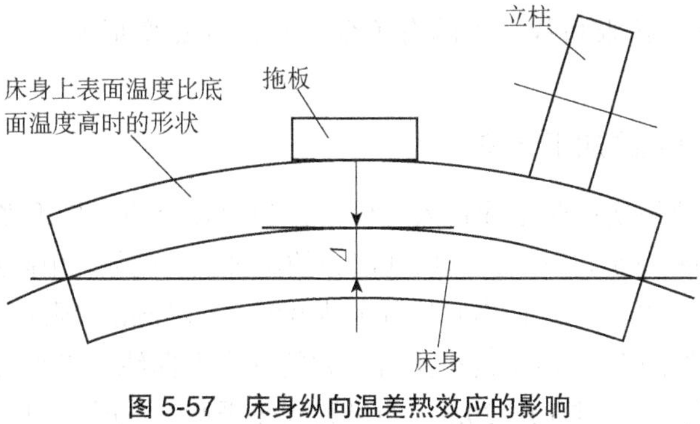

图 5-57　床身纵向温差热效应的影响

4. 工件热变形引起的加工误差

在切削加工中，工件的热变形主要是由切削热引起的，有些大型精密零件同时还受环境温度的影响。由于加工方法、工件材料、结构尺寸等的不同，工件受热变形情况和对加工精度的影响也不同。

轴类零件在车削或磨削时，一般是均匀受热，温度逐渐升高，其直径也逐渐胀大，胀大部分将被刀具切去，待工件冷却后则形成圆柱度和直径尺寸的误差。

细长轴在顶尖间车削时，热变形将使工件伸长，导致工件的弯曲变形，加工后将产生圆柱度误差。

精密丝杠磨削时，工件的受热伸长会引起螺距的累积误差。例如，磨削长度为 3000mm 的丝杠，每次走刀温度将升高 3°C，工件热伸长量为 $\Delta=3000\times12\times10^{-6}\times3=0.1$mm（$12\times10^{-6}$ 为钢材的热膨胀系数）。而 6 级丝杠螺距累积误差，按规定在全长上不允许超过 0.02mm，由此可见受热变形对加工精度影响的严重性。

床身导轨面磨削时，由于单面受热，与底面产生温差而引起热变形，使磨出的导轨产生直线度误差。

薄圆环磨削时热变形的影响如图 5-58 所示，薄圆环磨削时虽近似均匀受热，但磨削热量大，工件质量小，温升高，在夹压处散热条件较好，导致该处温度较其他部分低，加工完毕工件冷却后，会出现棱圆形的圆度误差。

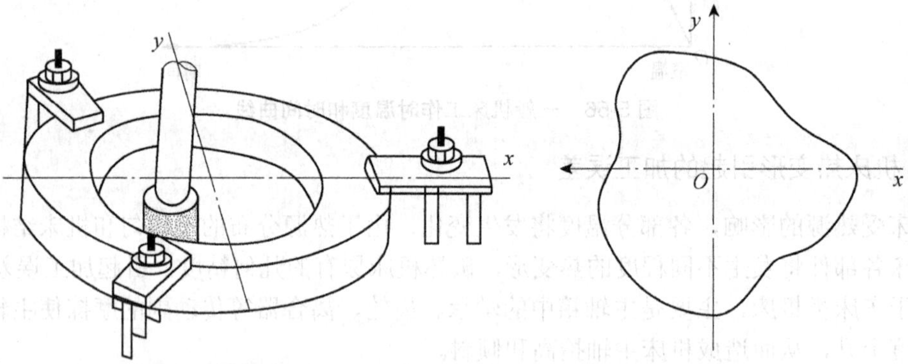

图 5-58　薄圆环磨削时热变形的影响

当粗、精加工时间间隔较短时，粗加工时的热变形将影响精加工，工件冷却后将产生加工误差。在这种情况下，一定要采取冷却措施，否则将出现废品。

在加工铜、铝等线膨胀系数较大的有色金属时，其热变形尤其明显，必须引起足够的重视。

5. 刀具热变形引起的加工误差

虽然大部分切削热被切屑带走或传入工件，传到刀具上的热量不多，但因刀具切削部分质量小（体积小），热容量小，所以刀具切削部分的温升大。例如，用高速钢刀具车削工件时，刃部的温度高达 700～800℃，刀具热伸长量可达 0.03～0.05mm。因此，刀具热变形对加工精度的影响不容忽视。如图 5-59 所示为车削时车刀的热变形曲线。当车刀连续车削时，车刀热变形情况如曲线 1 所示，经过 10～20min 即可达到热平衡，此时车刀热变形的影响很小；当车刀停止切削后，车刀冷却变形过程如曲线 3 所示；当车削一批短小轴类零件时，由于需要装卸工件而时断时续，车刀进行间断切削，热变形量在 Δ 范围内变动，热变形过程如曲线 2 所示。

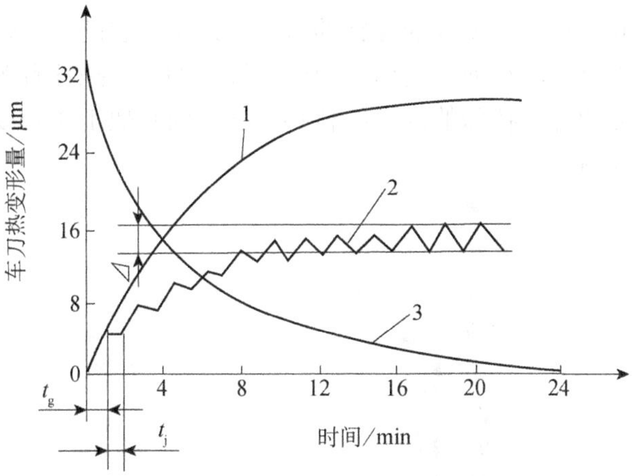

t_g—切削时间；t_j—停止切削时间

图 5-59　车削时车刀的热变形曲线

四、三坐标测量仪

三坐标测量仪（Coordinate Measure Machine，CMM）是 20 世纪 60 年代后期发展起来的一种高效率的新型精密测量设备。它广泛应用于机械制造、电子、汽车和航空航天等行业。它可以进行零件和部件的尺寸、形状及相互位置的检测，还可用于画线、定中心孔等，并可对连续曲面进行扫描。三坐标测量仪具有通用性强、测量范围大、精度高、效率高、性能好的优点，现在已成为几何测量中使用最为广泛、可靠的测量与检测设备之一。

1. 三坐标测量仪的硬件组成

三坐标测量仪的硬件主要由三大部分组成：电气系统、测头、主机。

（1）电气系统

电气系统包括电气控制系统、计算机硬件部分和打印与绘图装置。电气控制系统是测量仪的控制部分，具有单轴与多轴联动控制、外围设备控制、通信控制和保护与逻辑控制等功能；计算机硬件部分一般采用各式 PC 和工作站；打印与绘图装置可根据测量要求打印输出数据、表格、图形等。

（2）测头

测头是用来拾取信号的，测量仪的准确度和测量效率与测头密切相关。测头即三维测量传感器，它可以在三个方向上感受瞄准信号和微小位移。测量仪的测头按结构原理可分为硬测头、电气测头、光学测头等；按测量方法可分为接触式和非接触式两类，测头如图 5-60 所示；按输出信号可分为用于发信号的触发式测头和用于扫描的瞄准式测头等。

（3）主机

主机主要由底座、测量工作台、立柱、测量系统、驱动装置、附件等组成，三坐标测量仪主机结构如图 5-61 所示。

2. 探针

探针安装于接触式测头上，用于直接测量工件。

（1）直探针

直探针是结构最简单的探针，由球度非常好的工业红宝石球和探杆组成，如图 5-62（a）

所示。红宝石是非常硬的材料，做成的探针的磨损量最小。它的密度也非常低，针尖质量很小，从而可以避免由于机器运动或振动而造成的探针误触发。探杆有多种材料可供选择，如不锈钢、碳化钨、陶瓷和各种特殊的碳纤维材料。探针的有效工作长度是探杆触测被测元素之前红宝石球的变动范围。

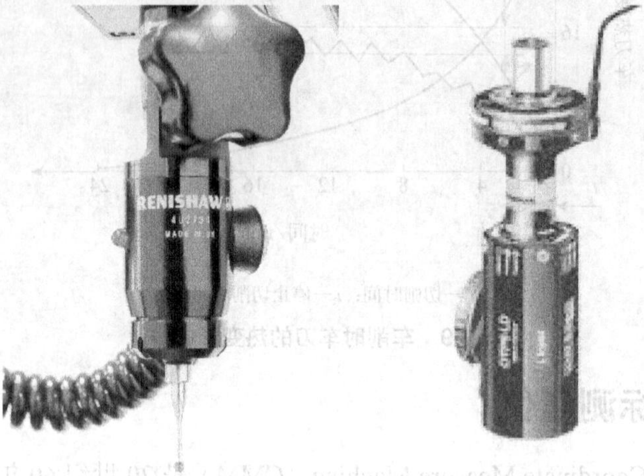

（a）接触式测头　　　（b）非接触式测头

图 5-60　测头

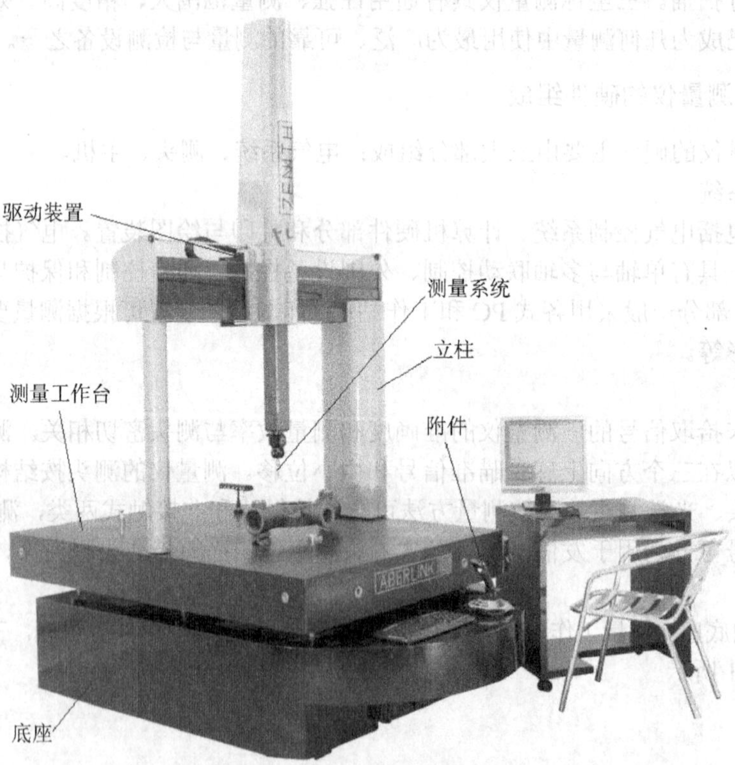

图 5-61　三坐标测量仪主机结构

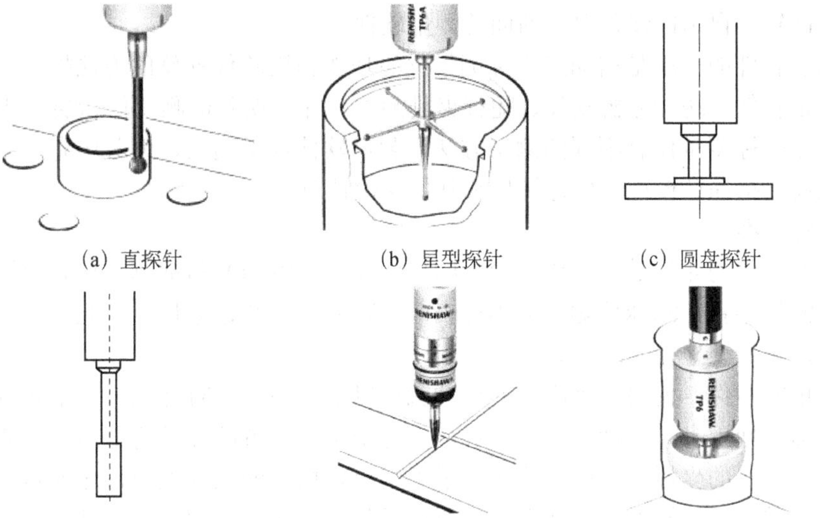

(a) 直探针　(b) 星型探针　(c) 圆盘探针

(d) 圆柱探针　(e) 尖探针　(f) 陶瓷中空球状探针

图 5-62　探针

（2）星型探针

星型探针可用来测量复杂的元素和孔，一般将四个或五个红宝石探针安装在刚性的不锈钢中心上，如图 5-62（b）所示。星型探针可用于检测多种不同的元素，可以有效降低检测时间，减少在测量诸如边缘或凹槽等内部特征时移动测头到极限点的需要。星型探针上的每个探针都要校准，校准方式和单探针校准方式一样。

（3）圆盘探针

圆盘探针如图 5-62（c）所示，用于测量钻孔的切口和凹槽，有多种直径和厚度可供选择。

（4）圆柱探针

圆柱探针如图 5-62（d）所示，用于探测薄壁材料的孔。此外，还可探测各种带螺纹的元素。球端圆柱探针可多角度采集数据，在 *X*、*Y*、*Z* 三个方向探测，进行表面检测。

（5）尖探针

尖探针如图 5-62（e）所示，用于检测螺纹体、特殊的点和画线。圆端尖探针可进行更精确的测量和特征元素的探测，还可检测很小的孔。

（6）陶瓷中空球状探针

陶瓷中空球状探针如图 5-62（f）所示，用于探测 *X*、*Y* 和 *Z* 三个方向比较深的元素和钻孔，仅需要一个探测杆。

3. 三坐标测量仪的软件功能

三坐标测量仪的精度与速度主要取决于机械结构、控制系统和测头，功能则主要取决于软件和测头，操作方便与否也与软件有密切关系。根据软件功能的不同，可以分为基本测量软件、专用测量软件和附加功能软件。

基本测量软件是三坐标测量仪必备的最小配置软件，负责完成整个测量系统的管理。其通常包含以下功能：运动管理功能、测头管理功能、几何元素测量功能、零件管理功能、辅助功能、输出管理功能等。

专用测量软件是针对某种具有特定用途的零部件的测量问题而开发的软件，通常包括齿轮、螺纹、凸轮、自由曲线、自由曲面等测量软件。

附加功能软件的作用是增加三坐标测量仪的功能和用软件补偿的方法提高测量精度，如最佳配合测量软件、统计分析软件、随行夹具测量软件、误差检测软件和误差补偿软件等。

不同的三坐标测量仪有不同的测量方法，测量软件也不通用，但其中有一些处理内容是相同的，主要包括探针校准、坐标转换和几何参数计算。

（1）探针校准

三坐标测量仪的测量是以测头上探针的球状端部（测球）与被测零件表面接触的方式进行的，三维测量装置在测球接触被测零件表面的瞬间进行数据采样。因此，测球的位置和半径将会直接影响三维坐标的测量。

对于简单的零件，使用一个固定的探针就可以了。而对于有深孔或多个测量平面的复杂零件，通常需要使用多个探针或更换探针，但处于不同位置的探针将给出不同的坐标值，为了获得正确、统一的坐标值，必须修正处于不同位置探针的坐标差值，这就是探针校准的基本任务。为了进行探针校准，需要在三坐标测量仪的工作台上固定校准基准件（如校准球、校准立方体等）。相应地，在测量软件中由探针校准程序来完成。

（2）坐标转换

在三坐标测量仪中，有三种坐标系，如图 5-63 所示。

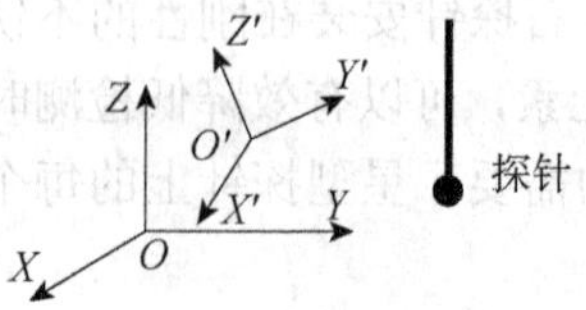

图 5-63　三种坐标系

① 测头坐标系。这是开机时以测头所在的位置为原点所建立起来的坐标系。不同的探针在这个坐标系中有不同的位置，从而引起测量数据基准不统一。探针校准就相当于将不同位置的探针统一到一个位置固定的“虚拟”探针上。

② 三坐标测量仪坐标系。如图 5-63 所示，三坐标测量仪坐标系（即机器坐标系）为（X，Y，Z）。它通常是通过测量一个固定在三坐标测量仪工作台上的标准球，以它的球心为原点建立起来的坐标系。

③ 零件坐标系。如图 5-63 所示，零件坐标系为（X'，Y'，Z'），这是在被测零件上建立起来的坐标系。

从三坐标测量仪测量系统采集的测量数据是相对于测量仪坐标系的，但零件的尺寸要求是标注在零件坐标系中的，这就要求两者相互平行或重合。在三坐标测量仪中，可以通过软件将测量仪坐标数据转换到零件坐标系中，相当于建立了一个“虚拟”的与零件坐标系重合的测量坐标系，它可随着零件位置而变。

（3）几何参数计算

根据零件表面各测点的坐标值，计算各种几何参数值。

① 两点间距离的测量。

A（x_1，y_1，z_1）、B（x_2，y_2，z_2）两点之间的距离 L 可由下式计算：

$$L=\sqrt{(x_2-x_1)^2+(y_2-y_1)^2+(z_2-z_1)^2} \tag{5-16}$$

② 圆的直径和圆心的测量。测量圆上任意三点的坐标值（x_1，y_1）、（x_2，y_2）、（x_3，y_3），则圆心 C 的坐标（x_O，y_C）和半径 R 可通过公式计算出来。在三坐标测量仪上，用类似的方法还可以测量球面的曲率半径。这时，需要在球面上测取不在同一圆周上的四个点的坐标值。

③ 求直线的方向。根据空间两点 A（x_1，y_1，z_1）、B（x_2，y_2，z_2），可以确定直线 AB 在 XY 平面上的投影与 X 轴的夹角 θ，以及直线与同 XY 面相垂直的轴的夹角 β。类似地，可以计

算直线与其他坐标轴的夹角，以及直线在其他坐标平面上的投影及其与坐标轴的夹角。

4. 三坐标测量仪的主要功能

（1）测头管理

测头管理包括标定标准球、对配置的探针进行校准和存储探针数据。标准球如图 5-64 所示。标定标准球的过程如下：首先把标准球安装在不影响零件测量又能被所有方位探针测量到的地方，然后对标准球的参数进行标定。

图 5-64 标准球

（2）零件管理

零件管理操作主要是利用被测零件的几何特征建立零件坐标系，即定义三个相互垂直的坐标轴和确定坐标系原点相对于机器坐标系原点的位置，并且存储坐标系的操作。

（3）测量元素几何尺寸

通过测头与工件的直接接触或对工件进行扫描，可以进行几何元素的直接测量。

根据被测量的几何元素，采样点的位置应尽量均匀分布，以便更好地定义几何元素，优化测量结果。如图 5-65 所示为常用几何元素的采样点分布示意图。

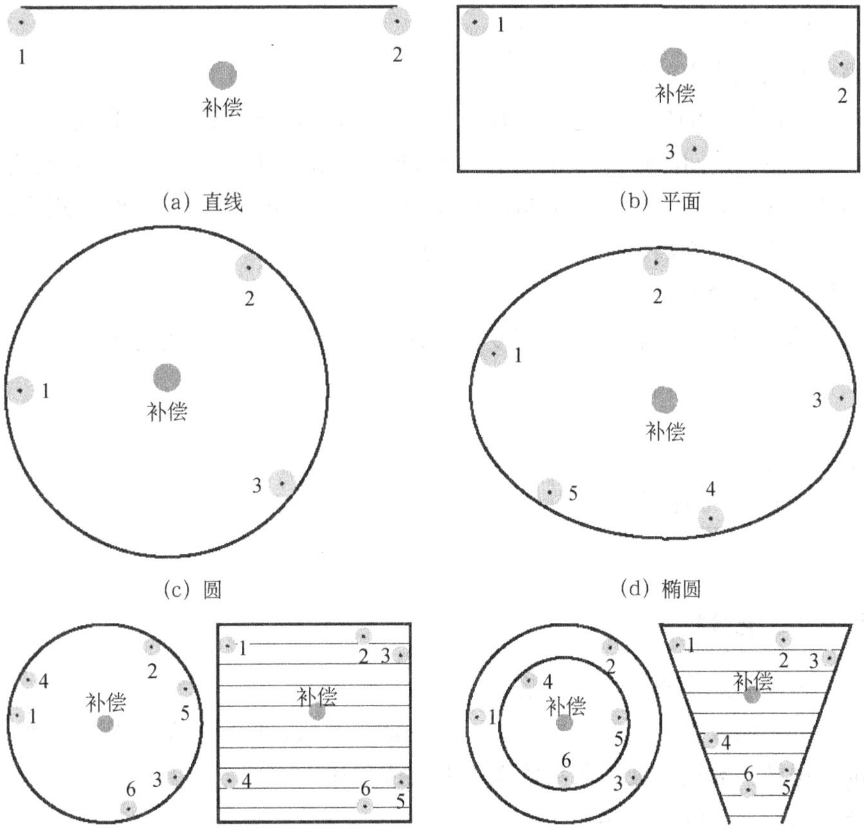

图 5-65 常用几何元素的采样点分布示意图

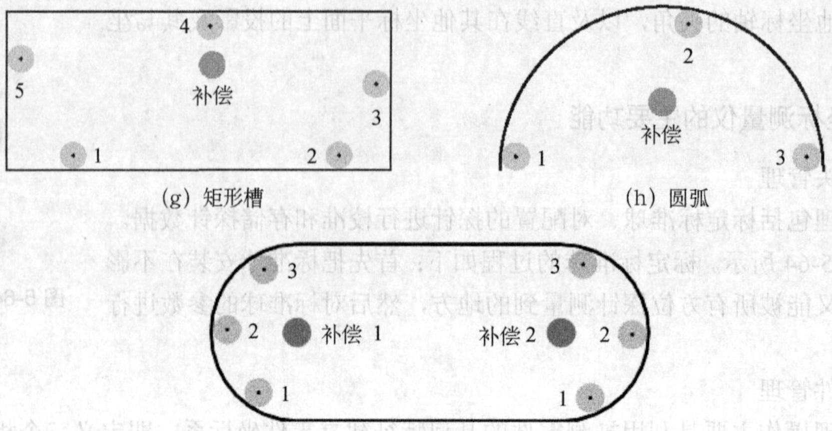

（g）矩形槽　　（h）圆弧

（i）圆形槽

图 5-65　常用几何元素的采样点分布示意图（续）

（4）构造几何元素

几何元素的构造可以被认为是一种间接测量。通过可简化为点的特征、输入的值、特征的相交或 CAD 模型来创建几何元素。例如，可以通过选定两个相交平面来构造一条直线，也可以通过两个圆相交构造点。

（5）描述几何元素之间的关系

有些尺寸不能通过测量或构造某个几何元素获得，这时可以通过计算几何元素之间的关系得到。例如，两元素间的距离、角度等。单击尺寸下拉菜单，可以测量两直线之间的夹角、直线与平面的夹角、两平面之间的夹角，以及两点之间的距离、点与直线的距离、点与平面的距离、两直线之间的距离、两平面之间的距离。

（6）形位公差的检测

形位公差的检测包括形状公差（圆度、圆柱度、平面度、直线度等）和位置公差（同轴度、平行度、垂直度等）的检测。

学习任务

【活动一】工艺分析

要求：分析注塑凸模的精加工工艺。

注塑凸模加工面较多，而且需要使用不同的加工手段，应采用基准统一原则，以工件的底面为基准，用精密虎钳装夹，在数控铣床上完成精加工。

注塑凸模精加工步骤见表 5-14。

表 5-14　注塑凸模精加工步骤

步骤	加工内容	图示
1	铣削 88×88 底座到尺寸，以及 4 个 $R10$ 圆角	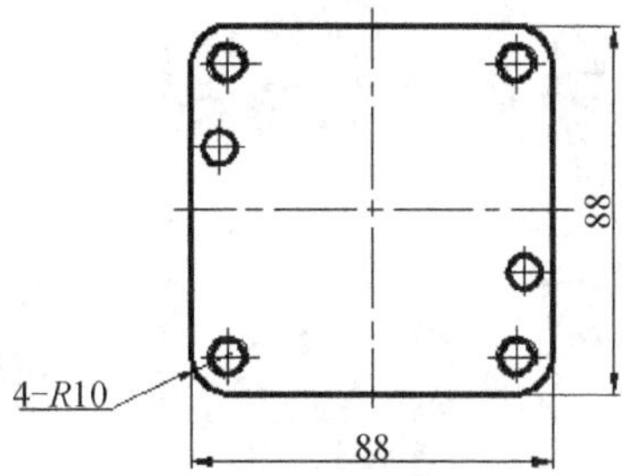
2	铣削 60×60 凸台到尺寸，以及 4 个 $R10$ 圆角	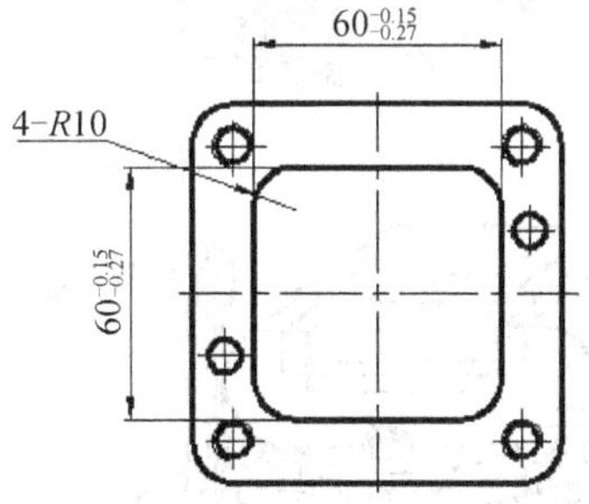

【活动二】安装工件

要求：正确安装工件。

数控铣削加工时，工件的安装有以下三种情况。

1. 较大工件的安装

较大工件用精密虎钳装夹，虎钳背面装有拉钉，用来与柔性卡盘连接，也可以直接固定在机床的工作台上，精密虎钳及较大工件的装夹如图 5-66 所示。

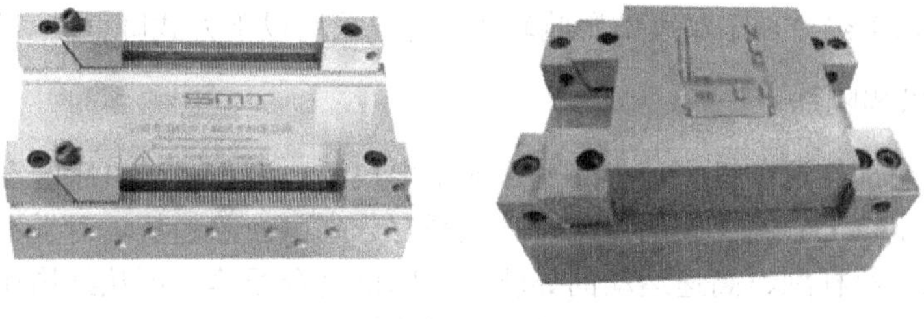

(a) 精密虎钳　　(b) 较大工件的装夹

图 5-66　精密虎钳及较大工件的装夹

2. 小型工件的安装

小型工件一般采用托板固定，安装在柔性卡盘上。若需多面加工，则安装在直角座上。采用直角座与卡盘组合，可以一次装夹后最多加工五个互成 90°的表面，直角座与卡盘如图 5-67 所示。

3. 常用的安装方法

通常情况下，使用机用虎钳或压板等进行装夹，常用的安装方法如图 5-68 所示。

图 5-67　直角座与卡盘

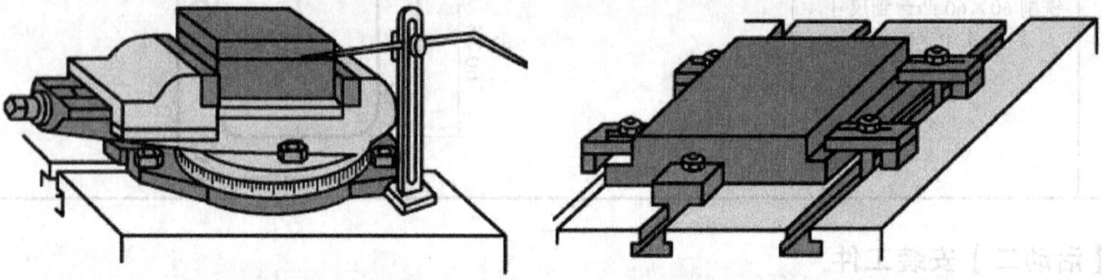

(a)　用机用虎钳装夹工件　　(b) 用压板装夹工件

图 5-68　常用的安装方法

本任务采用精密虎钳装夹工件，可以保证后续加工做到基准统一。

【活动三】控制切削热对加工的影响

要求：减少工艺系统的热变形。

精加工时，切削热对加工精度的影响较大，可以采用以下方式降低其对加工精度的影响。

1. 减少发热和隔热

切削过程中内部热源是机床产生热变形的主要根源。为了减少机床的发热，在新的机床产品中凡是能从主机上分离出去的热源，一般都有分离出去的趋势。对于不能分离出去的热源，如主轴轴承、丝杠副、高速运动的导轨副、摩擦离合器等，可从结构和润滑等方面改善其摩擦特性，减少发热，如采用静压轴承、静压导轨、低黏度润滑油、锂基润滑脂等。也可以用隔热材料将发热部件和机床大件分隔开来。

切削过程中，切屑和切削液也是使工艺系统产生热变形的重要因素。对切屑传出的热量，可通过及时清除、切削液冷却或在工作台上装隔热板来减少它的影响。精密加工中可采用恒温切削液。

2. 增强散热能力

为了消除机床内部热源的影响，可以采用强制冷却的办法，吸收热源发出的热量，从而控制机床的温升和热变形，这是近年来使用较多的一种方法。

目前，大型数控机床、加工中心机床普遍使用冷冻机对润滑油和切削液进行强制冷却，以提高冷却的效果。

3. 用热补偿法减少热变形的影响

单纯减少温升有时不能收到满意的效果，可采用热补偿法使机床的温度场比较均匀，从而使机床产生均匀的热变形以减少对加工精度的影响。

4. 控制温度的变化

环境温度的变化和室内各部分的温差，将使工艺系统产生热变形，从而影响工件的加工精度和测量精度。因此，在加工或测量精密零件时，应控制室温的变化。

精密机床（如精密磨床、坐标镗床、齿轮磨床等）一般安装在恒温车间，以保持其温度的恒定。恒温精度一般控制在±1℃，精密级为±0.5℃，超精密级为±0.01℃。

【活动四】检测零件

要求：使用三坐标测量仪对零件进行检测。

1. 校准探针

在进行零件检测之前，首先要对测量过程中用到的探针进行校准。因为对于许多尺寸需要沿不同的方向进行测量，系统记录的是探针中心的坐标，而不是接触点的坐标。为获得接触点的坐标，必须对探针半径进行补偿。一般使用校准球来校准探针。校准球是一个已知直径的标准球，校准探针的过程实际上就是对这个已知直径的标准球测量直径的过程，该球的测量值等于校准球的直径加探针的直径，这样就可以确定探针的直径，从而得出探针的半径，系统用这个值就可以对测量结果进行补偿了。校准的具体操作步骤如下。

① 将测头正确地安装在三坐标测量仪的主轴上。

② 使探针在零件表面上移动，看是否都能测得到，检查探针是否清洁，一旦探针的位置发生改变就必须重新校准。

③ 将校准球装在工作台上，要确保校准球不能移动，并在球上打点，测点最少为 5 个。

④ 测完给定的点数后，就可以得到所测量的校准球的位置、直径、形状偏差，由此可以得到探针的半径值。

2. 零件找正

三坐标测量仪有其自身的机器坐标系，而在进行检测规划时，检测点数量及其分布位置的确定，以及检测路径的生成等都是在 CAD 中零件坐标系中进行的。因此，在进行检测之前，首先要确定零件坐标系在三坐标测量仪机器坐标系中的位置关系，于是要在三坐标测量仪机器坐标系中对零件进行找正，通常采用六点找正法，即“3—2—1”方法对零件进行找正。

“3—2—1”方法：首先，通过在指定平面上测量三点（1、2、3）来校准基准面；其次，通过测量两点（4、5）来校准基准轴；最后，通过测一点（6）来计算原点。

在以上三步操作中，检测点位置都是依据零件坐标系来选择的。

零件在工作台上的放置方式一般有两种：一种是通过专用夹具或自动装卸装置，将零件放在工作台上的某个固定位置，这样通过一次零件找正，以后即可直接测量同批零件，三坐标测量仪加装柔性卡盘如图 5-69 所示；另一种是通过肉眼观察直接将零件放在工作台上某个合适的位置，在这种情况下，每测一个零件都必须先进行零件找正。

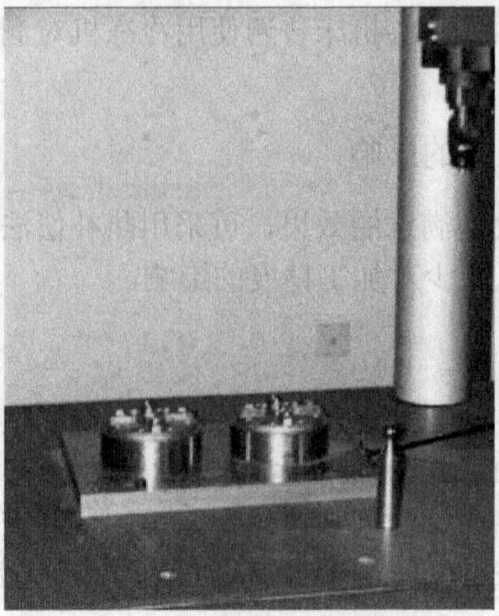

图 5-69　三坐标测量仪加装柔性卡盘

提示

在三坐标测量仪上加装柔性卡盘，能实现在加工过程中多次检测工件。此外，工件在安装过程中的调整工作，也可以在三坐标测量仪上进行，这样可以有效减少辅助工时。

3. 数据采集规划

数据采集规划的目的是精确而又高效地采集数据。这里的精确是指所采集的数据足够反映零件的特征；高效是指在能够正确表示零件特征的情况下，所采集的数据应尽量少，所走的路径应尽量短，所花的时间应尽量少。采集产品数据的基本原则是沿特征方向走，顺着法线方向采集。

（1）规则形状的数据采集规划

对于规则形状（如点、直线、圆、圆弧、平面、圆柱、圆锥、球等），以及扩展规则形状（如双曲线、螺旋线、齿轮、凸轮等），数据采集多用精度高的接触式测头，依据数学定义这些元素所需的点信息进行数据采集规划。

（2）自由曲面的数据采集规划

对于不规则形状（统称为自由曲面），多采用非接触式测头或与接触式测头相结合。原则上，要描述不规则形状的产品，只要记录足够的数据点信息即可，但很难评判数据点是否足够。在实际数据采集规划中，多依据零件的整体特征和流向，顺着特征走。

任务实施

1. 选择工具和量具

数控铣刀和星型探针。

2. 质量检查的内容和成绩评定标准

注塑凸模精加工检测与评价表见表 5-15。

表 5-15　注塑凸模精加工检测与评价表

序号	检测内容	配分	量具	检测结果	学生评分	教师评分
1	$60^{-0.15}_{-0.27}$（两处）	20 分				
2	$R10$（四处）	10 分				
3	88×88	10 分				
4	$R_a3.2$	10 分				
5	文明生产	违纪一项扣 10 分				
合计		50 分				

任务小结

使用柔性模块化夹具安装工件，能够保证多工序零件的定位和加工精度。在三坐标测量仪上安装柔性夹具，可实现在加工过程中测量工件，降低废品率。加工时应采用“减、隔、散、补、控”等方法控制切削热对加工系统的影响，保证加工质量。

习题

1. 加工中心有哪些特点？
2. 类似注塑凸模的零件精加工的定位方式有哪些？
3. 简述工艺系统的热源。
4. 简述减少工艺系统热变形的主要途径。

任务五　注塑凸模的分型面加工

知识点

电火花成形机床；
电火花成形加工工艺；

技能点

掌握电火花成形加工。

任务导入

注塑凸模分型面精度要求很高，特别是形状精度和位置精度。为了保证分型面的形状精度和位置精度，应在一次安装中完成加工。

本任务需要完成图5-70所示零件的加工。

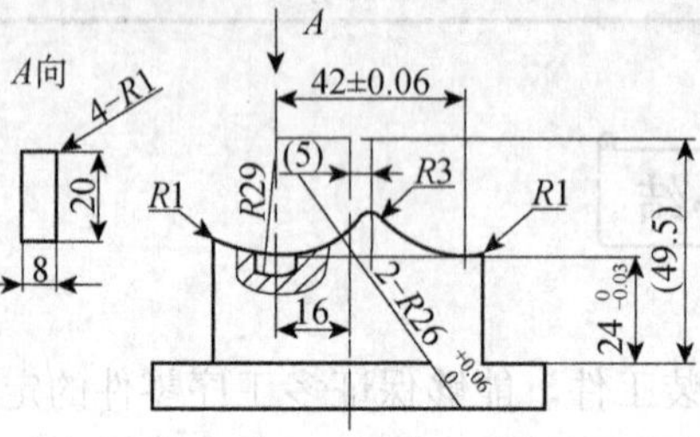

图5-70 零件

知识准备

一、电火花成形加工

电火花成形加工是在液体介质中进行的。机床的自动进给调节装置使工件和工具电极之间保持适当的放电间隙，当在工具电极和工件之间施加很强的脉冲电压（达到间隙中介质的击穿电压）时，会击穿介质绝缘强度最低处。由于放电区域很小，放电时间极短，所以能量高度集中，使放电区的温度瞬时高达 10000～12000℃，工件表面和工具电极表面的金属局部熔化甚至汽化蒸发。局部熔化和汽化的金属在爆炸力的作用下被抛入工作液中，并被冷却为金属小颗粒，然后被工作液迅速冲离工作区，从而在工件表面上形成一个微小的凹坑。一次放电后，介质的绝缘强度恢复等待下一次放电。如此反复使工件表面不断被蚀除，并在工件上复制出工具电极的形状，从而达到成形加工的目的。

电火花成形加工能加工高熔点、高硬度、高强度、高纯度、高韧性的各种材料，而其加工机理与切削方法完全不同，具有以下特点。

① 脉冲放电的能量密度高，便于加工用普通的机械加工方法难以加工或无法加工的特殊材料和复杂形状的工件。其不受材料硬度影响，也不受热处理状况影响。

② 在一定的条件下可加工半导体和非导体材料。

③ 脉冲放电持续时间极短，放电时产生的热量传导扩散范围小，材料受热影响范围小，加工精度良好。

④ 加工时，工具电极与工件材料不接触，两者之间宏观作用力极小。工具电极材料无须比工件材料硬，因此，工具电极制造容易。

⑤ 参数可以调节，在同一台设备中能连续进行粗、中、精加工。

⑥ 直接利用电能加工，便于实现加工过程的自动化。

⑦ 可以改革工件结构，简化加工工艺，提高工件使用寿命，降低工人劳动强度。

二、电火花成形机床

电火花成形机床主要用于制造各类模具、精密零部件等，适于加工各种复杂型腔和曲面形体，具有加工精度高、表面粗糙度好、速度快等特点。

1. 电火花成形机床的种类

电火花成形机床是电火花加工机床的主要品种，根据机床结构可分为龙门式、滑枕式、牛头式、框形立柱式和台式电火花成形机床，电火花成形机床如图 5-71 所示。此外，还可根据加工精度分为普通、精密和高精度电火花成形机床。

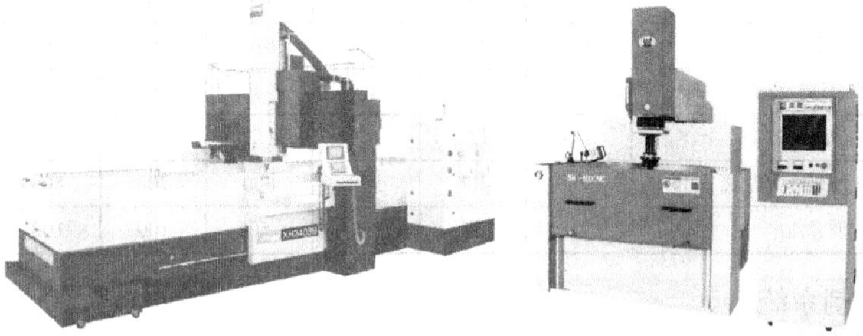

（a）龙门式　　（b）牛头式

图 5-71　电火花成形机床

2. 电火花成形机床的适用范围

① 加工任何难加工的金属材料和导电材料，电极材料是紫铜或石墨。

② 加工形状复杂的表面。

③ 加工薄壁、弹性、低刚度、微细小孔、异形小孔、深小孔等有特殊要求的零件。

3. 电火花成形机床的组成

电火花成形机床一般由本体、脉冲电源、自动控制系统、工作液循环过滤系统和夹具附件等部分组成，电火花成形机床的组成如图 5-72 所示。

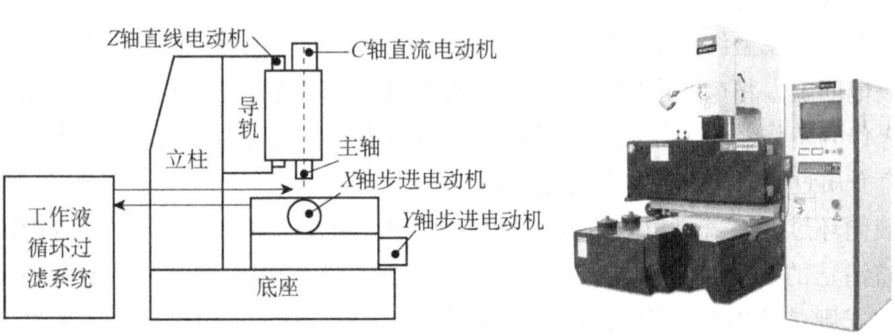

图 5-72　电火花成形机床的组成

（1）脉冲电源

脉冲电源的作用是提供电火花加工的能量，有弛张式、闸流管式、电子管式、可控硅式和晶体管式脉冲电源，以晶体管式脉冲电源应用最广。

（2）机床本体

机床本体包括床身、立柱、主轴头和工作台等部分，其作用主要是支承、固定工件和工具电极，并通过传动机构实现工具电极相对于工件的进给运动。

我国机械工业部标准规定，电火花成形机床的型号均采用“D71”附加工作台面宽度的1/10表示，电火花成形机床的型号和规格见表5-16。

表5-16　电火花成形机床的型号和规格

技术规格	型号							
	D7120	D7125	D7132	D7140	D7150	D7163	D7180	D71100
工作台面宽度/mm	200	250	320	400	500	630	800	1000
工作台面长度/mm	320	400	500	630	800	1000	1250	1600
主轴头升降距离/mm	160	160	200	200	250	250	320	320
主轴头行程/mm	125	125	160	160	200	200	250	250
夹具端面到工作台面间最大距离/mm	300	400	500	600	700	800	900	1000
电极最大质量/kg	25	25	50	50	100	100	200	200

（3）自动控制系统

自动控制系统由自动调节器和自适应控制装置组成。自动调节器及其执行机构用于在电火花加工过程中维持一定的火花放电间隙，保证加工过程正常、稳定地进行。

电火花成形加工过程中，当放电间隙控制在最佳间隙时，加工速度最高。间隙太大，不仅会因极间介质不能及时击穿而使脉冲效率降低，而且会使放电通道中传递到工件的能量明显减少；间隙太小，又会因电蚀产物难以及时排除，产生二次放电，使能量消耗在电蚀产物的重熔上，同样会使加工速度降低，甚至会引起短路和烧伤工件。

自动控制系统通过改变、调节进给速度，使进给速度接近或等于蚀除速度，以维持最佳放电间隙。自动控制系统类型很多，按其执行环节的不同，主要分为三大类：电磁悬浮式（目前已少见）、电液压式（喷嘴挡板式）、电动机式（伺服电动机式、步进电动机式、宽调速电动机式、力矩电动机式）。

（4）工作液循环过滤系统

工作液循环过滤系统是实现电火花加工必不可少的组成部分，其作用是使一定压力的工作液流经放电间隙，将电蚀产物排出，并对使用的工作液进行过滤和净化。一般采用煤油、变压器油等作为工作液。工作液循环过滤系统由储液箱、过滤器、泵和控制阀等部件组成。过滤方法有介质过滤、离心过滤和静电过滤等。

工作液循环过滤系统可以分为冲油式和抽油式两种，工作液的循环方式如图5-73所示。冲油式是将清洁的工作液强迫冲入放电间隙，使工作液连同电蚀产物一起从电极侧面间隙排出。抽油式则是从电极间隙抽出工作液，使用的工作液连同电蚀产物一起经工件待加工面排出。

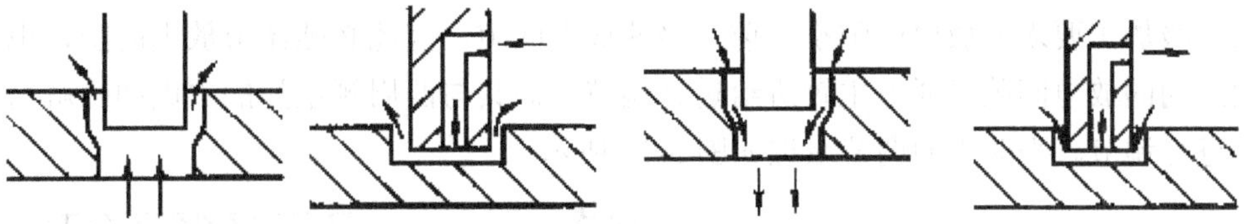

（a）冲油式1　　（b）冲油式2　　（c）抽油式1　　（d）抽油式2

图 5-73　工作液的循环方式

提示

冲油式排屑方法的压力在 0～0.2MPa，精加工时因间隙小而需要更大的冲油压力，一般为 0.4～0.6MPa。抽油压力一般只需 0～5×104Pa。利用抽油式排屑方法可以获得较高的加工精度，但排屑能力弱于冲油式。

（5）夹具附件

夹具附件包括电极夹具、油杯、轨迹加工装置（平动头）、电极旋转头和电极分度头等。

① 电极夹具。电极夹具是把工具电极装夹固定在主轴上的机床附件。

如图 5-74 所示为球面铰链式调节装置。电极装夹在弹性夹头中，电极的垂直度由四个调节螺钉调节。这种夹具结构紧凑，轴向尺寸小，制造容易，调节也方便，但其自身扭转刚度不足，调节力大时会引起主轴扭转。

如图 5-75 所示为十字铰链式电极夹具。电极装夹在标准套内，用紧固螺钉固紧，电极垂直度通过四个调节螺钉调节。这种夹具结构简单，调节方便，但轴向尺寸大，刚性差，多用于加工精度不高的零件加工。

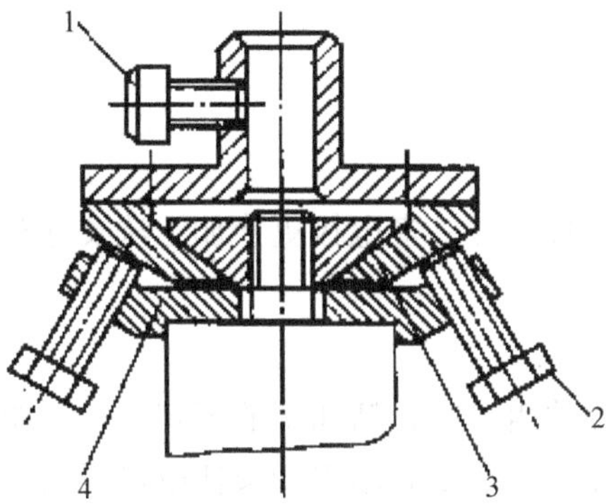

1—紧固螺钉；2—调节螺钉；
3—球面垫圈；4—下调节板

图 5-74　球面铰链式调节装置

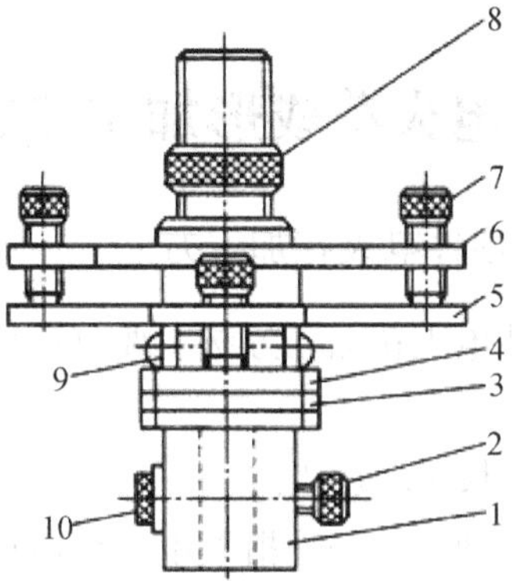

1—电极装夹标准套；2—紧固螺钉；3—绝缘板；
4—下底板；5—十字板；6—上板；
7—调节螺钉；8—销紧螺钉；9—圆柱销；
10—导线固定螺钉

图 5-75　十字铰链式电极夹具

② 平动头。平动头是一个能使电极向外产生机械补偿动作的工艺附件，机械式平动头如图 5-76 所示。电火花加工中，粗加工的放电间隙比半精加工大，而半精加工又比精加工大一些。当用同一个电极进行粗加工时，工件大部分余量蚀除后，其底面和侧壁四周的表面粗糙度很差，为了提高加工精度和表面粗糙度，必须转换成较小的电参数进行半精加工和精加工。

由于后一级加工要求的放电间隙小于前一级的放电间隙，因此必须调节放电间隙，电极与工件底面之间的放电间隙可通过主轴进给进行调节，而其与四周侧壁间的放电间隙就需要采用平动头进行调节。平动头的调节原理如图 5-77 所示。

图 5-76　机械式平动头

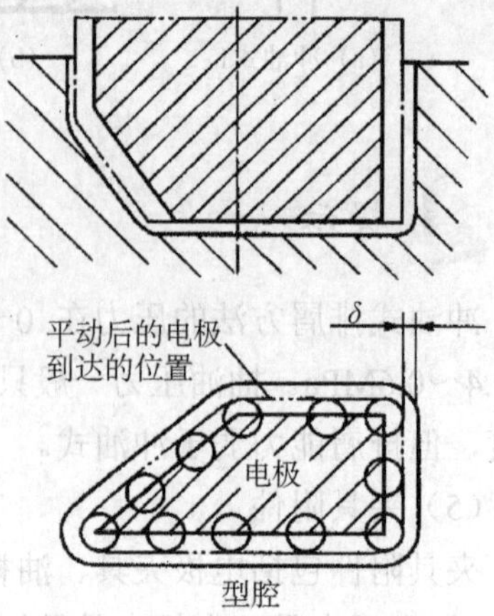

图 5-77　平动头的调节原理

平动头不但能用于型腔零件在半精和精加工时精修侧面，同时还能提高仿形精度，保证加工稳定性，有利于间隙排屑，防止短路和拉弧等。

随着数控技术的发展，出现了数控平动头，实现了自动调偏心和微量进给，从而进一步提高了加工精度和精修效率，使型腔精修精度从±0.05mm 提高到±0.02mm。另外，为了扩大电火花成形加工的应用范围，人们又研制出了三坐标平动头，使成形精度有了进一步提高。

三、电火花成形加工工艺

1. 型腔零件电火花加工方法

型腔零件电火花加工方法主要有：单电极平动加工法、多电极更换加工法及分解电极加工法等。

（1）单电极平动加工法

单电极平动加工法是指采用一个电极完成型腔的粗、中、精加工的工艺方法。加工时，先用高效低损耗电规准（脉冲电源参数）进行粗加工；然后利用平动头使电极平动，按粗、中、精的顺序逐级改变电规准，同时依次加大平动头的平动量，以补偿前后两个加工规准之间的放电间隙差及表面修光量，实现型腔侧面逐级修光，完成整个型腔的加工。

单电极平动加工法只需一个成形电极和一次装夹定位，但对于棱角要求高的型腔零件，其加工精度难以保证。

（2）多电极更换加工法

多电极更换加工法是指采用多个电极依次更换加工同一个型腔的工艺方法。各个电极的尺寸必须根据所选用的电规准产生的放电间隙及下一个规准加工所需的加工余量来修正。

多电极更换加工法仿形精度高，尤其适用于尖角、窄缝多的型腔加工。但这种工艺方法对电极重复制造精度要求高，电极更换时的装夹及重复定位精度也难以保证，因此一般只用于精密型腔零件的加工。

（3）分解电极加工法

分解电极加工法是单电极平动加工法和多电极更换加工法的综合应用。这种方法以单电极平动加工为基础，根据型腔的几何形状把电极分解成主型腔电极和副型腔电极分别制造。其先用主型腔电极加工主型腔，后用副型腔电极加工尖角、窄缝等副型腔部位。

分解电极加工法可根据主、副型腔不同的加工条件选择不同的加工规准，从而提高加工速度和改善加工表面质量；同时还可简化电极制造，便于电极修整。其缺点是主型腔和副型腔间的精确定位较难达到。

2. 电规准的选择

为了获得好的工艺效果，在电火花加工过程中一般都是用粗规准加工型腔的基本轮廓，以获得较高的加工速度和较低的电极损耗；然后用中、精规准逐级修光，以达到所需的表面粗糙度和加工精度。

粗规准一般选脉冲宽度 t_i＞400μs、脉冲电流幅值大的一组脉冲参数来进行粗加工。加工时，应根据加工面积大小及排屑条件确定加工电流，通常平均电流密度为 3～5A/cm^2，过大则容易引起拉弧烧伤，影响加工表面质量。选用粗规准时加工速度高，表面粗糙，电极耗损低。

中规准是粗、精规准之间的过渡参数，其脉冲宽度在 50～400μs，加工时在保证加工速度的情况下，应尽量降低电极损耗。加工小孔、窄槽等复杂型腔时，可直接用中规准精加工成形。

精规准是在中规准加工的基础上进行最后精加工的参数，可以获得所需的加工表面粗糙度和加工精度。精规准的脉冲宽度一般在 20μs 以下，工作电流也很小。为了减少精加工时间，精加工余量不宜太大，一般不超过 0.2mm。虽然精加工时的电极相对损耗较大（10%～40%），但由于加工余量小，故其绝对损耗并不会给加工精度带来太大的影响。

学习任务

【活动一】工艺分析

要求：分析分型面加工工艺。

利用工件上的螺孔，将其与托板连接。以工件的底面为定位基准，在线切割机床上进行两个 *R*1 圆弧、两个 *R*26 圆弧和 *R*3 圆弧的切割，在电火花成形机床上完成 8×20×4 直槽加工。完成加工后，进行氮化处理。

注塑凸模的分型面加工步骤见表 5-17。

表 5-17 注塑凸模的分型面加工步骤

步骤	加工内容	图示
1	线切割两个 *R*1 圆弧、两个 *R*26 圆弧和 *R*3 圆弧	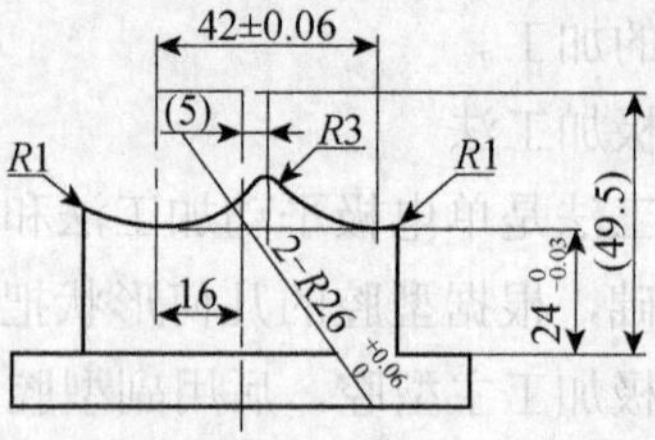
2	电火花成形加工 8×20×4 槽	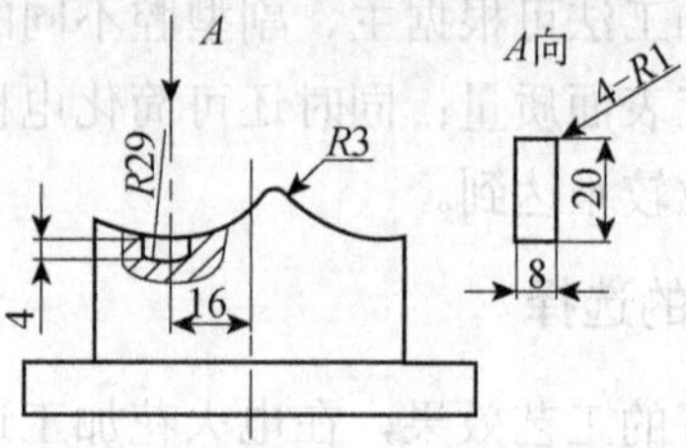

【活动二】电极和工件的装夹与校正

要求：正确安装电极和工件。

1. 电极的装夹与校正

电极安装在黄铜块中，用螺钉固定。黄铜块背面装有定位片和拉钉，用于与柔性卡盘的定位与连接，电极夹持块及电极的安装如图 5-78 所示。

(a) 定位片 (b) 黄铜块 (c) 电极与黄铜块 (d) 电极的安装

图 5-78 电极夹持块及电极的安装

把电极装夹在主轴电极夹具上，并使电极轴线与主轴进给轴线一致，保证电极与工作台面和工件垂直，以及电极水平面的 *X* 轴轴线与工作台和工件的 *X* 轴轴线平行。

2. 工件的装夹与校正

柔性卡盘由机床工作台上的 T 型槽定位，用 T 型螺栓和螺母固定，柔性卡盘及其在工作台上的安装如图 5-79 所示。紧固前，卡盘的位置需用校准规校正。

柔性卡盘通过法兰盘和绝缘板连接在电火花成形机的主轴头上，其 *X*、*Y* 轴的坐标原点与工作台上柔性卡盘 *X*、*Y* 轴的坐标原点一致，柔性卡盘及其在主轴头上的安装如图 5-80 所示。

工件安装后移动工作台，工件中心与十字滑板移动方向一致；校正工件，用压板压紧。

为了编程的简便和程序的简单，柔性卡盘的中心为 X 轴和 Y 轴的原点，Z 轴的原点定在卡盘的端面或工作台上，对刀点的设置如图 5-81 所示。

图 5-79 柔性卡盘及其在工作台上的安装

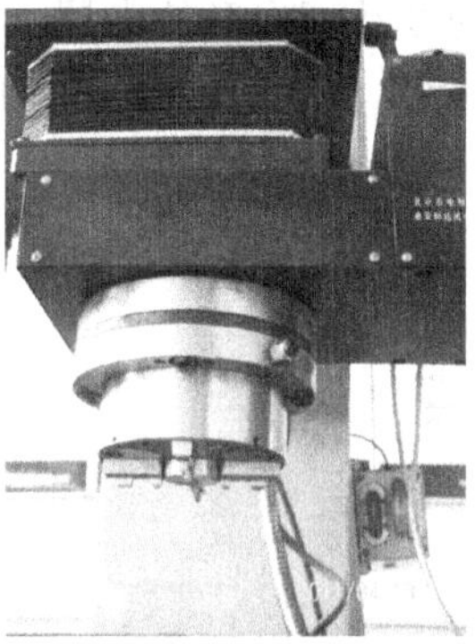

图 5-80 柔性卡盘及其在主轴头上的安装

图 5-81 对刀点的设置

【活动三】电火花加工

要求：正确选择参数加工直槽。

为了提高生产率和降低电极损耗，并且获得符合要求的型腔表面质量和精度，应在电火花加工过程中合理选用电规准，并及时进行转换。

电规准转换的级数必须根据具体对象确定。对于尺寸小、形状简单的浅型腔，电规准转换的级数可少些；对于尺寸大、深度大、形状复杂的型腔，电规准转换的级数要多些。粗加工规准一般选 1 级，半精加工规准选 2～4 级，精加工规准选 2～4 级。

开始时，应选用粗规准进行加工，但加工电流应随加工面积的增大而逐步增大。粗加工时的最大加工电流视型腔的复杂程度、加工面积大小及电极尺寸的缩放量而定。

当加工的型腔基本轮廓接近目标加工深度时（大约留 1mm 的余量），应减小电规准，依次转换成中、精规准各级参数加工，直至达到所需的尺寸精度和表面粗糙度。转换的原则是下一级规准加工的表面粗糙度值是上一级的 1/3～1/2，而所留的加工余量（或称修光余量）大约为 $3R_{max}$。

【活动四】热处理

要求：完成氮化处理。

氮化处理是指在一定温度下和一定介质中，使氮原子渗入工件表层的化学热处理工艺。经氮化处理的制品具有优异的耐磨性、耐疲劳性、耐蚀性及耐高温的特性。

传统合金钢中的铝、铬、钒及钼元素对渗氮很有帮助。这些元素在渗氮温度下与初生态的氮原子接触时，会生成稳定的氮化物。尤其是钼元素，不仅可以生成氮化物，而且可以降低材料脆性。合金钢中的其他元素，如镍、铜、硅、锰等，对渗氮并无多大帮助。一般而言，如果钢料中含有一种或多种氮化物生成元素，则氮化效果比较好。含有 0.85%～1.5%的铝时，氮化效果最佳。

常用的渗氮钢有以下六种。

① 含铝元素的低合金钢（标准渗氮钢）。

② 含铬元素的中碳低合金钢 SAE 4100、4300、5100、6100、8600、8700、9800 系。

③ 热作模具钢（约含铬 5%）SAE H11（SKD-61）、H12、H13。

④ 铁素体及马氏体系不锈钢 SAE 400 系。

⑤ 奥氏体系不锈钢 SAE 300 系。

⑥ 析出硬化型不锈钢 17-4PH、17-7PH、A-286 等。

含铝的标准渗氮钢，在氮化后虽可得到很高的硬度及高耐磨的表层，但其硬化层很脆。相反，含铬的低合金钢硬度较低，但硬化层比较有韧性，其表面也有一定的耐磨性。

任务实施

1. 选择工具和量具

千分尺和探针。

2. 质量检查的内容和成绩评定标准

注塑凸模分型面加工检测与评价表见表 5-18。

表 5-18　注塑凸模分型面加工检测与评价表

序号	检测内容	配分	量具	检测结果	学生评分	教师评分
1	42 ± 0.06	10 分				
2	$R29$	4 分				
3	$24_{-0.03}^{\ 0}$	10 分				
4	$2-R26_{\ 0}^{+0.05}$	10 分				
5	8	4 分				
6	20	4 分				
7	16	4 分				
8	4	4 分				
9	文明生产	违纪一项扣 10 分				
	合计	50 分				

任务小结

型腔零件电火花加工方法和电规准对加工精度和表面粗糙度有较大的影响，必须合理选择，并根据实际情况进行规准转换，以确保得到合格的型腔零件。

习题

1. 简述电火花加工的原理。
2. 电火花加工有哪些特点？
3. 简述电火花成形机床的结构及其各部分的作用。
4. 编制注塑凸模加工工艺过程，填写表 5-19。

表 5-19　注塑凸模加工工艺过程

工序号	工序内容	工艺装备名称及编号				定位基准面
		设备名称	夹具	刀具	量具	

项目小结

本项目中以数控机床为基础，利用柔性模块化夹具，按照成组加工的准则布置设备和组织零件生产，并配备人力进行工件运输，由此构成了一个小型柔性制造系统。与普通制造系统相比，其生产成本更低，利用率更高，更加灵活。经济型柔性制造系统的结构如图 5-82 所示，其特征如下。

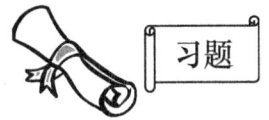

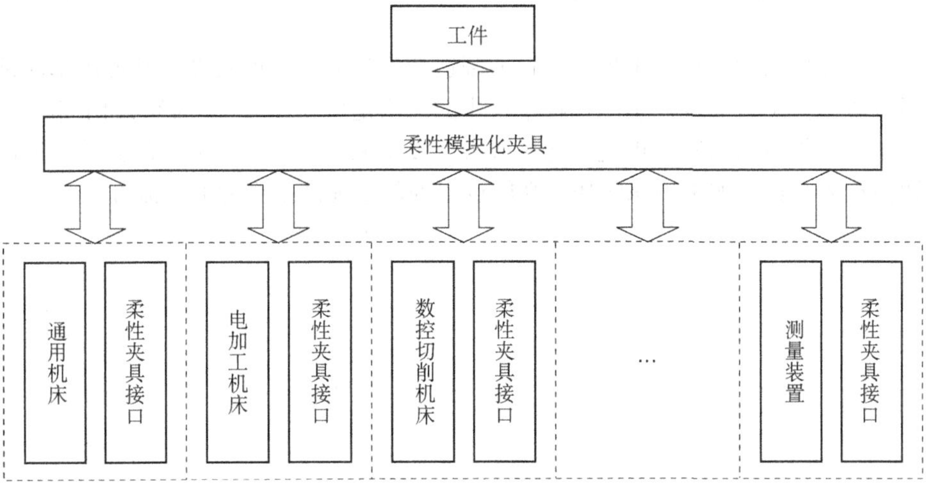

图 5-82　经济型柔性制造系统的结构

① 由数控机床、特种加工机床及一些常用的生产设备组成。

② 各种设备均安装拥有统一标准接口的柔性模块化夹具。

③ 使用现代化测量设备（主要指三坐标测量仪）。

经济型柔性制造系统具备以下四个功能。

1. 模块化加工功能

为常用的生产加工设备（主要是数控车床、数控铣床、数控加工中心及一些特种加工机床）加装具有统一标准接口的柔性模块化夹具，完成相应模块的加工。例如，数控车床完成内、外圆柱面的加工，数控铣床完成各种平面的加工，电加工机床完成穿孔和型腔的加工等。

2. 增加工艺能力功能

通过加装柔性模块化夹具，增加机床的工艺能力，从而完成一些以前不能完成的加工内容。例如，安装了直角座和柔性模块化夹具的普通三轴加工中心，可以完成五个面的加工，类似于四轴加工中心。

3. 提高重复定位精度功能

工件安装在类似于随行夹具的托板和精密虎钳上，定位由其背面的定位槽或定位片保证，夹紧由拉钉和钢球实现。工件加工结束后才与托板或精密虎钳分离，减少了重复装夹，避免了二次装夹带来的误差。

4. 过程检验功能

利用三坐标测量仪可以完成工件的准在线测量。在三坐标测量仪上安装具有统一标准接口的柔性模块化夹具，在加工零件的过程中，可以将工件连同托板或精密虎钳一起移至三坐标测量仪上，实时检验零件尺寸，以便及时调整背吃刀量。

采用柔性模块化夹具构建的经济型柔性制造系统，可以将企业现有的加工设备高效地利用起来。柔性模块化夹具的稳定性及较小的二次定位误差，使加工过程中的位置精度得到保证。

经济型数控机床和特种加工机床是目前制造业中最为常见的设备，其使用率非常高，如果没有经济型柔性制造系统，生产过程中产生的二次定位误差必然会影响加工精度。目前，国家在鼓励自主创新的同时，也提倡通过改善旧设施来产生“新动力”的做法。所以，改善经济型数控机床和特种加工机床的加工性能也成为现今提高生产力的主流方式。

参考文献

[1]魏康民. 机械制造技术基础[M]. 重庆：重庆大学出版社，2011.
[2]覃岭，冯建雨. 机械制造技术基础[M]. 北京：化学工业出版社，2006.
[3]张立娟，蒋学亮. 金属切削原理与刀具[M]. 南京：南京大学出版社，2011.
[4]闫巧枝，李钦唐. 金属切削机床与数控机床[M]. 北京：北京理工大学出版社，2007.
[5]卢秉恒. 机械制造技术基础[M]. 北京：机械工业出版社，2004.
[6]郑广花. 机械制造基础[M]. 西安：西安电子科技大学出版社，2004.
[7]熊良山. 机械制造技术基础[M]. 武汉：华中科技大学出版社，2006.
[8]王先逵. 机械制造工程学基础[M]. 北京：国防工业出版社，2008.
[9]黄鹤汀. 金属切削机床[M]. 北京：机械工业出版社，2001.
[10]顾崇衔. 机械制造工艺学[M]. 3 版. 西安：陕西科学技术出版社，1990.

反侵权盗版声明